高等职业教育教学改革精品教材

现代模具制造技术

主　编　苏　君
副主编　黄建娜　王　蕾
参　编　陆　茵　熊　毅　王　笛
　　　　赵　岩　崔庚彦
主　审　兰建设

机械工业出版社

本书根据模具企业对模具专业人才的要求，按照高职高专教育改革的目标，以及模具设计与制造专业的课程改革与教材改革的新思路，系统地介绍了模具制造技术。在讲述传统模具制造技术的基础上，也介绍了模具制造的新技术、新工艺。本书共有10个项目，每个项目根据内容不同设置不同的任务，可以使学生在理解理论知识的基础上，通过任务的实施，提高实际操作能力。

全书以典型模具零件为项目，以模具制造过程为顺序安排内容，具有广泛的代表性。内容上力求适应高职院校的教学要求，从生产实际出发，体现新技术、新工艺，突出实用性。

本书可作为高职院校模具设计与制造专业的教材，也可以供模具设计、制造的相关技术人员参考。

本教材配有电子教案，凡使用本书作为教材的教师，可登录机械工业出版社教育服务网（http://www.cmpedu.com）下载。咨询电话：010-88379375。

图书在版编目（CIP）数据

现代模具制造技术/苏君主编. —北京：机械工业出版社，2015.6（2024.1重印）
高等职业教育教学改革精品教材
ISBN 978-7-111-49243-6

Ⅰ.①现… Ⅱ.①苏… Ⅲ.①模具-制造-生产工艺-高等职业教育-教材 Ⅳ.①TG760.6

中国版本图书馆CIP数据核字（2015）第085491号

机械工业出版社（北京市百万庄大街22号 邮政编码100037）
策划编辑：赵志鹏 责任编辑：赵志鹏
版式设计：赵颖喆 责任校对：李锦莉 程俊巧
封面设计：鞠 杨 责任印制：李 昂
北京捷迅佳彩印刷有限公司印刷
2024年1月第1版·第4次印刷
184mm×260mm·18.75印张·459千字
标准书号：ISBN 978-7-111-49243-6
定价：49.80元

电话服务
客服电话：010-88361066
010-88379833
010-68326294

网络服务
机 工 官 网：www.cmpbook.com
机 工 官 博：weibo.com/cmp1952
金 书 网：www.golden-book.com
机工教育服务网：www.cmpedu.com

前　言

本书遵循高职高专教育教学改革的发展目标，按照高职高专模具设计与制造专业的课程改革与教材改革的新要求，以就业为导向、能力为本位，充分考虑高职高专学生的特点，采用理论与实践相结合的项目教学法和任务驱动的方式进行编写。

本书每个项目、任务均采用一个典型模具零件来贯穿，使课程的知识点和技能点有机地结合到每个任务中，使理论和技能统一。

本书由河南工业职业技术学院苏君担任主编，河南工业职业技术学院黄建娜、王蕾担任副主编，参编人员有陆茵、熊毅、王笛、赵岩、崔庚彦。项目1、3由赵岩编写，项目2由王蕾编写，项目4由崔庚彦编写，项目5由熊毅编写，项目6由王笛编写，项目7、10由黄建娜编写，项目8由陆茵编写，项目9由苏君编写。全书由苏君负责统稿，由兰建设担任主审。在编写过程中，参阅了相关教材、资料和文献，在此对有关作者表示衷心感谢。

本书作为高职高专院校模具设计与制造专业课程改革成果系列教材之一，在推广使用中，非常希望得到教学适用性的反馈意见，以便不断改进与完善。由于编者水平有限，教材中错漏之处在所难免，敬请读者批评指正。

编　者

目　录

项目1　模具制造技术概述

项目目标

1. 了解模具制造技术的现状和发展趋势。
2. 了解模具制造的工艺知识。

模具是现代工业生产中重要的工艺装备之一，在铸造、锻造、冲压、塑料、橡胶、玻璃、粉末冶金、陶瓷等生产行业中得到广泛的应用。近年来，我国的模具工艺也有了较大发展，模具制造工艺和生产装备智能化程度越来越高，极大地提高了模具制造的精度、质量和生产效率。

模具制造是指在相应的制造装备和制造工艺条件下，对模具零件的毛坯（或半成品）进行加工，以改变其形状、尺寸、相对位置和性质，使它成为符合要求的零件，再将这些零件经配合、定位、连接并固定装配成为模具的过程。

模具零件的制造方法有机械加工、数控加工、特种加工等。通常模具用户主要从三个方面提出要求：一是模具精度、质量与使用性能；二是模具生产周期（供模期）；三是模具价格。实际上，这就是模具设计与制造的技术、经济要求的基本内容。

任务　认识模具的制造特点和基本要求

知识点：

1. 模具制造的特点。
2. 模具制造的基本要求。
3. 模具制造的工艺任务。

技能点：

模具零件制造工艺的制定方法。

1. 任务导入

（1）任务要求　编制模具零件的工艺规程。

（2）任务分析　模具零件的工作性质、技术要求、材料热处理工艺、制造方法、工艺路线、制造设备等与常规的机械产品不同，因此其制造工艺有特殊要求。

2. 知识链接

（1）模具的技术要求　与其他机械产品相比，在模具生产中，除了正确进行模具设计，采用合理的模具结构外，还必须以先进的模具制造技术作为保证。对模具有以下几个基本要求。

1）制造精度高。为了生产合格的产品和发挥模具的效能，设计、制造的模具必须具有较高的精度。模具的精度主要是由模具零件精度和模具结构的要求来决定的。为了保证制品精度，模具工作部分的精度通常要比制品精度高 2 ~4 级；模具结构对上、下模之间的配合有较高要求，因此组成模具的零件都必须有足够的制造精度。

2）使用寿命长。模具是比较昂贵的工艺装备，其使用寿命长短直接影响制品成本的高低。因此，除了小批量生产和新产品试制等特殊情况外，一般都要求模具有较长的使用寿命。在大批量生产的情况下，模具的使用寿命更加重要。

3）制造周期短。模具制造周期的长短主要取决于制模技术和生产管理水平的高低。为了满足生产需要，提高产品竞争能力，必须在保证质量的前提下尽量缩短模具制造周期。

4）成本低。模具成本与模具结构的复杂程度、模具材料、制造精度要求及加工方法等有关，必须根据制品要求合理设计模具和制定其加工工艺。

上述四项指标是相互关联、相互影响的。片面追求模具精度和使用寿命必然会导致制造成本的增加。当然，只顾降低成本和缩短制造周期而忽视模具精度和使用寿命的做法也是不可取的。在设计与制造模具时，应根据实际情况作全面考虑，即在保证制品质量的前提下，选择与制品生产量相适应的模具结构和制造方法，使模具成本降到最低限度。

（2）模具制造的特点　与其他产品的生产相比，模具生产具有如下特点。

1）模具零件加工属于单件或小批量生产。用模具成形制品时，每种模具一般只生产 1 ~2 副，所以模具制造属于单件生产。

2）模具加工精度高。模具的加工精度要求高主要体现在两个方面：一是模具零件本身的加工精度要求高；二是相互关联零件的配合精度要求高。模具加工时，可以通过配合加工的方法降低模具的加工难度，即加工时，允许某些零件的公称尺寸稍大或者稍小些，但与其相配合的零件也必须相应放大或缩小，这样既能保证模具的配合质量，又可避免不必要的零件报废。一般来说，模具工作部分制造公差应控制在 ±0.01mm 左右，工作部分的表面粗糙度值 Ra 要求小于 0.8μm。

3）模具零件形状复杂、加工要求高。模具的工作部分一般都是复杂的二维曲线或三维曲面，而不是一般机械的简单几何体。除采用一般的机械加工方法外，模具加工更多采用特种加工和数控加工、快速成形等现代加工方法。

4）模具零件加工过程复杂、加工周期长。模具零件加工包括毛坯的下料、锻造、粗加工、半精加工、精加工等工序，其间还需热处理、表面处理、检验等工序配合。零件加工短则一周，长则一两个月甚至更长；同时，零件加工可能需要多台机床、多个工人、多个车间甚至多个工厂协同完成。

5）模具零件可能需要反复修配、调整。模具在装配试模后，根据试模情况，需重新调整某些零件的形状及尺寸，如弯曲模按回弹量修整间隙和塑料成型模浇注系统的调整等。为方便模具零件的修配、调整，加工过程中，有时需将热处理、表面处理等工序安排在零件加工的最后阶段，即试模后进行。

（3）模具制造工艺的内容　模具制造工艺的内容包括模具生产过程、模具制造工艺过程、模具制造工艺路线确定、模具加工余量确定。

模具的生产过程是从接受客户产品图或样品和相关的技术资料、技术要求并与客户签订模具制造合同起，至试模合格交付商品模具和进行售后服务的全过程的总称。

模具制造的工艺过程是模具生产过程的重要组成部分，是将模具设计图转变为具有一定使用功能和实用价值、能连续生产出合格制品的商品模具的全过程。模具制造的工艺过程如

图1-1所示：首先根据制品零件图或实物进行工艺分析估算，然后进行模具设计、零件加工、装配调整、试模，直到生产出符合要求的制品。

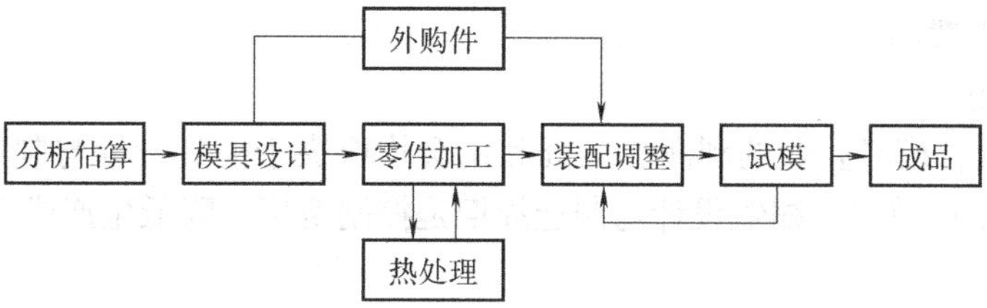

图1-1　模具制造的工艺过程

1）分析估算。在接受模具制造的委托时，首先根据制品零件图样或实物分析研究采用什么样的成形方案，确定模具套数、模具结构及主要加工方法，然后估算模具费用及交货期等。

2）模具设计。经过认真的工艺分析，然后进行模具设计。

①装配图设计。模具设计方案及结构确定后，就可绘制装配图。

②零件图设计。根据装配图拆绘零件图，使其满足装配关系和工作要求，并注明尺寸、公差、表面粗糙度等技术要求。

3）零件加工。每个需要加工的零件都必须按照图样制定其加工工艺，然后分别进行毛坯准备、粗加工、半精加工、热处理及精加工或修研抛光。

4）装配调整。装配就是将加工好的零件组合在一起构成一副完整的模具。除紧固定位用的螺钉和销钉外，一般零件在装配调整过程中仍需一定的人工修整或机械加工。

5）试模。装配调整好的模具，需要安装到机器设备上进行试模。检查模具在运行过程中是否正常，所得到的制品是否符合要求。如有不符合要求的，则必须拆下模具加以修正，然后再次试模，直到能够完全正常运行并能加工出合格的制品。

（4）模具制造的周期控制与成本控制

1）模具制造的周期控制。模具交货期是衡量模具企业生产能力和生产水平的重要指标。模具交货期取决于模具生产周期，即模具的设计周期和制造周期。模具的制造周期是交货期中最关键、最重要的阶段。因此，在模具生产过程中，在保证模具制造精度和质量的基础上，控制与保证模具制造周期是企业最重要的任务。这取决于以下两个方面。

①企业生产装备的先进性与配套性。生产装备的先进性与配套性是保证模具制造周期和制造精度及质量的技术基础，是制定模具制造工艺规程必须具备的条件。

②生产计划性。模具一般为单件或小批量生产，为保证与控制模具制造周期，必须强调以单副模具为基础制定模具的生产计划。模具的生产计划包括：

大计划：以季、半年或年为期的计划。大计划是根据用户合同制定的计划。

小计划：以月为期的计划，又称月计划。小计划是依据大计划制定的计划。

作业计划：根据模具月生产计划，以单副模具的制造工艺规程为依据制定的计划。

为保证模具生产计划的完成，必须强调每副模具的制造工艺过程的控制与管理，即强调关键环节、各工序质量和完成期限的控制和管理。

2）模具生产的成本控制。模具价格主要由以下四部分组成：

模具设计与制造费用。

模具材料与标准件购置费用。

有效生产管理费用。

设备折旧费用。

如图 1-2 所示，模具企业的利润、工资和税金均取决于模具设计与制造所创造的价值。因此，提高模具生产效率、缩短设计与制造周期是控制费用、降低生产成本、提高模具企业经济效益的关键。

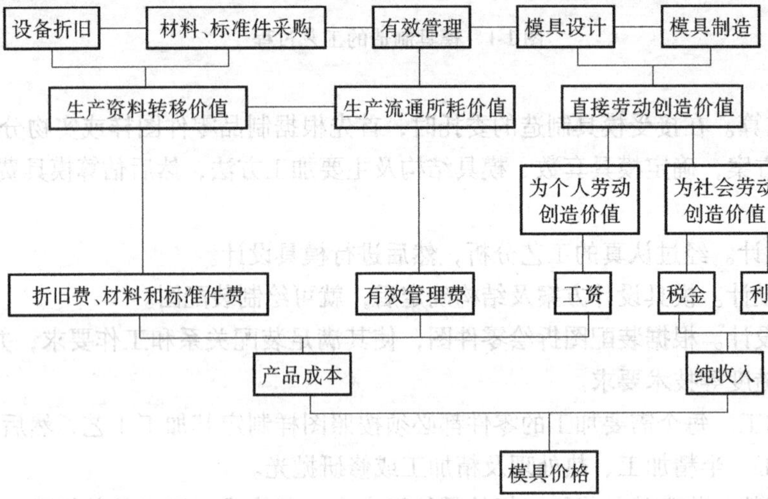

图 1-2　模具价格形成框图

综合练习题

1. 现阶段我国模具制造存在哪些问题？今后的发展方向是什么？
2. 模具制造的特点和要求是什么？
3. 试述模具制造的工艺过程。

项目 2　模具制造工艺规程的编制

项目目标

1. 了解整副模具的工作原理和各个零件在装配图中的位置、作用及相互间的配合关系。
2. 掌握模具零件加工工艺路线的制定方法。
3. 能正确编制模具零件加工工艺规程。

任务 2.1　了解模具制造工艺规程编制的基本概念

知识点：

1. 模具零件加工工艺路线的制定。
2. 模具零件加工工序内容的确定。
3. 机床（设备）及工艺装备的选择。
4. 提高模具零件加工质量的工艺途径。

技能点：

1. 模具零件加工工艺路线的制定方法。
2. 模具零件加工内容的确定。

2.1.1　任务导入

1. 任务要求

如图 2-1 所示的有肩导柱，单件小批量生产，材料 T8 钢，硬度是 50～55HRC，要求掌握该零件的制造工艺方法，制定其工艺规程。

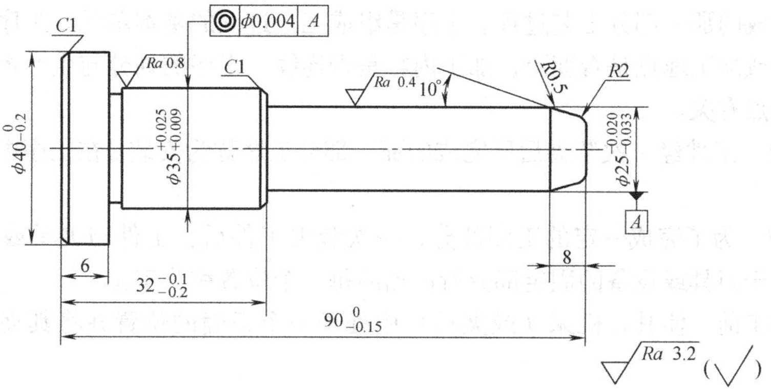

图 2-1　有肩导柱零件图

2. 任务分析

分析模具加工工艺过程的组成、生产纲领和生产类型。

2.1.2 知识链接

零件制造过程是在一定的工艺条件下，改变零件材料的形状、尺寸和性质，使之成为符合设计要求的模具零件的过程，再经装配、调试和修整可以得到整个机械产品。

广义的生产过程包括生产技术准备、毛坯制造、零件的加工、产品的装配和相关的生产服务活动5个阶段。

1）生产技术准备，这个过程中主要是完成产品投入生产前的各项技术和生产的准备工作，如产品设计、工艺制定、各种生产资料的准备以及生产组织等方面的准备工作。

2）毛坯制造，如铸造、锻造、冲压和焊接等。

3）零件的加工，如机械加工、特种加工、焊接、热处理和表面处理等。

4）产品的装配，如部件装配、总装配、检验和调试等。

5）生产服务活动，如原材料、半成品、工具的供应、运输、保管以及产品的涂装和包装等。

由上述过程可以看出，模具产品的生产过程是比较复杂的。为了便于组织生产和提高劳动生产率，现代模具工业的发展趋势是自动化、专业化生产。企业的生产过程变得比较简单，有利于在生产过程中按一定顺序逐步改变毛坯或原材料的形状、尺寸，使之成为合格零件。

以改变原材料形状为主，将原材料经过铸造或锻造制成铸件毛坯或锻件毛坯的工艺过程，称为毛坯制造工艺过程。

用各种工具和设备将毛坯加工成模具零件，以改变其形状和尺寸为主的工艺过程，称为零件的模具加工工艺过程。

以确定各零件之间的相对位置为主，将加工好的零件按一定的装配技术要求装配成模具产品的工艺过程，称为模具的装配工艺过程。

1. 模具加工工艺过程

模具加工工艺过程由一个或若干个工序组成，而工序又分为安装、工位、工步和进给。

（1）工序　工序是一个或一组工人，在一个工作地点对同一个或同时对几个工件进行加工所连续完成的那一部分工艺过程。工序是组成工艺过程的基本单元。工序划分的基本依据是加工对象或加工地点是否变更，加工内容是否连续。工序的划分与生产批量、加工条件和零件结构特点有关。

（2）安装　工件经一次装夹后所完成的那一部分工序称为安装。在工序中应尽量减少安装次数。

（3）工位　为了完成一定的工序部分，一次装夹工件后，工件与夹具或设备的可动部分一起，相对于刀具或设备的固定部分所占据的每一个位置称为工位。

工件在加工前，使其在机床（或夹具）中处于一个正确的位置并将其夹紧的过程，称为装夹。

图2-2所示为利用万能分度头使工件依次处于工位Ⅰ、Ⅱ、Ⅲ、Ⅳ来完成对凸模槽的铣削加工。

（4）工步　工步是在加工表面和加工工具不变的情况下，所连续完成的那一部分加工内容。

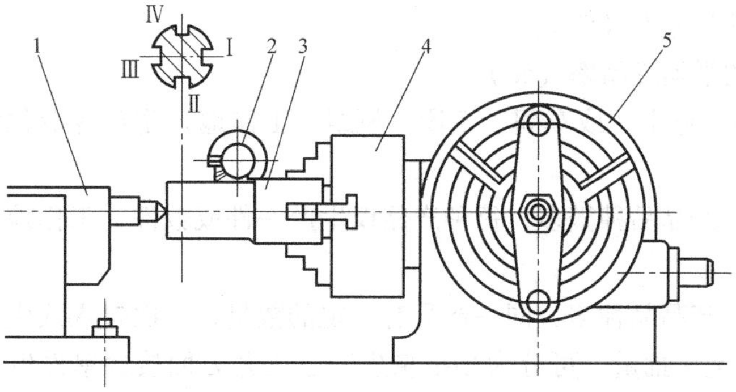

图2-2 多工位加工

1—尾座 2—铣刀 3—工件 4—自定心卡盘 5—分度盘

1）当工件在一次装夹后连续进行若干相同的工步时，常填写为一个工步，如图2-3所示。

2）复合工步。用几把刀具或复合刀具，同时加工同一工件上的几个表面，称为复合工步。在工艺文件上，复合工步应视为一个工步。

图2-4所示为用钻头和车刀同时加工内孔和外圆的复合工步。图2-5所示为用复合中心钻钻孔、锪锥面的复合工步。

（5）进给 刀具从被加工表面每切下一层金属层即称为一次进给。一个工步可能只有一次进给，也可能要几次进给。

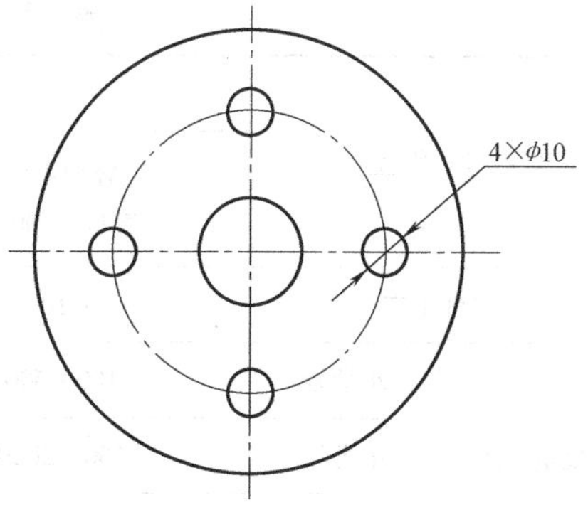

图2-3 具有四个相同孔的工件

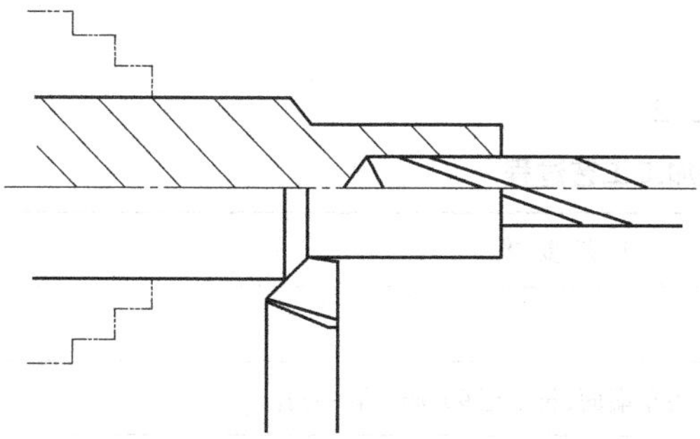

图2-4 多刀加工

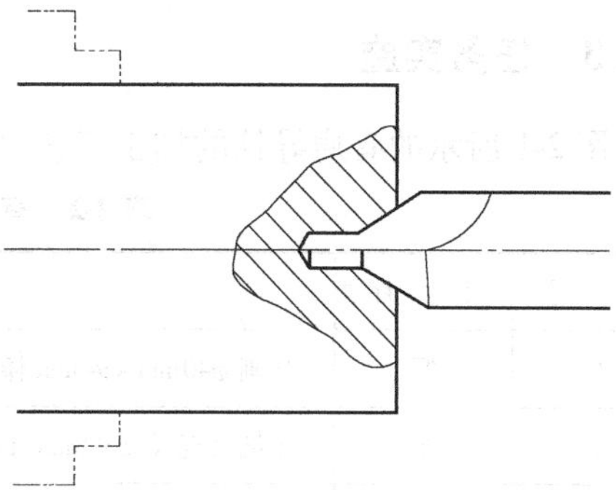

图2-5 钻孔、锪锥面复合工步

2. 生产纲领和生产类型

（1）生产纲领 企业在生产计划内应生产的产品量（年产量）和进度计划称为生产纲领。年产量计算公式为

$$N = Qn(1 + \alpha\% + \beta\%)$$

式中 n——每件产品所需该零件数（个/件）；

Q——产品的年产量（件/年）；

α——零件的备品率（%）；

β——零件的平均废品率（%）。

（2）生产类型　企业（或车间、工段、班组、工作地）生产专业化程度的分类称为生产类型。

1）单件生产。产品品种繁多，每种产品仅生产一件或数件，工作地和加工对象经常改变。

2）批量生产。产品品种多，同一产品有一定的数量，一次投入或生产的同一产品（或零件）的数量称为生产批量，可分为小批量生产（工艺方面接近单件生产）、中批量生产、大批量生产。

3）大量生产。产品品种单一而固定，长期进行一个零件某道工序的加工。

表2-1所列是按产品年产量划分的生产类型。

表2-1　年产量与生产类型的关系

生产类型		同类零件的年产量/件		
		轻型零件（重量＜100kg）	中型零件（重量为100～2000kg）	重型零件（重量＞2000kg）
单件生产		＜100	＜10	＜5
批量生产	小批量	100～500	10～200	5～100
	中批量	500～5000	200～500	100～300
	大批量	5000～50000	500～5000	300～1000
大量生产		＜50000	＜5000	＜1000

2.1.3　任务实施

图2-1所示的有肩导柱的加工工艺过程见表2-2。

表2-2　有肩导柱的加工工艺过程

序号	工序	工艺要求
1	锯	切割ϕ40mm×94mm棒料
2	车	车端面至长度92mm,钻中心孔,掉头车端面,长度至90mm,钻中心孔
3	车	车外圆ϕ40mm至尺寸要求;粗车外圆ϕ25mm、ϕ35mm留磨量,并倒角,切槽,车10°倒角
4	热处理	热处理50～55HRC
5	车	研中心孔
6	磨	磨ϕ35mm、ϕ25mm至要求

当批量生产时，各工序内容可划分得更细，表2-1的工序3中倒角和切槽都可在专用车床上进行，从而成为独立的工序。

任务2.2　了解模具制造工艺规程编制的原则和步骤

知识点：

1. 模具制造工艺规程编制的原则。
2. 模具制造工艺规程编制的步骤。

技能点：

1. 模具加工工艺规程的作用。
2. 模具加工工艺规程制定的原则。

2.2.1　任务导入

图2-6所示为浇口套，编制其工艺规程。

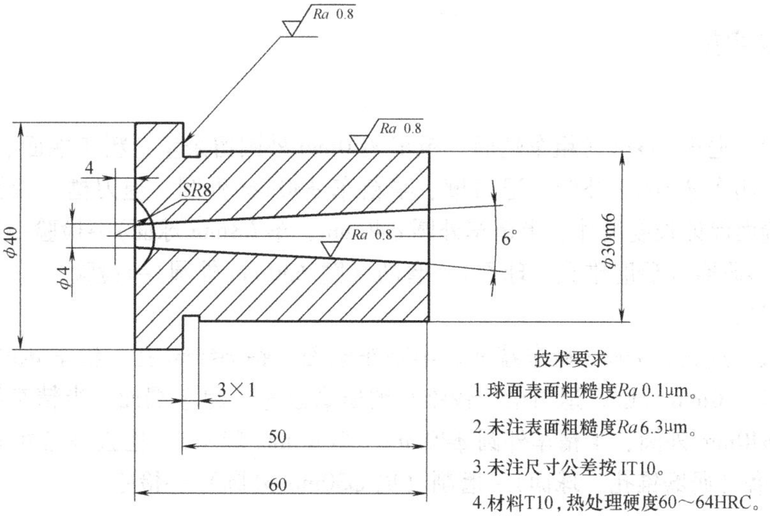

图2-6　浇口套

2.2.2　知识链接

1. 模具加工工艺规程的作用

模具加工工艺规程是规定产品或零部件制造工艺过程和操作方法等的工艺文件。

2. 工艺规程制定的原则

工艺规程制定的原则是优质、高产和低成本，即在保证产品质量的前提下，争取最好的经济效益。在具体制定时，还应注意下列问题。

（1）技术上的先进性　在制定工艺规程时，要了解国内外本行业工艺技术的发展，通过必要的工艺试验，尽可能采用先进适用的工艺和工艺装备。

（2）经济上的合理性　在一定的生产条件下，可能会出现几种能够保证零件技术要求的工艺方案，此时应通过成本核算或相互对比，选择经济上最合理的方案，使产品生产成本最低。

（3）良好的劳动条件及避免环境污染　在制定工艺规程时，要注意保证工人操作时有良好而安全的劳动条件。因此，在工艺方案上要尽量采取机械化或自动化措施，以减轻工人繁重的体力劳动。同时，要符合国家环境保护法的有关规定，避免环境污染。

产品质量、生产率和经济性这三个方面的要求有时相互矛盾，因此，合理的工艺规程应该处理好这些矛盾，体现这三者的统一。

3. 编制工艺规程的步骤

1）研究产品的装配图和零件图，进行工艺分析。

2）确定生产类型。

3）确定毛坯。

4）制定工艺路线。

5）确定各工序的加工余量，计算工序尺寸及其公差。

6）选择各工序使用的机床设备及刀具、夹具、量具和辅助工具。

7）确定切削用量及时间定额。

8）填写工艺文件。

2.2.3 任务实施

工艺方案一：

备料（锻、退火）→车（粗车端面、粗车 ϕ40mm 外圆留余量、粗车端面、半精车端面、钻 ϕ4mm 孔、粗车 ϕ30mm 外圆、退刀槽、半精车 ϕ30mm 外圆、退刀槽、铰锥孔留研磨余量、半精车端面保证长度尺寸、半精车外圆 ϕ40mm、车 R8mm 球面）→检验→热处理（硬度 60 ~ 64HRC）→研磨（研磨锥孔、球面）→磨削（磨 ϕ30mm 外圆）→检验。

工艺方案二：

备料（锻、退火）→车（粗车端面、半精车端面、钻 ϕ4mm 孔、粗车 ϕ30mm 外圆、退刀槽、半精车 ϕ30mm 外圆、退刀槽、铰锥孔留研磨余量、粗车端面、半精车端面保证长度尺寸、粗车 ϕ40mm 外圆、半精车外圆 ϕ40mm、车 R8mm 球面）→检验→热处理（硬度 60 ~ 64HRC）→研磨（研磨锥孔、球面）→磨削（磨 ϕ30mm 外圆）→检验。

比较：

方案一有三个安装，优点是大部分加工以精基准定位，装夹可靠，加工精度容易保证；方案二只有两个安装，虽然辅助工时减少，但大部分加工以粗基准定位，装夹不是很可靠，加工精度难以保证；本零件为单件生产，以保证加工精度为要，确定方案一为该零件的加工工艺路线。

任务 2.3 模具零件的工艺分析

知识点：

1. 零件的结构分析。

2. 零件的技术要求分析。

技能点：

1. 零件结构的工艺性。

2. 零件表面的尺寸精度、形状精度和表面质量、加工表面之间的相互位置精度、工件的热处理和其他要求。

2.3.1　任务导入

1. 任务要求

如图2-1所示的有肩导柱，单件小批量生产，材料T8钢，硬度是50～55HRC，要求掌握该零件的工艺分析。

2. 任务分析

在制定模具零件的加工工艺规程时，首先要对照产品装配图分析零件图，熟悉该产品的用途、性能及工作条件，明确零件在产品中的位置、作用及相关零件的位置关系，了解并研究各项技术条件制定的依据，找出其主要技术要求和技术关键，以便在制定工艺规程时采用适当的措施加以保证，然后着重对零件进行结构分析和技术要求的分析。

2.3.2　知识链接

1. 零件的结构分析

零件的结构分析主要包括以下三方面。

（1）零件表面的组成和基本类型　尽管组成零件的结构多种多样，但从形体上加以分析，都是由一些基本表面和特殊表面组成的。基本表面有内外圆柱表面、圆锥表面和平面等；特殊表面主要有螺旋面、渐开线齿形表面、圆弧面（如球面）等。在零件结构分析时，根据机械零件不同表面的组合形成零件结构上的特点，就可选择与其相适应的加工方法和加工路线，例如外圆表面通常由车削或磨削加工，内孔表面则通过钻、扩、铰、镗和磨削等加工方法获得。

（2）主要表面与次要表面的区分　根据零件各加工表面要求的不同，可以将零件的加工表面划分为主要加工表面和次要加工表面，这样，就能在制定工艺路线时做到主次分开，以保证主要表面的加工精度。

（3）零件的结构工艺性　零件的结构工艺性是指在满足零件使用要求的前提下，制造该零件的可行性和经济性。功能相同的零件，其结构工艺性可以有很大差异。所谓结构工艺性好，是指在现有工艺条件下，既能方便制造又有较低的制造成本。

2. 零件的技术要求分析

零件图样上的技术要求，既要满足设计要求，又要便于加工，而且齐全和合理。零件的技术要求包括下列几个方面：

1）加工表面的尺寸精度、形状精度和表面质量。

2）各加工表面之间的相互位置精度。

3）零件的热处理和其他要求。

零件的尺寸精度、形状精度、位置精度和表面粗糙度的要求，对确定机械加工工艺方案和生产成本影响很大。因此，必须认真审查，以避免过高的要求使加工工艺复杂化和增加不必要的费用。

在认真分析了零件的技术要求后，结合零件的结构特点，零件的加工工艺过程便有了一个初步的轮廓。加工表面的尺寸精度、表面粗糙度和有无热处理要求，决定了该表面的最终加工方法，进而得出中间工序和粗加工工序所采用的加工方法。例如，轴类零件上公差等级为IT7级、表面粗糙度值$Ra1.6\mu m$的轴颈表面，若不淬火，可用粗车、半精车、精车最终完成；若淬火，则最终加工方法选磨削，磨削前可采用粗车、半精车（或精车）等加工方法加工。表面间的相互位置精度基本上决定了各表面的加工顺序。

2.3.3 任务实施

图 2-1 所示零件的工艺分析如下。

1. 结构工艺性分析

该导柱主要是外圆面加工，有退刀槽等工艺结构，可以采用车和磨的方法加工。

2. 技术要求分析

从零件图上的技术要求看：

1）表面粗糙度值要求最小 *Ra*0.4μm，车削的经济性不好，用磨削能降低加工成本。

2）多数尺寸加工要求精确到 0.001mm，用磨削能够达到要求。

3）图上有项同轴度要求，精确到 0.004mm，也需要磨削来保证。

4）导柱要导向滑行，要有一定的硬度和强度，需要淬火热处理。

任务 2.4 毛坯的选择

知识点：

1. 毛坯的种类。

2. 毛坯的选择方法。

技能点：

能正确选择毛坯的种类。

2.4.1 任务导入

1. 任务要求

如图 2-7 所示的冲裁凹模，单件小批量生产，材料为合金工具钢 Cr12MoV，要求选择其毛坯种类。

2. 任务分析

根据零件用途、材料和生产类型各方面因素确定毛坯种类。

2.4.2 知识链接

1. 毛坯的种类

模具制造中常用的毛坯有以下几种。

（1）铸件 形状复杂的零件毛坯，宜采用铸造方法制造。目前铸件大多用砂型铸造，少数质量要求较高的小型铸件可采用特种铸造（如压力铸造、离心制造和熔模铸造等）。

（2）锻件 机械强度要求高的钢制件，一般要用锻件毛坯。锻件有自由锻造锻件和

图 2-7 冲裁凹模

模锻件两种。

（3）型材　型材按截面形状可分为：圆钢、方钢、六角钢、扁钢、角钢、槽钢及其他特殊截面的型材。型材有热轧和冷拉两类。热轧的型材精度低，但价格便宜，用于一般零件的毛坯；冷拉的型材尺寸较小、精度高，易于实现自动送料，但价格较高，多用于批量较大的生产，适用于自动机床加工。

2. 毛坯种类选择的原则

（1）零件材料及其力学性能　零件的材料大致确定了毛坯的种类。例如材料为铸铁和青铜的零件应选择铸件毛坯；钢质零件形状不复杂，力学性能要求不太高时可选型材；重要的钢质零件，为保证其力学性能，应选择锻件毛坯。

（2）零件的结构形状与外形尺寸　形状复杂的毛坯，一般用铸造方法制造。薄壁零件不宜用砂型铸造；中小型零件可考虑用先进的铸造方法；大型零件可用砂型铸造。一般用途的阶梯轴，如果各阶梯直径相差不大，可用圆棒料；如果各阶梯直径相差较大，为减少材料消耗和机械加工量，则宜选择锻件毛坯。尺寸大的零件一般选择自由锻造；中小型零件可选择模锻件；一些小型零件可做成整体毛坯。

（3）生产类型　大量生产的零件应选择精度和生产率都比较高的毛坯制造方法，如铸件采用金属型铸造或精密铸造；锻件采用模锻；型材采用冷轧或冷拉；零件产量较小时应选择精度和生产率较低的毛坯制造方法。

（4）现有生产条件　确定毛坯的种类及制造方法，必须考虑具体的生产条件，如毛坯制造的工艺水平、设备状况以及对外协作的可能性等。

（5）充分考虑利用新工艺、新技术和新材料　随着模具制造技术的发展，毛坯制造方面的新工艺、新技术和新材料的应用也发展很快。如精密铸造、精密锻造、冷挤压、粉末冶金和工程塑料等在模具制造中的应用日益增加。

3. 毛坯形状和尺寸的确定

毛坯形状和尺寸，基本上取决于零件形状和尺寸。在零件需要加工的表面上，加上一定的加工余量，即毛坯加工余量，即构成了毛坯形状。所以现代模具制造的发展趋势之一，便是通过毛坯精化，使毛坯的形状和尺寸尽量和零件一致，力求做到少、无切削加工。毛坯加工余量和公差的大小，与毛坯的制造方法有关，生产中可参考有关工艺手册或有关企业、行业标准来确定。

在确定了毛坯加工余量以后，毛坯的形状和尺寸，除了将毛坯加工余量附加在零件相应的加工表面上外，还要考虑毛坯制造、机械加工和热处理等多方面工艺因素的影响。下面仅从机械加工工艺的角度，分析确定毛坯的形状和尺寸时应考虑的问题。

（1）工艺凸台的设置　有些零件，由于结构的原因，加工时不易装夹稳定，为了装夹方便迅速，可在毛坯上制出凸台。凸台只在装夹工件时用，加工完成后，一般都要切掉，但如果不影响零件的使用性能和外观质量时，可以保留。

（2）组合式毛坯的采用　在机械加工中，有时会遇到如中小型高精度凸模、凹模、导柱等类零件。为了保证这类零件的加工质量和加工时方便，常将其做成组合式毛坯，加工到一定阶段后再切开，如图2-8所示。

（3）合件毛坯的采用　为了便于加工过程中的装夹，对于一些形状比较规则的小型零件，如复杂型腔、凹模等，应将多件合成一个毛坯，待加工到一定阶段后或者大多数表面加工完毕后，再加工成单件，如图 2-9 所示。

在确定毛坯种类、形状和尺寸后，还应绘制一张毛坯图，作为毛坯生产单位的产品图样。绘制毛坯图，是在零件图的基础上，在相应的加工表面上加上毛坯余量。

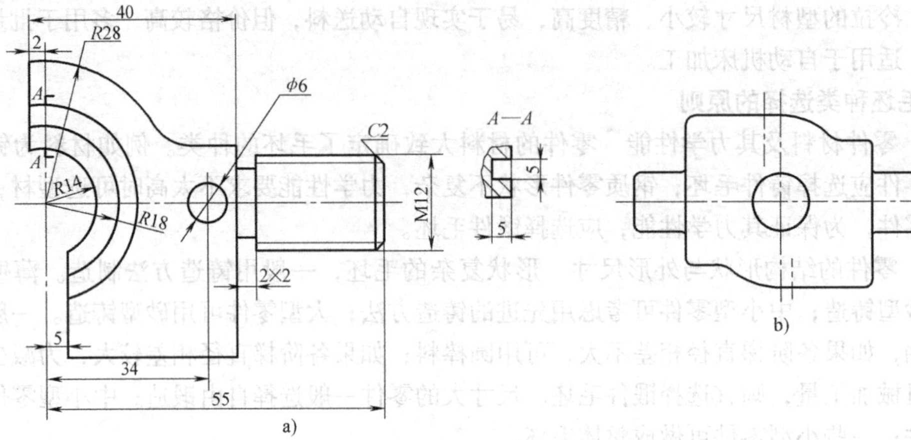

图 2-8　组合式毛坯

a）零件图　b）组合式毛坯

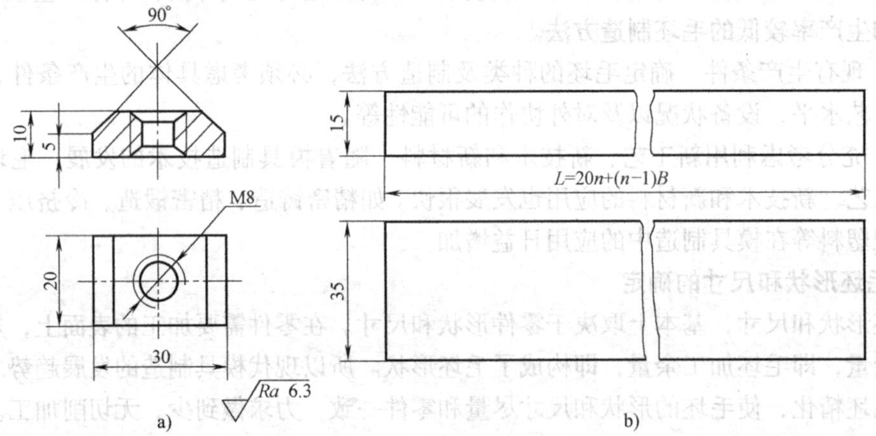

图 2-9　一坯多件

a）零件图　b）合件毛坯

2.4.3　任务实施

图 2-7 所示的冲裁凹模，是承载零件，要求有一定的强度，毛坯应该用自由锻造来生产。

任务 2.5　定位基准的选择

知识点：

1. 设计基准。
2. 工艺基准。
3. 粗基准的选择。

4. 精基准的选择。

技能点：

1. 正确选择粗基准。

2. 正确选择精基准。

2.5.1 任务导入

1. 任务要求

如图2-10所示的零件，要求根据图上的加工要求选择加工时的粗、精基准。

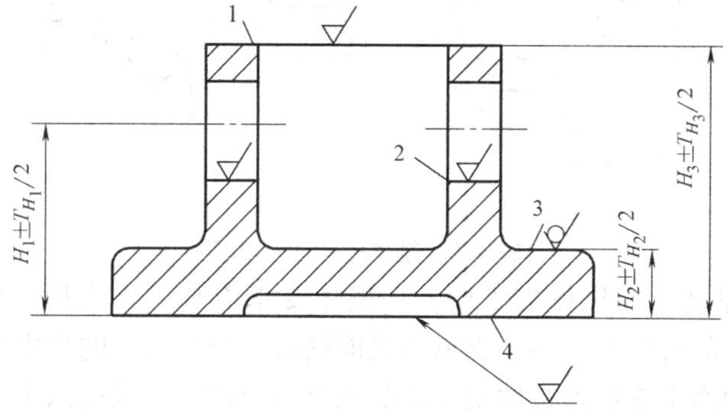

图2-10　定位基准的选择

2. 任务分析

根据粗、精基准选择的原则，选择零件的粗、精基准。

2.5.2 知识链接

为了正确、方便地加工出工件上的表面，在机械加工之前，必须将工件放在机床或夹具上，使工件上的一个或几个特征点、线、面相对于机床（或夹具）、刀具占有正确的相对位置，称为工件的定位。工件上用于确定其他点、线、面位置和尺寸所依据的特征点、线、面称为基准。工件在定位之后，为了使其在切削力、重力和惯性力等作用的影响下不至于偏离正确的位置，还需要把工件夹紧。工件从定位到夹紧的全过程称为安装。安装工件时，是先定位后夹紧。

1. 工件的安装

具体的生产条件不同，工件的安装方式也不同，并直接影响加工精度及生产率。

（1）划线安装　将按图样划好线的工件放置在机床的工作台或通用夹具（单动卡盘、花盘、虎钳等）上，用划针盘等工具按工件上所划的加工位置线（或找正线）将工件找正后夹紧，称为划线安装。划线安装法通用性好，但生产率低，精度不高，适用于单件小批量生产。

（2）夹具安装　使用自定位通用夹具（自定心卡盘等）或专用夹具安装工件，称为夹具安装。用夹具安装时，工件不再需要划线找正，而是靠夹具上的定位元件定位，再用夹紧机构将其夹紧。因此，夹具安装生产率高，加工质量稳定可靠，但专用夹具设计制造费用高、周期长，故此法适用于有一定批量的生产。

2. 工件定位的基本原理

任何一个不受约束的刚体在空间中都有六个自由度。在三维直角坐标系中这六个自由度为三个沿坐标轴移动的自由度（用 $\overleftrightarrow{X}$、$\overleftrightarrow{Y}$、$\overleftrightarrow{Z}$ 表示）和三个绕坐标轴转动的自由度（用 $\overset{\frown}{X}$、$\overset{\frown}{Y}$、$\overset{\frown}{Z}$ 表示），如图 2-11 所示。要使工件完全定位，就必须约束这六个自由度。

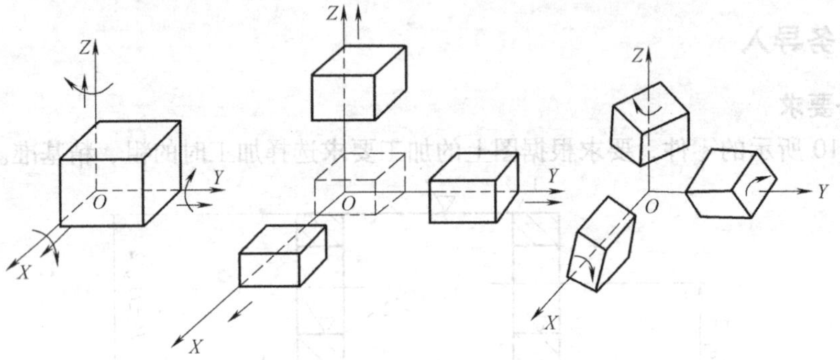

图 2-11　刚体的六个自由度

（1）六点定位原理　在机械加工中，一般用支承点与工件上用作定位的基准点、线、面相接触来约束工件的自由度。一个支承点只能约束一个方向上的自由度，因此，要使工件完全定位，就必须用六个支承点来约束工件的六个自由度，而且这六个支承点必须在三个相互垂直的坐标平面内按一定规则排列，这一定位原理称为工件定位的“六点定位原理”。如图 2-12 所示，*XOY* 平面中的三个支承点，约束工件 $\overset{\frown}{X}$、$\overset{\frown}{Y}$ 和 $\overset{\frown}{Z}$ 三个自由度；*XOZ* 平面中的二个支承点约束工件 $\overleftrightarrow{Y}$ 和 $\overset{\frown}{Z}$ 两个自由度；*YOZ* 平面内的一个支承点约束工件 $\overleftrightarrow{X}$ 一个自由度。

（2）工件定位类型

1）完全定位。工件的六个自由度都被约束的定位，称为完全定位。图 2-13 所示为加工连杆大头孔时，工件连杆的定位。平面 1 相当于三个支承点，约束连杆 $\overleftrightarrow{Z}$、$\overset{\frown}{X}$、$\overset{\frown}{Y}$ 三个自由度；短销 2 与挡销 3 相当于二个支承点，约束连杆的 $\overleftrightarrow{X}$、$\overleftrightarrow{Y}$、$\overset{\frown}{Z}$ 三个自由度；挡销 3 相当于一个支承点，约束连杆 $\overset{\frown}{Z}$ 一个自由度。这就是完全定位。

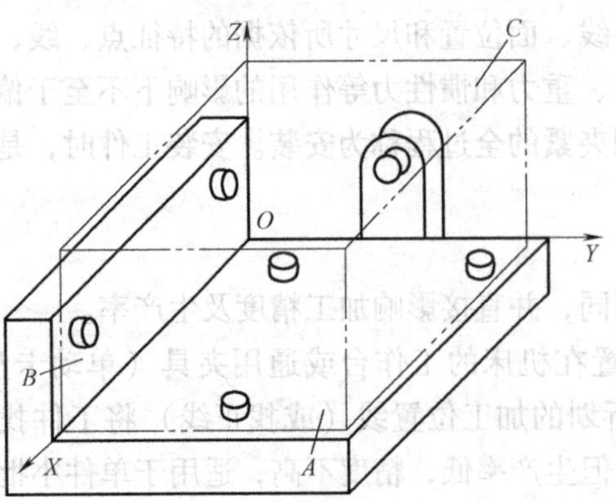

图 2-12　六点定位原理

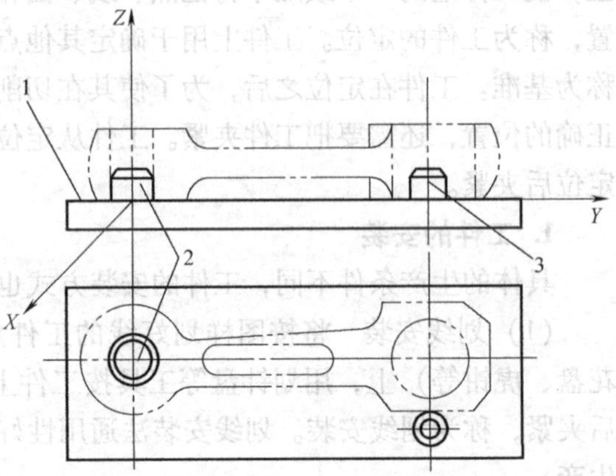

图 2-13　连杆的定位

2）不完全定位。由于工件加工要求不同，有时没有必要将工件的六个自由度完全约束，这种定位称为不完全定位。如图 2-14 所示磨削平板上平面。技术要求为保证尺寸 *A* 及上平面与下面的平行度，影响尺寸 *A* 的自由度是 $\overleftrightarrow{Z}$；影响两平面平行度的自由度是 $\overset{\frown}{X}$ 和 $\overset{\frown}{Y}$。

因此，只需将工件下平面紧密安放在磨床工作台的电磁吸盘上来约束这三个自由度即可。这就是不完全定位。

3）过定位与欠定位。如果工件上某一自由度，同时被两个定位元件约束，称为过定位；如果工件上某一个自由度对加工精度有影响而未被定位元件约束，则称为欠定位。

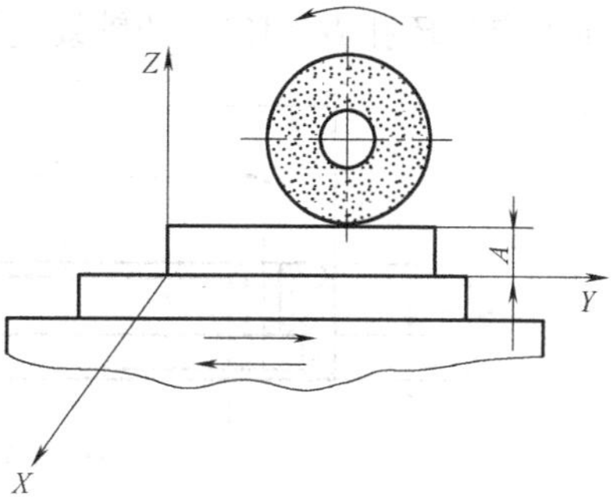

图2-14　磨削平面时的定位

欠定位是绝对不允许的，过定位也是应当避免的。有时为了增加工件刚性允许使用辅助支承，即过定位。如车床上加工细长轴时，除用卡盘和顶尖外，还要采用中心架或跟刀架，这是为了防止在切削力作用下，工件产生较大弯曲变形。

3. 定位基准的选择

（1）基准的分类

1）设计基准。即设计零件结构尺寸时，在零件图上使用的基准，如图2-15所示的A面。

2）工艺基准。在零件的加工、测量和机器的装配过程中所使用的基准，称为工艺基准。工艺基准又可分为工序基准、定位基准、测量基准和装配基准。

①工序基准是在工序图上用来确定本工序被加工表面加工后的尺寸、形状、位置的基准，如图2-16所示。

②定位基准是工件加工时，在机床或夹具上定位时所使用的基准。

③测量基准是在检验已加工表面尺寸及其相对位置时所使用的基准，如图2-17所示。

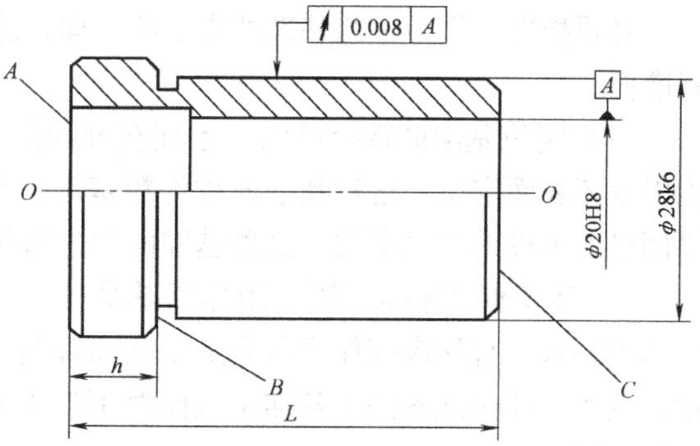

图2-15　设计基准

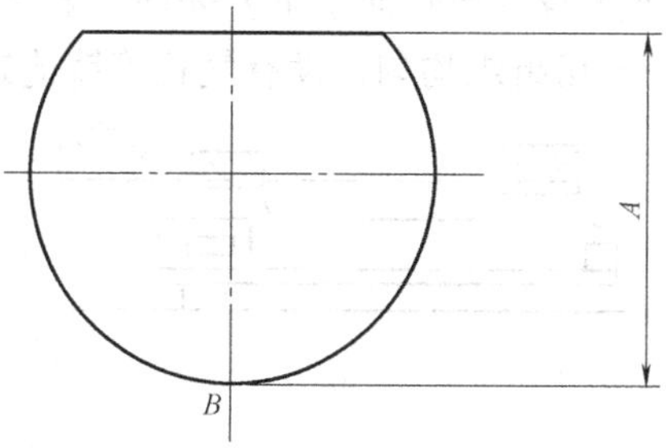

图2-16　工序基准

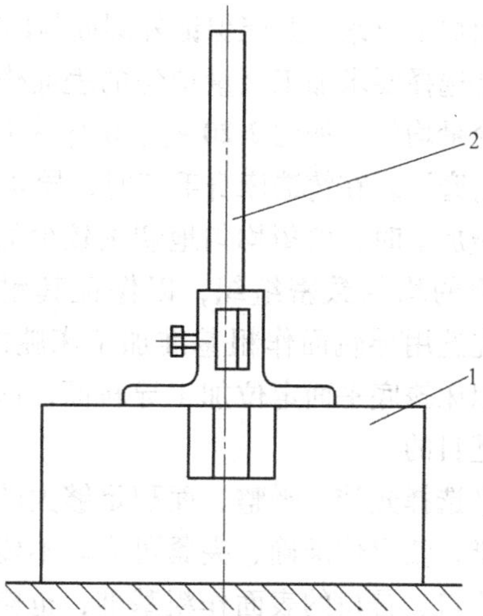

图2-17　测量基准

1—工件　2—游标深度尺

④装配基准是装配时用来确定零件或部件在产品中的相对位置所采用的基准。如图2-18所示的定位环孔D（H7）的轴线是设计基准，在进行模具装配时又是模具的装配基准。

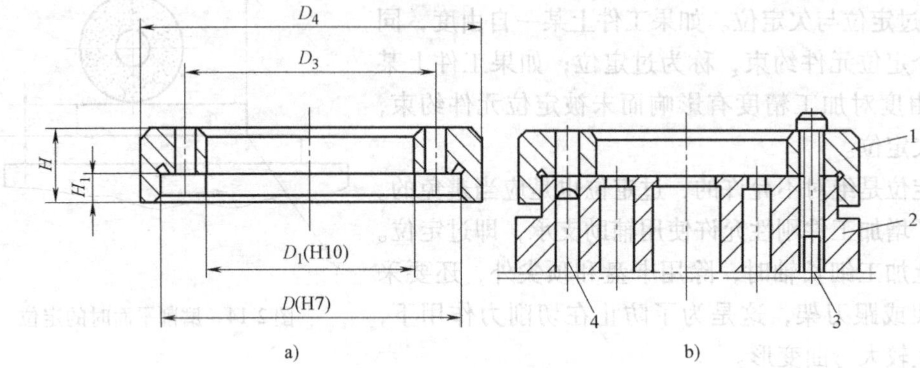

图2-18 装配基准

a）定位环 b）装配好的定位环

1—定位环 2—凹模 3—螺钉 4—销钉

必须指出，作为工艺基准的点、线、面，总是由具体表面来体现的，这个表面称为工艺基准面。

（2）定位基准的选择原则 毛坯在开始加工时，表面都未经加工，所以第一道工序只能以毛坯表面定位，这种基准面称为粗基准。在以后的工序中要用已加工过的表面定位，这种基准面称为精基准。

1）粗基准的选择原则。用作粗基准的表面，必须符合两个基本要求：首先应该保证所有加工表面都具有足够的加工余量；其次应该保证零件上各加工表面对不加工表面具有一定的位置精度。

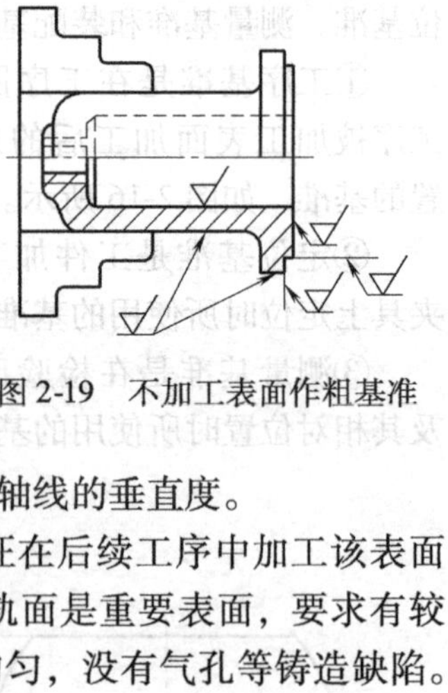

图2-19 不加工表面作粗基准

①选择不加工的表面作为粗基准。如图2-19所示，以不加工的外圆面作为粗基准，可以在一次装夹中把大部分需要加工的表面加工出来，并能保证外圆面与内孔的同轴度以及端面与孔轴线的垂直度。

②选择要求加工余量均匀的表面作为粗基准。这样可以保证在后续工序中加工该表面时，余量均匀。如图2-20所示机床床身的加工，由于床身的导轨面是重要表面，要求有较好的耐磨性。在铸造床身毛坯时，导轨面向下放置，金相组织均匀，没有气孔等铸造缺陷。在机械加工时，希望均匀地切去较少的余量，保留表面的均匀致密组织，以保证其耐磨性。为此，先选用导轨面作粗基准加工床腿的底平面，然后以床腿底平面定位加工导轨面，这样就能实现上述目的。

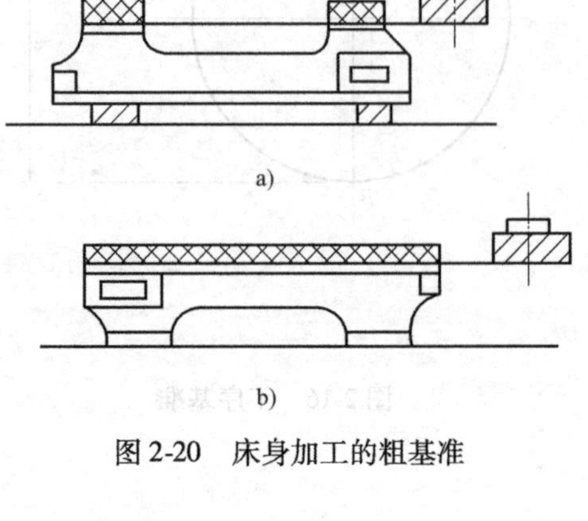

图2-20 床身加工的粗基准

③选择光洁、平整、面积足够大的表面作为粗基准，使定位准确、夹紧可靠。不能选用有飞边、浇口、冒口的表面作粗基准，也应尽量避开有分型面的表面，否则易使工件报废。

④粗基准应尽量避免重复使用。因为粗基准

表面粗糙，在每次安装中位置不可能一致，因而很容易造成表面位置超差或报废。

2）精基准的选择原则。在第一道工序加工完之后，就应尽量选用加工过的表面作定位基准面，以提高定位精度。

①基准重合原则。即尽可能选用设计基准为定位基准。这样可以避免因定位基准与设计基准不重合而产生的定位误差。如图2-21a所示零件，当加工平面3时，如果选定平面2为定位基准，采用调整法加工，直接保证的尺寸为$h_2 \pm T_{h_2}/2$，符合基准重合的原则。当选平面1作定位基准时，则不符合基准重合原则，采用调整法加工，直接保证的尺寸为$h_3 \pm T_{h_3}/2$，如图2-21b所示。由图可知当定位基准与设计基准不重合时，设计尺寸$h_2 \pm T_{h_2}/2$的尺寸公差不仅受h_3的尺寸公差T_{h_3}的影响，而且还受h_1的尺寸公差T_{h_1}的影响。T_{h_1}对h_2产生影响是由于基准不重合引起的。

②基准统一原则。即尽可能使具有相互位置精度要求的多个表面采用同一定位基准，以利于保证各表面间的相互位置精度。例如加工阶梯轴类零件时，均是采用两顶尖孔做定位基准，以保证各段外圆表面的同轴度。

③互为基准原则。如图2-22所示，内孔面和外圆面，两个被加工表面之间位置精度较高，要求加工余量小而均匀，此时多以两表面互为基准进行加工。

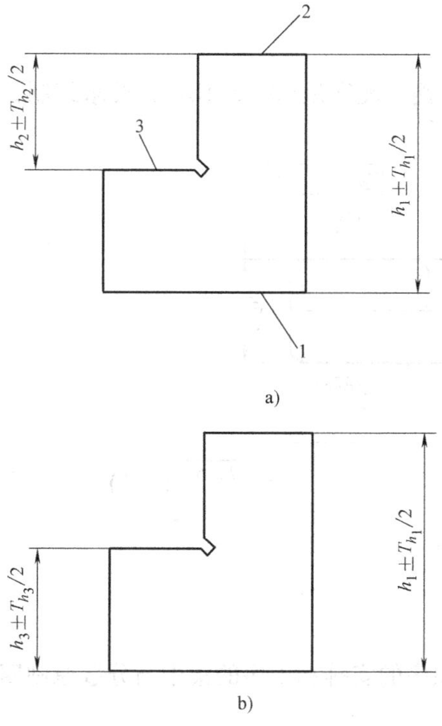

图2-21　基准重合与不重合的示例

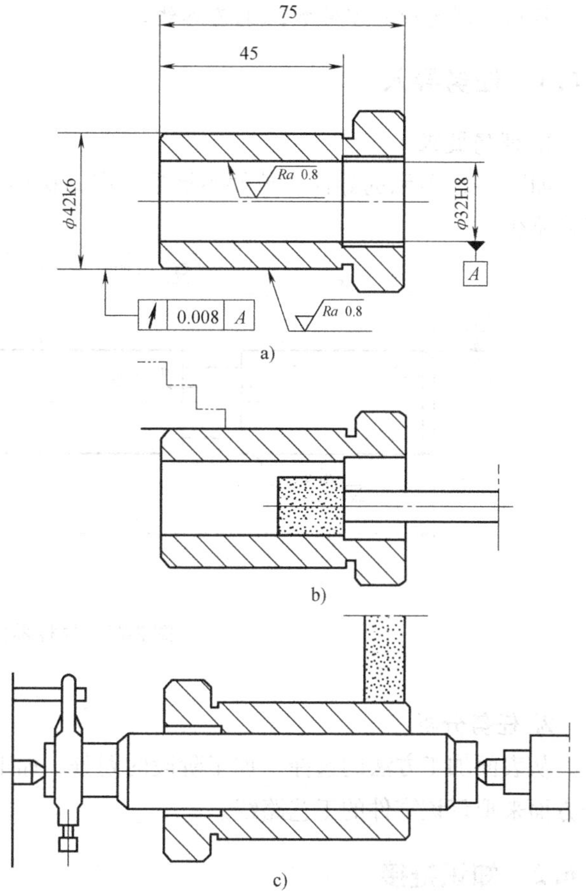

图2-22　采用互为基准磨内孔和外圆

a）工件简图　b）用自定心卡盘磨内孔　c）在心轴上磨外圆

④自为基准原则。精加工或光整加工工序要求加工余量小而均匀，这时应尽可能用加工表面自身作为精基准。

2.5.3 任务实施

图 2-10 所示的零件，其定位基准选择如下：

选择平面 3 为粗基准，加工底面 4，体现了选择不加工表面为粗基准；再以底面 4 为精基准，加工顶面 1 和镗孔 2，体现基准统一和重合的原则。

任务 2.6 工艺路线的制定

知识点：

1. 表面加工方法选择。
2. 工艺阶段的划分。
3. 工序的划分。

技能点：

能正确制定模具零件加工工艺路线。

2.6.1 任务导入

1. 任务要求

如图 2-23 所示的导柱，单件小批量生产，材料 T8 钢，硬度是 50～55HRC，要求编制其工艺路线。

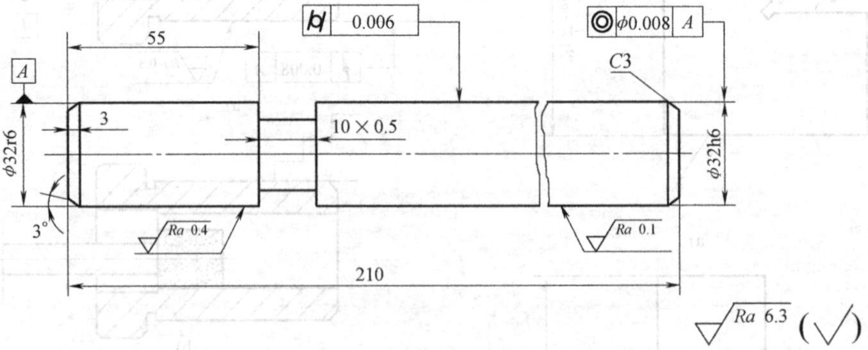

图 2-23 导柱零件图

2. 任务分析

从表面加工方法的选择、加工阶段的划分、加工顺序的安排和工序的集中与分散原则四个方面来拟订该零件的工艺路线。

2.6.2 知识链接

制定工艺路线主要包括表面加工方法的选择、加工阶段的划分、加工顺序的安排和工序的集中与分散等四个方面。

1. 表面加工方法的选择

零件表面的加工方法，首先取决于待加工表面的技术要求。但应注意，这些技术要求不一定就是零件图样所规定的要求，有时还可能由于工艺上的原因而在某些方面高于零件图上的要求。

当明确了各加工表面的技术要求后，即可据此选择能保证该要求的最终加工方法，并确定需要几个工步和各工步的加工方法。所选择的加工方法，应满足零件的质量、加工经济性和生产率的要求。为此，选择加工方法时应考虑下列因素。

1）首先要保证加工表面的加工精度和表面粗糙度的要求。由于获得同一精度及表面粗糙度的加工方法往往有若干种，实际选择时还要结合零件的结构形状、尺寸大小，以及材料和热处理的要求全面考虑。例如，对于IT7精度的孔，一般不宜选择拉削和磨削，而常选择镗孔或铰孔，孔径大时选择镗孔，孔径小时选择铰孔。

2）工件材料的性质，对加工方法的选择也有影响。例如，淬火钢应采用磨削加工；对有色金属零件，为避免磨削时堵塞砂轮，一般都采用高速镗削或高速精密车削进行精加工。

3）工件的结构形状和尺寸大小的影响。例如，回转工件可以用车削或磨削等方法加工孔，而模板上的孔，一般就不宜采用车削或磨削，而通常采用镗削或铰削加工。

4）表面加工方法的选择，还应考虑生产率和经济性的要求。大批量生产时，应尽量采用高效率的先进工艺方法，如内孔和平面可采用拉削加工取代普通的铣、刨和镗孔方法。

5）为了能够正确地选择加工方法，还要考虑本厂、本车间现有设备情况及技术条件。应该充分利用现有设备、挖掘企业潜力、发挥工人及技术人员的积极性和创造性，同时也应考虑不断改进现有的方法和设备，推广新技术，提高工艺水平。

零件上要求较高的表面，是通过粗加工、半精加工和精加工逐步达到的。对这些表面应正确地确定从毛坯到最终成形的加工路线（即工艺路线）。表2-3、表2-4、表2-5为常见的外圆、内孔和平面的加工方案，表2-6、表2-7、表2-8为圆柱面和平面所能达到的几何精度，制定加工工艺时可作参考。

表2-3　外圆表面加工方案

序号	加工方案	经济精度等级	表面粗糙度 $Ra/\mu m$	适用范围
1	粗车	IT11以下	50~12.5	适用于淬火钢以外的各种金属
2	粗车-半精车	IT10~IT8	6.3~3.5	
3	粗车-半精车-精车	IT8	1.6~0.8	
4	粗车-半精车-精车-滚压(或抛光)	IT8	0.2~0.025	
5	粗车-半精车-磨削	IT8~IT7	0.8~0.4	主要用于淬火钢,也可用于未淬火钢,但不宜加工有色金属
6	粗车-半精车-粗磨-精磨	IT7~IT6	0.4~0.1	
7	粗车-半精车-粗磨-精磨-超精加工	IT5	0.1	
8	粗车-半精车-精车-金刚石车	IT7~IT6	0.4~0.025	主要用于有色金属
9	粗车-半精车-粗磨-精磨-研磨	IT6~IT5	0.16~0.08	极高精度的外圆加工
10	粗车-半精车-粗磨-精磨-超精磨或镜面磨	IT5以上	<0.025	

表 2-4　孔加工方案

序号	加 工 方 案	经济精度等级	表面粗糙度 Ra/μm	适 用 范 围
1	钻	IT12 ~ IT11	12.5	加工未淬火钢及铸铁,也可用于加工有色金属
2	钻-铰	IT9	3.2 ~ 1.6	
3	钻-铰-精铰	IT8 ~ IT7	1.6 ~ 0.8	
4	钻-扩	IT11 ~ IT10	12.5 ~ 6.3	同上,孔径可大于 15 ~ 20mm
5	钻-扩-铰	IT9 ~ IT8	3.2 ~ 1.6	
6	钻-扩-粗铰-精铰	IT7	1.6 ~ 0.8	
7	钻-扩-机铰-手铰	IT7 ~ IT6	0.4 ~ 0.1	
8	钻-扩-拉	IT9 ~ IT7	1.6 ~ 0.1	大批大量生产(精度由拉刀的精度确定)
9	粗镗(或扩孔)	IT12 ~ IT11	12.5 ~ 6.3	除淬火钢以外的各种材料,毛坯有铸出孔或锻出孔
10	粗镗(粗扩)-半精镗(精扩)	IT9 ~ IT8	3.2 ~ 1.6	
11	粗镗(扩)-半精镗(精扩)-精镗(铰)	IT8 ~ IT7	1.6 ~ 0.8	
12	粗镗(扩)-半精镗(精扩)-精镗-浮动镗刀精镗	IT7 ~ IT6	0.8 ~ 0.4	
13	粗镗(扩)-半精镗-磨孔	IT8 ~ IT7	0.8 ~ 0.2	主要用于淬火钢,也可用于未淬火钢,但不宜用于有色金属
14	粗镗(扩)-半精镗-粗磨-精磨	IT7 ~ IT6	0.2 ~ 0.1	
15	粗镗(扩)-半精镗-精镗-金刚镗	IT7 ~ IT6	0.4 ~ 0.05	
16	钻-(扩)-粗铰-精铰-珩磨钻-(扩)-拉-珩磨;粗镗-半精镗-精镗-珩磨	IT7 ~ IT6	0.2 ~ 0.025	主要用于精度高的有色金属,用于精度要求很高的孔
17	以研磨代替上述方法中的珩磨	IT6 以上	0.2 ~ 0.025	

表 2-5　平面加工方案

序号	加 工 方 案	经济精度等级	表面粗糙度 Ra/μm	适 用 范 围
1	粗车-半精车	IT9	6.3 ~ 3.2	主要用于端面加工
2	粗车-半精车-精车	IT8 ~ IT7	1.6 ~ 0.8	
3	粗车-半精车-磨削	IT9 ~ IT8	0.8 ~ 0.2	
4	粗刨(或粗铣)-精刨(或精铣)	IT10 ~ IT9	6.3 ~ 1.6	一般不淬硬平面
5	粗刨(或粗铣)-精刨(或精铣)-刮研	IT7 ~ IT6	0.8 ~ 0.1	精度要求较高的不淬硬平面,批量较大时宜采用宽刃精刨
6	以宽刃刨削代替上述方案中的刮研	IT7	0.8 ~ 0.2	
7	粗刨(或粗铣)-精刨(或精铣)-磨削	IT7	0.8 ~ 0.2	精度要求高的淬硬平面或未淬硬平面
8	粗刨(或粗铣)-精刨(或精铣)-粗磨-精磨	IT7 ~ IT6	0.4 ~ 0.2	
9	粗铣-拉削	IT9 ~ IT7	0.8 ~ 0.2	大量生产,较小的平面(精度由拉刀决定)
10	粗铣-精铣-磨削-研磨	IT6 以上	<0.1 (Rz 为 0.05)	高精度的平面

表2-6　外圆和内孔的几何形状精度（括号内的数字是新机床的精度标准）

（单位：mm）

机床类型			圆度误差	圆柱度误差
卧式车床	最大直径	≤400	0.02(0.01)	100∶0.015(0.01)
		≤800	0.03(0.015)	300∶0.05(0.03)
		≤1600	0.04(0.02)	300∶0.06(0.04)
高精度车床			0.01(0.005)	150∶0.02(0.01)
外圆车床	最大直径	≤200	0.006(0.004)	500∶0.011(0.007)
		≤400	0.008(0.005)	1000∶0.02(0.01)
		≤800	0.012(0.007)	1000∶0.025(0.015)
无心磨床			0.01(0.005)	100∶0.008(0.005)
珩磨机			0.01(0.005)	300∶0.02(0.01)
卧式镗床	镗杆直径	≤100	外圆 0.05(0.03) 内孔 0.04(0.02)	200∶0.04(0.02)
		≤160	外圆 0.05(0.03) 内孔 0.05(0.025)	300∶0.05(0.03)
		≤200	外圆 0.06(0.04) 内孔 0.05(0.03)	400∶0.06(0.04)
内圆磨床	最大孔径	≤50	0.008(0.005)	200∶0.008(0.005)
		≤200	0.015(0.008)	200∶0.015(0.008)
		≤800	0.02(0.01)	200∶0.02(0.01)
立式金刚镗			0.008(0.005)	300∶0.02(0.01)

表2-7　平面的几何形状和相互位置精度（括号内的数字是新机床的精度标准）

（单位：mm）

机床类型			平面度误差		平行度误差	垂直度误差	
						加工面对基面	加工面相互间
卧式铣床			300∶0.06(0.04)		300∶0.06(0.04)	150∶0.04(0.02)	300∶0.05(0.03)
立式铣床			300∶0.06(0.04)		300∶0.06(0.04)	150∶0.04(0.02)	300∶0.05(0.03)
插床	最大插削长度	≤200	300∶0.05(0.025)		—	300∶0.05(0.025)	300∶0.05(0.025)
		≤500	300∶0.05(0.03)		—	300∶0.05(0.03)	300∶0.05(0.03)
平面磨床	立卧轴矩台		—		1000∶0.025(0.015)	—	—
	高精度平磨		—		500∶0.009(0.005)	—	100∶0.01(0.005)
	卧轴圆台		—		1000∶0.02(0.01)	—	—
	立轴圆台		—		1000∶0.03(0.02)	—	—
牛头刨床	最大刨削长度		加工上面	加工侧面	—	—	—
	≤250		0.02(0.01)	0.04(0.02)	0.04(0.02)	—	0.06(0.03)
	≤500		0.04(0.02)	0.06(0.03)	0.06(0.03)	—	0.08(0.05)
	≤1000		0.06(0.03)	0.07(0.04)	0.07(0.04)	—	0.12(0.07)

表 2-8　孔的相互位置精度

加工方法	工件的定位	两孔中心线间或孔中心线到平面的距离误差/mm	在 100mm 长度上孔中心线垂直度误差/mm
立式钻床上钻孔	用钻模	0.1～0.2	0.1
	按划线	1.0～3.0	0.5～1.0
车床上钻孔	按划线	1.0～2.0	—
	用带滑座的角尺	0.1～0.3	—
铣床上镗孔	回转工作台	—	0.02～0.05
	回转分度头	—	0.05～0.1
坐标镗床上钻孔	光学仪器	0.004～0.015	—
卧式镗床上钻孔	用镗模	0.05～0.08	0.04～0.2
	用量块	0.05～0.10	—
	回转工作台	0.06～0.30	—
	按划线	0.4～0.5	0.5～1.0

2. 加工阶段的划分

零件表面的加工方法确定之后，就要安排加工的先后顺序，同时还要安排热处理、检验等其他工序在工艺过程中的位置。零件加工顺序安排得是否合适，对加工质量、生产率和经济性有较大的影响。

（1）工艺过程划分阶段的原则　机械零件加工时，往往不是依次加工完各个表面，而是将各表面的粗、精加工分开进行。为此，一般都将整个工艺过程划分为几个加工阶段，这就是在安排加工顺序时所遵循的工艺过程划分阶段的原则。

1）粗加工阶段。主要任务是切除各加工表面上的大部分加工余量，并为半精加工提供定位基准。因此，此阶段中应采取措施尽可能提高金属去除率。

2）半精加工阶段。该阶段的作用是为零件主要表面的精加工做好精度和余量准备，并完成一些次要表面如钻孔、攻螺纹等的加工，一般在热处理前进行。

3）精加工阶段。精加工阶段是去除半精加工所留下的加工余量，使工件各主要表面达到图样要求的尺寸精度和表面粗糙度。

4）光整加工阶段。对于精度和表面粗糙度要求很高，如精度 IT7 以上，表面粗糙度 *Ra* 值小于 0.4μm 的零件可采用光整加工。光整加工一般不用于纠正几何形状和相互位置误差。

（2）工艺过程划分阶段的作用

1）保证零件质量。粗加工时切除金属较多，产生较大的切削力和切削热，工件需要较大的夹紧力。而且粗加工后内应力要重新分布，在这些力和热的作用下，工件会发生较大的变形，如果不分阶段地连续进行粗、精加工，就无法避免上述原因所引起的加工误差。加工过程分阶段后，粗加工造成的加工误差，通过半精加工和精加工即可得到纠正，并可逐步提高零件的加工精度和降低表面粗糙度，达到零件加工质量的要求。

2）合理使用设备。加工过程划分阶段后，粗加工可采用功率大、刚度好和精度低的高效率机床加工以提高生产率，精加工则可采用高精度机床加工，以确保零件的精度要求。这样既充分发挥了设备的各自特点，又缩短了加工时间，降低了加工成本。

3）便于安排热处理工序。对于一些精密零件，粗加工后安排去应力的时效处理，可减少内应力变形对精加工的影响；半精加工后安排淬火不仅容易满足零件的性能要求，而且淬火引起的变形也可通过精加工工序予以消除。

此外，粗、精加工分开后，毛坯的缺陷（如气孔、砂眼和加工余量不足等）可在粗加工阶段及早发现，及时决定修补或报废，以免对应报废的零件继续精加工而浪费工时和其他制造费用。精加工表面应安排在后面，还可以保护其不受损伤。

在拟订工艺路线时，一般应遵循划分加工阶段这一原则，但具体运用时要灵活掌握，不能绝对化。例如，对于要求较低而刚性又较好的零件，可不必划分阶段；又如对于一些刚性好的重型零件，由于装夹吊运很费工时，往往不划分阶段，而在一次安装中完成表面的粗、精加工。

3. 加工顺序的安排

一个机械零件上往往有几个表面需要加工，这些表面不仅本身有一定的精度要求，而且各表面间还有一定的位置要求。为了达到这些精度要求，各表面的加工顺序不能随意安排，而必须遵循一定的原则，这就是定位基准的选择和转换决定着加工顺序，以及前工序为后续工序准备好定位基准的原则。

（1）机械加工顺序的安排　机械加工顺序的安排，应考虑以下几个原则。

1）先粗后精。当零件需要分阶段加工时，先安排各表面的粗加工，中间安排半精加工，最后安排主要表面的精加工和光整加工。由于次要表面精度要求不高，一般在粗、半精加工即可完成；对于与主要表面相对位置关系密切的表面，通常多置于主要表面加工之后加工。

2）先主后次。零件上的装配基面和主要工作表面等先安排加工，而键槽、紧固用的光孔和螺纹孔等由于加工面小，又和主要表面有相互位置的要求，一般都应安排在主要表面达到一定精度（如半精加工）之后，且在最后精加工之前进行加工。

3）基准先行。每一加工阶段总是先安排基准面加工工序，例如轴类零件加工中采用中心孔作为统一基准。因此，每一加工阶段开始总是钻中心孔。作为精基准，应使之具有足够的精度和表面粗糙度要求，并常常高于原来图样上的要求。如果精基准面不止一个，则应按照基准面转换的次序和逐步提高精度的原则安排。例如，精密轴套类零件，其外圆和内孔就要互为基准反复进行加工。

4）先面后孔。如模具上的模座、凸凹模固定板、动模板、推板等一般模具零件，平面所占轮廓尺寸较大，用平面定位比较稳定可靠。因此，其工艺路线总是选择平面作为定位基准面，先加工平面，再加工孔。

（2）热处理工序的安排　常采用的热处理工艺有：退火、正火、调质、时效、淬火、回火、渗碳和渗氮等。热处理工序安排主要取决于热处理的目的。

1）预备热处理。为改善工件的金相组织和切削加工性而进行的热处理，如退火、正火等，一般安排在切削加工之前。

2）时效处理。对于结构复杂的大型铸件，或精度要求很高的非铸件，为了消除在毛坯制造和切削加工过程中产生的残余应力对工件加工精度的影响，需要在粗加工之前和之后，各安排一次时效处理。对于一般铸件，只需在粗加工前或后进行一次时效处理。对于要求不高的其他零件，一般仅在毛坯制造后，进行一次时效处理。

3）强化热处理。为提高零件表层硬度和强度或其他特殊要求而进行的热处理，如淬火、渗碳、渗氮等，一般安排在工艺过程后期。为了消除淬火后内应力，通常需要回火处理。为消除热处理变形的影响，一般在淬火之后需要进行磨削加工。

（3）辅助工序的安排 辅助工序包括工件的检验、去毛刺、清洗和涂防锈油等。

1）检验工序。检验工序是主要的辅助工序，它对保证零件质量有极重要的作用。检验工序应安排在：

①粗加工全部结束后，精加工之前；

②零件从一个车间转向另一个车间前后；

③重要工序加工前后；

④零件加工完毕，进入装配和成品库时。

2）其他辅助工序的安排。零件的表面处理，如电镀、发蓝、涂装等，一般均安排在工艺过程的最后。但有些大型铸件的内腔不加工面，常在加工之前先涂防锈漆等。去毛刺、倒棱、去磁、清洗等，应适当穿插在工艺过程中进行。这些辅助工序不能忽视，否则会影响装配工作，妨碍模具的正常运行。

4. 工序的集中与分散

同一个工件，同样的加工内容，可以按两种不同原则来安排工艺过程：一种是工序集中，另一种是工序分散。所谓工序集中，是使每个工序中包括尽可能多的工步内容，因而使总的工序数目减少，夹具的数目和工件的安装次数也相应地减少。所谓工序分散，是将工艺路线中的工步内容分散在更多的工序中去完成，因而每道工序的工步少，工艺路线长。

（1）工序集中的特点

1）采用的设备和工装结构复杂，投资大，调整和维修的难度大，对工人技术水平要求高。

2）减少了工序数目，缩短了工艺路线，从而简化了生产计划和生产组织工作。

3）减少了设备数量，相应地减少了操作工人和生产面积。

4）减少了工件安装次数，不仅缩短了辅助时间，而且一次安装加工较多的表面，也易于保证这些表面的相对位置精度。

5）专用设备和工艺装备较复杂，生产准备工作和投资比较大，转换新产品比较困难。

（2）工序分散的特点

1）设备与工艺装备比较简单，调整方便，生产工人便于掌握，容易适应产品的变换。

2）可以采用最合理的切削用量，减少机动时间。

3）设备数目较多，操作工人多，生产面积大。

工序的集中与分散各有特点。在拟订工艺路线时，工序集中与分散的程度，即工序数目的多少，主要取决于生产规模和零件的结构特点及技术要求。

划分工序时还应考虑零件的结构特点及技术要求，例如，对于重型模具的大型零件，为了减少工件装卸和运输的劳动量，工序应适当集中；对于刚性差且精度高的精密零件，工序则应适当分散。

2.6.3　任务实施

图2-23所示导柱的工艺路线如表2-9所示。

表2-9　导柱的工艺路线

工序号	工序名称	工序内容	设备
1	下料	按尺寸 ϕ35mm×215mm 切断	锯床
2	车端面、钻中心孔	车端面保证长度212.5mm 钻中心孔 调头车端面保证210mm 钻中心孔	卧式车床
3	车外圆	车外圆至 ϕ32.4mm 切10mm×0.5mm槽到尺寸 车端部 调头车外圆至 ϕ32.4mm 车端部	卧式车床
4	检验		
5	热处理	按热处理工艺进行，保证渗碳层深度0.8～1.2mm，表面硬度58～62HRC	
6	研中心孔	研中心孔 调头研磨另一端中心孔	卧式车床
7	磨外圆	磨 ϕ32h6mm 外圆，留研磨量0.01mm 调头磨 ϕ32r6mm 外圆到尺寸	外圆磨床
8	研磨	研磨外圆 ϕ32h6mm 达要求 抛光圆角	卧式车床
9	检验		

任务2.7　加工余量的确定

知识点：

1. 加工余量。
2. 工序余量。
3. 加工总余量。
4. 加工余量的确定方法。

技能点：

能准确的确定加工余量。

2.7.1　任务导入

如图2-24所示，该简单阶梯轴的毛坯为 ϕ22mm，其加工余量如何确定？

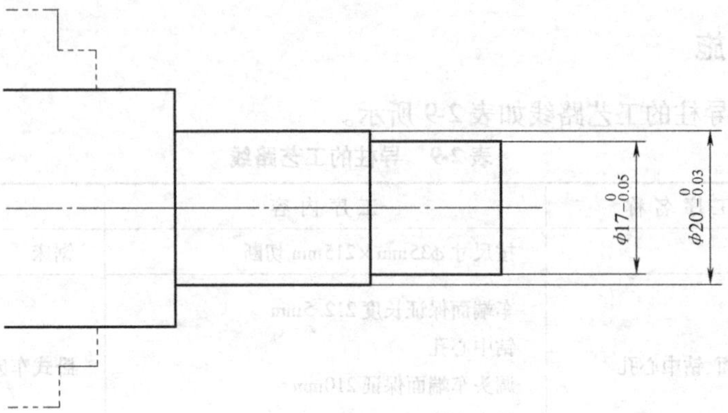

图 2-24　阶梯轴

2. 7. 2　知识链接

1. 加工余量

零件在机械加工过程中，各加工表面本身的尺寸及各个加工表面相互之间的距离尺寸和位置关系，在每一道工序中是不相同的，它们随着工艺过程的进行而不断改变，一直到工艺过程结束，达到图样上所规定的要求。在工艺过程中，某工序加工后应达到的尺寸称为工序尺寸。

工艺路线制定之后，在进一步安排各个工序的具体内容时，应正确地确定工序尺寸。工序尺寸的确定与工序的加工余量有着密切的关系。

加工余量是指加工过程中从加工表面切除的金属层厚度。加工余量可分为工序余量和总加工余量（毛坯余量）两种。

相邻两工序的工序尺寸之差称为工序余量。由于加工表面的形状不同，加工余量又可分为单边余量和双边余量两种。如平面加工，加工余量是单边余量，它等于实际切除的金属层厚度，如图 2-25 所示。

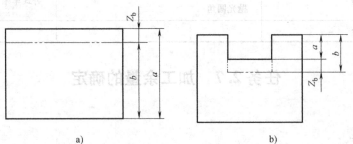

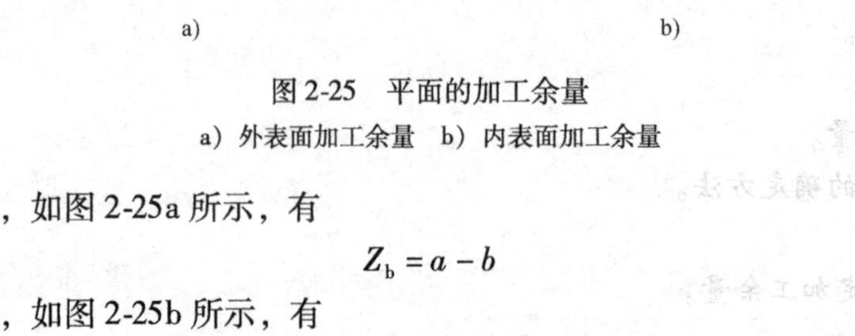

图 2-25　平面的加工余量

a）外表面加工余量　b）内表面加工余量

对于外表面，如图 2-25a 所示，有

$$Z_b = a - b$$

对于内表面，如图 2-25b 所示，有

$$Z_b = b - a$$

式中　Z_b——本工序的工序余量（mm）；

a——前工序的工序尺寸（mm）；

b——本工序的工序尺寸（mm）。

而对于轴和孔等旋转表面的加工，加工余量为双边余量，实际切除的金属层厚度为工序余量的一半，如图2-26所示。

对于轴类，如图2-26a所示，有

$$2Z_b = d_a - d_b$$

对于孔类，如图2-26b所示，有

$$2Z_b = d_b - d_a$$

式中　Z_b——本工序的工序余量（mm）；

d_a——前工序的工序尺寸（mm）；

d_b——本工序的工序尺寸（mm）。

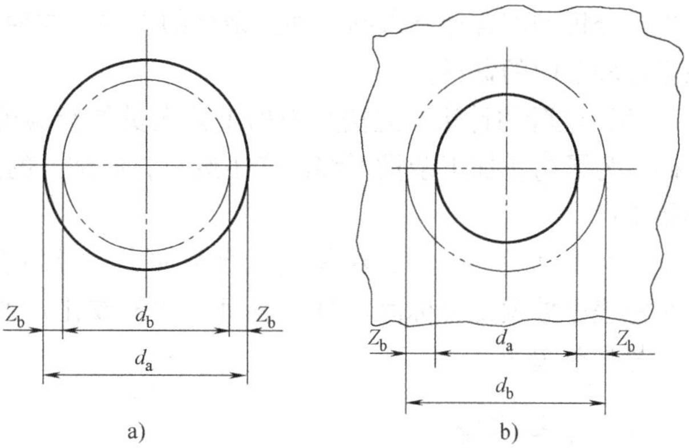

图2-26　旋转表面的加工余量

a）轴类加工余量　b）孔类加工余量

毛坯尺寸与零件图设计尺寸之差称为总加工余量（毛坯余量），其值等于各工序的加工余量的总和，即

$$Z_T = \sum_{i=1}^{n} Z_i$$

式中　Z_T——总加工余量（mm）；

Z_i——第i道工序的基本加工余量；

n——工序的个数。

由于工序尺寸都有公差，所以加工余量也必然在某一公差范围内变化，其公差大小等于本道工序尺寸与上道工序尺寸公差之和。因此，如图2-27所示，工序余量有标称余量（简称余量Z_b）、最大余量和最小余量之分。

从图2-27中可知：被包容件的余量Z_b包含上道工序的尺寸公差，余量公差可表示为

$$T_Z = Z_{max} - Z_{min} = T_b + T_a$$

式中　T_Z——工序余量公差（mm）；

Z_{max}——工序最大余量（mm）；

Z_{min}——工序最小余量（mm）；

T_b——加工面在本道工序的工序尺寸公差（mm）；

T_a——加工面在上道工序的工序尺寸公差（mm）。

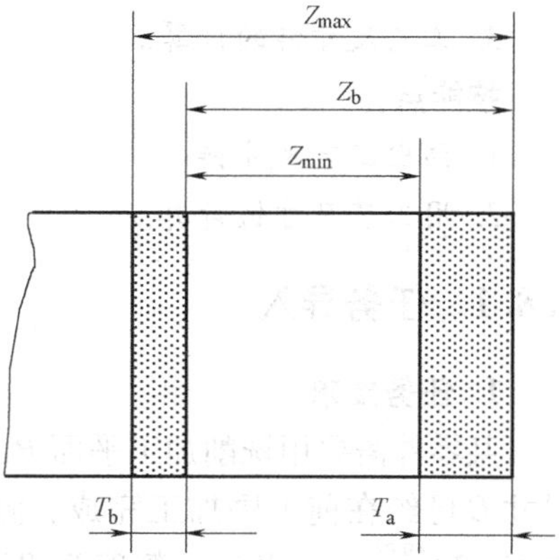

图2-27　被包容件的加工余量和公差

一般情况下，工序尺寸的公差按“入体原则”标准，即被包容尺寸（轴的外径，实体的长、宽、高）的最大加工尺寸就是公称尺寸，上极限偏差为零，而包容尺寸（孔径、槽宽）的最小加工尺寸就是公称尺寸，下极限偏差为零。毛坯的尺寸公差按双向对称偏差形式标注。

2. 加工余量的确定

加工余量的大小，对零件的加工质量和生产率及经济性均有较大的影响。余量过大将增加金属材料、动力、刀具和劳动量的消耗，并使切削力增大而引起工件的变形较大。反之，余量过小则不能保证零件的加工质量。确定加工余量的基本原则是在保证加工质量的前提下

尽量减少加工余量。

（1）分析计算法　此法是依据一定的试验资料和计算公式，对影响加工余量的各项因素进行分析和综合计算来确定加工余量的方法。这种方法确定的加工余量比较合理，但需要积累比较全面的资料。

（2）经验估计法　此法是根据工艺人员的经验确定加工余量的方法，但这种方法不够准确。为了防止加工余量不够而产生废品，所估计的加工余量一般偏大，此法常用于单件小批量生产。

（3）查表修正法　此法是查阅有关加工余量的手册来确定，应用比较广泛。在查表时应注意表中数据是公称值。对称表面（如轴或孔）的加工余量是双边的，非对称表面的加工余量是单边的。

2.7.3　任务实施

图2-24所示的阶梯轴，其加工余量如下：

1）工序余量：ϕ22mm→ϕ20mm，工序余量为2mm。

ϕ20mm→ϕ17mm，工序余量为3mm。

2）加工总余量：2mm + 3mm = 5mm。

任务2.8　工序尺寸及其公差的确定

知识点：

1. 工艺尺寸链的概念。
2. 工艺尺寸链的组成。
3. 工艺尺寸链的计算。

技能点：

1. 画出工艺尺寸链。
2. 用工艺尺寸链计算。

2.8.1　任务导入

1. 任务要求

某零件需要用铣削加工平面 P，其安装方法如图2-28所示。设计要求保证尺寸 A，已知尺寸 C 已经在前工序加工完成，测量得到尺寸变动范围 $C = 30^{+0.07}_{+0.02}$mm，B 尺寸精度为 $B = 15^{+0.09}_{0}$ mm，求尺寸 A 的尺寸及公差。

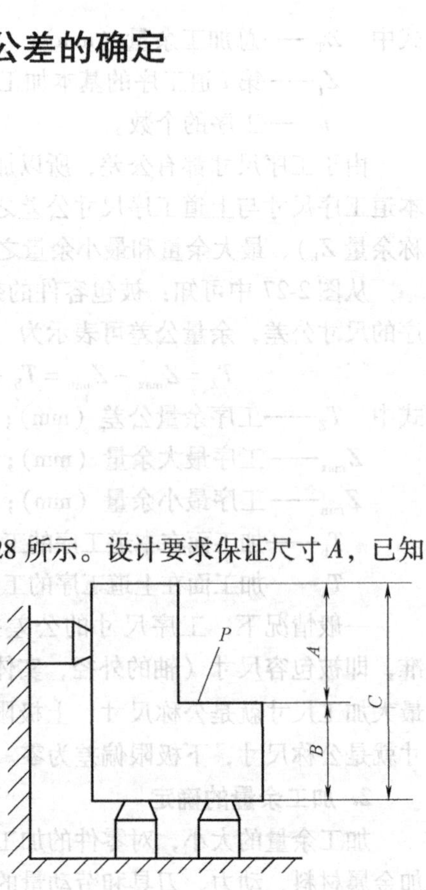

图2-28　零件的安装

2. 任务分析

分析加工中零件的设计基准和工艺基准是否重合，不重合的情况下，找出封闭环，画出工艺尺寸链并求解。

2.8.2　知识链接

机械加工过程中，工件的尺寸在不断地变化，由毛坯尺寸到工序尺寸，最后达到设计要求的尺寸。这种变化无论是在一个工序内部，还是在各个工序之间都有一定的内在联系。

1. 工艺尺寸链的概念

（1）工艺尺寸链的定义　在零件的加工过程中，为了加工和检验的方便，有时需要进行一些工艺尺寸的计算。为使这种计算迅速准确，按照尺寸链的基本原理，将这些有关尺寸以一定顺序首尾相连排列成一封闭的尺寸系统，即构成了零件的工艺尺寸链，简称工艺尺寸链，如图2-29所示。

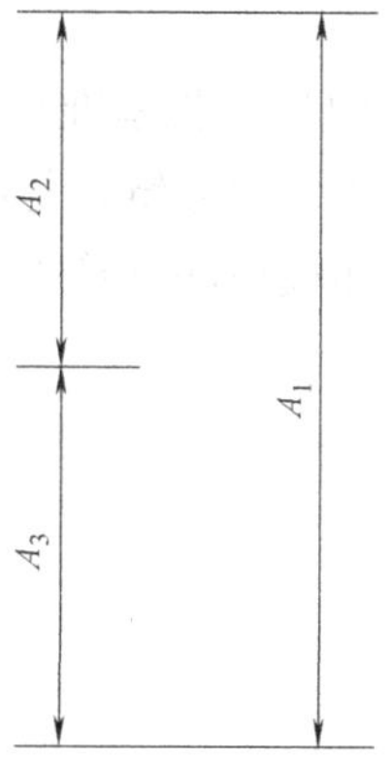

图2-29　工艺尺寸链

（2）工艺尺寸链的组成

1）环。组成工艺尺寸链的各个尺寸都称为工艺尺寸链的环。

2）封闭环。工艺尺寸链中，间接得到的环称为封闭环，用 A_0 表示。

3）组成环。除封闭环以外的其他环都称为组成环，用 A_i 表示。组成环分增环和减环两种。

4）增环。当其余各组成环保持不变，某一组成环增大，封闭环也随之增大，该环即为增环。一般在该环尺寸的代表符号上，加一个向右的箭头表示，即 $\overrightarrow{A}_i$。

5）减环。当其余各组成环保持不变，某一组成环增大，封闭环反而减小，该环即为减环。一般在该尺寸的代表符号上，加一个向左的箭头表示，即 $\overleftarrow{A}_i$。

（3）建立工艺尺寸链的步骤

1）确定封闭环，即加工后间接得到的尺寸。

2）查找组成环。从封闭环一端开始，按照尺寸之间的联系，首尾相连，依次画出对封闭环有影响的尺寸，直到封闭环的另一端，形成一个封闭图形，就构成一个工艺尺寸链。查找组成环必须掌握的基本特点为：组成环是加工过程中“直接获得”的，而且对封闭环有影响。

3）按照各组成环对封闭环的影响，确定其为增环或减环。确定增环或减环可先给封闭环任意规定一个方向，然后沿此方向，绕工艺尺寸链依次给各组成环画出箭头，凡是与封闭环箭头方向相同的就是减环，相反的就是增环。

2. 工序尺寸及公差的确定

（1）基准重合时工序尺寸及公差的确定　当零件定位基准与设计基准（工序基准）重合时，零件工序尺寸及其公差的确定方法是：先根据零件的具体要求确定其加工工艺路线，再通过查表确定各道工序的加工余量及其公差，然后计算出各工序尺寸及公差。计算顺序是：先确定各工序的公称尺寸，再由后往前逐个工序推算，即由工件上的设计尺寸开始，由最后一道工序向前工序推算直到毛坯尺寸。

例　加工外圆柱面，设计尺寸为 $\phi40^{+0.050}_{+0.034}$mm，表面粗糙度值 Ra 小于0.4μm。加工的工艺路线为：粗车—半精车—磨外圆。用查表法确定毛坯尺寸、各工序尺寸及其公差。

从有关资料查取各工序的工序余量及各工序的工序尺寸公差见表2-10。公差带方向按入体原则确定。最后一道工序的加工精度应达到外圆柱面的设计要求，其工序尺寸为设计尺寸。其余各工序的工序公称尺寸，为相邻后续工序的公称尺寸加上后续工序的工序余量。

表 2-10　加工 $\phi 40^{+0.050}_{+0.034}$ mm 外圆柱面的工序尺寸计算　（单位：mm）

工　序	工序余量	工序尺寸公差	工序尺寸
磨外圆	0.6	0.016	$\phi 40^{+0.050}_{+0.034}$
半精车	1.4	0.062	$\phi 40.6^{0}_{-0.062}$
粗车	3	0.25	$\phi 42^{0}_{-0.25}$
毛坯	5	—	$\phi 45$

（2）定位基准与设计基准不重合时工序尺寸及其公差的计算　基准不重合时，用极值法解工艺尺寸链，是以尺寸链中各环的上极限尺寸和下极限尺寸为基础进行计算的。

用极值法计算工艺尺寸链的基本公式

$$A_0 = \sum_{i=1}^{m} \overrightarrow{A}_i - \sum_{i=m+1}^{n-1} \overleftarrow{A}_i$$

$$ESA_0 = \sum_{i=1}^{m} ES\overrightarrow{A}_i - \sum_{i=m+1}^{n-1} EI\overleftarrow{A}_i$$

$$EIA_0 = \sum_{i=1}^{m} EI\overrightarrow{A}_i - \sum_{i=m+1}^{n-1} ES\overleftarrow{A}_i$$

$$T_0 = \sum_{i=1}^{n-1} T_i$$

式中　n——包括封闭环在内的尺寸链总环数；

m——增环数目；

$n-1$——组成环（包括增环和减环）的数目；

ESA_0——封闭环上极限偏差；

EIA_0——封闭环下极限偏差；

T_0——封闭环公差。

在零件加工过程中有时为方便定位或加工，选用不是设计基准的几何要素作定位基准，在这种定位基准与设计基准不重合的情况下，需要通过尺寸换算，改注有关工序尺寸及公差，并按换算后的工序尺寸及公差加工，以保证零件的原设计要求。

（3）测量基准与设计基准不重合时工序尺寸及其公差的计算　在加工中，有时会遇到某些加工表面的设计尺寸不便测量，甚至无法测量的情况，为此需要在工件上另选一个容易测量的测量基准，通过对该测量尺寸的控制来间接保证原设计尺寸的精度。这就产生了测量基准与设计基准不重合时，测量尺寸及公差的计算问题。

（4）中间工序的工序尺寸及其公差的求解计算　在工件加工过程中，有时一个基准面的加工会同时影响两个设计尺寸的数值。这时，需要直接保证其中公差要求较严的一个设计尺寸，而另一设计尺寸需由该工序前面的某一中间工序的合理工序尺寸间接保证。为此，需要对中间工序尺寸进行计算。

（5）保证渗碳或渗氮层深度时工艺尺寸及其公差的计算　零件渗碳或渗氮后，表面一般要经磨削保证尺寸精度，同时要求磨后保留有规定的渗层深度。这就要求进行渗碳或渗氮热处理时按一定渗层深度及公差进行（用控制热处理时间保证），并对这一合理渗层深度及公差进行计算。

2.8.3 任务实施

首先绘制图 2-28 所示零件的工艺尺寸链图，如图 2-30 所示。

其中封闭环为 A，增环为 C，减环为 B。

计算 A 的公称尺寸：$A = C - B = (30 - 15)\text{mm} = 15\text{mm}$

计算上极限偏差 ESA：$ESA = ESC - EIB = (0.07 - 0)\text{mm} = 0.07\text{mm}$

计算下极限偏差 EIA：$EIA = EIC - ESB = (0.02 - 0.09)\text{mm} = -0.07\text{mm}$

故 A 的尺寸及公差为 $15 \pm 0.07\text{mm}$。

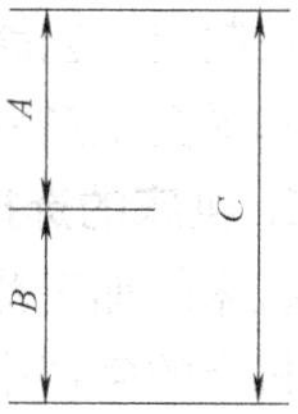

图 2-30　工艺尺寸链图

任务 2.9　机床与工艺装备的选择

知识点：

1. 机床的选择。
2. 夹具的选择。
3. 刀具的选择。
4. 量具的选择。

技能点：

能正确地选择机床和工艺装备。

2.9.1 任务导入

如图 2-31 所示，观察机械加工工序卡中机床和工艺装备的填写。

	机械加工工序卡片	产品型号		零(部)件图号	
		产品名称		零(部)件名称	上支座板

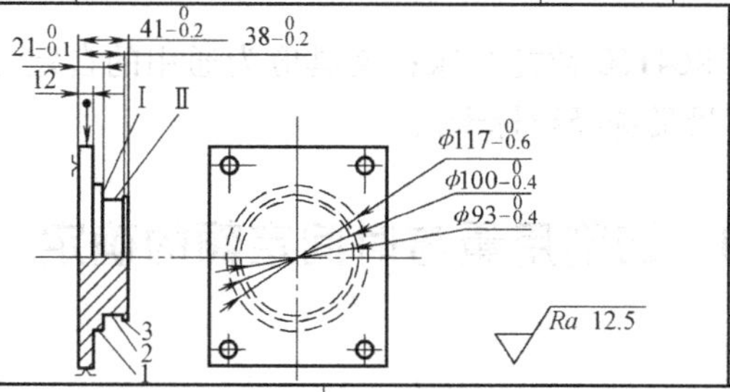

车　间	工序号	工序名称	材料牌号
	50	精车	ZG270-500
毛坯种类	毛坯外形尺寸	每毛坯可制件数	每台件数
铸钢件			
设备名称	设备型号	设备编号	同时加工件数
数控车床	CK64160		
夹具编号		夹具名称	切削液
			工序工时
			准终 / 单件
			1 / 10

工步号	工　步　内　容	工　艺　装　备	主轴转速/(r/min)	切削速度/(m/min)	进给量/(mm/r)	背吃刀量/mm	进给次数	备注
1	以4个顶锥定位，外圆及顶面校正，侧面装夹，装端面刀，对刀	设备自带定位锁紧装置，辅具及刀具YT15(90°刀)						
2	半精车顶面，留余量0.3mm	刀具YT15(90° 刀)，CK64160，0～125mm游标卡尺	102	175	0.3	2.7		
3	半精车上底面，留余量0.3mm	刀具YT15(90° 刀)，CK64160，0～125mm游标卡尺	48	167	0.3	2.7		
4	半精车台阶面Ⅰ，　留余量0.3mm	刀具YT15(90° 刀)，CK64160，0～125mm游标卡尺	77	167	0.3	2.7		
5	半精车台阶面Ⅱ，　留余量0.3mm	刀具YT15(90° 刀)，CK64160，0～125mm游标卡尺	89	151	0.3	2.2		
6	换外圆刀，对刀	刀具YT15(90° 刀)						
7	半精车外圆面1，　留余量0.6mm	刀具YT15(90° 刀)，CK64160，0～1m游标卡尺	65	141	0.3	2.7		
8	半精车外圆面2，　留余量0.6mm	刀具YT15(90° 刀)，CK64160，0～1m 游标卡尺	83	141	0.3	2.7		
9	半精车外圆面3，　留余量0.6mm	刀具YT15(90° 刀)，CK64160，0～1m 游标卡尺	82	141	0.3	2.7		

标记	处数	更改文件号	签字	日期	标记	处数	更改文件号	签字	日期	标记	处数	更改文件号	签字	日期	标记	处数	更改文件号	签字	日期
编制				审核				批准				日　期			备注				

图 2-31　机械加工工序卡

2.9.2 知识链接

在制定工艺路线过程中，对机床与工艺设备的选择也是很重要的，它对保证零件的加工质量和提高生产率有着直接作用。

1. 机床的选择

机床的加工范围应与零件的外形尺寸相适应；机床精度应与工序要求的加工精度相适应；机床的生产率应与加工零件的生产类型相适应，单件小批量生产选择通用机床，大批大量生产选择高生产率的专用机床；机床选择还应结合现场的实际情况，例如，机床的类型、规格及精度状况、机床负荷的平衡状况，以及机床的分布排列情况等。

2. 夹具的选择

单件小批量生产，应尽量选用通用夹具，如各种卡盘、台虎钳和回转台等。为提高生产率，应积极推广使用组合夹具。大批大量生产，应采用高生产率的气、液传动的专用夹具。夹具的精度应与加工精度相适应。

3. 刀具的选择

刀具的选择主要取决于工序所采用的加工方法、加工表面的尺寸、工件材料、所要求的精度和表面粗糙度、生产率及经济性等。在选择时一般应尽可能采用标准刀具，必要时也可采用各种高生产率的复合刀具及其他一些专用刀具。刀具的类型、规格及公差等级应符合加工要求。

4. 量具的选择

量具的选择主要是根据生产类型和要求检验的精度来确定。在单件小批量生产中，应采用通用量具量仪，如游标卡尺与百分表等；大批大量生产中，应采用各种量规和一些高生产率的专用量具。量具的精度必须与加工精度相适应。

2.9.3 任务实施

如图 2-31 所示，机床选择 CK64160 数控车床；夹具应为通用的自定心卡盘；根据零件精度，刀具选用硬质合金车刀；量具选择游标卡尺。

任务 2.10 切削用量与时间定额的确定

知识点：

1. 切削用量的确定。
2. 时间定额的确定。

技能点：

能填写工艺文件里的切削用量与时间定额。

2.10.1 任务导入

观察如图 2-31 所示的机械加工工序卡中切削用量和工序工时的填写。

2.10.2　知识链接

1. 切削用量的选择

正确选择切削用量对保证加工质量、提高生产率有重要意义。在大批大量生产中，特别是在流水线或自动线上，必须合理地确定每一工序的切削用量。在单件小批量生产的情况下，由于工件、毛坯状况、刀具、机床等因素变化较大，在工艺文件上一般不规定切削用量，而由操作者根据实际情况自行决定。

2. 时间定额的确定

（1）时间定额的概念　所谓时间定额是指在一定生产条件下，规定生产一件产品或完成一道工序所需消耗的时间。它是安排作业计划、核算生产成本、确定设备数量和人员编制以及规划生产面积的重要依据。

（2）时间定额的组成

1）基本时间 T_b。基本时间是指直接改变生产对象的尺寸、形状、相对位置以及表面状态或材料性质等工艺过程所消耗的时间。对于切削加工来说，基本时间就是切除金属所消耗的时间（包括刀具的切入和切出时间）。

2）辅助时间 T_a。辅助时间是为实现工艺过程所必须进行的各种辅助动作所消耗的时间。它包括装卸工件、开停机床、引进或退出刀具、改变切削用量、试切和测量工件等所消耗的时间。

辅助时间的确定方法随生产类型而异。大批大量生产时，为使辅助时间规定得合理，需将辅助动作分解，再分别确定各分解动作的时间，最后予以综合；中批量生产则可根据以往统计资料来确定；单件小批量生产常用基本时间的百分比进行估算。

基本时间和辅助时间的总和称为作业时间。它是直接用于制造产品或零部件所消耗的时间。

3）布置工作地时间 T_s。布置工作地时间是为了使加工正常进行，工人照管工作地（如更换刀具、润滑机床、清理切屑、收拾工具等）所消耗的时间。它不是直接消耗在每个工件上的时间，而是消耗在一个工作班内、再折算到每个工件上的时间。一般按作业时间的2%～7%估算。

4）休息与生理需要时间 T_r。休息与生理需要时间是工人在工作班内恢复体力和满足生理上的需要所消耗的时间，是按一个工作班为计算单位，再折算到每个工件上的。对机床操作工人一般按作业时间的2%估算。

以上四部分时间的总和称为单件时间 T_p，即

$$T_p = T_b + T_a + T_s + T_r$$

5）准备与终结时间 T_e。准备与终结时间是指工人为了生产一批产品或零部件，所需要的准备和结束工作所消耗的时间。这是在单件或成批生产中，每当开始加工一批工件时，工人熟悉工艺文件，领取毛坯、材料、工艺装备，安装刀具和夹具，调整机床和其他工艺装备等所消耗的时间，以及加工一批工件结束后，需拆下和归还工艺装备，送交成品等所消耗的时间。准备与终结时间 T_e 既不是直接消耗在每个工件上的，也不是消耗在一个工作班内的，而是消耗在一批工件上的时间，因而分摊到每个工件的时间为 T_e/n，其中 n 为批量。故单件和成批生产的单件工时定额的计算公式 T 应为

$$T = T_p + T_e/n$$

大批大量生产时，由于 n 的数值很大，$T_e/n \approx 0$，故不考虑准备与终结时间，即

$$T = T_p$$

2.10.3 任务实施

如图 2-31 所示，主轴转速、切削速度、进给量和背吃刀量都是切削用量的体现。工序工时栏填写的有准终时间和单件时间。

知识拓展 提高模具零件加工质量的工艺途径

1. 模具零件的加工精度

机械产品的加工精度包括尺寸精度、形状精度、位置精度。模具在工作状态和非工作状态下的加工精度不同，分别为动态精度和静态精度。

模具的加工精度主要体现在模具工作零件的精度和相关部位的配合精度。模具工作零件的精度高于产品制件的精度，例如冲裁模刃口尺寸的精度要高于产品制件的精度，冲裁凸模和凹模间冲裁间隙的数值大小和均匀性也是主要的加工精度参数之一。模具不工作时测量出的精度都是非工作状态下的精度，即静态精度，如冲裁间隙。而在工作状态下，受到工作条件的影响，其静态精度数值会发生变化，变为动态精度，这种动态冲裁间隙才是真正有实际意义的。

一般模具的加工精度也应与产品制件的精度相协调，同时也受模具加工技术手段的制约。今后，随着模具加工技术手段的提高，模具的加工精度也会有大的提高，模具工作零件的互换性生产将成为现实。

影响模具加工精度的主要因素如下。

（1）产品制件精度　产品制件的精度越高，模具工作零件的精度就越高。模具加工精度的高低不仅对产品制件的精度有直接影响，而且对模具的生产周期、生产成本都有很大的影响。

（2）模具加工技术手段的水平　模具加工设备的加工精度、设备的自动化程度，是保证模具加工精度的基本条件。今后，模具的加工精度将更大地依赖模具加工技术手段的水平高低。

（3）模具装配钳工的技术水平　模具的最终加工精度在很大程度上是依赖装配调试来完成的，模具光整表面的粗糙度也主要是依赖模具钳工来完成的，因此模具装配钳工技术水平如何是影响模具加工精度的重要因素。

（4）模具制造的生产方式和管理水平　模具工作刃口尺寸在模具设计和生产时是采用配作法还是分别制造法是影响模具加工精度的重要方面。对于高精度模具，只有采用分别制造法才能满足高精度的要求和实现互换性生产。

2. 模具零件的表面质量

表面质量是指零件加工后的表层状态，它将直接影响零件的工作性能，尤其是可靠性和寿命。模具零件的表面质量的主要内容有表面层的几何形状特征和表面层的物理力学性能。

（1）表面层的几何形状特征　表面层的几何形状特征也就是加工后的实际表面与理想表面的几何形状的偏离量，主要分为表面粗糙度和波纹度两部分。表面粗糙度即表面的微观

几何形状误差，评定的参数主要有轮廓算术平均偏差 Ra 或轮廓的最大高度 Rz。实际应用时可根据测量条件和参数的优先使用条件来确定是使用 Ra 还是 Rz。波纹度即介于宏观几何形状误差与表面粗糙度之间的周期性几何形状误差。零件图上一般不注明波纹度的等级要求。波纹度主要产生于工艺系统的振动，应作为工艺缺陷设法消除。

（2）表面层的物理力学性能　表面层的物理力学性能主要是指表面层的加工硬化、表面层材料金相组织的变化以及表面层的残余应力。

3. 提高模具零件加工精度的措施

由机床、夹具、刀具和工件组成的加工系统称为工艺系统。工艺系统在制造、安装调试及使用过程中总会存在各种各样的误差因素（称其为原始误差），从而导致了工件加工误差的产生。为了保证和提高模具零件的加工精度，必须采取相应的工艺措施以控制这些误差因素对加工精度的影响，其主要措施如下。

（1）减少或消除原始误差　在切削加工中，提高机床、夹具、刀具的精度和刚度，减小工艺系统受力、受热变形等，都可以直接减小原始误差。在某一具体情况下，首先要查明影响加工精度的主要原始误差，再根据具体情况采取相应的措施。例如对刚度很差的细长轴类工件的加工，容易产生弯曲变形和振动，对此可采取以下措施：尾座顶尖用弹性顶尖，减少因进给力和热应力使工件压弯产生的变形；采用反向进给方式，使工件由“压杆”变成较稳定的“拉杆”；使用跟刀架以增加工件刚度，抵消径向切削力；采用大主偏角车刀及较大的进给量，以抑制振动，使切削平稳。

保证机床重要部位的精度，还可采用就地加工法。如牛头刨床总装配完成后，在刨床上用自身刨刀直接对工作台进行刨削，以保证工作台面与主运动方向的平行度。此法是既简单又直接地减少原始误差的方法。

（2）补偿或抵消原始误差　补偿或抵消原始误差，是人为地制造一项新的原始误差，去抵消原有的误差，从而提高加工精度。例如，在精密螺纹加工中，机床传动链误差将直接反映到工件导程误差上，假如直接提高机床传动链精度来满足加工精度的要求，不仅成本高，甚至不可能实现。实际生产中常采用螺母丝杠螺距校正装置来消除传动链误差，还可以弥补传动链的磨损。

误差补偿是一种有效而经济的方法，结合现代计算机技术，能够达到很好的效果，在实际生产中得到了广泛的运用。

综合练习题

1. 什么是工艺过程？什么是工艺规程？
2. 试简述工艺规程的设计原则、设计内容及设计步骤。
3. 制定工艺路线需完成哪些工作？
4. 试简述粗、精基准的选择原则。为什么粗基准通常只允许用一次？
5. 为什么机械加工过程一般都要划分为几个阶段？
6. 试简述按工序集中原则、工序分散原则组织工艺过程的工艺特征。它们各用于什么场合？
7. 试分析图2-32所示各定位元件所限制的自由度数。

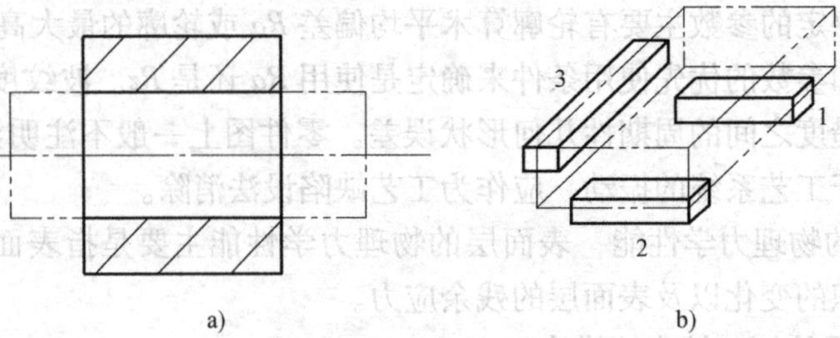

图 2-32　题 7 图

8. 如图 2-33 所示，该零件尺寸 $10_{-0.36}^{\ 0}$ 不便测量，改测量孔深 A_2，通过 $A_1=50_{-0.17}^{\ 0}$ 间接保证尺寸 $10_{-0.36}^{\ 0}$。求工序尺寸 A_2 及偏差。

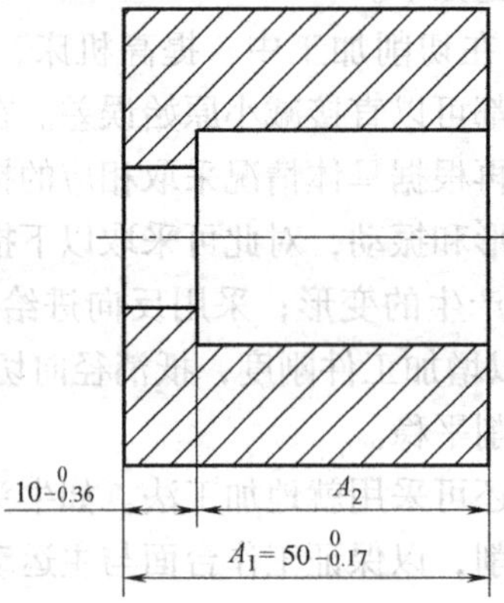

图 2-33　题 8 图

项目3　模具零件毛坯的加工

项目目标

1. 了解模具零件常用的毛坯种类。
2. 掌握模具零件毛坯的选择原则，并能灵活运用。
3. 掌握模具零件常用的毛坯制造方法及其特点。
4. 熟悉典型模具零件毛坯的选择方法。

任务3.1　了解模具零件常用的毛坯种类

知识点：

1. 模具零件常用的毛坯种类。
2. 模具零件常用的毛坯加工方法。

技能点：

1. 了解模具零件常用的毛坯加工方法。
2. 掌握模具零件常用的毛坯种类。

3.1.1　任务导入

模具的生产过程是指将原材料转变为模具成品的全过程。模具零件毛坯是根据零件所要求的形状、工艺尺寸等而制成的供进一步加工用的生产对象。在模具整个生产过程中，零件毛坯的制备，不仅是由原材料转变为成品零件生产过程的第一步，而且对模具的生产工艺、质量成本、使用寿命等均有较大影响。因此，毛坯种类和制造方法的选择，在制造和生产中显得尤为重要。通过本项目的学习，应了解常用的毛坯种类，掌握不同种类毛坯的适用场合，并能够灵活应用。

3.1.2　知识链接

模具零件采用的毛坯主要有铸件、锻件、焊接件、原型材、粉末冶金制件等。

1. 铸件

铸件是用铸造方法获得的毛坯。铸造方法取决于生产量、材料和设备情况。铸铁件应用较为广泛，在模具零件中常见的铸件有冲压模具的上模座和下模座、大型塑料成型模的框架等，材料为灰铸铁；大、中型冲压成形模具的工作零件，材料为球墨铸铁和合金铸铁。另外，精密冲裁模的上模座和下模座常采用铸钢；对于形状复杂的零件，如吹塑模具和注射模具，常采用铸造铝合金，如图3-1所示。

图3-1　铸造铝合金铸件

2. 锻件

经原型材下料，再通过锻造获得合理的几何形状和尺寸的坯料，称为锻件毛坯，如图 3-2 所示。锻造生产的毛坯最显著的优点是锻件中晶粒细化并带有方向性的纤维组织，提高了材料的力学性能。但锻造方法不适于内腔形状复杂的零件。所以，机械强度要求高、形状比较简单的钢制件，一般用锻件毛坯，比如注射模的浇口套。

3. 焊接件

随着技术的进步，焊接已经大部分代替了铆钉连接，铸—焊、锻—焊组合件的工艺正得到广泛的应用，能制成各种所需要的结构。某些大型的锻压模具可以用焊接件。同铸件相比较，焊接件具有强度、冲击韧性高，重量轻，材料利用率高，不需要大型设备，生产周期短等优点。缺点是残余应力和热影响区对焊接件质量影响较大，因此，消除应力处理极为重要。焊接件如图 3-3 所示。

图 3-2　锻件毛坯

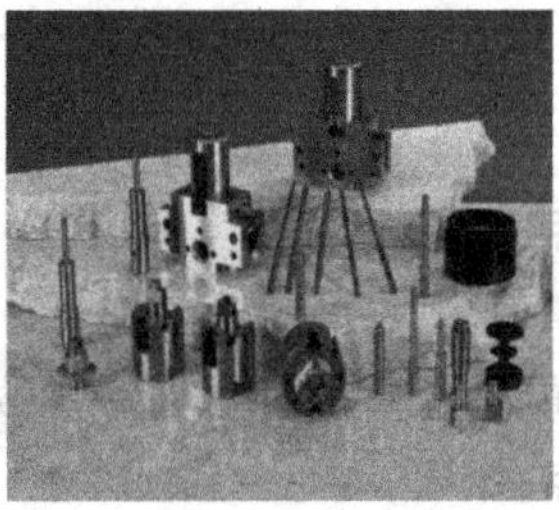

图 3-3　焊接件

4. 原型材

如图 3-4 所示，原型材是指利用冶金材料厂提供的各种截面的棒料、丝料、板料或其他形状截面的型材，经过下料后直接送往加工车间进行表面加工的坯料。原型材的轧制生产方法又分为冷轧和热轧。冷轧料精度高，如用六角钢棒料制造六角螺母、螺栓，头部可以不必加工，使得加工时间大大缩短；热轧料精度低一些，多用作一般零件的毛坯，比如冲模的导套、导柱等。

5. 粉末冶金制件

粉末冶金是指将材料制备、加工、零件及半成品制造巧妙结合的一种工艺方法，是制造零件和半成品的一种金属成形技术，具有提高质量、降低成本、节约能源等优点。由于制作粉末的价格高，故只在特殊需要时选用。粉末冶金件如图 3-5 所示。

图 3-4　原型材

图 3-5　粉末冶金件

任务3.2　了解毛坯的选择原则

知识点：

1. 影响模具零件毛坯选择的因素。
2. 模具零件毛坯选择的原则。

技能点：

1. 了解影响模具零件毛坯选择的因素。
2. 根据模具零件毛坯选择的原则灵活选择合适的零件毛坯。

3.2.1　任务导入

1. 任务要求

在模具生产过程中，零件毛坯的制备对模具的生产工艺、质量成本、使用寿命等均有较大影响。通过本任务的学习，应在了解影响模具零件毛坯选择的因素的基础上，会根据模具零件毛坯选择的原则灵活选择合适的零件毛坯。

2. 任务分析

1）毛坯种类的选择。

2）零件材料的工艺性及组织和力学性能要求。

3）零件的结构形状和尺寸。

4）毛坯形状与尺寸的确定。

3.2.2　知识链接

影响毛坯选择的因素很多，正确选择毛坯有重要的技术经济意义，因为它不仅影响毛坯制造的工艺、设备及费用，还对零件材料的利用率、劳动量消耗、加工成本等有重大影响。在模具生产中，毛坯的种类和制造方法的选择，要根据具体生产条件，并充分利用新技术、新工艺、新材料，以降低零件的生产成本、提高零件质量。

1. 毛坯种类的选择

模具零件采用的毛坯主要有锻件、铸件、焊接件、各种型材及半成品（标准件）等。选择毛坯需要综合考虑下列影响因素。

（1）零件材料的工艺性及组织和力学性能要求　零件材料的工艺性是指材料的铸造和锻造等性能。当材料具有良好的铸造性能时，应采用铸件作毛坯，如上、下模座，大型拉深模零件等的原材料常选用铸钢或铸铁。

当采用高速工具钢、Cr12、Cr12MoV等高合金工具钢制造模具零件时，由于热轧原材料的碳化物分布不均匀，必须对这些钢材进行改锻。一般采用镦拔锻造，经过反复的镦粗与拔长，使钢中的共晶碳化物破碎，分布均匀，以提高钢的强度，特别是韧性，进而提高零件的使用寿命。

（2）零件的结构形状和尺寸　零件的结构形状和尺寸对毛坯选择有重要影响。

例如，对台阶轴，如果各台阶直径相差不大，可直接采用棒料作毛坯，使毛坯准备工作简化；如果各台阶轴直径相差较大，则宜采用锻件作毛坯，以节省材料和减少机械加工的工作量。

毛坯种类的选择还与生产类型、生产条件等因素有关。

(3) 生产类型　选择毛坯时应考虑零件的生产类型。大批大量生产宜采用精度高的毛坯，并采用生产率比较高的毛坯制造工艺，如模锻、压铸等。用于毛坯制造的工装费用，可由毛坯材料消耗减少和由机械加工费用降低来补偿。若模具生产属于单件小批量生产，则可采用精度低的毛坯，一般采用手工造型铸造和自由锻造。

(4) 现有生产条件　确定毛坯的种类及制造方法，必须考虑工厂现有生产条件，如工厂设备情况、工艺水平、工人技术水平以及对外协作的可能性等。另外，还应考虑采用先进工艺制造毛坯的可行性和经济性。

(5) 保证设计的质量要求　一般零件设计图样上标注有：零件的材料、零件的形状、尺寸、公差、表面粗糙度、热处理应达到的性能指标等。

(6) 充分考虑利用新工艺、新技术和新材料　随着机械制造技术的发展，毛坯制造方面的新工艺、新技术和新材料的应用也迅速发展，如精密锻造、精密铸造、冷挤压、粉末冶金和工程塑料等。在选择毛坯时应充分考虑利用新工艺、新技术、新材料，并在可能的条件下尽量采用。

2. 毛坯形状与尺寸的确定

由于毛坯制造技术的限制，零件被加工表面的技术要求还不能从毛坯制造直接得到，因此，毛坯需要有一定的加工余量，通过加工达到零件的质量要求。余量过大将增加金属材料、动力、刀具和劳动量的消耗。反之，余量过小则不能保证零件的加工质量。确定加工余量的基本原则是在保证加工质量的前提下尽量减少加工余量。

毛坯尺寸与零件的设计尺寸之差称为毛坯余量。

毛坯余量和公差的大小与零件材料、零件尺寸及毛坯制造方法有关，可根据有关手册和资料确定。一般情况下将毛坯余量叠加在设计尺寸上即可求得毛坯尺寸。

毛坯的形状、尺寸不仅和毛坯余量大小有关，在某些情况下还要受到工艺需要的影响。为便于制造和机械加工，对某些形状比较特殊或尺寸小、单独加工比较困难的零件，可将两个或两个以上的零件制成一个毛坯，经加工后再切割成单个的零件。

任务 3.3　毛坯制造方法的比较

知识点：

1. 常用零件毛坯的制造方法。
2. 各种方法间的比较。

技能点：

掌握各种常用零件毛坯的制造方法。

3.3.1　任务导入

1. 任务要求

通过本任务的学习，能理解、掌握各种常用零件毛坯的制造方法。

2. 任务分析

除了对常用零件毛坯制造方法学习掌握外，还应该对工程实践中比较新颖的几种毛坯成形的方法进行学习了解。

3.3.2　知识链接

前面任务中分别介绍了铸造、锻压和焊接等毛坯加工方法的基本原理要点。现将这几种毛坯制造方法及型材的成形特点、所用材料、制品的组织和性能特性、生产条件及主要应用范围等综合分析比较，见表3-1。

表3-1　常用零件毛坯制造方法的比较

比较内容	制造方法					
	铸造	锻造	冲压	焊接	型材	粉末冶金
成形特点	液态成形	固态下塑性变形		借助金属原子间的扩散和结合，形成永久性连接	靠压力和烧结在固态下成形，粉末间原子扩散、再结晶，有时重结晶	
对原材料工艺性能的要求	流动性好，断面收缩率小	塑性好，变形抗力小		强度好，塑性好，液态下化学性能稳定	切削加工性好	工艺性好，粉末流动性较好，压缩性较大，可实现少切削或基本无切削
适用材料	铸铁、铸钢、有色金属	中碳钢、合金结构钢	低碳钢和有色金属薄板	低碳钢和低合金结构钢	碳钢、合金钢、有色金属	通常不受限
适宜的形状	形状不受限，可相当复杂，尤其是内腔形状	自由锻件简单，模锻件可较复杂	可较复杂	形状不受限制	简单，一般为原形或平面	形状一般不受限，可以比较复杂，尤其是内腔形状
适宜的尺寸与重量	砂型铸造不受限制	自由锻不受限制，模锻小于150kg	不受限制	不受限制	中型或小型	中型或小型，质量较高
毛坯的组织性能	砂型铸件晶粒粗大、疏松，缺陷多，杂质排列无方向性。铸铁件力学性能差，耐磨性和减振性好；铸钢件力学性能较好	晶粒细小，较为均匀、致密，可利用流线改善性能，力学性能好	组织细密，可产生锻造流线。利用冷变形强化，可提高强度和硬度，结构刚性好	焊缝区为铸态组织，熔合区及过热区有粗大晶粒，应力大，接头力学性能达到或接近母材	取决于型材的原始组织和性能	靠压力、烧结成形，组织均匀、致密
毛坯精度和表面质量	砂型铸造件精度低，表面粗糙（特种铸造较高）	自由锻件精度较低，表面粗糙；模锻件精度中等，表面质量较好	精度高，表面质量好	精度较低，接头处表面粗糙	取决于切削加工	精度较高，表面质量较好

（续）

比较内容	制造方法					
	铸造	锻造	冲压	焊接	型材	粉末冶金
材料利用率	高	自由锻件低，模锻件中	较高	较高	较高	高
生产成本	低	自由锻件低，模锻件较低	低（批量越大，成本越低）	中	较低	低（批量越大，成本越低）
生产周期	砂型铸造较短	自由锻短，模锻长	长	短	短	较长（在模具中成形后烧结）
生产率	砂型铸造低	自由锻低，模锻较高	高	中、低	中、低	较高
适宜的生产批量	单件、成批（砂型铸造）	自由锻单件小批，模锻成批，大量	大批量	单件、成批	单件、成批	成批或大量
适用范围	铸铁件用于受力不大，或承压为主的零件，或要求减振、耐磨的零件；铸钢件用于承受重载而形状复杂的零件	用于承受重载、动载或复杂载荷的重要零件	用于板料成形的零件	用于制造简单结构件，或组合件和零件的修补	一般中、小型简单件	一般中小型件，可较复杂
应用举例	机架、床身、底座、工作台、导轨、变速箱、壳体、泵体、带轮、轴承座、齿轮等	机床主轴、传动轴、曲轴、连杆、齿轮、凸轮、螺栓、弹簧、模具等	汽车车身覆盖件、仪表、电器及仪器、外壳及零件、油箱、水箱等各种薄金属件	锅炉、压力容器、化工容器、管道、厂房构架。桥梁、车身、飞机构件，立柱、支架、工作台等	光轴、螺栓、螺母、销等	精密零件或特殊性能的制品，如轴承、金刚石工具、硬质合金、活塞环、齿轮等

除了表中所列出的常用零件毛坯制造方法外，随着科学技术的进步，在工程实践中还有几种毛坯成形的方法，在此简单叙述。

1. 塑料成型

塑料成型可在较低的温度下（一般在400℃以下）采用注射、挤出、模压、浇注、烧结、真空成型、吹塑等方法制成制品。由于塑料的原料来源丰富易得、制取方便、成型加工简单、可以少或无切削加工、成本低廉、性能优良、所以塑料在国民经济中得到广泛的应用。

2. 陶瓷成型

陶瓷成型通常采用注浆成型法、可塑成型法、模压成型法等。陶瓷的密度低，只有钢的1/3，弹性模量高、缺口敏感性小，耐高温，膨胀系数低，硬度高，摩擦因数较低，热稳定性和化学稳定性好、电性能好，属耐高温耐腐蚀绝缘材料。陶瓷成型的特点是在制备过程中需经过高温处理，其制备工艺路线长，加工和质量控制难度大。因此，先进陶瓷制品的成本较高。

3. 复合材料成形

复合材料是由基体材料和增强材料复合而成的一类多相材料。复合材料保留了组成材料各自的优点，从而获得单一材料无法具备的优良综合性能。它的成形特征是材料与结构一次成形，即在形成复合材料的同时也就得到了结构件。这一特点使构件的零件数目减少，整体化程度提高；同时由于减少甚至取消了接头，避免或减少了铆、焊等工艺从而减轻了构件重量，改善并提高了构件的耐疲劳性和稳定性。由于复合材料的材料成形和结构成形是一次完成的，因此其成形的关键是在成形过程中既要保证零件的外部公差，又要保证零件的内部质量。

4. 快速成形

快速成形是通过离散获得堆积的方式，即通过堆积材料来成形三维实体。这种方法有利于快速精确地加工原型零件。当原型直接用作制件、模具时，原型的力学性能和物理化学性能要满足使用要求。快速成形的尺寸不受限制，形状可较复杂，单件成形速度快，广泛应用于产品设计、方案论证、产品展示、工业造型、模具、家用电器、汽车、航空航天、军事装备、材料、工程、医疗器具、人体器官模型、生物材料组织等领域。

任务3.4　典型模具零件毛坯的选择

知识点：

1. 选择毛坯时应考虑的因素。
2. 典型零件毛坯的选择。

技能点：

常见模具零件毛坯的选择。

3.4.1　任务导入

1. 任务要求

掌握选择毛坯时应考虑的因素，会进行典型模具零件毛坯的选择。

2. 任务分析

将不同的模具零件毛坯进行分类，简单分析选择毛坯时应考虑的因素，并通过一些实例进行说明。

3.4.2　知识链接

1. 选择毛坯时应考虑的因素

模具零件大多为单件小批量生产，根据零件的材料、结构形状和力学性能方面的要求，其毛坯的选择包括毛坯材料、种类和成形方法的选择。因此，在具体选择时应考虑以下因素。

（1）零件的生产批量　批量大时，应采用生产率和精度高的毛坯制造方法，以降低整体的生产成本，如机器造型、模锻等；批量小时，应采用精度和生产率低的毛坯制造方法，以便降低单件生产成本，如手工造型、自由锻、焊接件等。

（2）零件材料的工艺性能及零件的使用性能要求　一般应根据零件的性能要求去选择

合适的零件材料、毛坯类型。例如，零件要求减振和耐磨，且结构复杂，这时可以选择铸铁件；零件是一个受力复杂的重要零部件，且要求有优良的力学性能，这时就应该选锻件而不宜选用铸件和普通型材。

（3）零件的结构、形状与外形尺寸　模具零件的毛坯设计是否合理，对于模具零件加工的工艺性以及模具质量和寿命都有很大影响。在毛坯设计中，首先考虑的是毛坯的形式。主要考虑模具材料的类别和模具零件几何形状特征及尺寸关系这两个方面。因此，应根据零件结构的特点，选择合理的毛坯种类。如一般的轴类零件，可选用型材来制作；大型零件可采用锻件、铸件或焊接件等来实现。

（4）现有的生产条件　确定毛坯的种类及制造方法，必须考虑工厂现有生产条件，如工厂设备情况、工艺水平、工人技术水平以及对外协作的可能性等。还应考虑采用先进工艺制造毛坯的可行性和经济性。这些因素都直接关系到产品是否可以生产出来和产品的生产成本高低。因此，在选择毛坯时，应充分考虑到这一点。

2. 典型零件毛坯的选择

根据零件形状可大致将典型模具零件分为轴杆类零件、盘套类零件和机架箱体类零件三种。

（1）轴杆类零件　轴杆类零件包括各种实心轴、空心轴、曲轴、杆件等，用来传递运动和动力。

对于光轴、直径变化小和性能要求不高的轴，用圆钢作毛坯加工而成。对于锻造轴，受力小时用中碳钢制造，承载较大时采用中碳合金钢调质制造，受较大冲击且承受摩擦时采用结构钢或渗碳钢制造。某些异形截面或弯曲轴线的轴，如凸轮轴、曲轴用铸钢或球墨铸铁制造。对于特殊性能或大型构件，可采用锻-焊或铸-焊相结合的方式制造。如冲模的凸模、凹模、模柄等一般采用锻造毛坯。图 3-6b 所示的冷挤压凸模，材料为 Cr12MoV，热处理 60 ~ 62HRC。

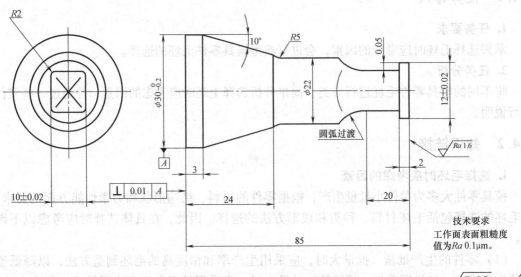

图 3-6　冷挤压凸模

（2）盘套类零件　盘套类零件在各种机械中的工作条件和使用要求差异很大，毛坯制造的方法很多，如图3-7所示。

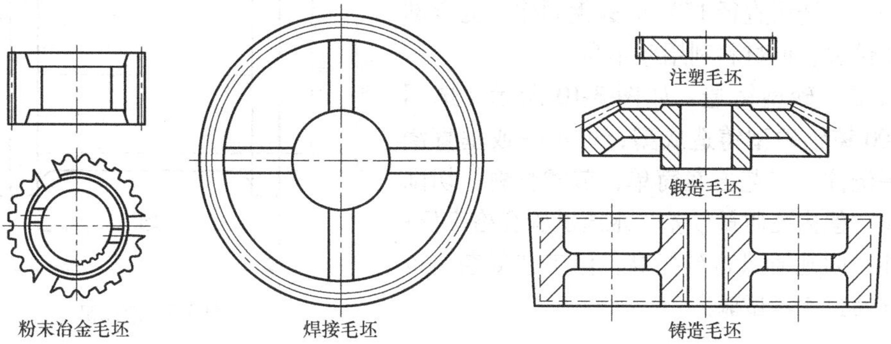

图3-7　盘套类零件的毛坯

法兰、套环、垫圈等零件，可根据其受力情况及零件形状，分别采用粉末冶金、铸、锻、冲压等方法制造。热锻模要求高强度、高韧性，常用5CrMnMo、5CrNiMo等合金工具钢并经淬火和较高温度回火；冲模及粉末冶金模具要求高硬度和高耐磨性，常用Cr12、Cr12MoV等合金工具钢制造并经淬火和低温回火。以上模具的毛坯均采用锻件。塑料模具选材与成型用塑料特性有关，类别有碳素、渗碳、预硬、时效硬化、耐蚀等塑料模具钢。

（3）机架、箱体类零件　此类零件的特点是形状不规则、结构复杂，工作条件也差别较大。

1）一般基础件。如床身、底座等，以承压为主，要求有较好的刚性和减振性。工作台、导轨等还要求有较好的耐磨性，常用灰铸件铸造成型。

2）受力复杂件。有些机械的底座、支架往往同时承受压、拉和弯曲力作用，或还有冲击载荷，要求有较高的综合力学性能，常用铸钢铸造成型。

3）高比强度、比模量件。如航空发动机的缸体、缸盖和曲轴、轿车发动机机壳等，要求比强度、比模量较高且有良好的导热和耐蚀性，常采用铝合金或铝镁合金铸造成型。

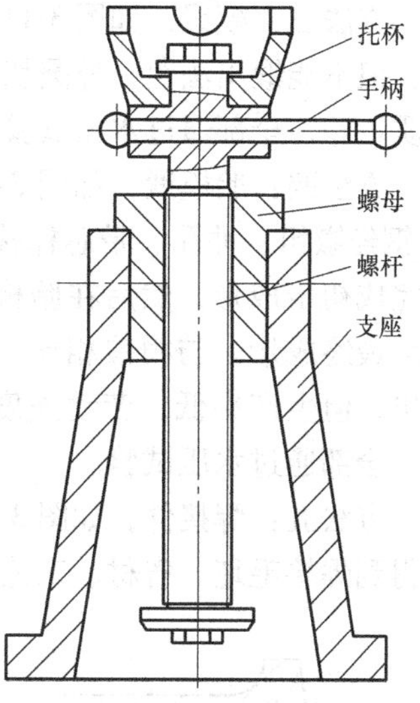

图3-8　螺旋起重器

如图3-8所示的螺旋起重器，在车辆检修时起支撑作用。支座是起重器的基础零件，承受静载荷压应力，支座具有锥度和内腔，结构比较复杂，选用HT200铸件。螺杆工作时沿轴线方向承受弯曲应力及摩擦力，受力比较复杂，但螺杆结构形状比较简单，选用45钢锻件。螺母受力与螺杆相似，但为了保护螺杆，用材质较软的青铜ZCuSn10Pb1铸件。托杯承受压应力，形状较复杂，选用HT200铸件。手柄承受弯曲应力，受力不大，形状简单，可用Q235A圆钢。

（4）同一零件毛坯选择比较　如图3-9所示液压缸，40钢制作，200件，工作压力为1.5MPa，水压试验为3MPa，两端法兰结合面及内孔要求机加工。

在对零件进行初步分析后，对工程实践中常见的毛坯种类进行比较，采用不同方法获得毛坯，具体方法及分析如下。

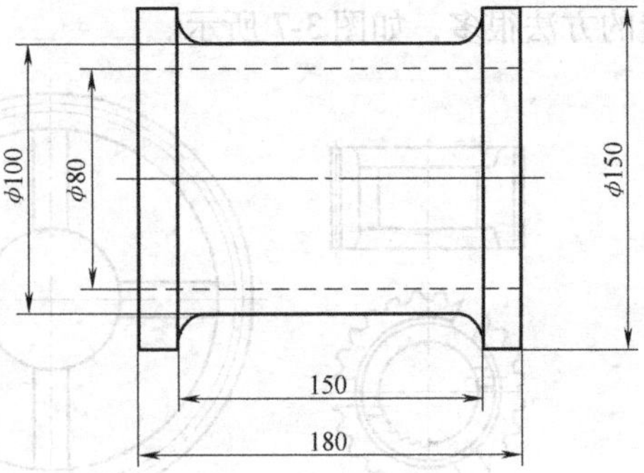

图 3-9　液压缸

方法一：选用直径 150mm 圆钢制作，能全部通过水压试验，但材料利用率不高。

方法二：砂型铸造，如图 3-10 所示。选用 ZG270-500 铸钢砂型铸造成型，可水平或垂直浇注。水平浇注，工艺方案简单，节省材料，切削加工量少，但内孔质量较差，水压试验合格率低；垂直浇注，内孔质量得到提高，但工艺复杂，也不能全部通过水压试验。

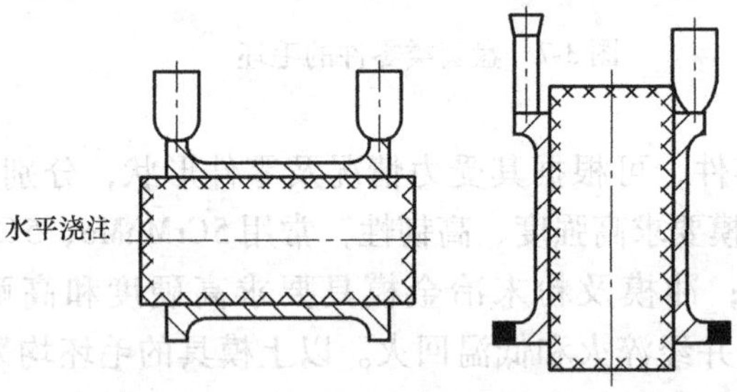

图 3-10　砂型铸造件

方法三：模锻，如图 3-11 所示。选用 40 钢模锻成形，可立放、卧放。立放时，能锻出孔，但不能锻出法兰，外圆切削最大；卧放能锻出外形，但不能锻出孔，内孔加工量大。锻件质量好，全部通过水压试验。

方法四：胎模锻，如图 3-12 所示。选用 40 钢经镦粗、冲孔、带芯棒拔长等自由锻工序完成初步成形，然后在胎模内带芯棒锻出法兰最终成形。与模锻相比，外形和内孔均锻出，但生产率低，劳动强度大。锻件质量好，全部通过水压试验。

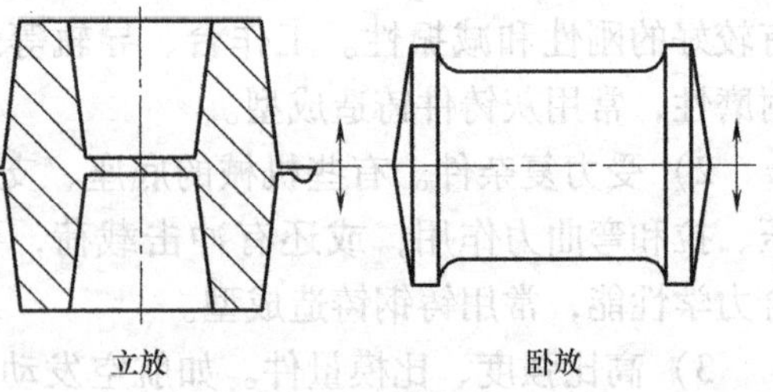

图 3-11　模锻件

方法五：焊接件，如图 3-13 所示。选用 40 钢无缝钢管，按尺寸在其两段焊上 40 钢法兰得到焊接毛坯。省材、工艺简单，但难有合适的钢管。

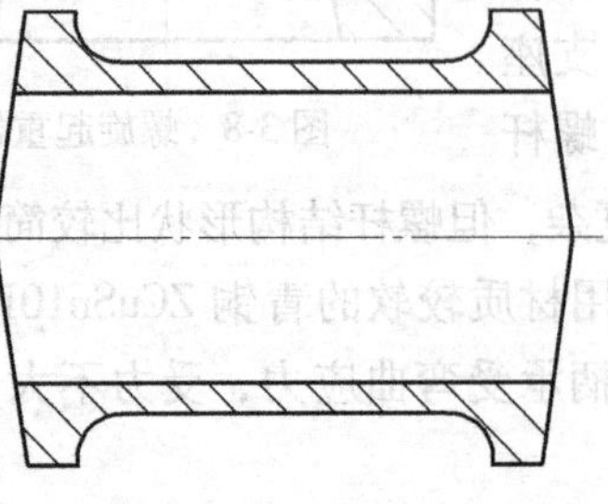
图 3-12　胎膜锻毛坯

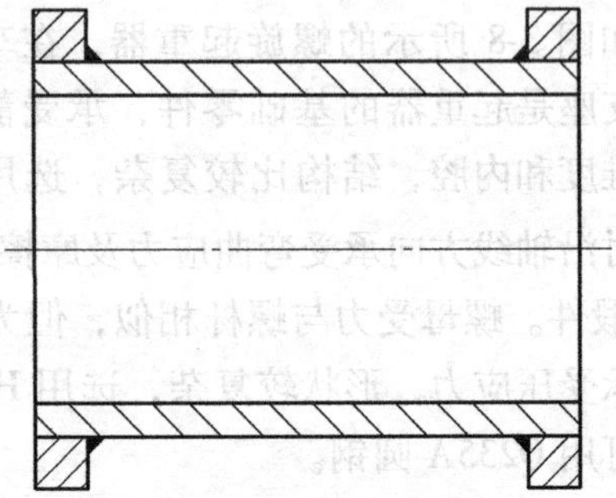
图 3-13　焊接结构毛坯

综上所述，采用胎模锻件毛坯比较好，但若有合适的管材，采用焊接结构毛坯比较好。

3.4.3　任务实施　典型模具零件毛坯的选择

（1）冲模　冲模一般由模柄、模架及成形零件（凸模、凹模）组成，下面简单介绍各种零件的毛坯。

1）模柄。模柄的毛坯一般选择圆棒料。

2）上、下模座。上、下模座的毛坯一般选择铸造件。

3）垫板、固定板、卸料板、导料板。其毛坯一般选用板料。

4）导柱、导套。导柱和导套的毛坯一般选用圆棒料，如果要求有更好的耐磨性能，则可以选用锻件。

5）凸、凹模。凸、凹模的毛坯一般选用锻件。

（2）注射模　注射模的结构有多种形式，其组成零件也不完全相同，但根据模具零（部）件与塑料的接触情况，可以将模具的组成分为成型零件和结构零件两大类。成型零件主要是指凸、凹模，结构零件主要有模座、模板、推板、垫块、支承板、推杆固定板、导柱、导套、推杆、复位杆及浇注系统等。

1）凸、凹模。凸、凹模的毛坯一般选用锻件，但如果用有色金属（如铜合金、铝合金、锌合金等）加工成形零件，复制人像、玩具等不规则的成形面时，可用铸造法制造毛坯。

2）模座板、模板、推板、垫块、支承板等。该类零件主要是一些板状结构，毛坯一般是选用各种厚度的板材。

3）导柱、导套、推杆、复位杆等。该类零件属于轴、套类零件，一般选用圆棒料作为毛坯进行加工。

4）浇口套。选用热轧圆钢或锻件作毛坯。

（3）压铸模　压铸模与注射模结构相似，零件的毛坯基本相同，这里不再赘述。

（4）锻模　锻模是热模锻的工具，锻模模膛制成与所需锻件凹凸相反的相应形状，并作合适的分割，将锻件坯料加热到金属的再结晶温度上的锻造温度范围内，放在锻模上，再利用锻造设备的压力将坯料锻造成带有飞边或极小飞边的锻件。

根据使用设备的不同，锻模分锤锻模、机械压力机锻模、螺旋压力机锻模、平锻模等。

这里以锤锻模为例来简单介绍其各零件的毛坯。图3-14所示是一

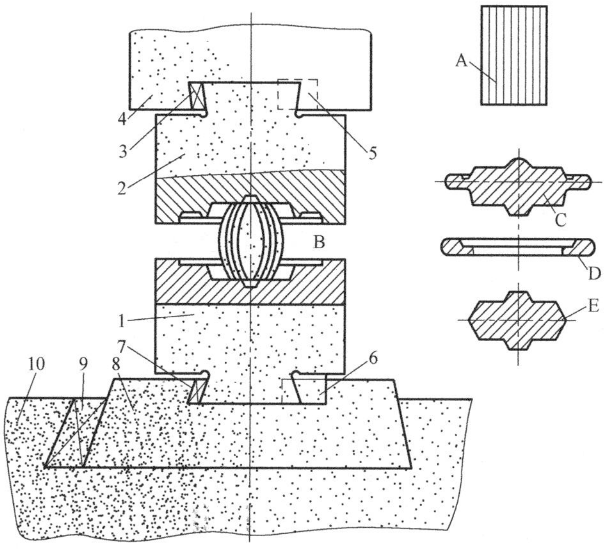

图3-14　单膛锻模的典型结构

1—下模　2—上模　3—上模用楔　4—锤头　5—上模用键　6—下模用键　7—下模用楔　8—模座　9—模座楔　10—砧座

单膛锻模的典型结构。

1）上、下模。如果是小型的锻模，可选用单一的锻件，如果锻模尺寸较大，则可以焊接（燕尾部分和成形刃口部分材料不同，以节约贵重的模具材料）。

2）锤头。一般选用锻件。

3）模座。一般选用铸钢件，或是锻钢件。

4）砧座。一般选用铸钢件。

综合练习题

1. 模具零件的毛坯的种类有哪些？
2. 毛坯的选择原则有哪些？
3. 影响零件毛坯选择的因素有哪些？
4. 铸造毛坯适用于什么样的模具零件？
5. 锻造毛坯适用于什么样的模具零件？
6. 焊接毛坯适用于什么样的模具零件？

项目 4　模具零件的机械加工

项目目标

1. 掌握采用通用机床加工模具零件的方法。
2. 熟悉模具零件的精密加工方法。
3. 掌握数控机床的加工原理和特点。
4. 掌握模具零件加工的基本工艺流程。
5. 通过相关案例分析进一步深化学习。

用机械加工方法制造模具，在工艺上要充分考虑模具零件的材料、结构形状、尺寸、精度和使用寿命等方面的不同要求，采用合理的加工方法和工艺路线，尽可能通过加工设备来保证模具的加工质量，提高生产率和降低成本。要特别注意在设计和制造模具时，不能盲目追求模具的加工精度和使用寿命，应根据模具所加工零件的质量要求和产量，确定合理的模具精度和寿命，否则就会使制造费用增加，经济效益下降。

任务 4.1　了解模具零件的类型

知识点：

模具零件的分类。

技能点：

正确将模具零件进行分类。

4.1.1　任务导入

1. 任务要求

要求熟悉模具零件的分类，了解各类零件的基本加工方式。

2. 任务分析

模具零件是模具的基本组成单元，不同类型的模具零件需采取不同的机械加工方法，如圆柱形零件采用车削加工，矩形零件采用刨削、铣削加工等。

4.1.2　任务链接

模具零件有板类、圆柱类、筒体类等类型。典型的模具零件如图 4-1 所示。

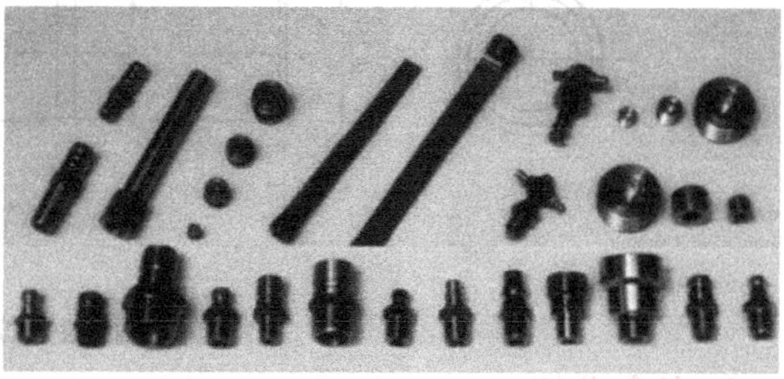

图 4-1　典型的模具零件

（1）板类零件　模具的板类零件主要有以下几种：塑料成型模中的定模型腔板、

动模型腔板、定模和动模固定板、支承板、推杆固定板、推板、浇道推板、成型件推板、滑块、导滑块、楔紧块、支承块、热流道板、拉板和定距拉板等。冲模中的凹模板、凸模固定板、凸模垫板、卸料板、导向板等。

矩形件是指外形似矩形的这类零件，在模具上这类零件大约有以下几种类型：侧向分型抽芯滑块、各种锲紧块、支承块、矩形斜面定位件、定距拉板等。对于有配合精度要求和位置精度要求的矩形件，一般进行磨削加工；没有配合精度要求和位置精度要求的矩形件，一般采用刨削加工，或铣削加工。

（2）圆柱类零件　模具中常见的圆柱类零件有：

1）各种圆形型腔件、型芯、型芯镶件。

2）各种导柱、斜销、推杆、复位杆、拉杆、定位销、拉料杆、支承柱、支承钉、轴。

3）冲模中的各种圆柱形冲头、导柱、定位销等。

（3）筒体类零件　在模具中常见的筒体类零件一般有：型腔镶套、各种通孔型芯镶件、浇口套、导向套、推管、支承套、定位圈等。

任务 4.2　车削加工

知识点：

1. 车削加工的概念。
2. 车削加工的基本内容。
3. 车刀的种类。
4. 车削时工件的装夹。

技能点：

1. 了解车削的分类。
2. 掌握车削加工的基本方法。

4.2.1　任务导入

1. 任务要求

图 4-2 所示为模具导柱，材料为 20 钢，硬度为 58 ~ 60HRC，要求掌握该导柱的加工工序。

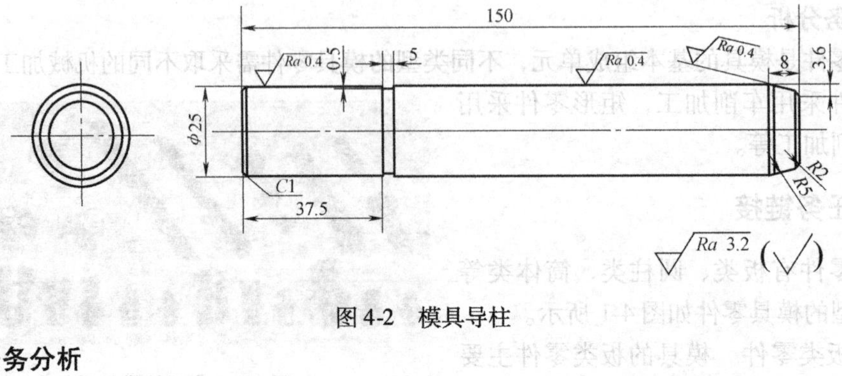

图 4-2　模具导柱

2. 任务分析

该导柱的圆柱面为其工作部分，要求硬度高、耐冲击、耐磨损，其形状为回转曲面，可采用车削加工作为基本加工方法。

4.2.2　任务链接

1. 车削加工的概念

在车床上利用工件的旋转运动和刀具的移动进行切削加工的方法，称为车削加工。车削加工的设备是车床。车床的种类很多，其中以卧式车床的通用性最好，应用最为广泛，主要用于加工内外圆柱面、圆锥面、端面、成形回转表面以及内外螺纹面、蜗杆等。

车削加工一般可分为4种：粗车、半精车、精车和精细车。

（1）粗车　粗车主要用于零件的粗加工，作用是去除工件上大部分加工余量和表层硬皮，为后续加工作准备。加工余量1.5～2mm，加工后的尺寸精度可达IT11～IT13，表面粗糙度值 *Ra* 可达12.5～50μm。

（2）半精车　在粗车的基础上对零件进行半精加工，进一步减少加工余量，降低表面粗糙度。加工余量0.8～1.5mm，加工尺寸精度可达IT8～IT10，表面粗糙度值 *Ra* 可达3.2～6.3μm，一般可用作中等精度要求零件的终加工工序。

（3）精车　在半精车的基础上对零件进行精加工。加工余量0.5～0.8mm，加工后的尺寸精度可达IT7～IT8，表面粗糙度值 *Ra* 可达1.6～3.2μm。

（4）精细车　精细车主要用于有色金属的精加工。加工余量小于0.3mm，加工后的尺寸精度可达IT6～IT7，表面粗糙度值 *Ra* 可达0.25～0.32μm。

2. 车削加工的基本内容

车削加工主要用来加工各种回转表面及回转体的端面，还可以进行切断、切槽、车螺纹、钻孔、铰孔、扩孔及滚花等工作，其加工基本内容如图4-3所示。

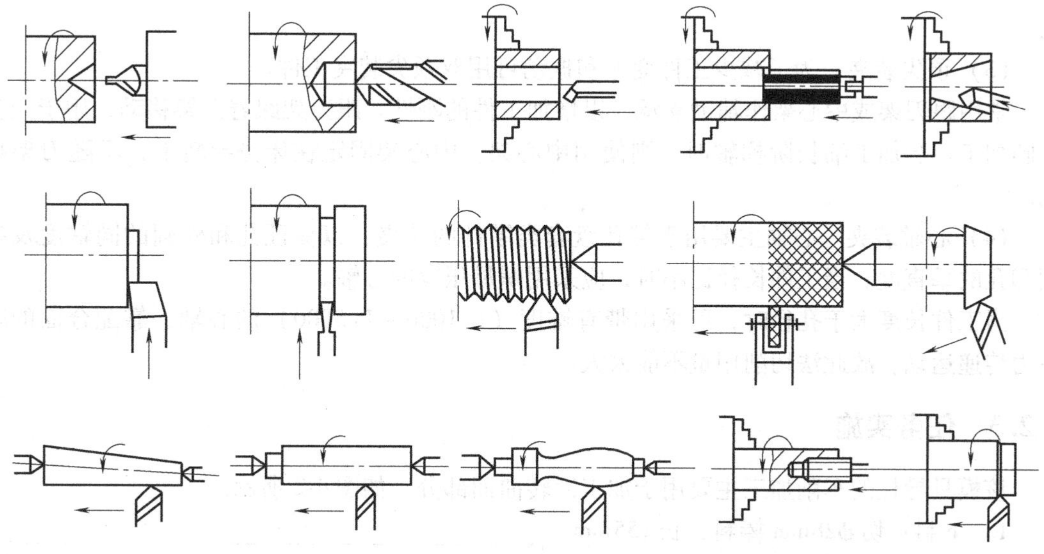

图4-3　卧式车床加工的典型表面

3. 车刀的种类

金属切削刀具中，车刀是最简单的，是单刃刀具的一种。为了适应不同车削要求，车刀有多种类型，如图4-4所示。

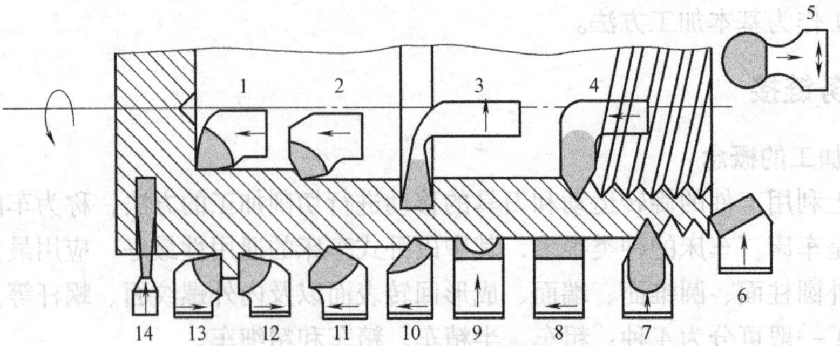

图 4-4　常用车刀种类、形状特征及用途

1—不通孔镗刀　2—通孔镗刀　3—内槽车刀　4—内螺纹车刀　5—圆弧刃车刀
6—端面车刀　7—外螺纹车刀　8—宽刃精车刀　9—成形车刀　10—直头车刀
11—弯头车刀　12—90°右偏刀　13—90°左偏刀　14—切断车刀

4. 车削时工件的装夹

车床上加工多为轴类零件和盘套类零件，有时也可能在不规则零件上进行外圆、内孔或端面的加工，故零件在车床上有不同的装夹方法。

（1）自定心卡盘装夹　这是车床上最通常的一种装夹方法，盘套类工件和正六边形截面工件都适用此法装夹，而且装夹迅速，但定心精度不高，一般为 0.05～0.15mm。

（2）单动卡盘及花盘装夹　单动卡盘上的 4 个爪分别通过转动螺杆而实现单动。它可用来装夹方形、椭圆形或不规则形状工件，根据加工要求利用划线找正把工件调整至所需位置。此法调整费时费工，但夹紧力大。

花盘装夹是利用螺钉、压板、角铁等把工件夹紧在所需的位置上，适用于工件不规则情况。

（3）顶尖装夹　为了减少工件变形和振动可用双顶尖装夹工件。

常用跟刀架或中心架作辅助支承，以增加工件的刚性。跟刀架跟着刀架移动，用于光轴外圆加工。当加工细长阶梯轴时，则使用中心架。中心架固定在床身导轨上，不随刀架移动。

（4）心轴装夹　心轴主要用于带孔盘套类零件的装夹，以保证孔和外圆的同轴度及端面和孔的垂直度。当工件长径比小时，应采用螺母压紧的心轴。

当工件长度大于孔径时，可采用带有锥度（1∶1000～1∶5000）的心轴，靠配合面的摩擦力传递运动，故此法切削用量不能太大。

4.2.3　任务实施

该模具导柱的车削加工主要用于加工回转曲面部分，如图 4-2 所示。

1）下料：切 ϕ28mm 棒料，长 155mm。

2）车：粗车端面见光，钻 B 型中心孔。

3）车：ϕ25mm 外圆，留量 1.0mm。

4）车：锥面，留量 1.0mm，如图 4-5 所示。

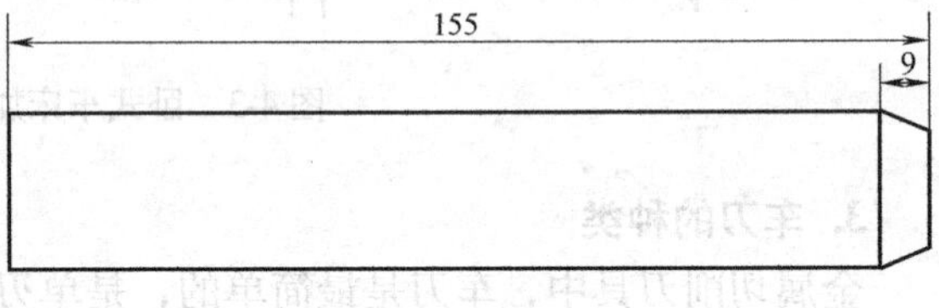

图 4-5　粗车锥面

5）车：粗车端面，长度达图样要求，钻B型中心孔。

6）钳工：去毛刺。

7）检验：中间检验。

8）车：半精车 ϕ25mm外圆，留磨削余量。

9）车：粗车0.5mm深沟槽、倒圆（角），如图4-6所示。

10）渗碳、淬火：表面硬度58～60HRC。

11）磨：修研中心孔，磨削 ϕ25mm至尺寸。

12）磨：磨削锥面至尺寸。

13）检验：成品检验。

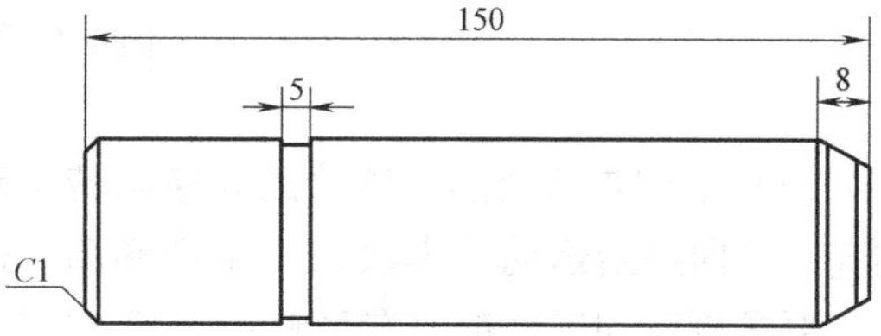

图4-6 粗车槽

任务4.3 磨削加工

知识点：

1. 圆柱面磨削。
2. 无心磨削。
3. 砂带磨削。

技能点：

了解各种常用的磨削加工。

4.3.1 任务导入

1. 任务要求

要求熟练掌握各种磨削加工的基本方法。

2. 任务分析

磨削加工是模具表面加工的有效手段，形状简单（平面、内圆、外圆）的零件可使用一般磨削加工，形状复杂的零件使用成形磨削方法加工。

4.3.2 任务链接

磨削加工一般既可以用于零件的粗加工又可以用于零件的精加工。磨削加工是外圆表面精加工的主要加工方法，特别适用于淬硬件的粗、精加工。

常用的磨削方法有：圆柱面磨削、无心磨削、砂带磨削等。

1. 圆柱面磨削

圆柱面磨削就是用圆柱形零件的中心孔作为定位基准进行外圆磨削的加工方法，通常在外圆磨床上完成。这种磨削方法按进给方向的不同又可以分为轴向进给磨削和径向进给磨削两种，如图4-7所示。

磨削加工后的尺寸精度可达IT5～IT7，表面粗糙度值 Ra 为0.08～0.1μm。

（1）轴向进给磨削 砂轮高速旋转，工件在两顶尖之间旋转且随工作台一起做往复运动，加工精度高。

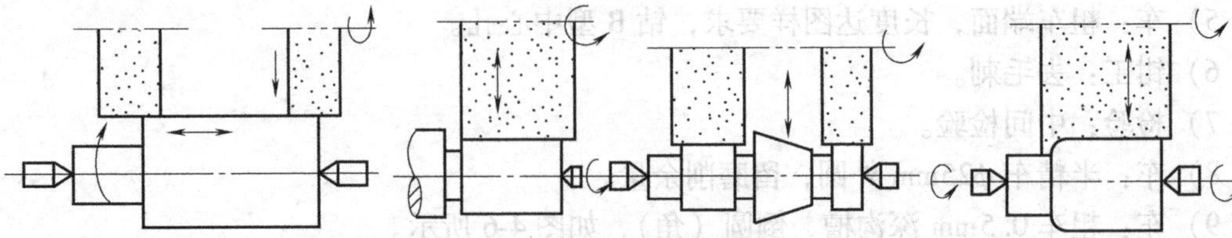

图 4-7　圆柱面磨削

（2）径向进给磨削　砂轮的高速旋转运动为主运动，在工件旋转的同时，砂轮做慢速的连续径向进给运动。本法加工生产率高，适用于大批量生产。由于径向磨削力大，温度高，要求机床和工件都要有足够的刚度，所以此法适用于加工短而粗的工件，但加工精度不及轴向进给磨削法高。

2. 无心磨削

无心磨削是一种生产率极高的磨削加工方法。无心磨削的工件定位方法是采用自为基准的原则，也就是利用外圆表面本身作为定位基准。无心磨削方法通常分为贯穿磨削和切入磨削。贯穿磨削法不能加工带有台阶和各种沟槽的圆柱形零件；切入磨削法适用于加工带有阶梯的圆柱形零件和成形回转表面的工件。无心磨削的加工原理如图 4-8 所示。

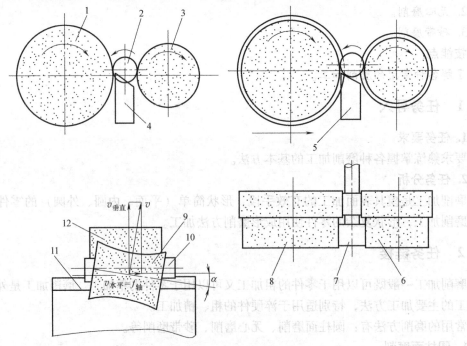

图 4-8　无心磨削的加工原理

1、8、12—磨削砂轮　2、7、10—工件　3、6、9—导轮　4、5、11—托板

3. 砂带磨削

砂带磨削是用涂满砂料的环形带状布（砂带）作为切削工具的一种加工方法。它是多刃连续切削，其加工效率远高于车、铣、刨等通用机床的加工效率。由于砂带不能修整，故加工精度不如砂轮磨削高。

砂带磨削有3种方式：中心磨削、无心磨削、自由磨削。砂带磨削的工作原理如图4-9所示。

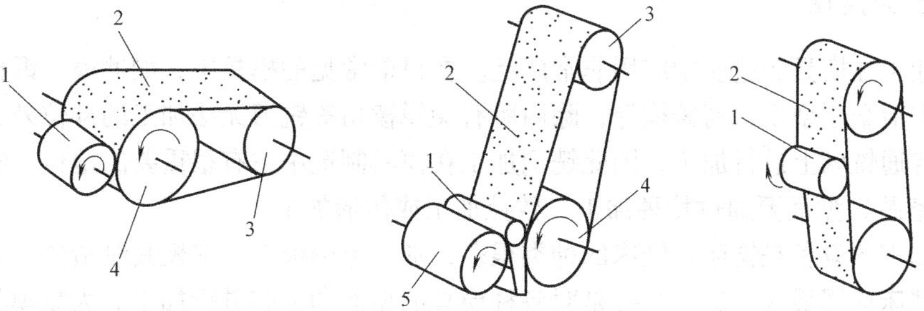

图4-9　砂带磨削的工作原理
1—工件　2—砂带　3—主动轮　4—接触轮　5—导轮

任务4.4　铣 削 加 工

知识点：

1. 铣削原理。
2. 铣削用量四要素。
3. 铣削方法的选择。

技能点：

1. 了解铣削加工的基本原理。
2. 熟练掌握铣削用量四要素。
3. 能够正确选择铣削方法。

4.4.1　任务导入

1. 任务要求

现有模具垫板如图4-10所示，材料为45钢，单件生产。简述其两底面的加工过程。

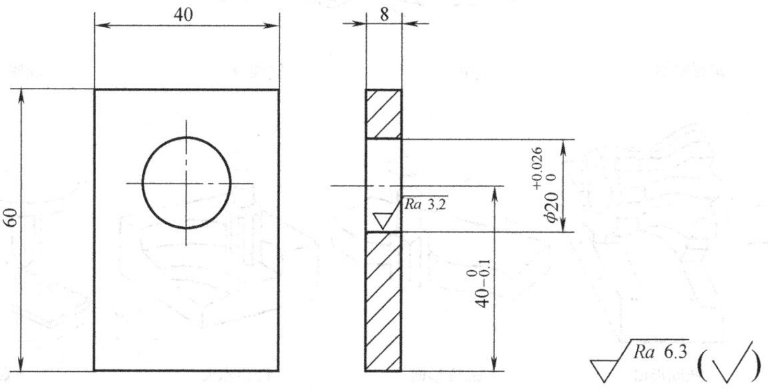

图4-10　垫板

2. 任务分析

该零件为平板类零件，毛坯为形状比较简单的板料，表面精度要求不高，生产数量不大，可采用铣削加工的方式进行加工。

4.4.2 任务链接

铣削加工在模具制造业中应用非常广泛。在目前常见的模具中，如冲模、锻模、塑料成型模、粉末冶金压型模、精铸模等，除内腔有尖锐棱角等铣刀无法加工的部位外，一般情况下均可在普通铣床上进行加工，因此铣削加工在模具制造中占有很重要的地位。特别复杂的型腔（或型芯）型面要通过特种加工、数控加工或仿形加工。

铣削加工的设备是铣床，铣床的种类很多，加工范围极广。在模具制造中，立式铣床和万能工具铣床应用最为广泛，主要是对各种模具的型面和型腔进行加工。大型模具通常采用仿形铣床加工型腔和不规则的成形部分；复杂型面则采用数控铣床或者加工中心加工。

1. 铣削原理

铣削加工是由铣刀做圆周旋转运动，工件随工作台做直线进给运动，二者协调配合，完成铣削加工。铣削加工的加工精度可达 IT6 ~ IT8，*Ra* 值可达 0.63 ~ 12.5μm，可以用作半精加工和精加工工序，生产率较高。典型的铣削加工表面如图 4-11 所示。

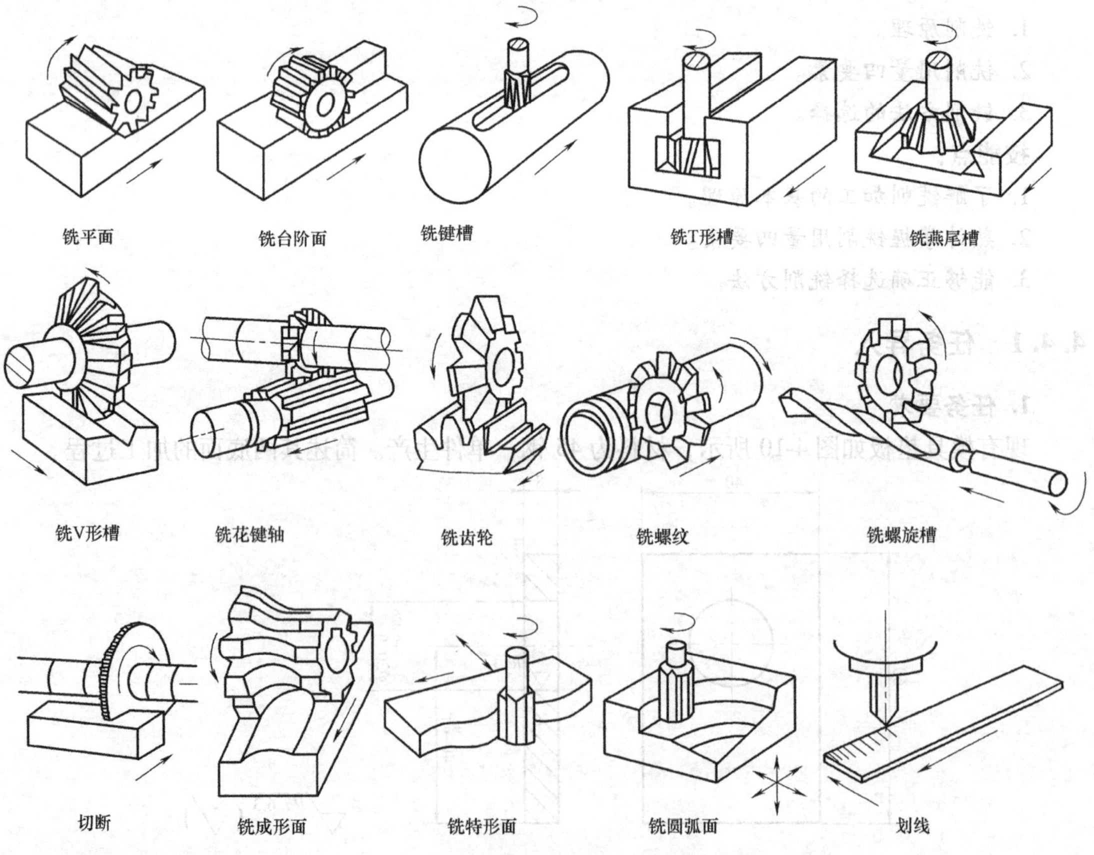

图 4-11　典型的铣削加工表面

2. 铣削用量四要素

铣削用量如图 4-12 所示。

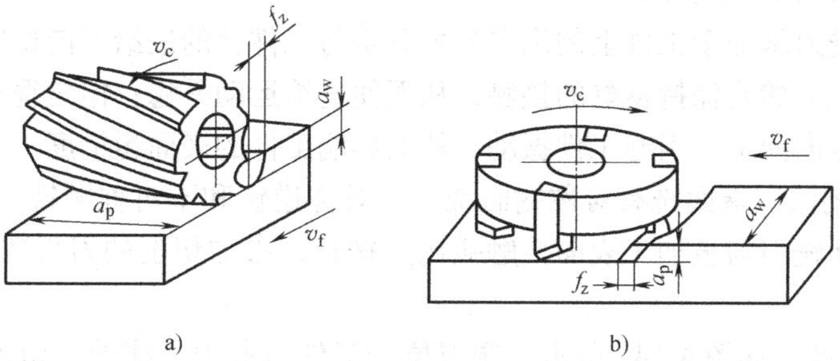

图 4-12　铣削用量图

（1）铣削速度 v_c　铣刀高速转动时的圆周切线方向速度：$v_c = \pi dn/1000$，单位为 m/min。

（2）进给量 f　指工件相对于铣刀移动的速度。进给量可以分为每齿进给量 f_{z1}、每转进给量 f 和进给速度 v_f，铣削加工中常说的进给量一般指进给速度 v_f，也就是每分钟内工件与铣刀沿进给方向相对移动的距离。

（3）背吃刀量 a_p　指平行于铣刀轴线方向测量的切屑的厚度尺寸，也就是已加工表面与待加工表面之间的距离。

（4）铣削宽度 a_w　如图 4-12 所示，指主切削刃与工件的接触长度。

3. 铣削方法的选择

（1）周边铣削法　周边铣削法有两种：逆铣、顺铣，如图 4-13 所示。

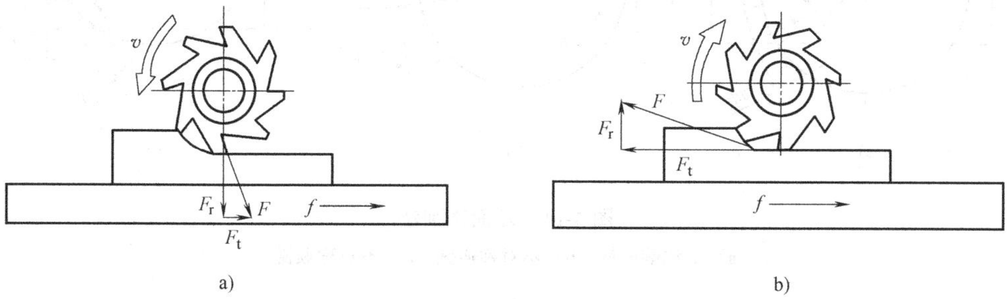

图 4-13　顺铣与逆铣
a）顺铣　b）逆铣

1）顺铣。铣削时铣刀切入工件的方向与工件的进给方向相同，称为顺铣。如图 4-13b 所示，刀齿的切削厚度从大到小，避免了挤压、滑行，而且垂直分力的方向始终压向工作台，从而使切削过程平稳，提高了铣刀的使用寿命和工件的表面质量。但是纵向分力与进给方向相同，致使工作台丝杠与螺母之间产生间隙从而发生窜动，使铣削进给量不均匀，严重时会损坏铣刀。只有铣床具有顺铣机构时才能使用。

2）逆铣。铣削时铣刀切入工件的方向与工件的进给方向相反，称为逆铣。如图 4-13a 所示，切削厚度从零开始并逐渐增大，致使实际前角出现负值，刀齿在加工表面失去切削功能不能进行切削，而只是对加工表面形成挤压和滑行，加剧了后刀面的磨损，使用寿命降低，工件加工后的表面粗糙度值加大。

由于逆铣时铣刀施加于工件上的纵向分力总是与工件台的进给方向相反，故工作台丝杠与螺母之间无间隙，始终保持良好的接触，从而使进给运动平稳；但是垂直方向的分力的大小是变化的，且方向向上，引起工件振动，从而影响工件的表面粗糙度。

（2）端面铣削法　端面铣有对称端面铣、不对称逆铣和不对称顺铣 3 种，如图 4-14 所示。端面铣时，面铣刀与被加工表面接触弧比周铣长，参加切削的刀齿数多，故切削平稳，加工质量好。

1）对称端面铣。如图 4-14a 所示，铣刀位于工件对称中心线处，切入为逆铣，切出为顺铣。切入和切出的厚度相同，有较大的平均切削层厚度，故端面铣时多用此法，特别适用于加工淬硬钢。

2）不对称逆铣。如图 4-14b 所示，铣刀位置偏于工件对称中心线一侧，切入时切削厚度最小，切出时最大，故切入冲击力小，切削过程平稳，适用于加工普通碳钢和高强度低合金钢。刀具寿命长，加工表面质量好。

3）不对称顺铣。如图 4-14c 所示，铣刀位置偏于工件对称中心线一侧，切入时切削厚度最大，切出时最小，故适用于加工不锈钢等中等强度的材料和高塑性材料。

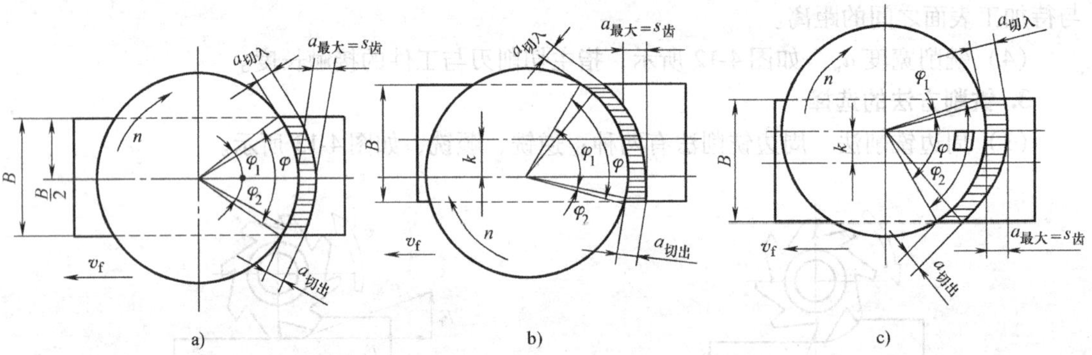

图 4-14　端面铣削法

a）对称端面铣　b）不对称逆铣　c）不对称顺铣

4.4.3　任务实施

1. 分析工件的工艺性

图 4-10 所示工件的材料为 45 钢，待加工表面为水平面，适合采用在卧式铣床上用圆柱形铣刀加工。另外在加工过程中直齿圆柱形铣刀不如螺旋圆柱形铣刀平稳，因此一般多采用螺旋圆柱形铣刀加工。

2. 水平面铣削加工过程

1）开车使铣刀旋转，升高工作台使工件和铣刀稍微接触，停车，将垂直丝杠刻度盘对准零件表面。

2）纵向退出工件。

3）利用刻度盘将工作台升高到规定的背吃刀量位置，紧固升降台和横梁滑板。

4）先用手动使工作台纵向进给，当工件被稍微切入后，改为自动进给（工件的进给方向通常与切削速度方向相反）。

5）铣完一遍后，停车，下降工作台。

6）退出工作台，测量工件尺寸，并观察表面粗糙度。

7）重复铣削到规定要求。

任务4.5　刨 削 加 工

知识点：

1. 牛头刨床刨削凸模。

2. 在牛头刨床上用靠模刨削凸模。

3. 仿形刨床加工凸模。

技能点：

掌握刨削加工各种表面的基本方法。

4.5.1　任务导入

1. 任务要求

要求熟练掌握刨削加工各种表面的基本方法。

2. 任务分析

刨削加工灵活简便，经济实用，在模具零件的机械加工中，也是经常采用的一种方法。刨削加工主要用于加工板块状零件的外形面、斜面以及各种形状复杂的直线型外表面。刨削加工的精度可达到IT10，表面粗糙度值可达到$Ra1.6\mu m$。在模具制造中用得较多的刨床是牛头刨床和仿形刨床（又称刨模刨床），也有用龙门刨床加工超大型模具的。由于受到加工精度和效率的限制，用牛头刨床加工模具的机会在逐渐减少，正在被铣床和数控机床所代替，但当需要用靠模加工复杂的直线形型面时，用牛头刨床比较方便。

4.5.2　任务链接

图4-15所示为用刨床加工的各种表面。

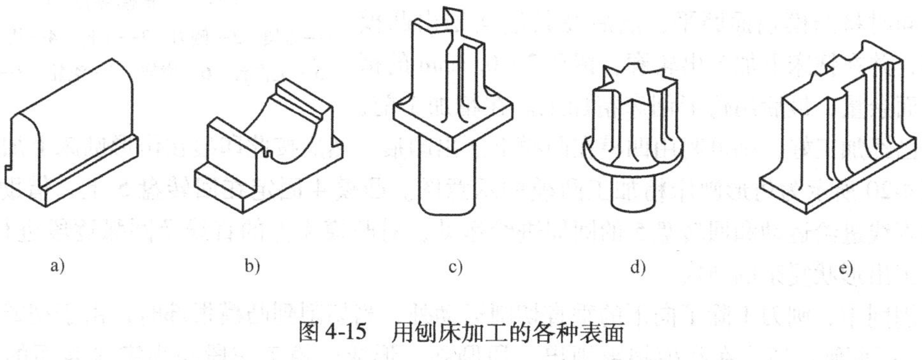

a)　　b)　　c)　　d)　　e)

图4-15　用刨床加工的各种表面

1. 牛头刨床刨削凸模

加工如图4-16所示的块状凸模。用专用夹具1装夹工件，如图4-17所示。刨削两个

30°斜面，留 0. 02mm 单边研磨余量；用圆弧刨刀刨削两个 $R2$mm 圆弧面，保证与两个相邻平面圆滑过渡。

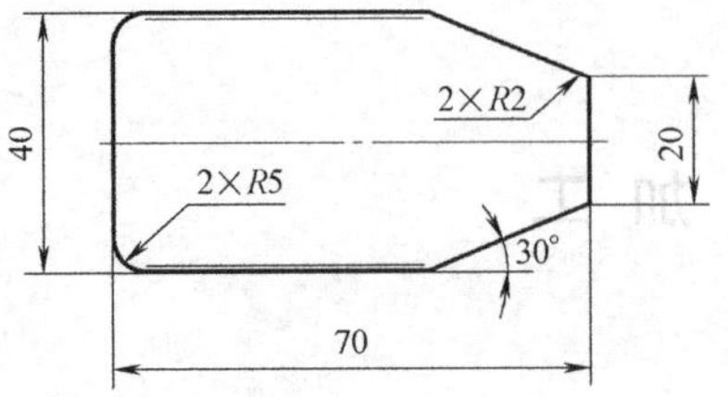

图 4-16　块状凸模

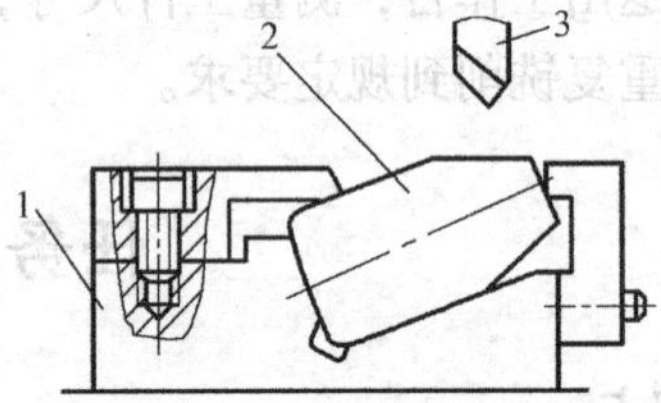

图 4-17　刨削斜面及圆弧

1—夹具　2—工件　3—刨刀

2. 在牛头刨床上用靠模刨削凸模

如图 4-18 所示大型直线形曲面凸模，可以在牛头刨床上采用靠模装置进行刨削加工。

刨削时，将工作台的垂直丝杠和床身底座上的平行导轨拆除，换成靠模，把工作台用滚轮支承在靠模上，并使其可沿靠模滚动，如图 4-19 所示。当工作台横向走刀并带动凸模平行移动时，滚轮沿靠模移动，即带动工作台和凸模相对刨刀做曲线运动，刨削出与靠模形状曲线相反的型面。

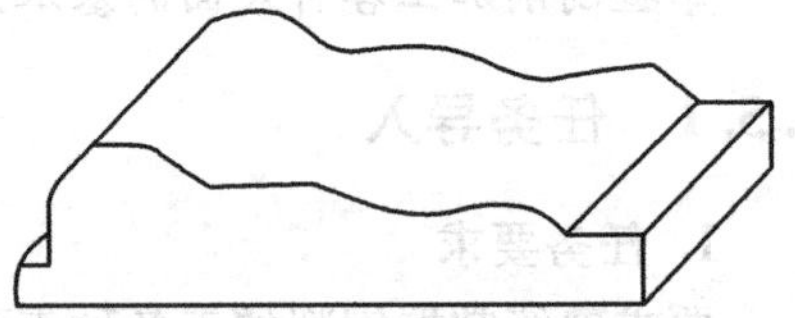

图 4-18　大型曲面凸模

另外，在牛头刨床上还可以采用液压仿形装置、供油系统和靠模，加工表面形状复杂的曲面。但由于液压仿形装置和系统比较复杂，只适用于批量加工模具零件。

3. 仿形刨床加工凸模

仿形刨床是一种专用刨床，用于加工由圆弧和直线组成的各种形状复杂的凸模，其加工精度可达到 IT8，表面粗糙度值可达到 $Ra0.63\sim3.2\mu m$。

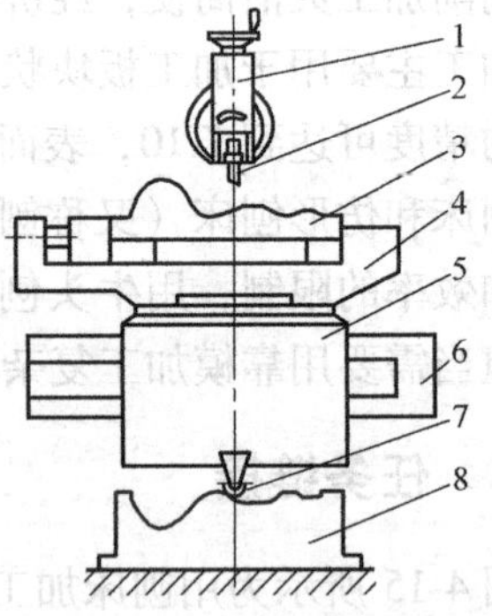

图 4-19　靠模刨削凸模

1—刀架　2—侧刀　3—工件　4—机用虎钳　5—工作台　6—横架　7—滚轮　8—靠模

精加工前，凸模毛坯需在车床或者铣床上进行粗加工。同时将凸模端面磨平，然后在其端面划出凸模轮廓线，并在铣床上加工出轮廓，留 0. 2 ~0. 3mm 的精加工单面余量，最后用仿形刨床精加工。在精加工前，若凹模已经加工好，则可利用凹模在凸模上压出印痕，然后按此印痕在仿形刨床上加工。

图 4-20 所示为仿形刨床精加工凸模的示意图。凸模 4 固定在回转盘 5 上，借助拖板 7 和 8 的直线进给运动和回转盘 5 的圆周进给运动，对凸模 4 上的直线及圆弧逐段进行加工，即可加工出形状复杂的凸模。

在刨削中，刨刀 1 除了向下的垂直切削运动外，当切削到凸模根部时，由于摆臂 2 绕轴 3 回转，因而刨刀还能在凸模根部刨出一段圆弧，形成凸模工作段与固定段表面的圆弧过渡，可以增强凸模的刚性。同时，使凸模与固定板的配合部分，能够设计成圆柱状而容易制造。刨刀的刨削过程和凸模根部的过渡圆弧如图 4-21 所示。

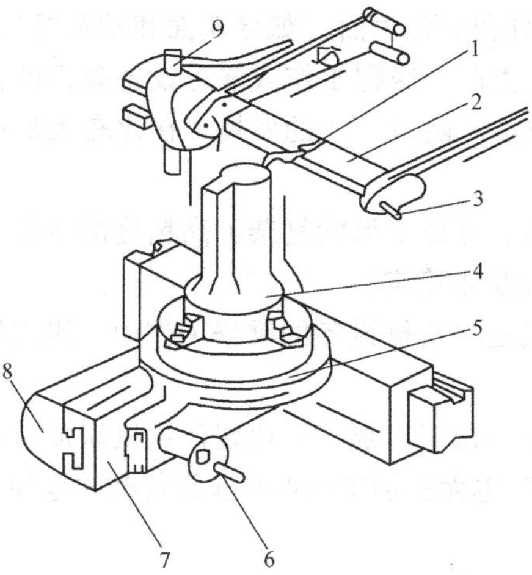

图4-20　仿形刨床刨削凸模示意图

1—刨刀　2—摆臂　3—轴　4—凸模　5—回转盘　6—手轮　7、8—托板　9—固定立柱

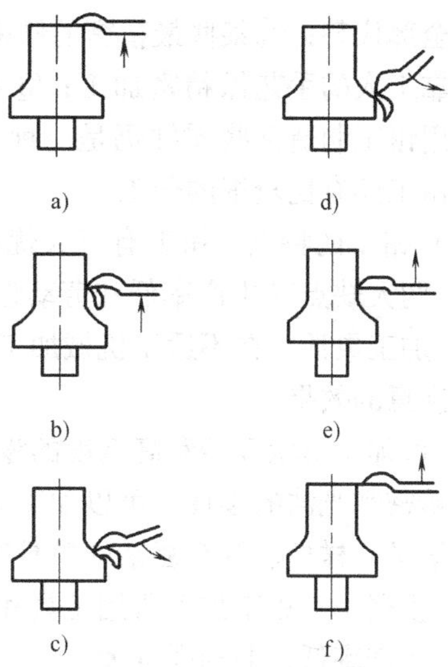

图4-21　刨削斜面及圆弧

任务4.6　钳　　工

知识点：

1. 钳工的概念及特点。
2. 钳工的专业分工及基本操作。

技能点：

1. 了解钳工的概念及特点。
2. 掌握钳工的基本操作。

4.6.1　任务导入

1. 任务要求

要求熟练掌握钳工的概念、特点、应用范围、基本操作和常用设备。

2. 任务分析

钳工是机械制造中最古老的金属加工技术之一。19世纪以后，各种机床的发展和普及，虽然逐步使大部分钳工作业实现了机械化和自动化，但在机械制造过程中钳工仍是广泛应用的基本技术。

4.6.2　任务链接

1. 钳工概述

（1）钳工　钳工是手持工具对金属进行加工的方法。钳工工作主要以手工方法利用各种工具和常用设备对金属进行加工。钳工作业主要包括錾削、锉削、锯切、划线、钻削、铰削、攻螺纹和套螺纹、刮削、研磨、矫正、弯曲和铆接等。工业发展这么快，为什么还有手工操作？其原因是：①划线、刮削、研磨和机械装配等钳工作业，至今尚无适当的机械化设备可以全部代替；②某些最精密的样板、模具、量具和配合表面（如导轨面和轴瓦等），仍需要依靠工人的手艺做精密加工；③在单件小批量生产、修配工作或缺乏设备条件的情况下，采用钳工制造某些零件仍是一种经济实用的方法。随着工业的发展，在比较大的企业里，对钳工还有比较细的分工。

（2）钳工的特点　钳工有三大优点（加工灵活、可加工形状复杂和高精度的零件、投资小），两大缺点（生产率低和劳动强度大、加工质量不稳定）。

1）加工灵活。在不适于机械加工的场合，尤其是在机械设备的维修工作中，钳工加工可获得满意的效果。

2）可加工形状复杂和高精度的零件。技术熟练的钳工可加工出比现代化机床加工的零件还要精密和光洁的零件，可以加工出连现代化机床也无法加工的形状非常复杂的零件，如高精度量具、样板、开头复杂的模具等。

3）投资小。钳工加工所用工具和设备价格低廉，携带方便。

4）生产率低，劳动强度大。

5）加工质量不稳定。加工质量的高低受工人技术水平的影响。

（3）钳工应用范围　主要有划线、加工零件、装配、设备维修和创新技术。

1）划线。对加工前的零件进行划线。

2）加工零件。对采用机械方法不太适宜或不能解决的零件，各种工、夹、量具以及各种专用设备等的制造，要通过钳工工作来完成。

3）装配。将加工好的零件按机械的各项技术精度要求进行组件、部件装配和总装配，使之成为一台完整的机械。

4）设备维修。机械设备在使用过程中出现损坏、故障或长期使用后失去精度的零件，要通过钳工进行维护和修理。

5）创新技术。为了提高劳动生产率和产品质量，不断进行技术革新，改进工具和工艺，也是钳工的重要任务。

总之，钳工是机械制造工业中不可缺少的工种。

2. 钳工的专业分工及基本操作

（1）钳工的专业分工　一般钳工分两大类：一类是机械维修钳工，另一类是装配钳工。

钳工主要以锉刀、钻、铰刀、虎钳、台虎钳等为主要工具进行装配和维修。无论是哪一种钳工，要想完成好本职工作，首先应该掌握钳工的基本操作。

（2）钳工的基本操作

1）划线。

2）锉削。

3）錾削。

4）锯削。

5）钻孔、扩孔、锪孔、铰孔。

6）攻螺纹、套螺纹。

7）刮削。

8）研磨。

9）装配。

3. 钳工的常用设备

1）钳台（如图4-22所示）。

2）台虎钳（如图4-23所示）。

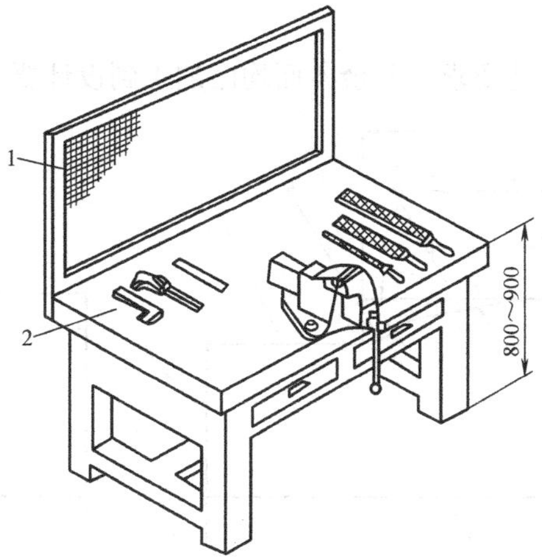

图4-22　钳台

1—防护网　2—量具单独放

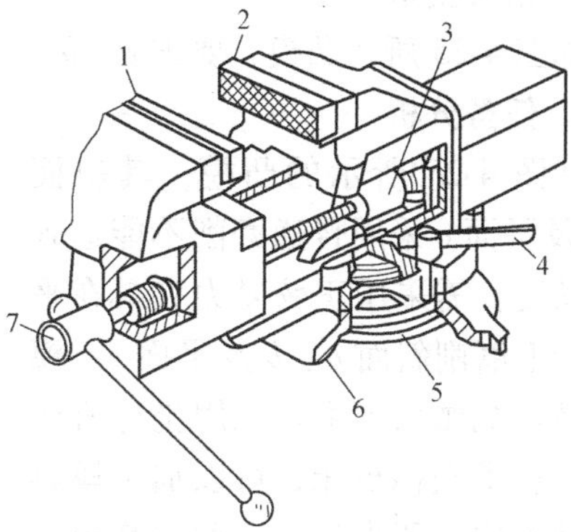

图4-23　台虎钳

1—活动钳口　2—固定钳口　3—螺母

4—夹紧手柄　5—夹紧盘

6—轮盘座　7—丝杠

3）砂轮机。

4）虎钳。

5）台钻（如图4-24所示）。

图4-24　台钻

任务4.7　精密机械加工

知识点：

1. 成形磨削加工。
2. 坐标镗床加工。
3. 精密孔系的加工。
4. 坐标磨床加工。

技能点：

1. 了解常用的成形磨削的方法，能够利用成形磨削加工简单模具零件。
2. 了解坐标镗床，掌握精密孔系加工的基本方法。

3. 了解坐标磨床，掌握坐标磨削加工的基本方法。

4.7.1 任务导入

1. 任务要求

如图4-25所示凸模，要求 *a*、*b*、*c* 面加工到设计要求。其余各面均已加工到设计要求。

2. 任务分析

如图4-25所示的凸模，其斜面 *a*、*b* 及平面 *c* 采用普通磨削不能达到加工精度，需采用正弦磁力夹具在平面磨床上磨削斜面 *a*、*b* 及平面 *c*。模具的精密机械加工主要采用坐标机床加工。有了坐标机床，可以加工模具上有精密位置要求的孔、型腔甚至三维空间曲面。

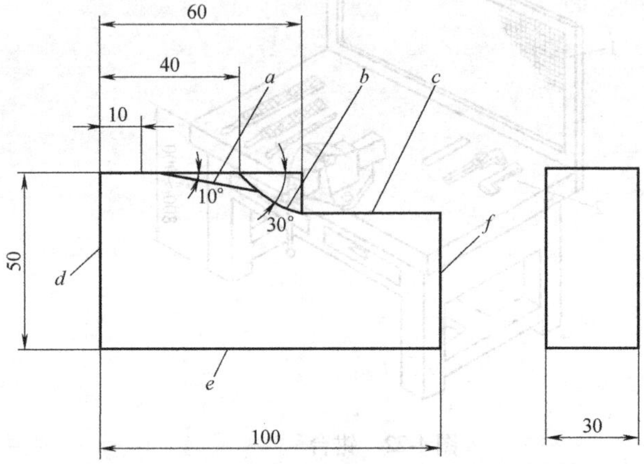

图4-25　凸模

4.7.2 任务链接

模具的精密机械加工主要采用坐标机床加工。坐标机床与普通机床的根本区别在于它们具有精密传动系统，可准确地移动与定位。

1. 成形磨削加工

成形磨削是模具零件成形表面精加工的一种主要方法。成形磨削的基本原理，就是把构成零件形状的复杂几何曲线，分解成若干简单的直线、斜线和圆弧，然后进行分段磨削，使构成零件的几何曲线互相连接圆滑、光整，达到图样的技术要求。

成形磨削可以在成形磨床、平面磨床、万能工具磨床和工具曲线磨床上进行。采用平面磨床加附件，是用得比较广泛的一种成形磨削。

常用的成形磨削的方法有两种：成形砂轮磨削法和夹具磨削法。

(1) 成形砂轮磨削法　将砂轮修整成与工件被磨削表面完全吻合的形状，进行磨削加工，以获所需要的成形表面，如图4-26所示。

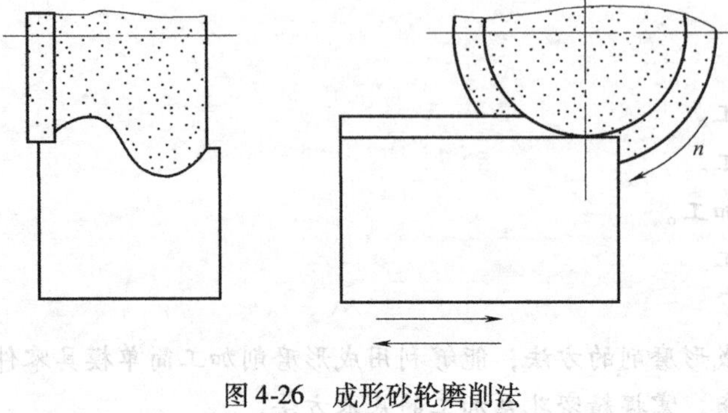

图4-26　成形砂轮磨削法

（2）夹具磨削法

1）正弦精密虎钳，如图4-27所示。

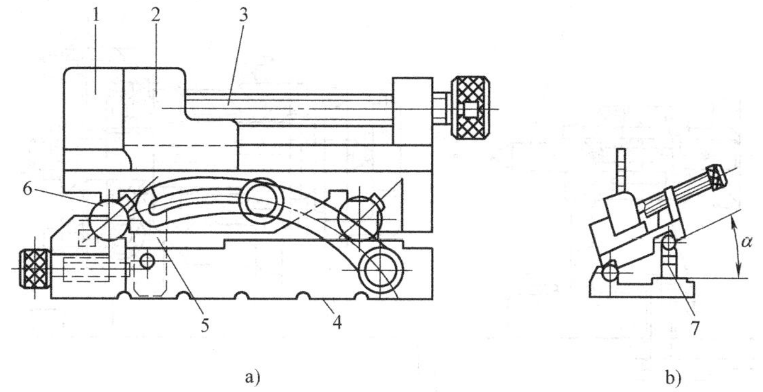

图4-27　正弦精密虎钳

a）正弦精密虎钳　b）磨削示意图

1—虎钳体　2—活动钳口　3—螺杆　4—底座　5—压板　6—正弦圆柱　7—量块

量块尺寸：$h_1 = L\sin\alpha$。

2）正弦磁力夹具，如图4-28所示。

被磨削表面的尺寸常采用测量调整器、量块和百分表进行比较测量。测量调整器如图4-29所示。

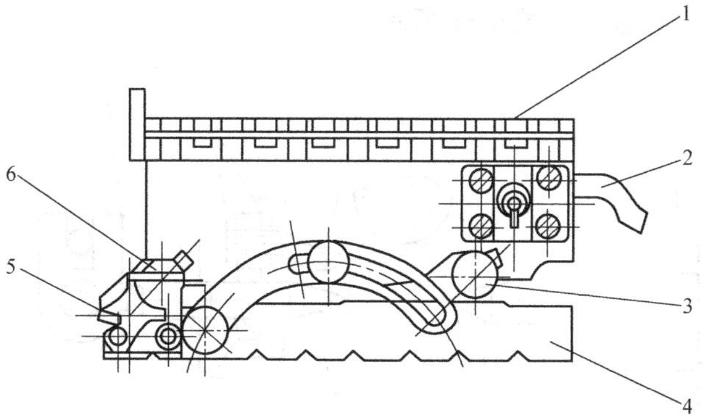

图4-28　正弦磁力夹具

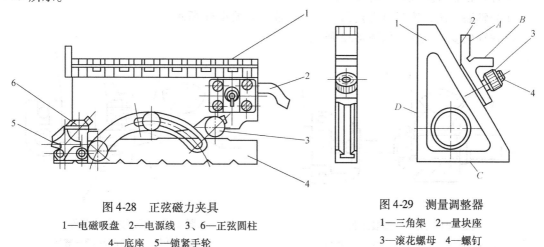

1—电磁吸盘　2—电源线　3、6—正弦圆柱

4—底座　5—锁紧手轮

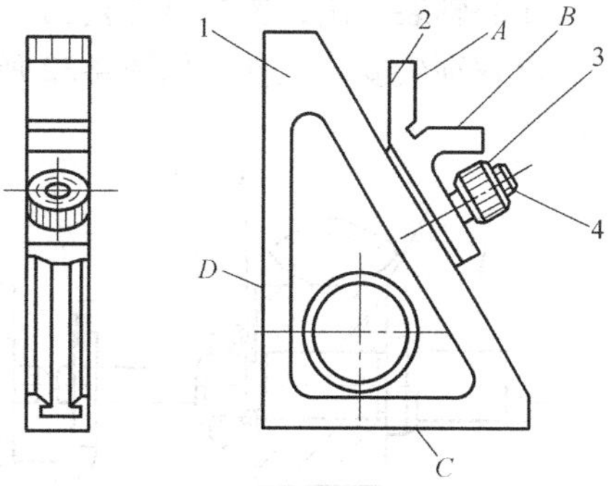

图4-29　测量调整器

1—三角架　2—量块座

3—滚花螺母　4—螺钉

3）正弦分度夹具，主要用来磨削凸模上具有同一轴线的不同圆弧面、等分槽及平面。

如图4-30所示结构：将工件支承在前顶尖7、后顶尖6上，后顶尖可沿轴线方向适量移动，以调整工件与顶尖间的松紧程度。转动分度蜗轮箱上的手轮（图中未画出），通过蜗杆13、蜗轮9传动，可使主轴8、工件和分度盘11一起整体转动，使工件实现圆周进给运动。安装在主轴后端的分度盘上有四个正弦圆柱12，它们均匀分布在同一圆周上。磨削时，如果对工件的回转角度精度要求不高，可直接利用分度盘上的刻度和分度指针10读出其角度值。但如果对工件的回转角度精度要求较高，则可通过在正弦圆柱与量块垫板14之间垫入适当尺寸的量块，以控制工件转角的大小。

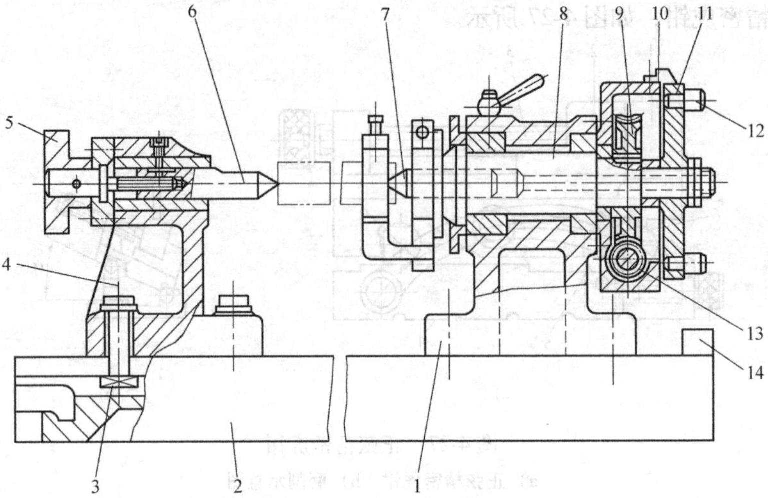

图 4-30　正弦分度夹具的原理图

1—前顶尖座　2—底座　3—螺栓　4—后顶尖座　5—手轮　6—后顶尖　7—前顶尖　8—主轴　9—蜗轮　10—分度指针　11—分度盘　12—正弦圆柱　13—蜗杆　14—量块垫板

工件在正弦分度夹具上的装夹：

①心轴装夹法，要打出工艺孔，穿入心轴，如图 4-31 所示。

②双顶尖安装工件，如图 4-32 所示。

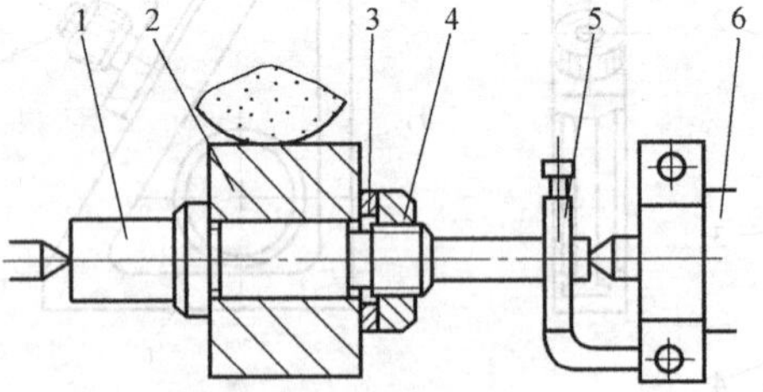

图 4-31　用心轴安装工件

1—心轴　2—工件　3—垫片　4—螺母　5—鸡心夹头　6—夹具主轴

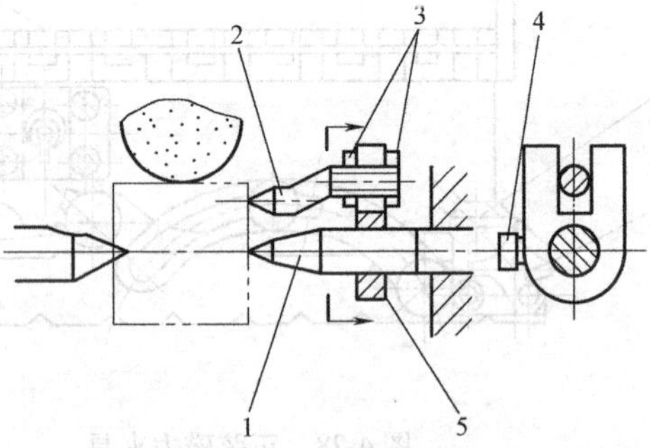

图 4-32　双顶尖安装工件

1—加长顶尖　2—副顶尖　3—螺母　4—紧定螺钉　5—叉形滑板

工件上需钻出主顶尖孔、副顶尖孔，各顶尖要与对应的顶尖孔配合良好。

采用正弦分度夹具进行成形磨削，也是用测量调整器、量块和百分表进行比较测量。

（3）磨削工艺过程　磨削工艺过程详见任务实施。

（4）万能夹具　万能夹具是成形磨床的主要部件，也可在平面磨床或万能工具磨床上使用，其结构如图 4-33 所示。它由装夹部分、十字滑块、回转部分、分度部分组成。

利用万能夹具可以在平面磨床、万能工具磨床上，磨削由直线和凸、凹圆弧组成的形状复杂的凸模。

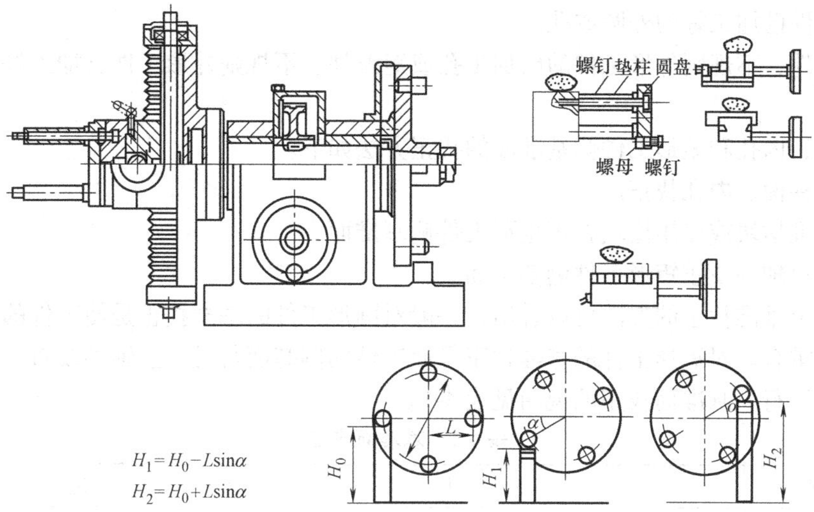

图4-33　万能夹具主要结构

（5）工艺尺寸换算步骤　进行成形磨削时要进行工艺尺寸换算，将复杂的凸模分解成单一的直线和圆弧，分别进行磨削。

1）计算工件各工艺中心的坐标尺寸，运算结果要精确到0.01mm。

2）确定各平面至对应中心的垂直距离，选定回转轴的倾斜角度。

3）计算工件不能自由回转的圆弧面的圆心角，画出工件尺寸计算图。

2. 坐标镗床加工

由于模板的精度要求越来越高，某些模板类零件已不能用传统的普通机床达到其加工要求，因此，需要采用精密机床进行加工。精密机床的种类很多，在模板类零件孔系的精密机械加工中，应用广泛的是坐标镗床。

（1）坐标镗床的应用及加工精度　坐标镗床主要用来加工孔间距离精度要求高的模板类零件，也可以加工复杂的型腔尺寸和角度。因此在多孔冲模、级进模及塑料成型模的制造中得到广泛的应用。采用坐标镗床加工，不但加工精度高而且节省了大量的辅助时间，其经济效益显著。坐标镗床既可进行系列孔的精镗加工，又可进行钻孔、扩孔、铰孔、锪沉孔加工，还可进行坐标测量、划线等。

坐标镗床的定位精度一般是0.002～0.012mm，坐标定位精度直接影响到模板上各系列孔中心距的尺寸精度。例如级进模的导柱导套孔，其同轴度可达0.006～0.008mm，孔距的极限偏差可达到0.002～0.012mm。

（2）坐标镗削加工前的准备　坐标镗削加工前应做好以下几个方面的准备工作。

1）放置模板。模板零件在加工前应放在恒温室内保持一定温度，以减小模板受环境温度的影响产生变形。

2）预加工模板。将模板进行预加工，并将基准面精度加工到0.01mm以上。

3）确定基准并找正。在坐标镗削加工中，根据模板的形状特点，其定位基准主要有以下几种。

①工件表面上的线。

②圆形件已加工好的外圆或孔。

③矩形件、不规则外形工件的已加工孔或矩形件、不规则外形工件已加工好的相互垂直的面。

对外圆、内孔和矩形工件侧基准面的找正方法如下。

①外圆柱面、内孔找正。

②用标准槽块或专用槽块找正矩形工件侧基准面。

③用量块辅助找正矩形工件侧基准面。

根据以上基准找正的方法可以看出，一般对圆形工件的基准找正是使工件的轴线和机床主轴轴线相重合。对矩形工件的基准找正是使工件的侧基面与机床主轴轴线对齐，并与工作台坐标方向平行。基准面找正的说明见表4-1。

表4-1 基准面找正

方　式	简　图	说　明
外圆柱面找正	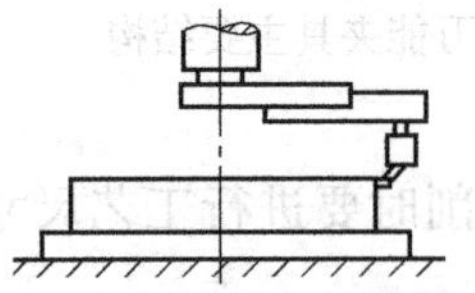	千分表架装在主轴孔内，转动主轴找正外圆，使机床主轴轴线与工件外圆轴线重合
内孔找正	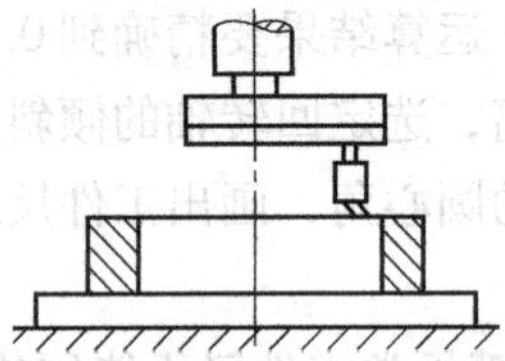	千分表架装在主轴孔内，转动主轴找正内圆，使机床主轴轴线与工件内孔轴线重合
用标准槽块找正矩形工件侧基准面	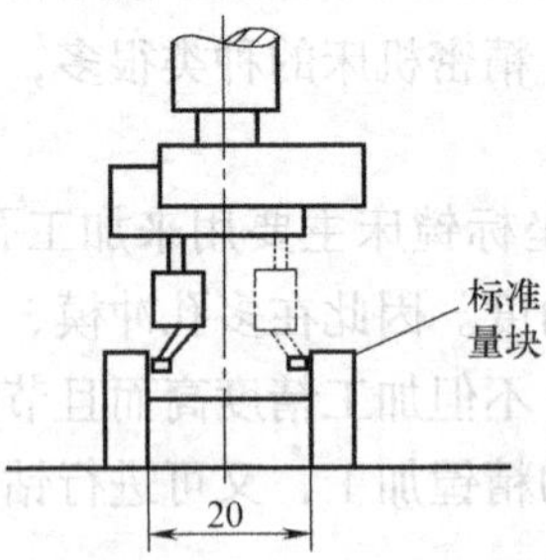	千分表在相差180°方向上找正标准槽块，记下表的读数。移动工作台，使千分表靠上工件侧基准面。转动主轴得表的极值读数，使现在的极值读数与找正槽块的读数相等，此时主轴轴线与侧基准面的距离为1/2槽宽。在此之前，应先找正侧基准面与工作台坐标方向平行
用专用基准块找正矩形工件侧基准面	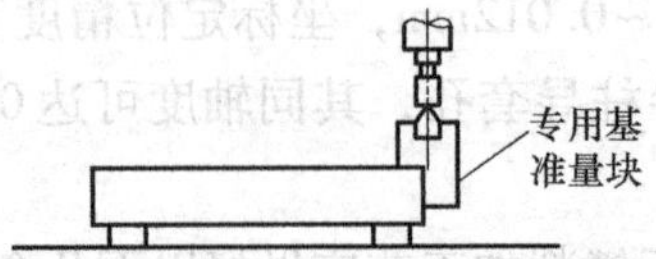	千分表在相差180°方向上找正专用基准块，此时主轴轴线便与侧基准面对齐
用量块辅助找正矩形工件侧基准面	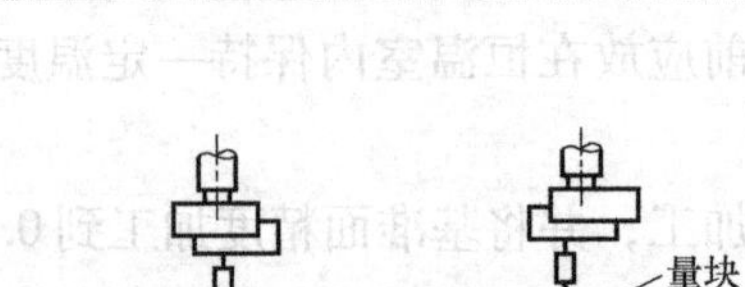	千分表靠上工件侧基准面，转动主轴得极值读数。主轴转过180°，让表靠上与侧基准面贴紧的量块表面，又得一极值读数，两读数之差的1/2便是此时主轴轴线与侧基准面之间的距离

4）确定原始点位置。原始点可以选择相互垂直的两基准线（面）的交点（线），也可以利用光学显微镜对模板上的线来确定。还可以用中心找正器找出已加工完成的孔的中心作为原始点。

5）计算坐标值。为了保证孔的位置精度，通常需要对工件已知尺寸按照已确定的基准为原始点进行坐标值的转换计算。对模板孔的镗削，需根据模板图样计算出需要加工的各孔的坐标值并记录。模板平面孔系孔距坐标尺寸的换算如图4-34所示。

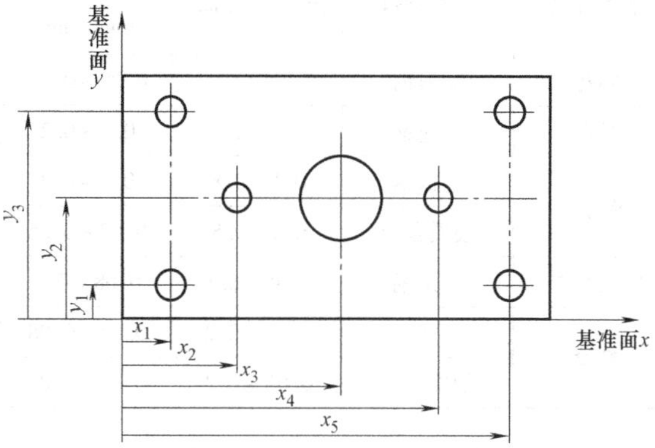

图4-34　平面孔系孔距坐标尺寸的换算

3. 精密孔系的加工

在模板已经安装、定位和装夹结束并做好镗削准备的基础上，可按下述步骤进行精密孔系的加工。

(1) 确定孔中心位置　根据已换算的坐标值，在各孔中心用弹簧中心冲确定孔的位置(即打样冲眼)。弹簧中心冲如图4-35所示。打中心冲时转动手轮3使手轮上的斜面将柱销向上推，从而使顶尖4被提升并压缩弹簧1。当柱销2达到斜面最高位置时继续转动手轮3，则弹簧1将顶尖4弹下即打出中心点。

(2) 钻定心孔　根据孔中心的定位和坐标换算值对各个要求加工的孔钻出适当大小的定心孔，以防止继续扩大钻孔时因进给力引起钻孔质量下降。

(3) 钻孔　根据已钻出的定心孔进行钻孔。钻孔时应根据各个孔的直径从大到小顺序钻出所有的孔，以减少工件变形对加工精度的影响。

钻孔加工的质量要高，以便为钻孔后的镗削打下好的质量基础。钻孔加工时要按加工性质要求安排加工工序，如粗加工、半精加工、精加工。因此，应按孔径的大小及时更换钻头。为了提高生产率，减少工作台移动的时间，应优先考虑加工相邻的孔。

(4) 镗孔　对于直径小于20mm，精度要求为IT7级以下、表面粗糙度值Ra大于1.25μm的孔，钻孔后可以铰孔代替镗孔。对于精度要求高于IT7级、表面粗糙度值Ra小于1.25μm的孔，在钻孔后应安排半精镗和精镗加工。

(5) 坐标镗床加工孔的切削用量　坐标镗床的加工精度和加工生产率与工件材料、刀具材料及镗削用量有着直接关系。表4-2为坐标镗床加工孔的切削用量，可在镗削加工中参考。

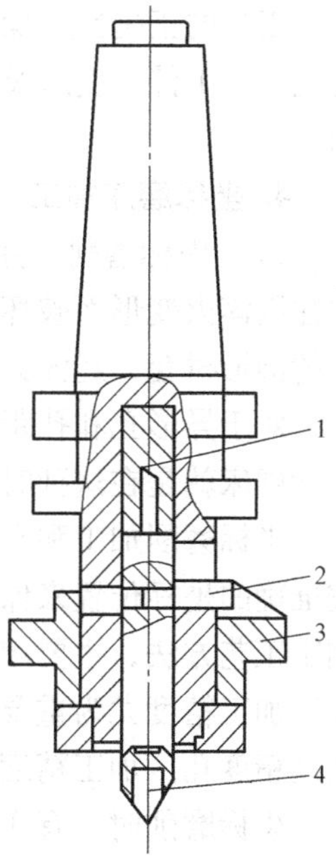

图4-35　弹簧中心冲
1—弹簧　2—柱销
3—手轮　4—顶尖

(6) 镗刀的几何形状　镗刀的几何形状与工件的材料、刀具的材料及加工质量要求有关。一般用硬质合金镗刀加工铸铁时，前角为5°，主后角和副后角均为6°左右。用高速钢或硬质合金刀具镗削铜材时，其前角为12°，后角为6°。用高速钢加工轻合金时，前角约为25°，后角为8°。用硬质合金加工轻合金时，前角为 20°，后角为 8°～10°。

表 4-2　坐标镗床加工孔的切削用量

加工方式	刀具材料	背吃刀量/mm	进给量 /(mm/min)	切削速度/(m/min)			
				软钢	中硬钢	铸铁	铜合金
钻孔	高速钢	——	0.08～0.15	20～25	12～18	14～20	60～80
扩孔	高速钢	2～5	0.1～0.2	22～28	15～18	20～24	60～90
半精镗	高速钢	0.1～0.8	0.1～0.3	18～25	15～18	18～22	30～60
	硬质合金	0.1～0.8	0.08～0.25	50～70	40～50	50～70	150～200
精钻精铰	高速钢	0.05～0.1	0.08～0.2	6～8	5～7	6～8	8～10
精镗	高速钢	0.05～0.2	0.02～0.08	25～28	18～20	22～25	30～60
	硬质合金	0.05～0.2	0.02～0.06	70～80	60～65	70～80	150～200

(7) 镗削辅助工具　坐标镗床加工时，应备有回转工作台、倾斜工作台、量块、镗刀头、千分表等多种辅助工具，才能适应轴线不平行的孔系、回转孔系等不同的工件的加工需要。

坐标镗床的精度很高，其静态精度和动态精度的计量单位是 μm。因此，坐标镗床应安装和使用在恒温（20℃）、恒湿（湿度 55%）的室内环境中，以减少外界环境对其产生不良影响。

坐标镗床的加工精度的影响因素为机床本身的定位精度，测量装置的定位精度，加工方法和工具的正确性，操作工人技术熟练程度，工件和机床的温差，切削力和工件重量所产生的机床、工件热变形及弹性变形。因此，在镗削加工过程中应尽量克服和降低以上因素的影响。

4. 坐标磨床加工

(1) 坐标磨削　用坐标磨床加工出的孔，位置与尺寸精度都比较高，但对模具来说，往往因淬火变形而破坏了已加工的精度，所以对有高硬度要求的冲模，一般都要做成尺寸较小的圆形衬套，经淬火磨削后，压入坐标磨床加工好的孔内。

对于异形孔和孔距小而孔径又大的情况，就不能用衬套结构，所以淬火后要直接磨削，坐标磨床就是在这种时候使用。

坐标磨削加工和坐标镗削加工的有关工艺步骤基本相同。坐标磨削和坐标镗削一样，是按准确的坐标位置来保证加工尺寸的精度，只是将镗刀改为砂轮。坐标磨削是一种高精度的加工工艺方法，主要用于淬火工件、高硬度工件的加工。坐标磨削对消除工件热处理变形、提高加工精度尤为重要。坐标磨削加工范围较大，可以加工直径小于 1mm 至直径达 200mm 的高精度孔。加工精度可达 0.005mm，加工表面粗糙度值可达 *Ra*0.08～0.32μm。

坐标磨削时，有 3 种基本运动，即砂轮的高速旋转运动、行星运动（砂轮回转轴线的圆周运动）及砂轮沿机床主轴方向的直线往复运动，如图 4-36 所示。

坐标磨削主要用于模具精加工，如精密间距的孔、精密型孔、轮廓等。在坐标磨床上，可以完成内孔磨削、外圆磨削、锥孔磨削（需要专门机构）、直线磨削等。坐标磨削对于位置、尺寸精度和硬度要求高的多孔、多型孔的模板和凹模，是一种较理想的精密加工方法。

坐标磨床磨削有手动和数控连续轨迹两种。前者用手动点定位，无论是加工内轮廓还是外轮廓，都要把工作台移动或转动到正确的坐标位置，然后由主轴带动高速磨头旋转，进行磨削；数控连续轨迹坐标磨削是由计算机控制坐标磨床，使工作台根据数控系统的加工指令进行移动或转动。

数控坐标磨床由于设置了计算机数控（CNC）系统和交直流伺服驱动多轴，可磨削连续轨迹的复杂的模具型面，所以称为连续轨迹坐标磨床。连续轨迹坐标磨床的特点是可以连续进行高精度的轮廓形状加工。如凸轮形状的凸模，如果没有专用磨床，很难进行磨削，但在连续轨迹坐标磨床上就可以进行高精度加工。连续轨迹坐标磨床还可以加工曲线组合而成的型槽，可用于精密级进模、精冲模、精密塑料成型模等高精度零件的加工。

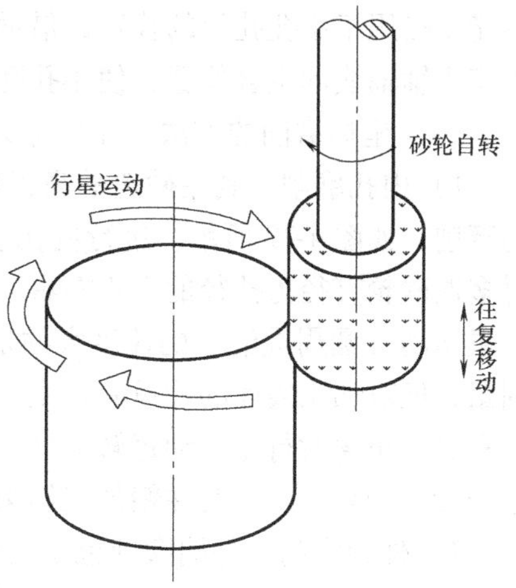

图4-36　坐标磨削的基本运动

（2）坐标磨削时工件的定位与找正　坐标磨床工件的定位和找正方法与坐标镗床相类似，常用的定位找正工具及其操作方法如下。

1）千分表找正。千分表找正的目的是找正工件基准侧面与主轴轴线重合的位置。它是将千分表装于主轴上，移动工件被测侧面与千分表接触，将工件被测基准侧面在180°方向上测量两次，取读数值的一半作为移动工件（工作台）的距离。再用上述方法复测一次，如两次读数相等则工件基准侧面与主轴轴线重合。找正后长口可固定工件位置。

2）开口形端面规找正。开口形端面规找正的目的是找正工件基准侧面与主轴轴线重合的位置。如图4-37所示，将千分表装在主轴上，永磁性开口形端面规2吸在被测工件1的侧面，移动工件使千分表测端面规开口槽面，在180°方向上读数相等，再移动工件10mm，则工件基准侧面与主轴轴线重合即完成找正。找正后固定工件。

3）中心显微镜找正。中心显微镜找正的目的是找正工件基准侧面或孔的轴线与主轴轴线重合的位置。它是将中心显微镜装在机床主轴上，保证两者中心重合。在显微镜镜面上刻有十字中心线和同心圆，移动工件（工作台）使工件的基准侧面或孔的轴线对正显微镜中的十字中心线或同心圆。为了保证位置正确，可在180°方向上找正，重合后即可定位。

4）L形端面规找正。L形端面规找正的目的是找正工件基准侧面与主轴轴线重合，如图4-38所示。当工件基准侧面的垂直度低或工件被测棱边不清晰时，可用L形端面规2靠在工件1的基面上，移动工件使L形端面规标线对准中心显微镜的十字中心线，即表示工件基准面与主轴轴线重合。找正后的工件即可定位。

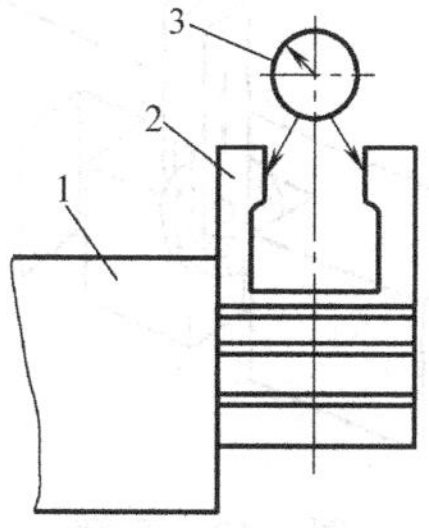

图4-37　开口形端面规找正

1—工件　2—开口形端面规　3—千分表

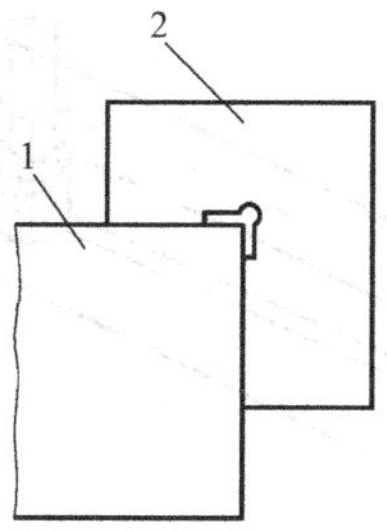

图4-38　L形端面规找正

1—工件　2—L形端面规

5）心轴、千分表找正。用心轴、千分表找正，主要是为了找正小孔的孔位。因千分表不能直接用于小孔孔位的找正，借助与小孔相配的心轴如钻头柄等，再用千分表找正心轴和机床主轴轴线的重合位置，使小孔孔位处于正确的位置上。

（3）坐标磨削的方法　在坐标磨床上进行坐标磨削加工的基本方法有以下几种。

1）内孔磨削。利用砂轮的高速自转、行星运动和轴向的直线往复运动，即可完成内孔的磨削，如图4-39所示。进行内孔磨削时，由于砂轮的直径受到孔径大小的限制，磨小孔时多取砂轮直径为孔径的3/4左右。砂轮高速回转（主运动）的线速度一般不超过35m/s，行星运动（圆周进给）的速度大约是主运动线速度的0.15倍。慢的行星运动速度将减小磨削量，但对加工表面的质量有好处。砂轮的轴向往复运动（轴向进给）的速度与磨削的精度有关，粗磨时行星运动每转1周，往复行程的移动距离略小于砂轮高度的2倍，精磨时应小于砂轮的高度，尤其在精加工结束时要用很低的轴向进给速度。

2）外圆磨削。外圆磨削也是利用砂轮的高速自转、行星运动和轴向直线往复运动实现的，如图4-36所示。径向进给量是利用行星运动直径的缩小完成的。

3）锥孔磨削。磨削锥孔是由机床上的专门机构使砂轮在轴向进给的同时连续改变行星运动的半径。锥孔的锥顶角大小取决于两者的变化比值，一般磨削锥孔的最大锥顶角为12°，如图4-40所示。磨削锥孔的砂轮应当修正出相应的圆锥角。

图4-39　内孔磨削

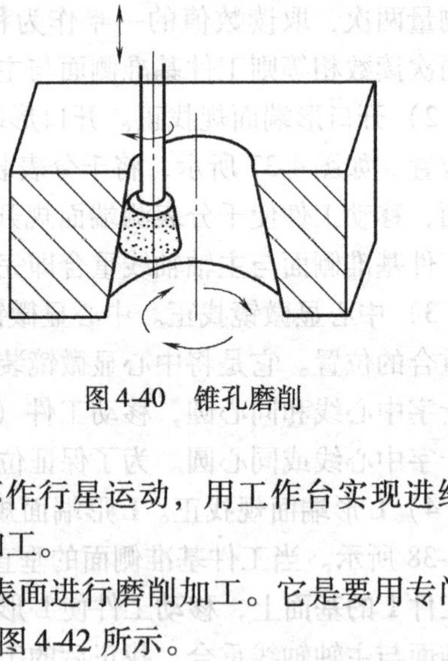

图4-40　锥孔磨削

4）直线磨削。直线磨削时，砂轮仅高速自转而不作行星运动，用工作台实现进给运动，如图4-41所示。直线磨削适用于平面轮廓的精密加工。

5）侧磨。侧磨主要是对槽形、方形及带清角的内表面进行磨削加工。它是要用专门的磨槽附件进行，砂轮在磨槽附件上的装夹和运动情况如图4-42所示。

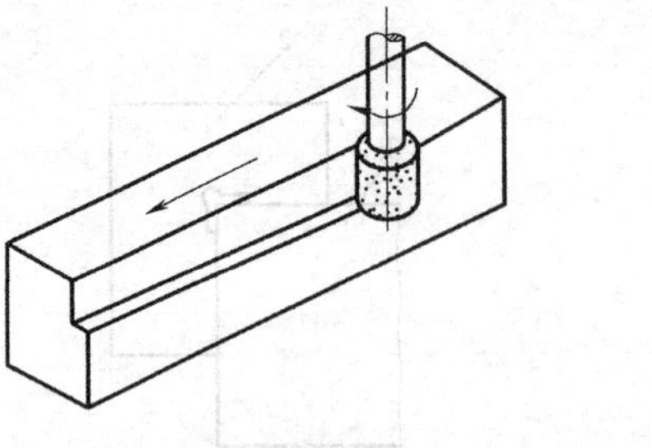

图4-41　直线磨削

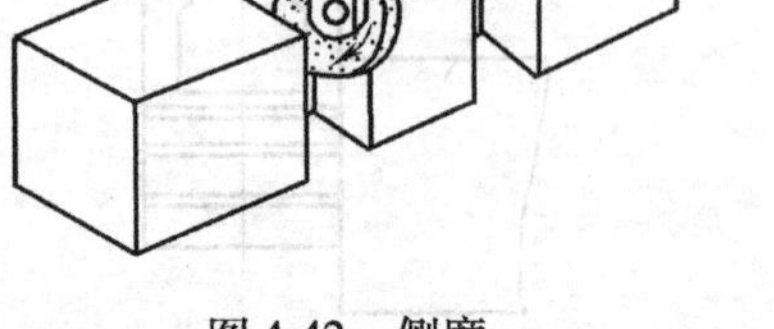

图4-42　侧磨

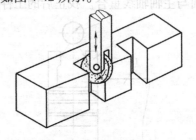

6）综合磨削。将以上5种基本的磨削方法进行综合运用，可以对一些形状复杂的型孔

进行磨削加工，如图4-43和图4-44所示。

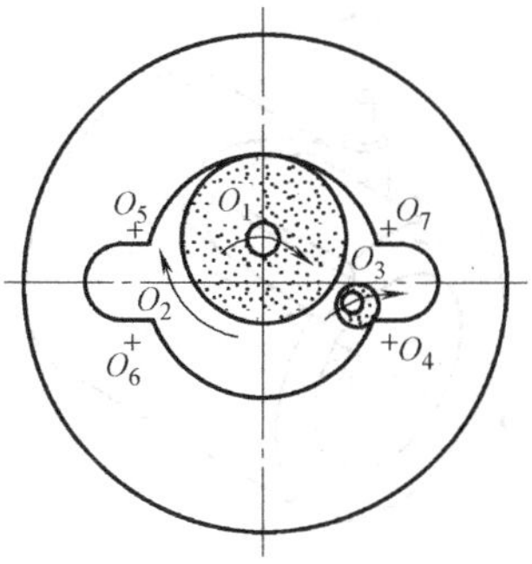

图4-43 凹模型孔磨削

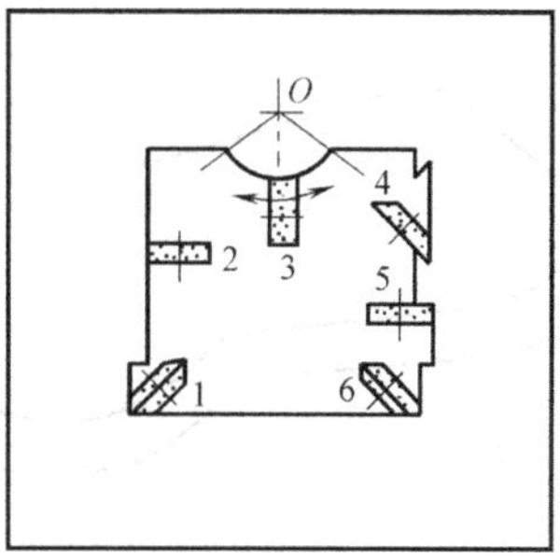

图4-44 清角型孔磨削

图4-43所示为磨削凹模型孔。在磨削时先将平转工作台固定在机床工作台上，用平转工作台装夹工件。找正工件对称中心与转台中心重合，调整机床主轴线和孔 O_1 的轴线重合。用磨削内孔的方法磨出 O_1 的圆弧段，达到要求尺寸后再调整工作台使工件上的 O_2 与主轴中心重合，磨削圆弧段到达尺寸。利用平转工作台将工件回转180°，磨削 O_3 的圆弧到要求尺寸。使 O_4 与机床主轴轴线重合，磨削时停止行星运动，操纵磨头来回摆动磨削 O_4 的凸圆弧，砂轮的径向进给方向与磨削外圆相同。磨削时注意凸凹圆弧在连接处光滑平整。利用平转工作台换位和磨削 O_4 的方法逐次磨削 O_5、O_6、O_7 的圆弧，即完成对凹模型孔的磨削。

图4-44所示是利用磨槽附件对清角型孔轮廓进行磨削加工。磨削中1、4、6是采用成形砂轮进行磨削；2、3、5是利用平砂轮进行磨削。中心 O 的圆弧磨削时，要使中心 O 与主轴轴线重合，操纵磨头来回摆动磨削至要求尺寸的圆弧。

7）型腔的磨削。如图4-45、图4-46所示，砂轮修成所需的形状，加工时工件固定不动，主轴高速旋转做行星运动，并逐渐向下走刀。这种运动方式也叫径向连续切入。径向是指砂轮沿工件的孔的半径方向做少量的进给，连续切入是指砂轮不断地向下走刀。

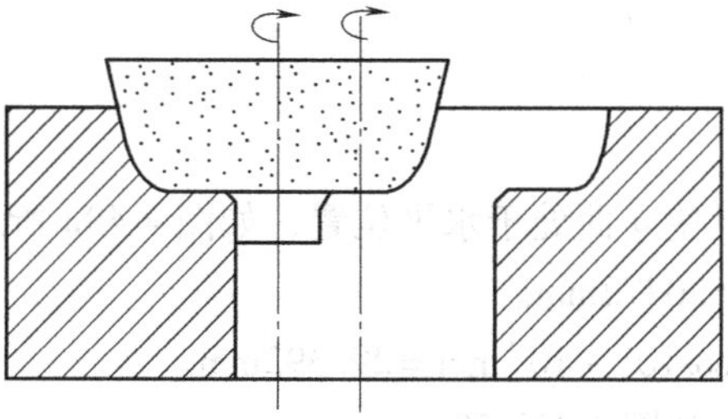

图4-45 型腔磨削

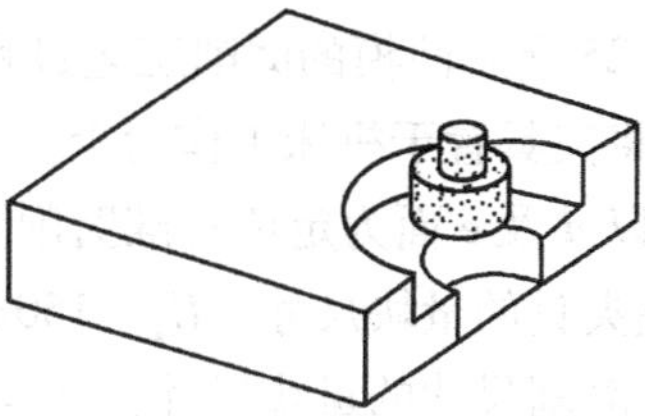

图4-46 沉孔磨削

8）连续轨迹磨削。二维轮廓磨削是采用圆柱或成形砂轮，工件在 X、Y 平面做插补运动，主轴逐渐向下走刀，如图4-47所示。三维轮廓磨削采用圆柱或成形砂轮，砂轮运动方式与数控铣削相同，如图4-48所示。

（4）数控坐标磨削的主要工艺参数

1）磨削余量：单边余量为0.05～0.3mm，视前道工序可保证的几何公差和热处理情况而定。

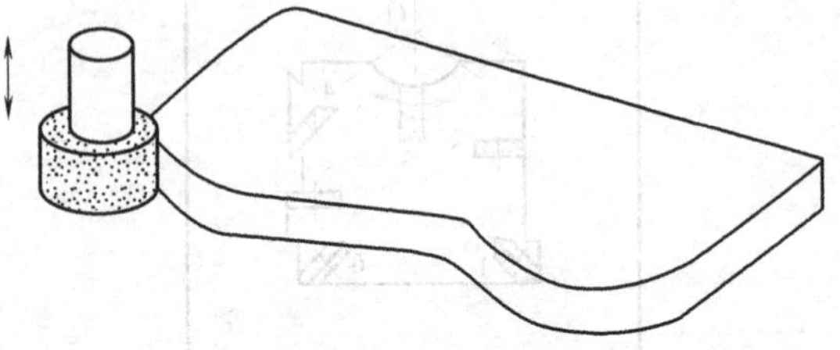

图 4-47　二维轮廓磨削

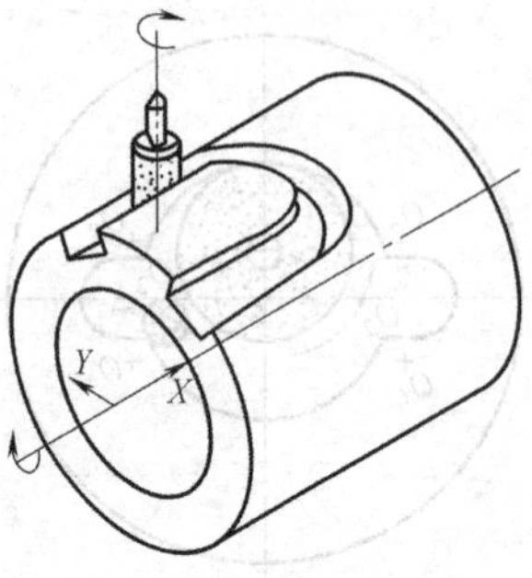

图 4-48　三维轮廓磨削

2）进给量：径向连续切入时为 0.1 ~ 1mm/min；轮廓磨削时，始磨为 0.03 ~ 0.1mm/次，终磨为 0.004 ~ 0.1mm/次，视工件材料和砂轮性能而定。

3）进给速度：10 ~ 30mm/min，视工件材料和砂轮性能而定。

（5）坐标磨削时需注意的问题　进行坐标磨削时，除以上基本知识和技术外还应注意以下几个方面的问题。

1）安全检查。在磨削前对坐标磨床要进行一系列的安全检查。如检查砂轮轴的强度是否足够？安装是否合适？主轴轴承的配合间隙是否适当？砂轮的高度是否合适？安全罩是否牢固可靠等。

2）砂轮行程控制。在磨削刚开始时，应先对砂轮的上下往复行程进行调试，即切入和切出行程不应超过砂轮高度的一半，以免造成被磨削孔的口缘直径扩大。调试合适后再进行磨削，以免造成质量事故。

3）正确选择砂轮。工件硬度高，应选择软质砂轮；工件硬度低，应选择硬质砂轮。不同的材料选择不同材质的砂轮。

4.7.3　任务实施

图 4-25 所示凸模的磨削工艺过程如下。

1）将夹具置于机床工作台上，找正。

2）以 d 及 e 面为定位基准磨削 a 面：调整夹具使 a 面处于水平位置，如图 4-49a 所示。

调整夹具的量块尺寸：$H_1 = 150\text{mm} \times \sin 10° = 26.0472\text{mm}$。

检测磨削尺寸的量块尺寸：$M_1 = [(50-10) \times \cos 10° - 10]\text{mm} = 29.392\text{mm}$。

3）磨削 b 面：调整夹具使 b 面处于水平位置，如图 4-49b 所示。

调整夹具的量块尺寸：$H_2 = 150\text{mm} \times \sin 30° = 75\text{mm}$。

检测磨削尺寸的量块尺寸：

$$M_2 = \{[(50-10) + (40-10) \times \tan 30°] \times \cos 30° - 10\}\text{mm} = 39.641\text{mm}$$

4）磨削 c 面：调整夹具磁力台成水平位置，如图 4-49c 所示。

检测磨削尺寸的量块尺寸：

$$M_3 = \{50 - [(60-40) \times \tan 30° + 20]\}\text{mm} = 18.53\text{mm}$$

5）磨削 b，c 面的交线部位：用成形砂轮磨削，调整夹具磁力台与水平面成 30°，砂轮圆周修整出部分圆锥角为 60°的圆锥面，如图 4-49d 所示。

砂轮的外圆柱面与处于水平位置的 b 面部分微微接触，再使砂轮慢速横向进给，直到 c 面也出现微小的火花，加工结束。如图 4-49e 所示。

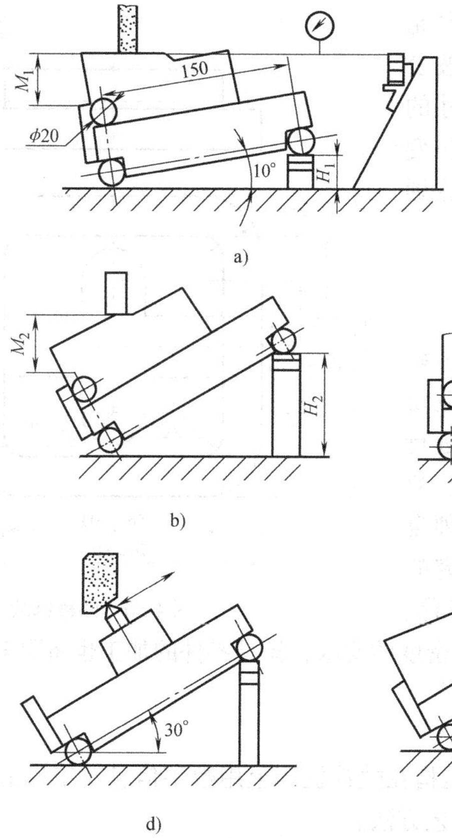

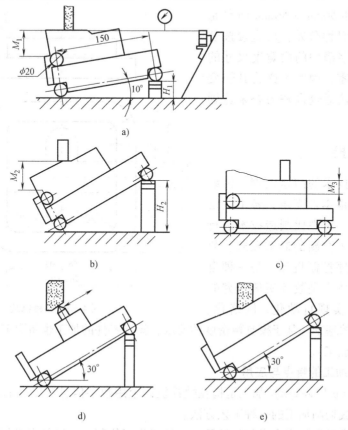

图 4-49　用单向磁力夹具磨削凸模

任务 4.8　数 控 加 工

知识点：

1. 数控机床加工的特点与应用。
2. 数控机床的分类。
3. 数控机床的基本组成部分。
4. 模具加工常用数控机床。

技能点：

模具零件的数控加工工艺。

4.8.1　任务导入

1. 任务要求

加工如图 4-50 所示的凹模镶块（单件生产）。毛坯为 80mm × 80mm × 23mm 长方块，材料为 45 钢，单件生产。

2. 任务分析

该零件包含了平面、外形轮廓、沟槽的加工，表面粗糙度值全部为 $Ra3.2\mu m$。76mm × 76mm 外形轮廓和 56mm × 56mm 凸台轮廓的尺寸公差为对称公差，可直接按公称尺寸编程；十字槽中的两宽度尺寸的下极限偏差都为零，因此不必将其转变为对称公差，直接通过调整刀补来达到公差要求。

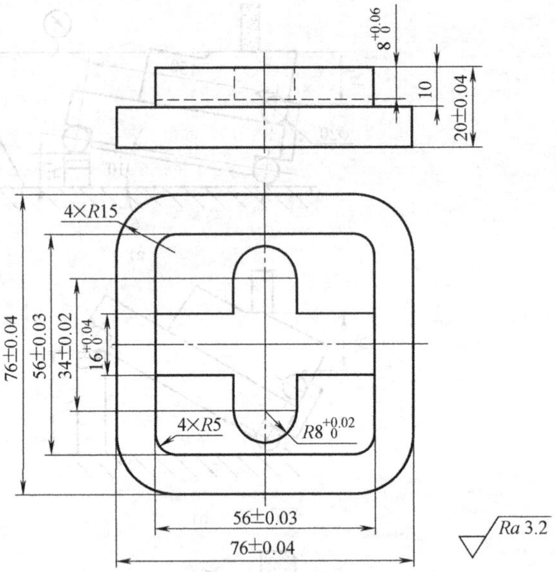

图 4-50　凹模镶块

4.8.2　任务链接

随着计算机技术的高速发展，传统的制造业开始了根本性变革，各工业发达国家投入巨资，对现代制造技术进行研究开发，提出了全新的制造模式。数控机床即数字程序控制机床，是一种自动化机床，数控技术是数控机床研究的核心，是制造业实现自动化、网络化、柔性化、集成化的基础。基于模具精密度的要求，模具零件的加工也将更多地采用数控加工技术（数控机床加工）。

1. 数控机床加工的特点与应用

数控（Numerical Control）加工是指在数控机床上用数字信息对工件的加工过程予以控制，使其自动完成切削加工的一种工艺方法。

数控加工技术经历了半个世纪的发展，已经成为当代制造领域的先进技术。数控加工的突出特征是：极大地提高加工精度，保证加工质量的稳定性，大大缩短产品开发周期。概括起来，数控加工有如下特点。

（1）具有较高的生产率　由于数控机床刚度大、功率大，切削加工又是按程序自动进行的，所以每一道切削工序都能选择足够大的、最有利的切削用量，有效地节省了切削时间。数控机床还具有自动换刀、不停车变速和快速回程等功能，同时还能减少检测次数，使辅助时间大为缩短。与普通机床相比，由于缩短了单件加工时间，总的加工效率是普通机床的 3 ~5 倍。

（2）具有较高的加工精度和稳定的加工质量

1）由于机床是按程序自动完成切削加工，在切削过程中不需要人工操作，因此，可以避免人为误差。

2）由于机床的传动系统和结构都具有很高的精度、刚度和热稳定性，它的传动机构又使用了误差补偿装置，因此，数控机床的加工精度较高。

3）数控机床的定位精度和重复定位精度都较高，定位精度可达 ±0.005mm，重复定位精度可达 ±0.002mm，有效地保证了工件加工质量的稳定性。

（3）对设计改型有很强的适应能力　对改型零件的加工，只需更换控制程序，工艺准备远不如普通机床加工复杂，这就为小批量生产和复杂结构件的单件生产以及新产品的试制，特别是普通机床难以加工或者无法加工的精密复杂型面提供了极大的方便。它充分体现了工艺系统的柔性特征。

（4）容易实现生产管理现代化　用数控机床加工零件，能准确控制零件的加工时间（可以用加工时间误差精度来衡量），减少检测次数和工夹具种类，简化半成品的管理过程。这些对实现生产管理现代化和计算机辅助技术（模具CAD/CAM/CAE）一体化都非常有利。

（5）改善了加工环境，降低了劳动强度　数控加工是按事先编制好的程序自动完成零件加工的，操作者只需安放介质及操作键盘、装夹及找正零件、执行关键工序的中间检测以及观察机床的运动情况等，零件的精度靠加工程序和机床精度来保证。同时，操作者不需要进行繁重的重复性手工操作。因此，数控加工对操作人员的机床操作能力要求不太高，也极大地降低了操作者的劳动强度。

（6）容易实现单人多机操作　数控加工是靠数控装置代替人员完成开车、停车、走刀、主轴变速以及检测等一系列操作，减少了许多重复性工作。因此，可以实现单人多机操作，从而降低人员成本。

模具是现代工业生产的重要工艺装备，模具的设计和制造能力体现了一个国家的工业发展水平。过去模具零件的加工依赖于手工操作，制造质量不易保证，制造周期很长。广泛采用了数控技术以后，模具零件的加工过程发生了很大的变化。随着数控技术在模具行业的不断发展和加工过程的数控化率的提高，模具行业的制造能力将得到长足的发展，企业也会更具竞争力。

2. 数控机床的分类

数控机床的种类很多，功能各异，可从不同的角度对其进行分类。下面介绍几种基本的分类方法，其中前3种是常用的，如图4-51所示。

数控机床分类
- 按工艺用途分
  - 切削类：铣、车、磨、钻床，加工中心，齿轮机床
  - 成形类：冲床、弯管机床、旋压机
  - 特种加工及其他类型：电加工、激光切割、热处理机
- 按运动方式分
  - 点位控制系统：钻床、镗床、冲床、弯管机
  - 直线控制系统：车床、铣床、钻床
  - 轮廓控制系统：车床、铣床、加工中心、齿轮机床
- 按伺服系统分——开环控制、半闭环控制、闭环控制
- 按控制系统分——硬件控制（NC）、软件控制（计算机控制，CNC）
- 按可控轴数分——2轴联动、3轴联动、4轴联动、5轴联动、6轴联动

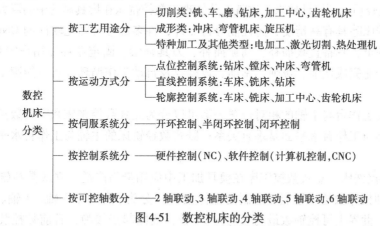

图4-51　数控机床的分类

3. 数控机床的基本组成部分

数控机床主要由5个基本部分组成，即控制介质、数控装置、伺服机构、检测装置和机床本体，如图4-52所示。

（1）控制介质　对数控机床进行控制，必须在人与机床之间建立某种联系，把人对零件加工的全部信息（数控程序）传送到数控装置中去，这种信息载体就称为控制介质。常

用的控制介质有穿孔纸带、穿孔卡、磁带和磁盘。目前的信息传输方式已经是通过操作面板或者计算机直接将控制程序输入到数控装置中去。

(2) 数控装置　数控装置是数控机床的核心，主要由输入装置、控制运算器、输出装置等组成。控制介质上的信息经过输入装置识别与译码后，由运算器进行处理与运算，产生相应的控制命令，再由输出装置将命令传送给伺服机构，最终控制机床各部分按数控程序的要求运动，完成零件的加工过程。

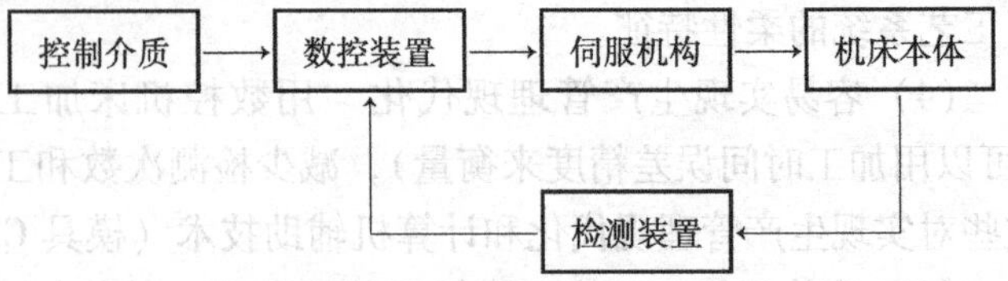

图 4-52　数控机床的基本组成

(3) 伺服机构　伺服机构是数控机床的命令执行部分，是数控装置与机床本体间的联系环节。伺服机构由驱动控制系统和执行机构（如伺服电动机）两大部分组成，它主要驱动机床的运动（移动或转动）部件按程序完成指定动作，实现零件的加工。

(4) 机床本体　机床本体是数控机床的主体，是完成各种加工动作的机械执行部分。

(5) 检测装置　检测装置的主要元件是检测传感器，用于检测行程和速度等物理量并将得到的检测数据转换成电信号，反馈给数控装置，与原指令作比较并及时补偿，以控制机床准确运行。

4. 模具加工常用数控机床

(1) 数控铣床　数控铣床是模具企业广泛使用的数控机床，也是最具代表性的数控机床。数控铣床既能加工各种平面轮廓和立体轮廓，又适合加工各种空间曲面，而这些空间曲面可以是解析曲面，也可以是以列表点表示的自由曲面。由于模具工作件的型面复杂，需要多坐标联动加工，用普通机床是很难加工出来的，即使是仿形铣床也不可能达到精度要求，而采用数控铣床却能轻易达到设计要求，这就充分体现出数控铣床在模具制造中的巨大作用。

现代数控铣床除具有高精度、高性能等特点外，许多都带有固化软件的 CNC 数控系统，这些机床功能齐全，具备直线插补、圆弧插补、刀具补偿、固定循环和用户宏程序等功能。因此，这些机床能完成铣削、镗削、钻削、攻螺纹及自动工作循环，基本能满足模具制造的所有切削需要。

数控铣床按工作台与主轴的相对位置关系可以分为立式数控铣床和卧式数控铣床。立式数控铣床的主轴与工作台水平面是垂直关系；卧式数控铣床的主轴与工作台水平面是平行关系。

1) 立式数控铣床。立式数控铣床在模具加工中应用最为广泛。立式数控铣床按数控装置可控轴数（即机床数控装置能够控制的坐标数目）分为 2 轴半、3 轴、4 轴、5 轴数控立式铣床。目前，世界上可控轴数最高级别为 24 轴，我国起步较晚，目前数控装置控制的最高轴数为 6 轴。图 4-53 所示是未带刀库的六轴加工中心示意图。一般来说，机床可控制的轴数越多，尤其是能联动（轴与轴之间同时协调移动或转动）的轴数越多，机床的功能就越齐全，加工范围越大，加工对象就越广。但是，这种数控机床的结构和控制系统以及程序编制也就越复杂，其价格就越贵。

图 4-54 所示是 XK716A 3 轴立式数控铣床，其主要参数见表 4-3。它可以进行 X、Y、Z 3 轴联动加工。1 为基座，是机床的基础；2 是横向工作台，带着工件在 Y 方向移动；6 是纵

向工作台，带着工件在 X 方向移动；5 为操作台，输入控制程序和数据；3 为主轴，其轴线与工作台垂直；4 是床身。

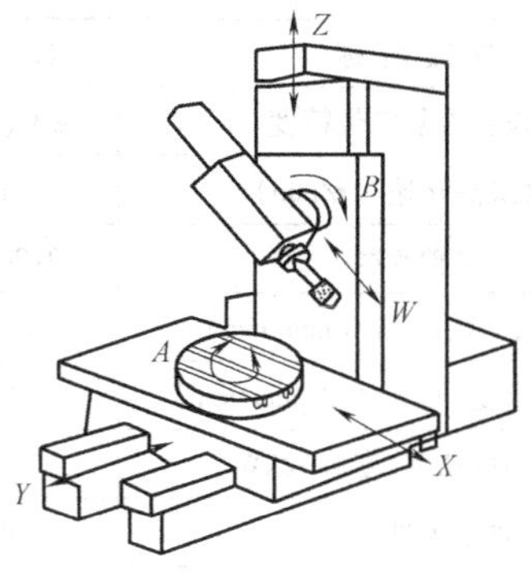

图 4-53　6 轴加工示意图

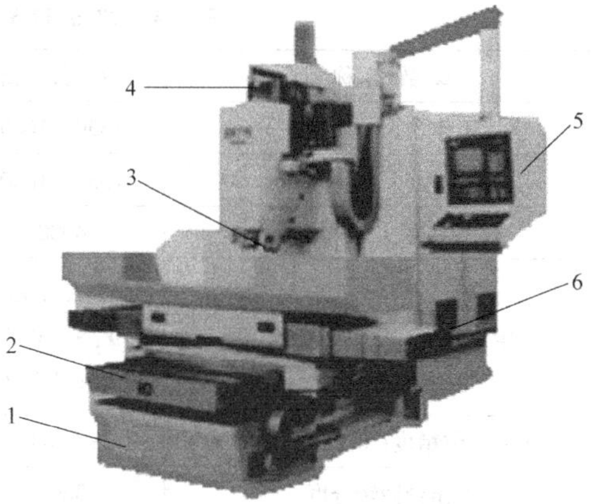

图 4-54　3 轴立式数控铣床

1—基座　2—横向工作台　3—主轴　4—床身

5—操作台　6—纵向工作台

表 4-3　XK716A 立式数控铣床的主要参数

参数名称	参数值	参数名称	参数值
工作台尺寸/mm	630×125	主轴锥度	ANSI B5.5 CAT－40；MAS403 BT40
坐标行程（X、Y、Z）/mm	1150×630×700		
工作台最大承重/kg	1500	主轴最高转速/（r/min）	8000
定位精度（X、Y、Z）/mm	X：±0.02，Y，Z：±0.012	进给速度（X、Y、Z）/（mm/min）	1～1000
		快速移动速度（X、Y）/（mm/min）	2000
重复定位精度（X、Y、Z）/mm	±0.008	快速移动速度（Z）/（mm/min）	2000
主轴端面至工作台距离/mm	127～827	主电动机功率（变频）/kW	7.5/11

4 轴和 5 轴立式数控铣床，指的是除了 3 个坐标可以联动加工外，机床主轴还可以绕一个或者两个坐标轴转动一定角度。

2）卧式数控铣床。图 4-55 所示是 TK6411 A 型 3 轴卧式数控铣镗床。5 为基座，是整个机床的基础；6 是横向工作台，可载着工件沿 Y 轴方向移动；4 是主轴，轴线与工作台平行，可以沿着 Z 轴方向上下移动；3 是操作台，输入程序和调整参数；1 是纵向工作台，可载着工件沿 X 轴方向移动；2 是床身。表 4-4 为 TK6411A 卧式数控铣镗床主要参数。

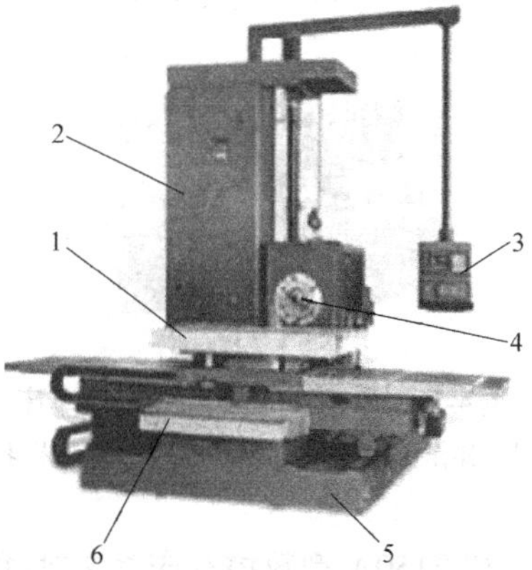

图 4-55　卧式数控铣镗床

1—纵向工作台　2—床身　3—操作台

4—主轴　5—基座　6—横向工作台

为了扩大加工范围和扩充机床功能，卧式数控铣床经常采用增加数控回转台或万能数控回转台来实现 4、5 坐标联动加工。这样，不仅能加工工件侧面的连续回转轮廓，同时也能在工件的一次装夹中，通过回转台改变工位，以实现“四面加工”。卧式数控铣床与立式数控铣床相比较，有一个最大的优点是排屑方便。

表 4-4　TK6411A 卧式数控铣镗床主要参数

参 数 名 称	参 数 值	参 数 名 称	参 数 值
工作台尺寸/mm	1350 × 1000	工作台重复定位精度	±3″(4 × 90°)
坐标行程(X、Y、Z)/mm	1350 × 1000	主轴最高转速/(r/min)	1100
工作台最大承重/kg	4000	主轴锥度	7:24 No. 50
定位精度(X、Y、Z)/mm	X: ±0. 02 Y: ±0. 015 Z: ±0. 012	进给速度(X、Y、Z)/(mm/min)	1 ~ 1200
		快速移动速度(X、Y、Z)/(mm/min)	10000
		主电动机功率(变频)/kW	15
重复定位精度(X、Y、Z)/mm	±0. 008	主轴最大外径/mm	ϕ110
工作台回转分度	360°	最大镗孔直径/mm	ϕ250
工作台分度精度	±6″(4 × 90°)	最大钻孔直径/mm	ϕ50

（2）数控车床　数控车床按主轴轴线的空间位置不同分为卧式数控车床和立式数控车床。卧式数控车床应用较为广泛，它的主轴轴线处于水平位置。图 4-56 所示是 CK7150A 型卧式数控车床的外形图。

卧式数控车床的基本结构与卧式普通车床相似，都由主轴箱、刀架、进给系统、床身、液压系统、冷却系统、润滑系统等几大部分组成，只是进给系统在结构上存在本质差别。卧式普通车床主轴的运动通过交换齿轮、进给箱、溜板箱传到刀架，实现纵向和横向进给运动，而卧式数控车床则是采用伺服电动机经滚珠丝杠传到滑板和刀架，实现 Z 向（纵向）、X 向（横向）的进给运动和螺纹加工时的同步运动。

刀架作为数控车床的重要部件，其布局形式对机床整体布局及工作性能影响很大。目前，2 轴联动的数控车床大多采用 12 工位的回转刀架，也有用 6 工位、8 工位、10 工位回转刀架的。回转刀架在机床上的布局形式有两种：回转轴线平行于主轴和回转轴线垂直于主轴，即水平回转刀架和垂直回转刀架，如图 4-57 所示。

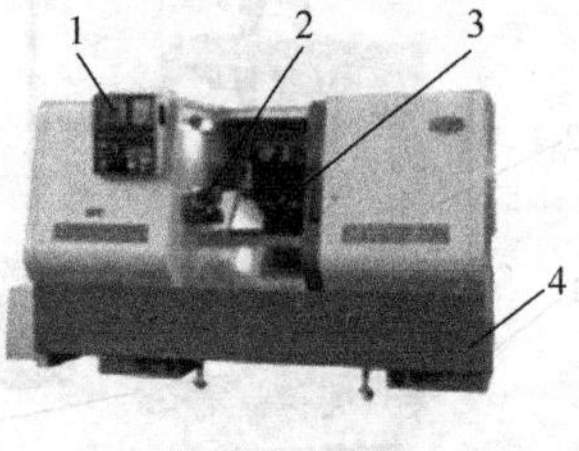

图 4-56　CK7150A 型卧式数控车床
1—操作台　2—主轴　3—刀架　4—床身

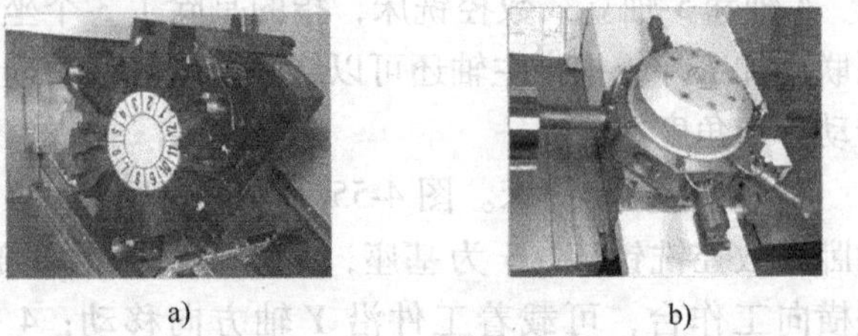

a)　　b)

图 4-57　数控车床的两种刀架
a）水平回转刀架　b）垂直回转刀架

CK7150A 型数控车床系 2 轴联动、半闭环数控车床。控制系统采用 FANUC 0i-mate 系统和 AC 纵横向伺服系统。床身倾斜 45°，模块化设计，体积小，结构紧凑，排屑方便。配置变频电动机或主轴伺服系统，变速范围大，能恒线速切削，可实现 20 ~ 2000 r/min 的转速变换，适合加工几何形状复杂、尺寸繁多、精度要求高的回转类零件。表 4-5 是 CK7150A

数控车床的主要技术参数。

表 4-5　CK7150A 数控车床的主要技术参数

名　称		规　格
床身上最大回转直径		ϕ505mm
床鞍上最大回转直径		ϕ340mm
最大车削直径	轴类直径	ϕ250mm
	盘类直径	ϕ500mm
最大钻孔直径		ϕ20mm
最小车削直径		ϕ20mm
最大车削长度		1000mm；500mm
最大行程	X	260mm
	Z	1100mm；600mm
主轴转速范围	20 ~ 2000r/min	

名　称			规　格
最小设定单位		X	0.001mm
		Z	0.001mm
最小移动量		X	0.0005mm
		Z	0.001mm
最小检测单位		X	0.0005mm
		Z	0.001mm
进给量及螺距范围	工进	X	0.0005 ~ 500mm/min
		Z	0.001 ~ 500mm/min
	快进	X	8mm/min
		Z	12mm/min
	螺纹导程		0.001 ~ 500mm/min
	刀位数		6

4.8.3　任务实施

1. 加工工艺的确定

（1）分析零件图样　图 4-50 所示的凹模镶块零件包含了平面、外形轮廓、沟槽的加工，表面粗糙度值全部为 $Ra3.2\mu m$。76mm × 76mm 外形轮廓和 56mm × 56mm 凸台轮廓的尺寸公差为对称公差，可直接按公称尺寸编程；十字槽中的两宽度尺寸的下极限偏差都为零，因此不必将其转变为对称公差，直接通过调整刀补来达到公差要求。

（2）工艺分析

1）确定加工方案。根据零件的要求，上、下表面采用立铣刀粗铣→精铣完成；其余表面采用立铣刀粗铣→精铣完成。

2）确定装夹方案。该零件为单件生产，且零件外形为长方体，可选用机用虎钳装夹。

3）确定加工工艺。数控加工工艺卡片见表 4-6。

表 4-6　数控加工工艺卡片

数控加工工艺卡片			产品名称	零件名称		材　料		零件图号
						45 钢		
工序号	程序编号	夹具名称	夹具编号	使用设备			车　间	
		机用虎钳						
工步号	工　步　内　容		刀具号	主轴转速 /（r/min）	进给速度 /（mm/min）	背吃刀量 /mm	铣削宽度 /mm	备注
装夹 1：底部加工								
1	粗铣底面		T01	400	120	1.3	11	
2	底部外轮廓粗加工		T01	400	120	10	1.7	
3	精铣底面		T02	2000	250	0.2	11	
4	底部外轮廓精加工		T02	2000	250	10	0.3	

（续）

工步号	工 步 内 容	刀具号	主轴转速 /（r/min）	进给速度 /（mm/min）	背吃刀量 /mm	铣削宽度 /mm	备注
装夹 2：顶部加工							
1	粗铣上表面	T01	400	120	1.3	11	
2	凸台外轮廓粗加工	T01	400	100	9.8	11.7	
3	精铣上表面	T02	2000	250	0.2	11	
4	凸台外轮廓精加工	T02	2000	250	10	0.3	
5	十字槽粗加工	T03	550	120	3.9	12	
6	十字槽精加工	T03	800	80	8	0.3	

4）确定刀具路径。上、下表面加工的刀具路径如图 4-58 所示。

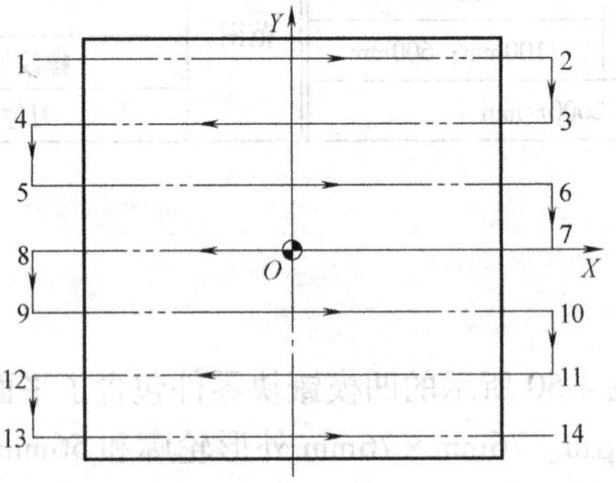

图 4-58　上、下表面加工的刀具路径

图 4-58 中各点坐标见表 4-7。

表 4-7　上、下表面加工的基点坐标

1	（-50，36）	2	（50，36）	3	（50，24）
4	（-50，24）	5	（-50，12）	6	（50，12）
7	（50，0）	8	（-50，0）	9	（-50，-12）
10	（50，-12）	11	（50，-24）	12	（-50，-24）
13	（-50，-36）	14	（50，-36）	—	—

底部和凸台外轮廓加工的刀具路径如图 4-59 所示。

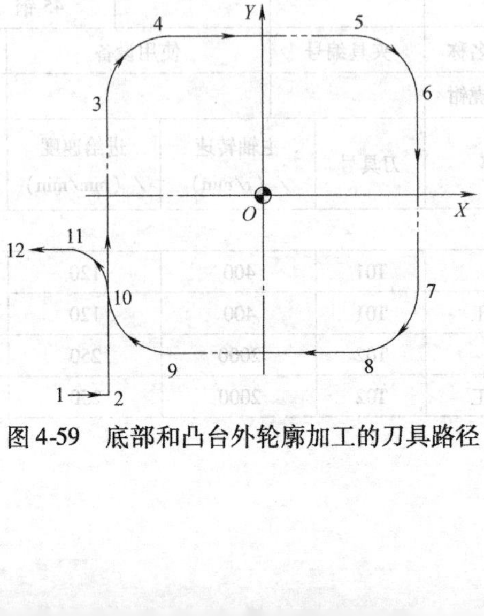

图 4-59　底部和凸台外轮廓加工的刀具路径

底部外轮廓加工时，图4-59中各点坐标见表4-8。

表4-8　底部外轮廓加工的基点坐标

1	(-48，-48)	2	(-38，-48)	3	(-38，23)
4	(-23，38)	5	(23，38)	6	(38，23)
7	(38，-23)	8	(23，-38)	9	(-23，-38)
10	(-38，-23)	11	(-48，-13)	12	(-58，-13)

凸台外轮廓加工时，图4-59中各点坐标见表4-9。

表4-9　凸台外轮廓加工的基点坐标

1	(-38，-48)	2	(-28，-48)	3	(-28，23)
4	(-23，28)	5	(23，28)	6	(28，23)
7	(28，-23)	8	(23，-28)	9	(-23，-28)
10	(-28，-23)	11	(-38，-13)	12	(-48，-13)

十字槽加工的刀具路径如图4-60所示。

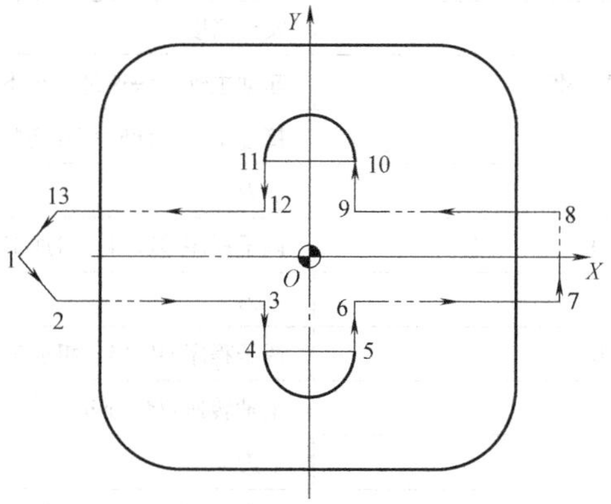

图4-60　十字槽加工的刀具路径

图4-60中各点坐标见表4-10。

表4-10　十字槽加工的基点坐标

1	(-53，0)	2	(-36，-8)	3	(-8，-8)
4	(-8，-17)	5	(8，-17)	6	(8，-8)
7	(36，-8)	8	(36，8)	9	(8，8)
10	(8，17)	11	(-8，17)	12	(-8，8)
13	(-36，8)	—	—	—	—

5）确定刀具及切削参数。刀具及切削参数见表4-11。

表 4-11　数控加工刀具卡片

<table>
<tr><td rowspan="2" colspan="2">数控加工刀具卡片</td><td>工序号</td><td>程序编号</td><td>产品名称</td><td colspan="2">零件名称</td><td colspan="2">材　料</td><td>零件图号</td></tr>
<tr><td></td><td></td><td></td><td colspan="2"></td><td colspan="2">45</td><td></td></tr>
<tr><td rowspan="2">序号</td><td rowspan="2">刀具号</td><td rowspan="2">刀具名称</td><td colspan="2">刀具规格/mm</td><td colspan="2">补偿值/mm</td><td colspan="2">刀补号</td><td rowspan="2">备　注</td></tr>
<tr><td>直径</td><td>长度</td><td>半径</td><td>长度</td><td>半径</td><td>长度</td></tr>
<tr><td>1</td><td>T01</td><td>立铣刀（3 齿）</td><td>$\phi16$</td><td>实测</td><td>8.3</td><td></td><td>D01</td><td></td><td>高速钢</td></tr>
<tr><td>2</td><td>T02</td><td>立铣刀（4 齿）</td><td>$\phi16$</td><td>实测</td><td>8</td><td></td><td>D02</td><td></td><td>硬质合金</td></tr>
<tr><td>3</td><td>T03</td><td>立铣刀（4 齿）</td><td>$\phi12$</td><td>实测</td><td>6.3
6</td><td></td><td>D03
D04</td><td></td><td>高速钢</td></tr>
<tr><td colspan="10">备注：D02、D04 的实际半径补偿值根据测量结果调整</td></tr>
</table>

2. 加工程序编制（主要以十字槽加工程序为例）

十字槽加工参考程序见表 4-12、表 4-13。

表 4-12　十字槽加工参考程序

程　序	说　明
O1105	主程序名
N10　G54　G90　G17　G40　G80　G49　G21	设置初始状态
N20　G00　Z50.0	安全高度
N30　G00　X－53.0　Y0　S550　M03	起动主轴，快速进给至下刀位置（点 1，见图 4-60）
N40　G00　Z5.0　M08	接近工件，同时打开切削液
N50　G00　Z－3.9	下刀
N60　M98　P1114　D03　F120.0	调子程序 O1114，粗加工十字槽
N70　G00　Z－7.8	下刀
N80　M98　P1114　D03　F120.0	调子程序 O1114，粗加工十字槽
N90　M03　S800	主轴转速 800r/min
N100　G00　Z－8.0	下刀
N110　M98　P1114　D04　F80	调子程序 O1114，精加工十字槽
N120　G00　Z50.0　M09	Z 向抬刀至安全高度，并关闭切削液
N130　M05	主轴停
N140　M30	主程序结束

表 4-13　十字槽加工子程序

程　序	说　明
O1114	子程序名
N10　G41　G01　X－36.0　Y－8.0	1→2（见图 4-60），建立刀具半径补偿
N20　G01　X－8.0　Y－8.0	2→3
N30　G01　X－8.0　Y－17.0	3→4
N40　G03　X8.0　Y－17.0　R8	4→5
N50　G01　X8.0　Y－8.0	5→6

（续）

程　　序	说　　明
N60　G01　X36.0　Y－8.0	6→7
N70　G01　X36.0　Y8.0	7→8
N80　G01　X8.0　Y8.0	8→9
N90　G01　X8.0　Y17.0	9→10
N100　G03　X－8.0　Y17.0　R8.0	10→11
N110　G01　X－8.0　Y8.0	11→12
N120　G01　X－36.0　Y8.0	12→13
N130　G40　G00　X－53.0　Y0	13→1，取消刀具半径补偿
N140　G00　Z5.0	快速提刀
N150　M99	子程序结束

综合练习题

1. 什么是车削加工？模具车削加工用途有哪些？
2. 模具磨削加工常见的磨削方法有哪些？
3. 模具铣削原理是什么？列举铣削用量要素？
4. 什么是顺铣、逆铣，如何判断顺铣、逆铣？
5. 刨削加工的用途是什么？
6. 钳工的特点是什么？
7. 简述成形磨削的基本原理。
8. 什么是成形磨削？它有什么特点？
9. 坐标镗削加工前应做好哪几方面的准备？
10. 什么是数控加工？它的应用有哪些？

项目 5　模具零件的现代加工与成形方法

项目目标

1. 了解模具零件的现代制造技术。
2. 掌握模具零件电火花成形加工技术。
3. 掌握模具零件线切割加工技术。

任务 5.1　电火花加工

知识点：

1. 电火花成形加工的基本原理与特点。
2. 电火花加工机理。
3. 电火花加工的工艺规律。
4. 各种电火花加工工艺。

技能点：

1. 制定电火花加工工艺。
2. 设计电火花加工电极。
3. 操作电火花成形机床。

5.1.1　任务导入

如图 5-1 所示的方孔冲模是生产上应用较多的一种模具，由于形状比较复杂和尺寸精度要求较高，所以它的制造已成为生产上的关键技术之一。特别是零件中的方孔，应用一般的机械加工是困难的，在某些情况下甚至不可能，而靠钳工加工则劳动量大，质量不易保证，还常因淬火变形而报废，然而采用电火花加工能较好地解决这些问题。

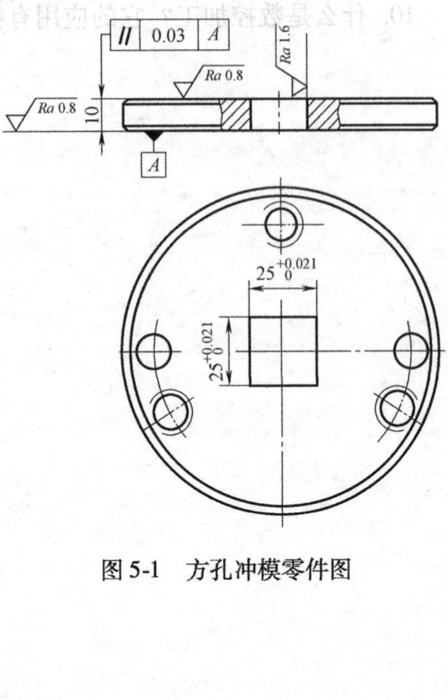

图 5-1　方孔冲模零件图

1. 任务要求

本任务主要描述电火花加工的基本原理、电火花加工工艺与电火花机床的使用方法，利用相关知识完成图 5-1 所示零件的制造。

1）理解电火花加工的基本概念和特点。

2）理解电火花加工的工作原理和加工本质。

3）了解电火花加工中脉冲电源的工作原理和分类。

4）了解常用电火花加工设备的使用情况。

5）具有正确使用电火花机床的能力。

6）能根据所给定的方孔冲模零件图，利用电火花机床加工出零件。

2. 任务分析

若方孔冲模零件中的方孔采用机械加工的方法加工，其生产率很低，很难保证该结构的尺寸精度，表面质量也很难满足零件的需要。而采用电火花加工，可以加工出合格的零件。但在电火花加工前，必须要掌握电火花加工的基本知识、工作原理、电火花加工机床的使用方法等。

5.1.2　知识链接

电火花加工又称放电加工（Electrical Discharge Machining，简称 EDM），在 20 世纪 40 年代开始研究并逐步应用于生产。在电火花加工过程中，工具和工件之间不断产生脉冲性的火花放电，放电时局部、瞬时产生的高温把金属蚀除下来。因放电过程中可见到火花，故称之为电火花加工，日本、英、美称之为放电加工，前苏联及俄罗斯称电蚀加工。

1. 电火花加工的基本原理

（1）电火花加工的原理　电火花加工的原理是基于工具和工件（正、负电极）之间脉冲性火花放电时的电腐蚀现象来蚀除多余的金属，以达到对零件的尺寸、形状及表面质量预定的加工要求。

电火花腐蚀的主要原因是：电火花放电时火花通道中瞬时产生大量的热，达到很高的温度，足以使任何金属材料局部熔化、汽化而被蚀除掉，形成放电凹坑。要达到这一目的，必须创造条件，解决下列问题。

1）必须使工具电极和工件被加工表面之间经常保持一定的放电间隙，这一间隙随加工条件而定，通常约为几微米至几百微米。如果间隙过大，极间电压不能击穿极间介质，因而不会产生火花放电；如果间隙过小，很容易形成短路接触，同样也不能产生火花放电。为此，在电火花加工过程中必须具有工具电极的自动进给和调节装置，使工具电极和工件之间保持一定的放电间隙。

2）火花放电必须是瞬时的脉冲性放电，放电延续一段时间后，需停歇一段时间。放电延续时间一般为 1～1000μs，这样才能使放电所产生的热量来不及传导扩散到其余部分，把每一次的放电蚀除点局限在很小的范围内，否则，像持续电弧放电那样，会使表面烧伤。为此，电火花加工必须采用脉冲电源。图 5-2 所示为脉冲电源的空载电压波形。

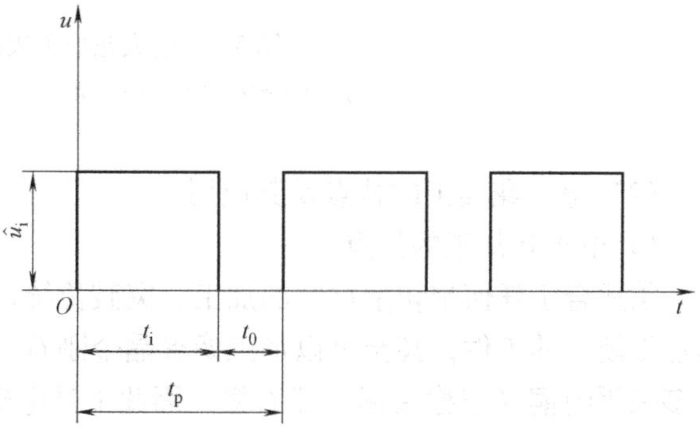

5-2　脉冲电源空载电压波形

t_i—脉冲宽度　t_0—脉冲间隙　t_p—脉冲周期

$\hat{u}_i$—脉冲峰值或空载电压

3）火花放电必须在有一定绝缘性能的液体介质中进行，例如煤油、皂化液或去离子水等。液体介质又称工作液，它们必须具有较高的绝缘强度（10^3～$10^7\Omega\cdot cm$），以有利于产生脉冲性的火花放电。同时，液体介质还能把电火花加工过程中产生的金属小屑、炭黑等电蚀产物从放电间隙中排除，对电极和工件表面也有较好的冷却作用。

以上这些问题的综合解决，是通过如图5-3所示的电火花加工系统来实现的。工件1与工具电极4分别与脉冲电源2的两输出端相联接。自动进给调节装置3（此处为电动机及丝杠螺母机构）使工具和工件间经常保持一很小的放电间隙。当脉冲电压加到两极之间，便在当时条件下相对某一间隙最小处或绝缘强度最低处击穿介质，在该局部产生火花放电，瞬时高温使工具电极和工件表面都蚀除掉一小部分金属，各自形成一个小凹坑，如图5-4所示。其中图5-4a表示单个脉冲放电后的电蚀坑，图5-4b表示多次脉冲放电后的电极表面。脉冲放电结束后，经过一个脉冲间隙t_0，使工作液恢复绝缘后，第二个脉冲电压又加到两极上，又会在当时极间距离相对最近或绝缘强度最弱处击穿放电，又电蚀出一个小凹坑。随着高频率的脉冲放电，连续不断地重复放电，工具电极不断地向工件进给，就可将工具电极的形状复制在工件上，加工所需要的零件，加工后的表面是由无数个小凹坑所组成。

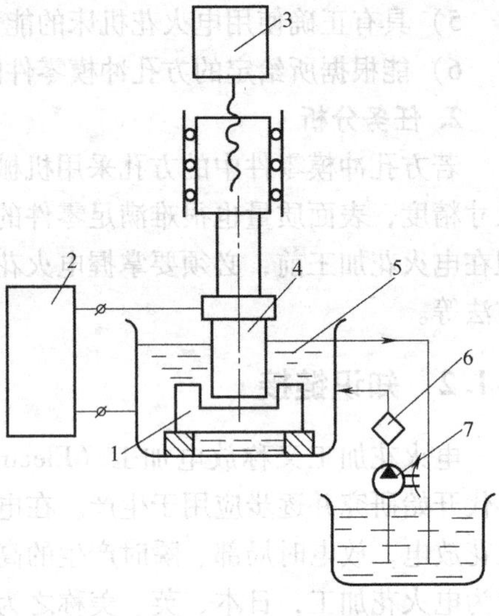

图5-3　电火花加工原理示意图

1—工件　2—脉冲电源　3—自动进给调节装置　4—工具电极　5—工作液　6—过滤器　7—工作液液泵

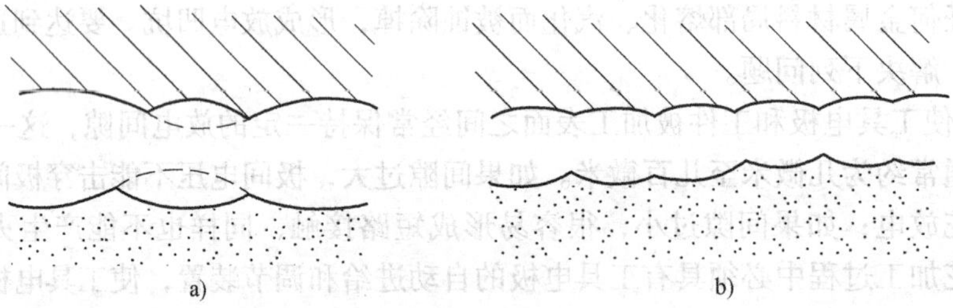

图5-4　电火花加工表面局部放大图

a）单次脉冲放电后的凹坑　b）多次脉冲放电后的凹坑

（2）电火花加工的特点及其应用

1）电火花加工的优点：

①适合于任何难切削材料的加工，突破传统切削加工对刀具的限制，可以实现用软的工具加工硬韧的工件，甚至可以加工像聚晶金刚石、立方氮化硼一类的超硬材料。目前电极材料多采用纯铜（俗称紫铜）或石墨，因此工具电极较容易加工。

②可以加工特殊及复杂形状的表面和零件。由于可以简单地将工具电极的形状复制到工件上，因此特别适用于复杂表面形状工件的加工，如复杂型腔模具加工等。

2）电火花加工的局限性：

①主要用于加工金属等导电材料，但在一定条件下也可以加工半导体和非导体材料。

②一般加工速度较慢。因此通常安排工艺时多采用切削加工来去除大部分余量，然后再进行电火花加工以求提高生产率。但最近已有新的研究成果表明，采用特殊水基不燃性工作

液进行电火花加工，其生产率甚至不亚于切削加工。

③存在电极损耗。由于电极损耗多集中在尖角或底面，影响成形精度。但近年来粗加工时已能将电极相对损耗比降至0.1%以下，甚至更小。

（3）电火花加工工艺方法分类 按工具电极和工件相对运动的方式和用途的不同，大致可分为电火花穿孔成形加工、电火花线切割、电火花磨削和镗磨、电火花同步共轭回转加工、电火花高速小孔加工、电火花表面强化与刻字六大类。前五类属电火花成形、尺寸加工，是用于改变零件形状或尺寸的加工方法；第六类则属表面加工方法，用于改善或改变零件表面性质。其中以电火花穿孔成形加工和电火花线切割应用最为广泛。

（4）电火花加工机床 电火花成形加工机床主要由主机（包括自动调节系统的执行机构）、脉冲电源、自动进给调节系统、工作液循环系统组成。

国家标准规定，电火花成形机床均用D71加上机床工作台面宽度的1/10表示。例如D7140中，D表示电加工成形机床（若该机床为数控电加工机床，则在D后加K，即DK），71表示电火花成形机床，40表示机床工作台的宽度为400mm。

电火花加工机床按其大小可分为小型（D7125以下）、中型（D7125～D7163）和大型（D7163以上）；按数控程度分为非数控、单轴数控和3轴数控。随着科学技术的进步，国外已经大批生产3坐标数控电火花机床，以及带有工具电极库、能按程序自动更换电极的电火花加工中心。我国的大部分电加工机床厂现在也有一些3坐标数控电火花加工机床上市。

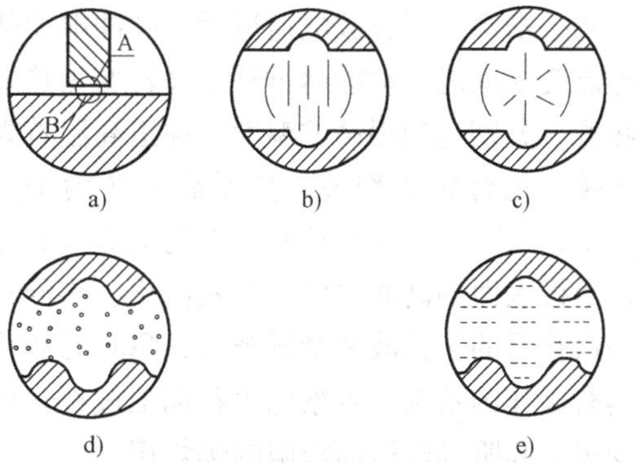

图5-5 电火花加工机理

2. 电火花加工机理

火花放电时，电极表面的金属材料被蚀除下来的机理，这一微观的物理过程即所谓电火花加工的机理，也就是电火花加工的物理本质。如图5-5所示，这一过程大致可分为以下四个连续的阶段：极间介质的电离、击穿，形成放电通道；介质热分解、电极材料熔化、汽化、热膨胀；电极材料的抛出；极间介质的消电离。图5-6所示为放电间隙状况示意图。

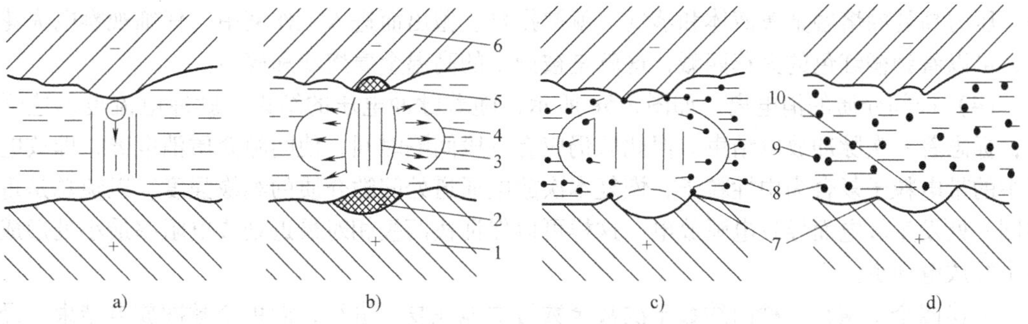

图5-6 放电间隙状况示意图

1—正极 2—从正极上熔化并抛出金属的区域 3—放电通道 4—气泡
5—在负极上熔化并抛出金属的区域 6—负极 7—翻边凸起
8—在工作液中凝固的微粒 9—工作液 10—放电形成的凹坑

（1）极间介质的电离、击穿，形成放电通道　如图 5-5a 所示，当约 80V 的脉冲电压施加于工具电极与工件之间时，两极之间立即形成一个电场。电场强度与电压成正比，与距离成反比，即随着极间电压的升高或是极间距离的减小，极间电场强度也将随着增大。由于工具电极和工件的微观表面是凸凹不平的，极间距离又很小，因而极间电场强度是很不均匀的。两极间离得最近的突出点或尖端处的电场强度一般为最大，如图 5-5a 所示的 A、B 两点间。

工具电极与工件电极之间充满着液体介质，液体介质中不可避免地含有杂质及自由电子，它们在强大的电场作用下，形成了带负电的粒子和带正电的粒子，电场强度越大，带电粒子就越多，最终导致液体介质电离、击穿，形成放电通道。放电通道是由大量高速运动的带正电和带负电的粒子以及中性粒子组成的。由于通道截面很小，通道内因高温热膨胀形成的压力高达几万帕，通道中心的温度可达 10000℃，高压高温的放电通道以及随后瞬时汽化形成的气体（以后发展成气泡）急速扩展，并产生一个强烈的冲击波向四周传播。在放电过程中，还伴随着一系列派生现象，其中有热效应、电磁效应、光效应、声效应及频率范围很宽的电磁波辐射和局部爆炸冲击波等。这些效应造成的宏观效果就是电火花。

（2）介质热分解、电极材料熔化、汽化、热膨胀　如图 5-5b、c 所示，极间介质一旦被电离、击穿、形成放电通道后，脉冲电源使通道间的电子高速奔向正极，正离子奔向负极。电能变成动能，动能通过碰撞又转变为热能。于是在通道内，正极和负极表面分别成为瞬时热源，分别达到很高的温度。通道高温首先把工作液介质汽化，进而热裂分解汽化。如煤油等碳氢化合物工作液，高温后裂解为 H_2（约占 40%）、C_2H_2（约占 30%）、CH_4（约占 15%）、C_2H_4（约占 10%）和游离碳等；水基工作液则热分解为 H_2、O_2 的分子甚至原子。正负极表面的高温除使工作液汽化、热分解汽化外，也使金属材料熔化、直至沸腾汽化。这些汽化后的工作液和金属蒸气，瞬时间体积猛增，迅速热膨胀，就像火药、爆竹点燃后那样具有爆炸的特性。观察电火花加工过程，可以见到放电间隙间冒出很多小气泡，工作液逐渐变黑，和听到轻微而清脆的爆炸声。

（3）电极材料的抛出　如图 5-5d 所示，通道和正负极表面放电点的瞬时高温使工作液汽化和金属材料熔化、汽化，热膨胀产生很高的瞬时压力。通道中心的压力最高，使汽化了的气体体积不断向外膨胀，形成一个扩张的“气泡”。气泡上下、内外的瞬时压力并不相等，压力高处的熔融金属液体和蒸气，就被排挤、抛出而进入工作液中。仔细观察电火花加工，可以看到橘红色的火花四溅，这就是被抛出的高温金属熔滴和碎屑。

（4）极间介质的消电离　如图 5-5e 所示，随着脉冲电压的结束，脉冲电流也迅速降为零，标志着一次脉冲放电结束。但此后仍应有一段间隔时间，使间隙介质消电离，即放电通道中的带电粒子复合为中性粒子，恢复本次放电通道处间隙介质的绝缘强度，以免总是重复在同一处发生放电而导致电弧放电，这样可以保证按两极相对最近处或电阻率最小处形成下一击穿放电通道。

上述四个步骤在一秒内约数千次甚至数万次地往复式进行，即单个脉冲放电结束，经过一段时间间隔（即脉冲间隙）使工作液恢复绝缘后，第二个脉冲又作用到工具电极和工件上，又会在极间距离相对最近或绝缘强度最弱处击穿放电，蚀出另一个小凹坑。这样以相当高的频率连续不断地放电，工件不断地被蚀除，工件加工表面将由无数个相互重叠的小凹坑组成。

3. 电火花加工的工艺规律

（1）影响材料放电腐蚀的主要因素　电火花加工过程中，材料被放电腐蚀的规律是十分复杂的综合性问题。研究影响材料放电腐蚀的因素，对于应用电火花加工方法，提高电火花加工的生产率，降低工具电极的损耗是极为重要的。这些主要因素如下。

1）极性效应。在电火花加工过程中，无论是正极还是负极，都会受到不同程度的电蚀，但其电蚀量是不同的。这种单纯由于正、负极性不同而彼此电蚀量不一样的现象叫做极性效应。如果两电极材料不同，则极性效应更加复杂。在生产中，我国通常把工件接脉冲电源的正极（工具电极接负极）时，称“正极性”加工；反之，工件接脉冲电源的负极（工具电极接正极）时，称“负极性”加工，又称“反极性”加工。图 5-7、图 5-8 所示分别为正极性和负极性加工。

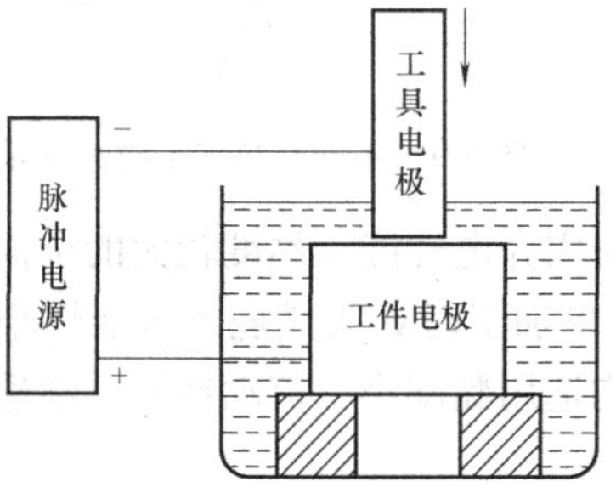

图 5-7　正极性加工

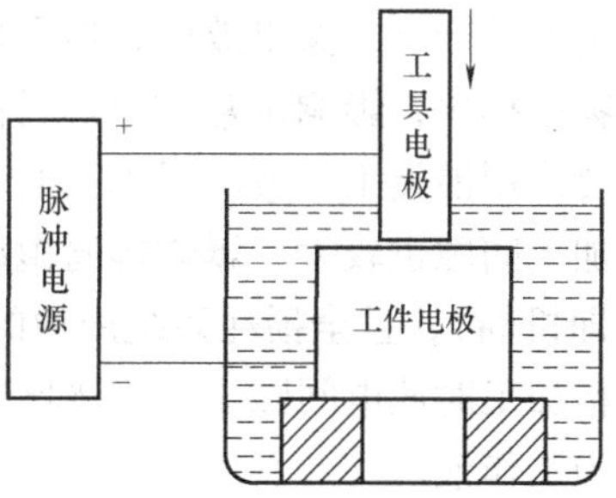

图 5-8　负极性加工

为了充分地利用极性效应，最大限度地降低工具电极的损耗，应合理选用工具电极的材料，根据电极材料的物理性能、加工要求选用最佳的电参数，正确地选用极性，使工件的蚀除速度最高，工具损耗尽可能小。

2）电参数对电蚀量的影响。电参数主要是指脉冲宽度 t_i、脉冲间隙 t_0、峰值电流 I_p。电参数又称电规准。

单个脉冲能量与平均放电电压、平均放电电流和脉冲宽度成正比。在实际加工中，击穿后的放电电压与电极材料及工作液种类有关，而且在放电过程中变化很小，所以单个脉冲能量的大小主要取决于平均放电电流和脉冲宽度的大小。

由此可见，要提高电蚀量，应增加平均放电电流、脉冲宽度及提高脉冲频率。但在实际生产中，这些因素往往是相互制约的，并影响到其他工艺指标，应根据具体情况综合考虑。

3）金属材料热学常数对电蚀量的影响。所谓热学常数，是指熔点、沸点（汽化点）、热导率、比热容、熔化热、汽化热等。

每次脉冲放电时，通道内及正、负电极放电点都瞬时获得大量热能。而正、负电极放电点所获得的热能，除一部分由于热传导散失到电极其他部分和工作液中外，其余部分将依次消耗在：①使局部金属材料温度升高直至达到熔点，而每克金属材料升高 1℃（或 1K）所需之热量即为该金属材料的比热容，每熔化 1g 材料所需之热量为该金属的熔化热；②使熔化的金属液体继续升温至沸点；③使熔融金属汽化，每汽化 1g 材料所需的热量称为该金属的汽化热；④使金属蒸气继续加热成过热蒸气。

图 5-9 所示描述了在相同放电电流情况下，铜和钢两种材料的电蚀量与脉宽的关系。从

图中可以看出：采用不同的工具电极、工件材料，选择脉冲宽度在 t_i' 附近，再加以正确选择极性，就既可以获得较高的生产率，又可以获得较低的工具电极损耗，有利于实现“高效低损耗”加工。

4）工作液对电蚀量的影响。在电火花加工过程中，工作液的作用是：形成火花击穿放电通道，并在放电结束后迅速恢复间隙的绝缘状态；对放电通道产生压缩作用；帮助电蚀产物的抛出和排除；对工具、工件有冷却作用。由此可见，工作液对电蚀量也有较大的影响。介电性能好、密度和黏度大的工作液有利于压缩放电通道，提高放电的能量密度，强化电蚀产物的抛出效应，但黏度太大不利于电蚀产物的排出，影响正常放电。目前电火花成形加工主要采用油类工作液。粗加工时采用的脉冲能量大、加工间隙也较大、爆炸排屑抛出能力强，往往选用介电性能、黏度较大的全损耗系统用油（即机油），且全损耗系统用油的燃点较高，大能量加工时着火燃烧的可能性小；而在半精、精加工时放电间隙小，排屑比较困难，故一般均选用黏度小、流动性好、渗透性好的煤油作为工作液。

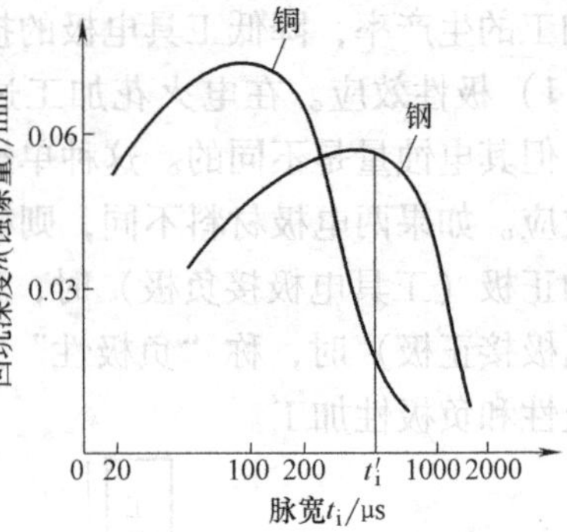

图 5-9　不同材料加工时蚀除量

（2）加工速度和电极损耗　电火花加工时，工具电极和工件同时遭到不同程度的电蚀，单位时间内工件的电蚀量称为加工速度，即生产率；单位时间内工具电极的电蚀量称为损耗速度，它们是一个问题的两个方面。

1）加工速度。一般采用体积加工速度 v_w（mm^3/min）来表示，即被加工掉的体积 V 除以加工时间 t

$$v_w = V/t \tag{5-1}$$

有时为了测量方便，也采用质量加工速度 v_m 来表示，单位为 g/min。

影响加工速度的因素分电参数和非电参数两类。电参数主要是脉冲电源输出波形与参数；非电参数包括加工面积、深度、工作液种类、冲油方式、排屑条件及电极材料和形状。

①电规准的影响。脉冲宽度、脉冲间隙和峰值电流对加工速度的影响如图 5-10、5-11、5-12 所示。

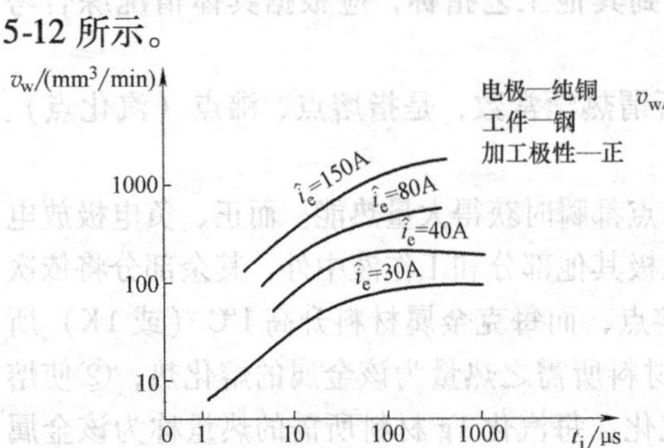

图 5-10　脉冲宽度与加工速度的关系

图 5-11　脉冲间隙与加工速度的关系

脉冲宽度增加，单个脉冲能量增大，使加工速度提高。但过度提高后，会导致蚀除物增多，排气排屑条件不好，加工稳定性变差，加工速度反而下降，如图5-10所示。

脉冲宽度一定的情况下，脉冲间隙减小会使单位时间内工作脉冲数目增多，加工电流增大，故加工速度提高。但过小时，会因放电间隙来不及消电离引起加工稳定性变差，加工速度反而降低，如图5-11所示。

峰值电流增加，单个脉冲能量增加，加工速度提高。但若峰值电流过大，排屑不畅，加工速度反而下降，同时工件表面粗糙度值增加，如图5-12所示。

②非电参数的影响。加工面积非常小时，对加工速度影响很大，这种现象也叫“面积效应”，如图5-13所示。

排屑条件中，冲（抽）油压力和“抬刀”对加工速度均有影响，如图5-14、5-15所示。“抬刀”是指为了使放电间隙中的电蚀物迅速排除，电极经常性的抬起的动作。目前大多数电火花加工都采用了自适应抬刀。

纯铜和石墨电极与极性对加工速度的影响如图5-16所示。

2）工具电极损耗。在生产实际中用来衡量工具电极是否耐损耗，不只是看工具损耗速度 v_E，还要看同时能达到的加工速度 v_w。因此，采用相对损耗或称损耗比 θ 作为衡量工具电极耐损耗的指标。即

$$\theta = v_E / v_w \times 100\% \qquad (5\text{-}2)$$

上式中的加工速度和损耗速度若均以 mm^3/min 为单位计算，

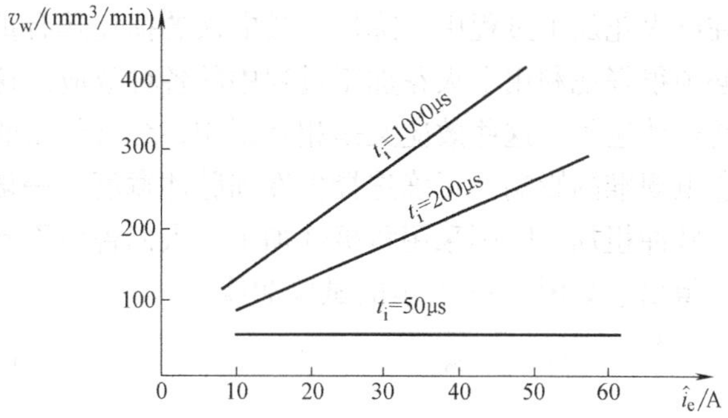

图5-12　峰值电流与加工速度的关系

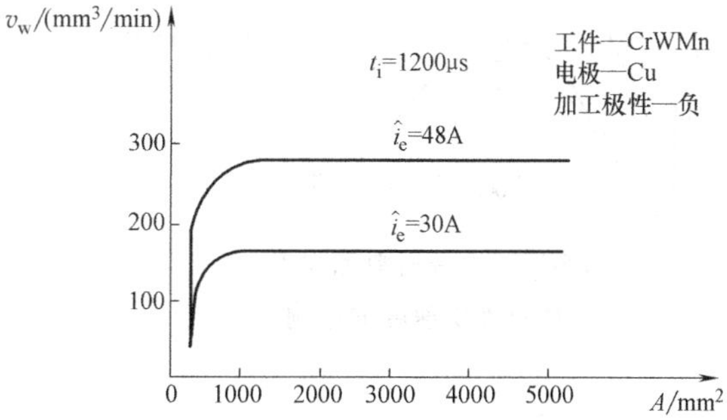

图5-13　加工面积与加工速度的关系

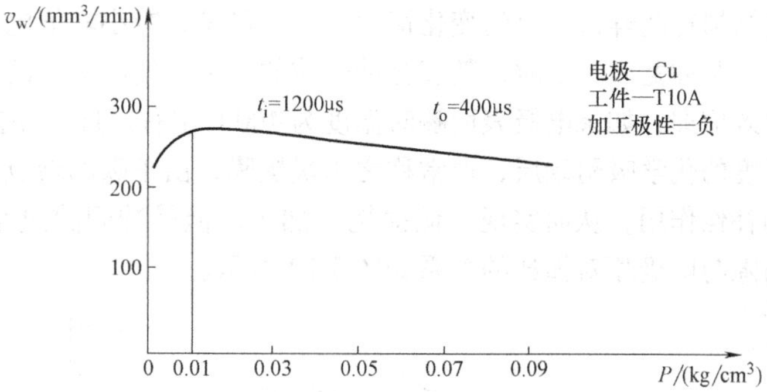

图5-14　冲油压力与加工速度的关系

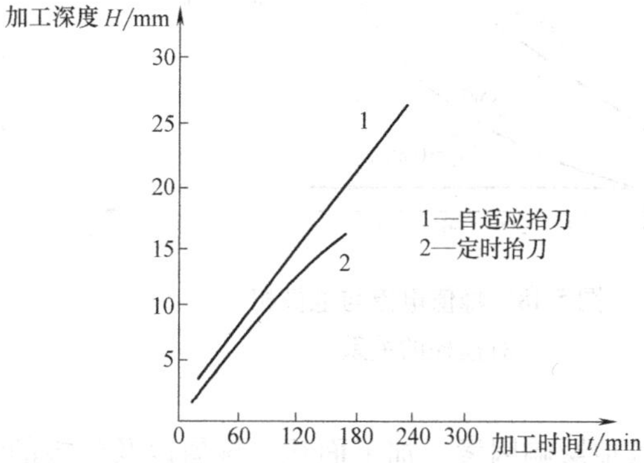

图5-15　抬刀方式与加工深度的关系

则 θ 为体积相对损耗；若两者均以 g/min 为单位计算，则 θ 为质量相对损耗。

在电火花加工过程中，降低工具电极的损耗具有重大意义，为了降低工具电极的相对损耗，必须很好地利用电火花加工过程中的各种效应。这些效应主要包括：极性效应、吸附效应、传热效应等，这些效应又是相互影响、综合作用的。

①电规准的影响。正确选择极性和脉冲宽度。一般在短脉冲精加工时采用正极性加工，而在长脉冲粗加工时则采用负极性加工。人们曾对不同脉冲宽度和加工极性的关系做过许多实验，得出了如图 5-17 所示的试验曲线。

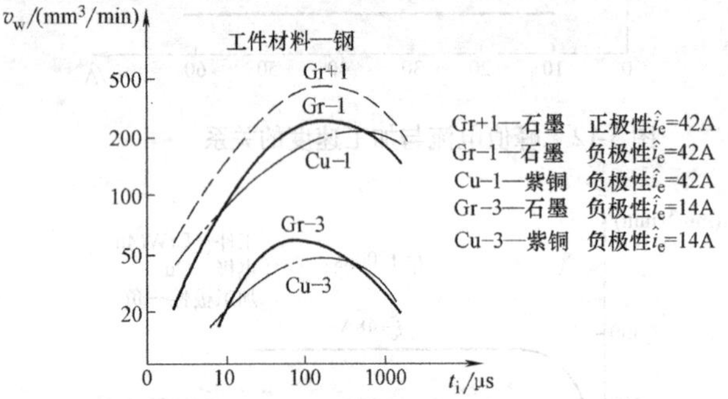

图 5-16　电极材料和加工极性对加工速度的影响

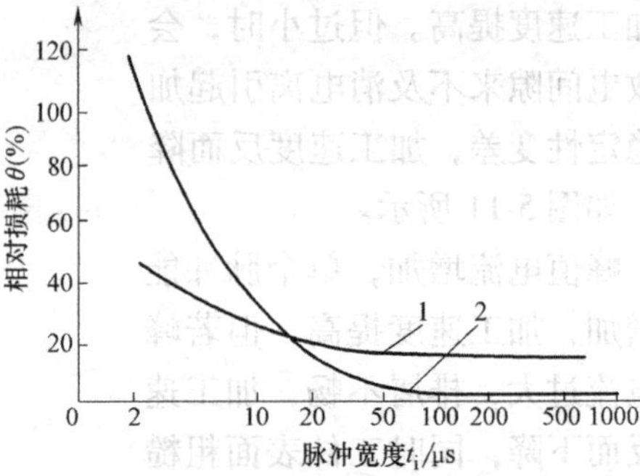

图 5-17　电极相对损耗与极性、脉冲宽度的关系

1—正极性加工　2—负极性加工

脉冲宽度一定，峰值电流不同，电极损耗也不同。图 5-18 所示为纯铜电极加工钢时，电极损耗随峰值电流的变化情况。由图可见，减小峰值电流有利于降低电极损耗。

脉冲宽度一定时，随着脉冲间隙的增加，使电极上的吸附效应减少，电极损耗增大。吸附效应即：如果电极表面瞬时温度为 400℃左右，且能保持一定时间，即能形成一定强度和厚度的化学吸附碳层，通常称之为炭黑膜，由于碳的熔点和汽化点很高，可对电极起到保护和补偿作用，从而实现“低损耗”加工。但脉冲间隙过小时，容易引起加工不稳定。脉冲间隙与电极相对损耗的关系如图 5-19 所示。

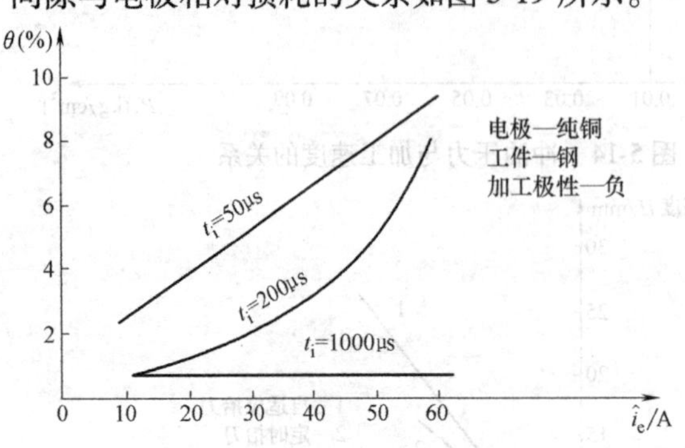

图 5-18　峰值电流与电极相对损耗的关系

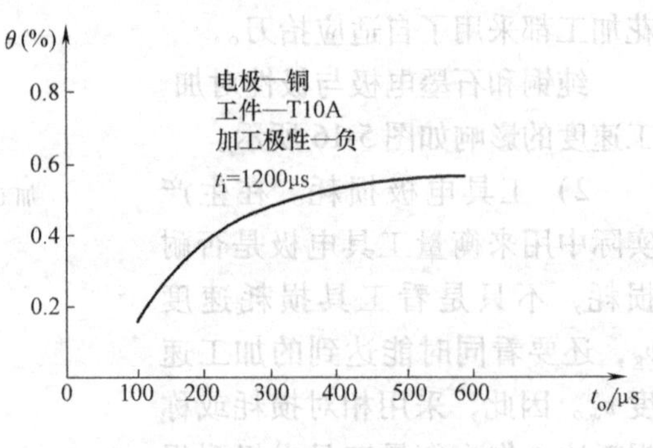

图 5-19　脉冲间隙与电极相对损耗的关系

②其他影响因素。加工面积、排屑以及电极的结构尺寸和材料对电极损耗都有影响。加

工面积过小时，电极损耗急剧增加，如图5-20所示。

冲油、抽油压力过大时，减少了电极的吸附效应，从而相对损耗过大。另外，不同的电极材料对冲油、抽油敏感程度也不一样，如图5-21所示。

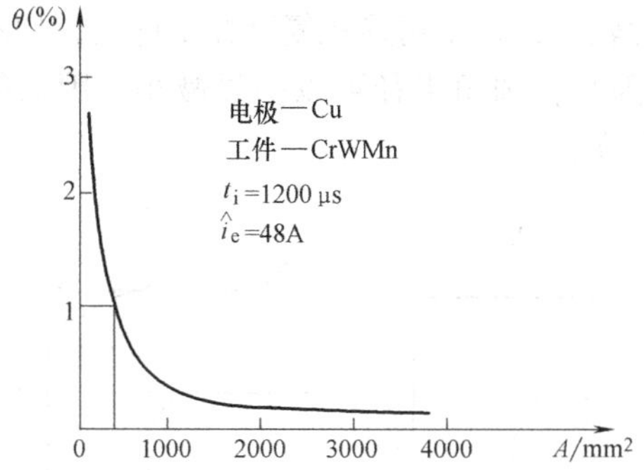

图5-20　加工面积与电极相对损耗的关系

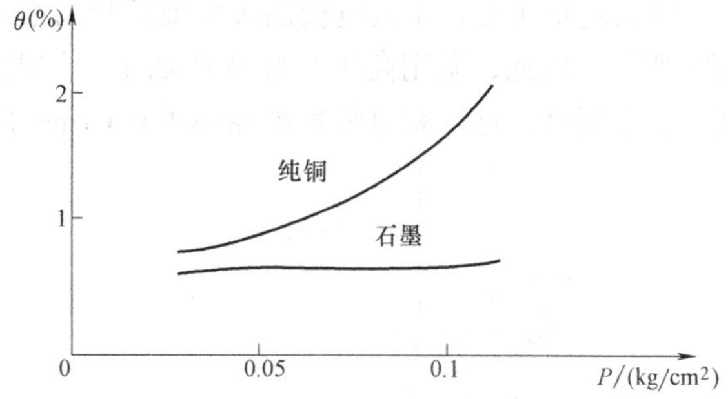

图5-21　冲油压力与电极相对损耗的关系

冲油、抽油对电极不同区域的影响也不一致，如图5-22所示，此时可以在设计电极时考虑一定的补偿。

同一电极的长度相对损耗大小顺序为：角损耗＞边损耗＞端面损耗。不同电极材料之间的损耗关系为：银钨合金＞铜钨合金＞石墨（粗规准）＞纯铜＞钢＞铸铁＞黄铜＞铝。

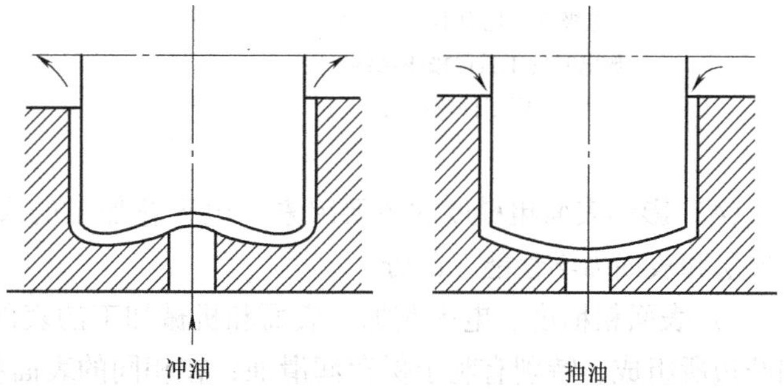

图5-22　冲油、抽油方式对电极端部损耗的影响

（3）影响加工精度的主要因素　机床本身的各种误差，以及工件和工具电极的定位、安装误差都会影响到电火花加工的加工精度。这里主要讨论与电火花加工工艺有关的因素。

影响加工精度的主要因素有放电间隙的大小及其一致性、工具电极的损耗及其稳定性。电火花加工时，工具电极与工件之间存在着一定的放电间隙，如果加工过程中放电间隙能保持不变，则可以通过修正工具电极的尺寸对放电间隙进行补偿，以获得较高的加工精度。然而，放电间隙的大小实际上是变化的，影响着加工精度。

除了间隙能否保持一致性外，间隙大小对加工精度也有影响，尤其是对复杂形状的加工表面，棱角部位电场强度分布不均，间隙越大，影响越严重。精加工的放电间隙一般只有0.05～0.1mm（单面），而在粗加工时则可达0.5mm以上。

工具电极的损耗对尺寸精度和形状精度都有影响。电火花穿孔加工时，电极可以贯穿型孔而补偿电极的损耗，型腔加工时则无法采用这一方法，精密型腔加工时可采用更换电极的方法。

影响电火花加工形状精度的因素还有“二次放电”。二次放电是指已加工表面上由于电蚀产物等的介入而再次进行的非正常放电，集中反映在加工深度方向产生斜度和加工棱角棱边变钝方面。

产生加工斜度的情况如图 5-23 所示。由于工具电极下端部加工时间长，绝对损耗大，而电极入口处的放电间隙则由于电蚀产物的存在，“二次放电”的概率大为扩大，因而产生了加工斜度。

电火花加工时，工具电极的尖角或凹角由于损耗较大，很难精确地复制在工件上，如图 5-24 所示。因此，采用高频窄脉宽精加工，放电间隙小，圆角半径可以明显减小，因而提高了仿形精度，可以获得圆角半径小于 0. 01mm 的尖棱。

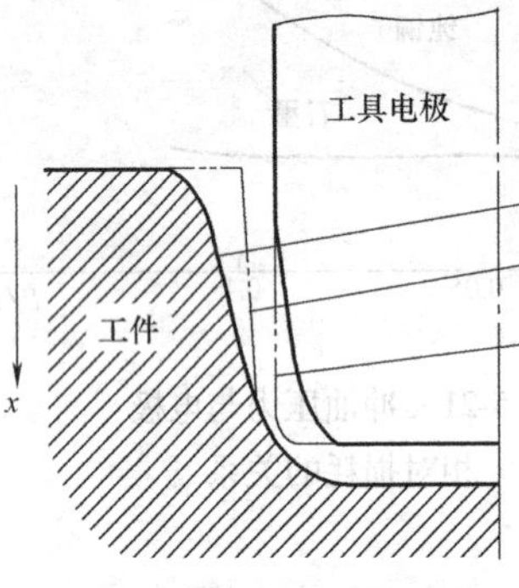

图 5-23　电火花加工时的斜度

1—电极无损耗时的工具电极轮廓线

2—电极有损耗而不考虑二次放电时的工具电极轮廓线

3—实际工件轮廓线

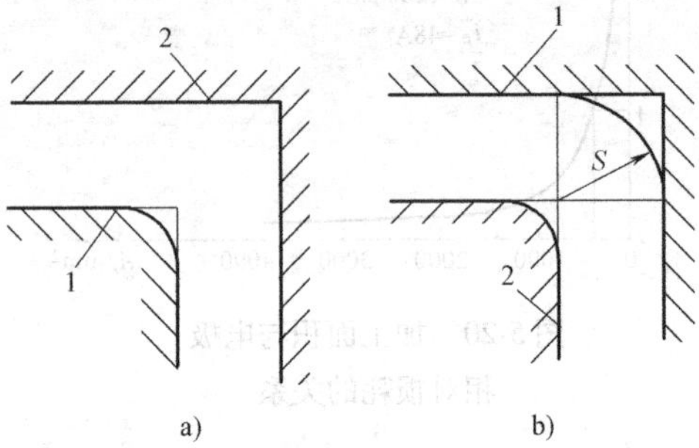

图 5-24　电火花加工时的尖角变圆图

1—工件　2—工具

（4）影响表面粗糙度的主要因素　电火花加工的表面质量主要包括表面粗糙度、表面变质层和表面力学性能三部分。

1）表面粗糙度。电火花加工表面和机械加工的表面不同，它是由无方向性的无数凹坑和凸边所组成，特别有利于保存润滑油；在相同的表面粗糙度和有润滑油的情况下，表面的润滑性能和耐磨损性能均比机械加工表面好。

电火花加工的表面粗糙度和加工速度之间存在着很大的矛盾，例如从 *Ra*2. 5μm 降低到 *Ra*1. 25μm，加工速度要下降十多倍。目前，电火花穿孔加工侧面的最佳表面粗糙度值为 *Ra*0. 32 ~ 1. 25μm，电火花成形加工加平动或摇动后最佳表面粗糙度值为 *Ra*0. 04 ~ 0. 63μm，而类似电火花磨削的加工方法，其表面粗糙度值可优于 *Ra*0. 02 ~ 0. 04μm，这时加工速度很低。因此，一般电火花加工到 *Ra*0. 63 ~ 2. 5μm 之后采用其他研磨方法改善其表面粗糙度比较经济。

工件材料对加工表面粗糙度也有影响。熔点高的材料（如硬质合金），在相同能量下加工的表面粗糙度要比熔点低的材料（如钢）好。当然，加工速度会相应下降。

精加工时，工具电极的表面粗糙度也将影响到工件的表面粗糙度。由于石墨电极很难加工到非常光滑的表面，因此用石墨电极的加工表面粗糙度较差。

2）表面变质层。电火花加工过程中，在火花放电的瞬时高温和工作液的快速冷却作用下，材料的表面层发生了很大的变化，粗略地可把它分为熔化凝固层和热影响层，如图 5-25 所示。

①熔化凝固层。位于工件表面最上层，它被放电时瞬时高温熔化而又滞留下来，受工作

液快速冷却而凝固。对于碳钢来说，熔化凝固层在金相照片上呈现白色，故又称之为白层，它与基体金属完全不同，是一种树枝状的淬火铸造组织，与内层的结合也不甚牢固。它由马氏体和大量晶粒极细的残留奥氏体和某些碳化物组成。熔化凝固层的厚度随脉冲能量的增大而变厚，大约为1~2倍的 R_{max}（在取样长度内最大峰高与最大谷深的高度差，$R_{max} \approx 4R_a$），但一般不超过0.1mm。

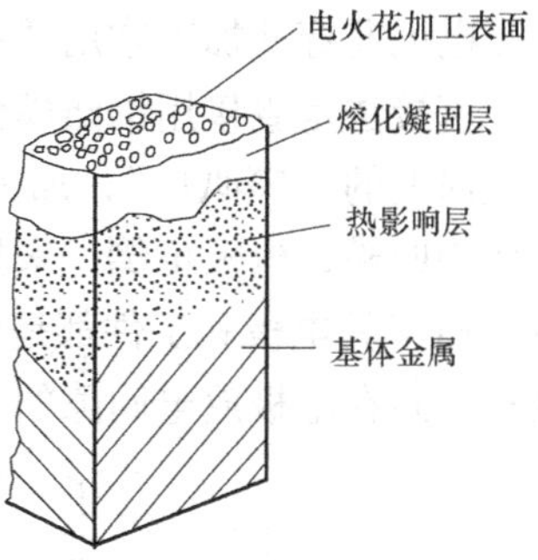

图5-25 电火花加工后的表面变化层

②热影响层。它介于熔化凝固层和基体之间。热影响层的金属材料并没有熔化，只是受到高温的影响，使材料的金相组织发生了变化，它和基体材料之间并没有明显的界限。由于温度场分布和冷却速度的不同，对淬火钢，热影响层包括二次淬火区、高温回火区和低温回火区；对未淬火钢，热影响层主要为淬火区。因此，淬火钢的热影响层厚度比未淬火钢大。

③显微裂纹。电火花加工表面由于受到瞬时高温作用并迅速冷却而产生拉应力，往往出现显微裂纹。实验表明，一般裂纹仅在熔化凝固层内出现，只有在脉冲能量很大的情况下（粗加工时）才有可能扩展到热影响层。脉冲能量对显微裂纹的影响是非常明显的，能量越大，显微裂纹越宽越深。

3）表面力学性能。

①显微硬度及耐磨性。电火花加工后，表面层的硬度一般均比较高，但对某些淬火钢，也可能稍低于基体硬度。一般来说，电火花加工表面最外层的硬度比较高，耐磨性好。但对于滚动摩擦，由于是交变载荷，尤其是干摩擦，则因熔化凝固层和基体的结合不牢固，容易剥落而磨损。因此，有些要求高的模具需把电火花加工后的表面变质层事先研磨掉。

②残余应力。电火花加工表面存在着由于瞬时先热膨胀后冷收缩作用而形成的残余应力，而且大部分表现为拉应力。残余应力的大小和分布，主要和材料在加工前的热处理状态及加工时的脉冲能量有关。因此，对表面层要求质量较高的工件，应尽量避免使用较大的加工规准。

③耐疲劳性能。电火花加工表面存在着较大的拉应力，还可能存在显微裂纹，因此其耐疲劳性能比机械加工表面低许多倍。采用回火处理、喷丸处理等，有助于降低残余应力，或使残余拉应力转变为压应力，从而提高其耐疲劳性能。

4. 电火花穿孔成形加工

（1）电火花穿孔加工　电火花穿孔加工一般应用于冲裁模具加工、粉末冶金模具加工、拉丝模具加工、螺纹加工等。下面以加工冲裁模具的凹模为例说明电火花穿孔加工的方法。

1）常用的加工方法。凹模的尺寸精度主要靠工具电极来保证，因此，对工具电极的精度和表面粗糙度都应有一定的要求。如凹模的尺寸为 L_2，工具电极相应的尺寸为 L_1（如图5-26所示），单边火花间隙值为 S_L，则

$$L_2 = L_1 + 2S_L \tag{5-3}$$

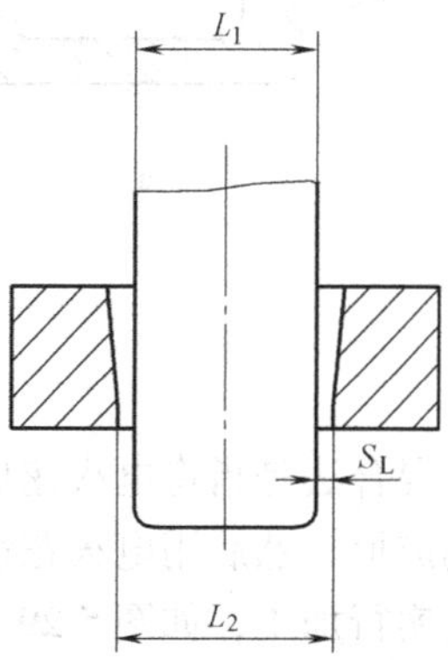

图5-26 凹模的电火花加工

其中，火花间隙值 S_L 主要取决于脉冲参数与机床的精度。只要加工规准选择恰当，加工稳定，火花间隙值 S_L 的波

动范围会很小。因此，只要工具电极的尺寸精确，用它加工出的凹模的尺寸也是比较精确的。

电火花穿孔加工常用“钢打钢”直接配合法、间接法、混合法等。

直接法是直接用钢凸模作为电极加工凹模，如图 5-27 所示。加工时将凹模刃口端朝下形成向上的“喇叭口”，加工后将工件翻过来使“喇叭口”（此喇叭口有利于冲模落料）向下作为凹模，电极也倒过来把损耗部分切除或用低熔点合金浇固作为凸模。但这种“钢打钢”时工具电极和工件都是磁性材料，在直流分量的作用下易产生磁性，电蚀下来的金属屑被吸附在电极放电间隙的磁场中而形成不稳定的二次放电，使加工过程很不稳定。

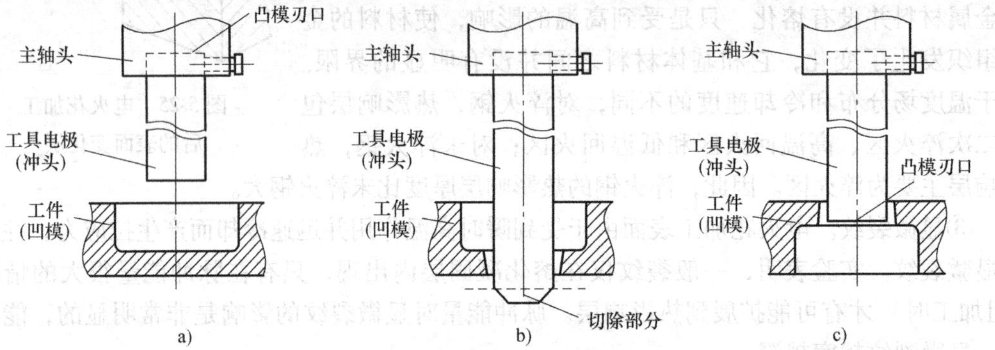

图 5-27　直接法穿孔加工

a）加工前　b）加工后　c）切除损耗部分

间接法是指在模具电火花加工中，凸模与加工凹模用的电极分开制造，首先根据凹模尺寸设计电极，然后制造电极，进行凹模加工，再根据间隙要求来配制凸模。图 5-28 所示为间接法穿孔加工的过程。间接法可以自由选择电极材料，并且凸模和凹模的配合间隙与放电间隙无关。但由于电极与凸模分开制造，配合间隙难以保证均匀。

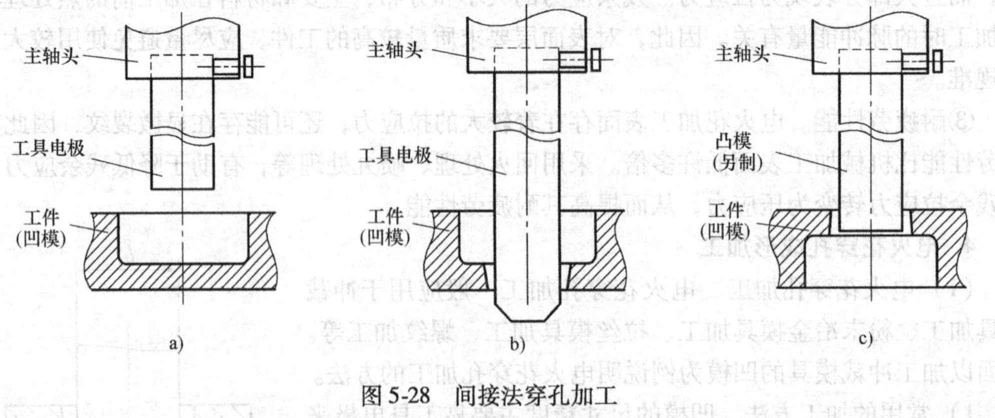

图 5-28　间接法穿孔加工

a）加工前　b）加工后　c）配制凸模

混合法是指将电火花加工性能良好的电极材料与冲头材料黏结在一起，共同用线切割或磨削成形，然后用电火花性能好的一端作为加工端，将工件反置固定，用“反打正用”的方法实行加工，如图 5-29 所示。这种方法不仅可以充分发挥加工端好的电火花加工工艺性能，还可以达到与直接法相同的加工效果。

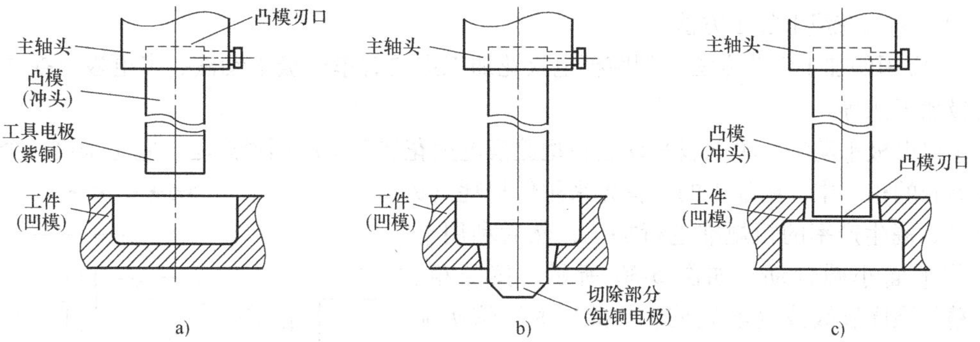

图5-29　混合法穿孔加工

a) 加工前　b) 加工后　c) 切除损耗部分

2) 工具电极。

①电极材料的选择。直接法凸模(电极)一般选优质高碳钢T8A、T10A或铬钢Cr12、GCr15,以及硬质合金等。应注意凸、凹模不要选用同一种钢材型号,否则电火花加工时更不易稳定。间接法中可选纯铜、黄铜、钢、石墨等材料。

②电极的设计。由于凹模的精度主要决定于工具电极的精度,因而对它有较为严格的要求。要求工具电极的尺寸精度和表面粗糙度比凹模高一级,一般精度不低于IT7,表面粗糙度值小于$Ra1.25\mu m$,且直线度、平面度和平行度在100mm长度上不大于0.01mm。

工具电极应有足够的长度。若加工硬质合金时,由于电极损耗较大,电极还应适当加长。

工具电极的截面轮廓尺寸除考虑配合间隙外,还要比预定加工的型孔尺寸均匀地缩小一个放电间隙。

③电极的制造。冲模电极的制造,一般先经普通机械加工,然后成形磨削。一些不易磨削加工的材料,可在机械加工后由钳工精修。现在直接用电火花线切割加工冲模电极已获得广泛应用。

3) 工件的准备。电火花加工前,工件(凹模)型孔部分要加工预孔,并留适当的电火花加工余量。余量的大小应能补偿电火花加工的定位、找正误差及机械加工误差。一般情况下,单边余量为0.3~1.5mm为宜,并力求均匀。对形状复杂的型孔,余量要适当加大。

4) 电规准的选择及转换。电规准选择正确与否,将直接影响着模具加工工艺指标。应根据工件的要求、电极和工件的材料、加工工艺指标和经济效果等因素来确定电规准,并在加工过程中及时地转换。

冲模加工中,常选择粗、中、精三种规准。每一种又可分几档。对粗规准的要求是:生产率高(不低于$50mm^3/min$);工具电极的损耗小。转换中规准之前的表面粗糙度值应小于$Ra10\mu m$,否则将增加半精、精加工的加工余量与加工时间。所以,粗规准主要采用较大的电流,较长的脉冲宽度($t_i=50\sim500\mu s$),采用铜电极时电极相对损耗应低于1%。中规准用于过渡性加工,以减少精加工时的加工余量,提高加工速度,采用的脉冲宽度一般为10~100μs。精规准用来最终保证模具所要求的配合间隙、表面粗糙度、刃口斜度等质量指标,并尽可能地提高其生产率,故应采用小的电流、高的频率、短的脉冲宽度(一般为2~6μs)。

（2）电火花成形加工方法

1）常用的加工工艺方法。型腔模电火花加工主要有单电极平动法、多电极更换法和分解电极加工法等。

①单电极平动法。单电极平动法在型腔模电火花加工中应用最广泛。它是采用一个电极完成型腔的粗、中、精加工的。首先采用低损耗（$\theta<1\%$）、高生产率的粗规准进行加工，然后利用平动头作平面小圆运动，如图5-30所示，按照粗、中、精的顺序逐级改变电规准。与此同时，依次加大电极的平动量，以补偿前后两个加工规准之间型腔侧面放电间隙差和表面微观不平度差，实现型腔侧面仿形修光，完成型腔模的精加工。

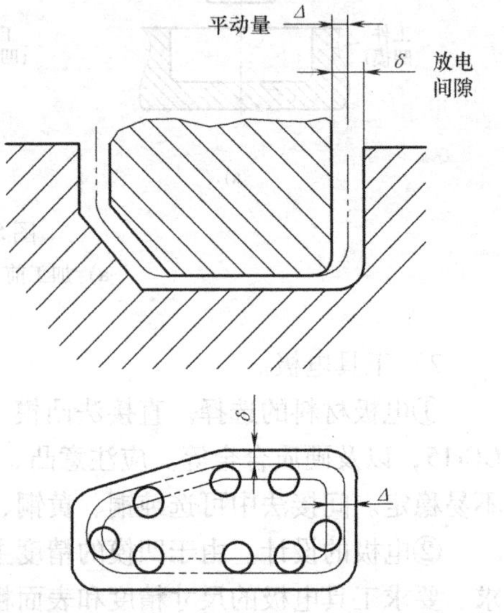

图5-30 平动头扩大间隙原理图

单电极平动法的最大优点是只需一个电极、一次装夹定位，便可达到±0.05mm的加工精度，并方便了排除电蚀产物。它的缺点是难以获得高精度的型腔模，特别是难以加工出清棱、清角的型腔。

采用数控电火花加工机床时，是利用工作台按一定轨迹做微量移动来修光侧面的，为区别于夹持在主轴头上的平动头的运动，通常将其称作摇动。由于摇动轨迹是靠数控系统产生的，所以具有更灵活多样的模式，除了小圆轨迹运动外，还有方形、十字形运动，因此更能适应复杂形状的侧面修光的需要，尤其可以做到尖角处的“清根”，这是平动头所无法做到的。图5-31a所示为基本摇动模式；图5-31b所示为工作台变半径圆形摇动；主轴上下数控联动，可以修光或加工出锥面、球面，图5-31c所示为数控联动加工实例。

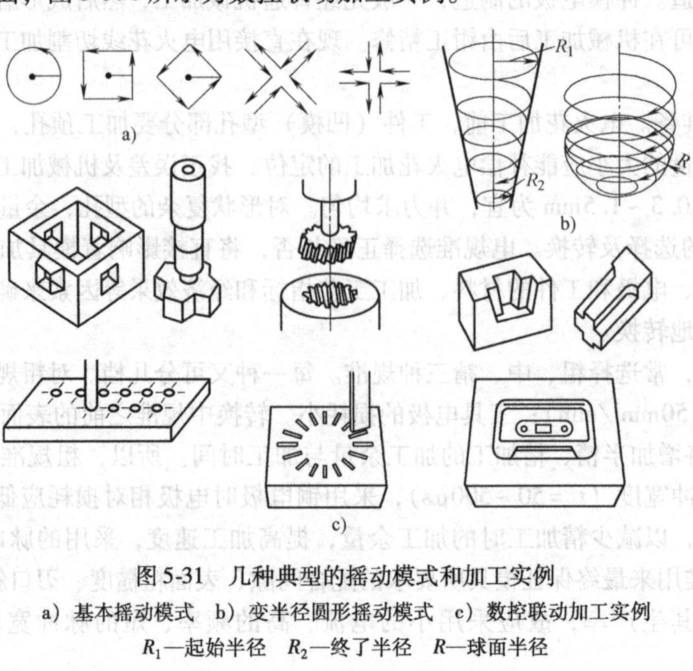

图5-31 几种典型的摇动模式和加工实例

a）基本摇动模式 b）变半径圆形摇动模式 c）数控联动加工实例

R_1—起始半径 R_2—终了半径 R—球面半径

②多电极更换法。多电极更换法是采用多个电极依次更换加工同一个型腔，每个电极加工时必须把上一规准的放电痕迹去掉。一般用两个电极进行粗、精加工就可满足要求；当模具的精度和表面质量要求很高时，才采用三个或更多个电极进行加工，但要求多个电极的一致性好、制造精度高。

③分解电极法。分解电极法是单电极平动加工法和多电极更换加工法的综合应用。它工艺灵活性强，仿形精度高，适用于尖角窄缝、沉孔、深槽多的复杂型腔模具加工。根据型腔的几何形状，把电极分解成主型腔和副型腔电极分别制造。先加工出主型腔，后用副型腔电极加工副型腔的尖角、窄缝等部位。此方法的优点是可以根据主、副型腔不同的加工条件，选择不同的加工规准，有利于提高加工速度和改善加工表面质量，同时还可以简化电极制造，便于修整电极。缺点是更换电极时主型腔和副型腔电极之间要求有精确的定位。

近年来国外已广泛采用像加工中心那样具有电极库的3～5坐标数控电火花机床。事先把复杂型腔分解为简单表面和相应的简单电极，编制好程序，加工过程中自动更换电极和转换规准，实现复杂型腔的加工。同时配合一套高精度辅助工具、夹具系统，可以大大提高电极的装夹定位精度，使采用分解电极法加工的模具精度大为提高。

2）工具电极。

①电极材料的选择。为了提高型腔模的加工精度，在电极方面，首先是寻找耐蚀性高的电极材料，如纯铜、铜钨合金、银钨合金以及石墨电极等。由于铜钨合金和银钨合金的成本高，机械加工比较困难，故采用的较少，常用的为纯铜和石墨，这两种材料的共同特点是在宽脉冲粗加工时都能实现低损耗。

②电极的设计。加工型腔模时的工具电极尺寸，一方面与模具的大小、形状、复杂程度有关，另一方面与电极材料、加工电流、深度、余量及间隙等因素有关。当采用平动法加工时，还应考虑所选用的平动量。

③排气孔和冲油孔设计。一般情况下，在不易排屑的拐角、窄缝处应开有冲油孔；而在蚀除面积较大以及电极端部有死角的部位开排气孔。冲油孔和排气孔的直径一般为$\phi1$～2mm。若孔过大，则加工后残留的凸起太大，不易清除。孔的数目应以不产生蚀除物堆积为宜。孔距在20～40mm左右，孔要适当错开。

3）工作液强迫循环的应用。型腔加工是不通孔加工，电蚀产物的排除比较困难，电火花加工时产生的大量气体如果不能及时排除，积累起来就会产生“放炮”现象。采用排气孔，使电蚀产物及气体从孔中排出。当型腔较浅时尚可满足工艺要求，但当型腔小而较深时，光靠电极上的排气孔，不足以使电蚀产物、气体及时排出，往往需要采用强迫冲油，这时电极上应开有冲油孔。

4）电规准的选择、转换。在粗加工时，要求高生产率和低电极损耗，这时应优先考虑采用较宽的脉冲宽度（例如在400μs以上），然后选择合适的脉冲峰值电流，并应注意加工面积和加工电流之间的配合关系。通常，石墨电极加工钢时，最高电流密度为3～5A/cm^2，纯铜电极加工钢时可稍大些。

中规准与粗规准之间并没有明显的界限，应按具体加工对象划分。一般选用脉冲宽度为20～400μs、电流峰值为10～25A进行加工。

精加工窄脉宽时，电极损耗率较大，一般为10%～20%。由于加工余量很小，一般单边不超过0.1～0.2mm，表面粗糙度值优于Ra1.25μm，一般都选用窄脉宽（t_i=2～20μs）、小峰值电流（<10A）进行加工。

(3) 电极的设计

1）电极的结构。电极的结构形式应根据电极外形尺寸的大小与复杂程度、电极的结构工艺性等因素综合考虑。

①整体电极。整体电极由一整块材料制成，如图5-32a所示。若电极尺寸较大，则在内部设置减轻孔及多个冲油孔，如图5-32b所示。

②组合电极。组合电极是将若干个小电极组装在电极固定板上，可一次性同时完成多个成形表面电火花加工的电极。图5-33所示的加工叶轮的工具电极是由多个小电极组装构成的。

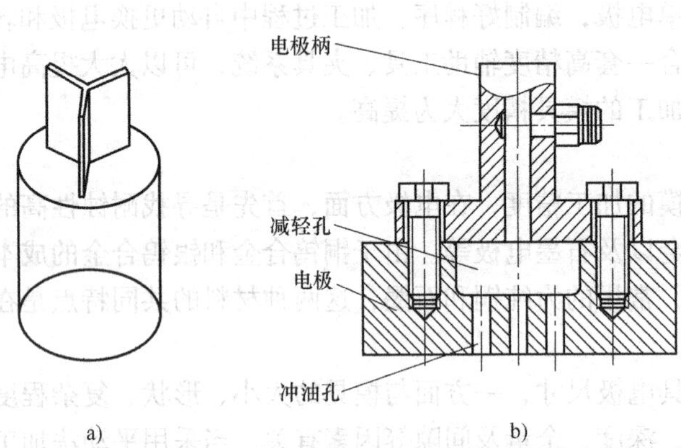

图5-32 整体电极

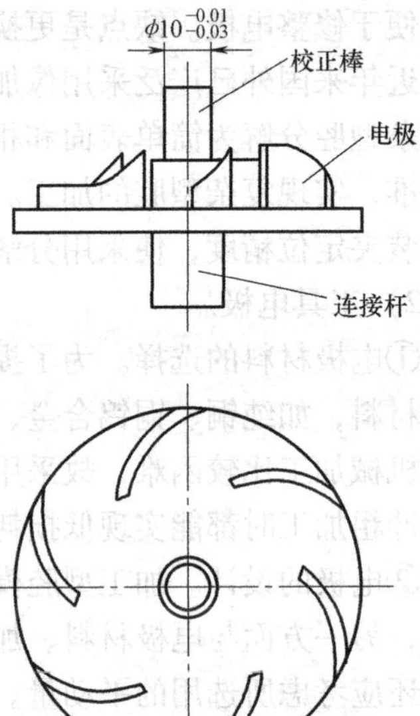

图5-33 组合电极

采用组合电极加工时，生产率高，各型孔之间的位置精度也较准确。但是对组合电极来说，一定要保证各电极间的定位精度，并且每个电极的轴线要垂直于安装表面。

③镶拼式电极。镶拼式电极是将形状复杂而制造困难的电极分成几块来加工，然后再镶拼成整体的电极。如图5-34所示，将E字形硅钢片冲模所用的电极分成三块，加工完毕后再镶拼成整体。这样即可保证电极的制造精度，得到尖锐的凹角，而且简化了电极的加工，节约了材料，降低了制造成本。

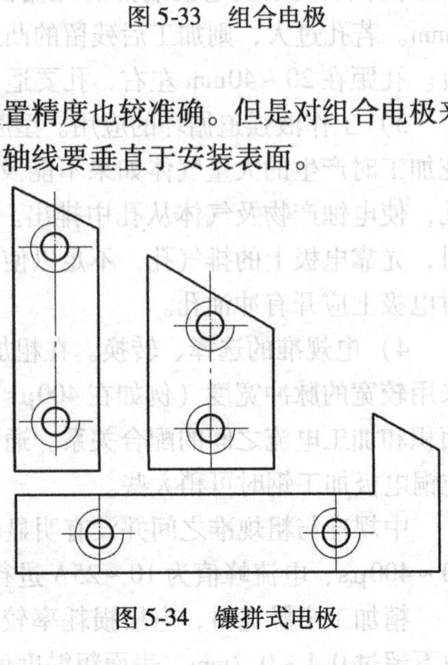

图5-34 镶拼式电极

2）电极的尺寸。与主轴头进给方向垂直的电极尺寸称为水平尺寸，计算时应加入放电间隙和平动量。可由下式确定

$$a = A \pm Kb \tag{5-4}$$

式中 a——电极水平方向尺寸；

A——型腔图样上名义尺寸；

K——与型腔尺寸注法有关的系数［直径方向（双边）$K=2$，半径方向（单边）$K=1$，中心距尺寸（不变尺寸），$K=0$］；

b——电极单边缩放量（包括平动量和抛光量）。

$$b = S_L + H_{max} + h_{max} \tag{5-5}$$

式中　S_L——电火花加工时单面加工间隙；

H_{max}——前一规准加工时表面微观不平度最大值；

h_{max}——本规准加工时表面微观不平度最大值。

式（5-4）中的“±”号按缩、放原则确定，电极水平尺寸缩放示意图如图 5-35 所示。计算 a_1 时用“－”号，计算 a_2 时用“＋”号。

电极总高度的确定如图 5-36 所示，可按下式计算

$$H = l + L \tag{5-6}$$

式中　H——除装夹部分外的电极总高度；

l——电极每加工一个型腔，在垂直方向的有效高度，包括型腔深度和电极端面损耗量，并扣除端面加工间隙值；

L——考虑到加工结束时，电极夹具不和夹具模块或压板发生接触，以及同一电极需重复使用而增加的高度。

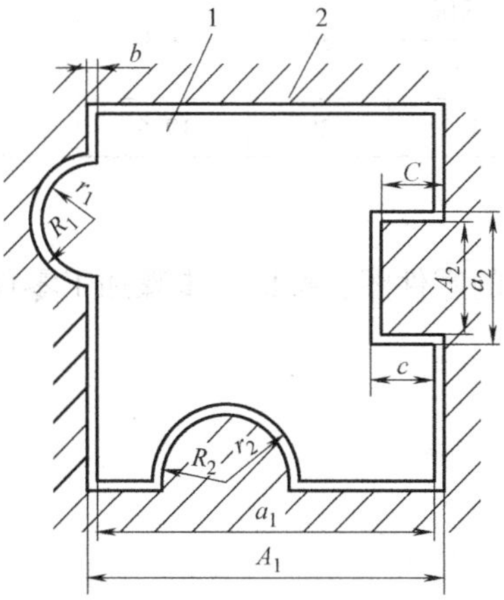

图 5-35　电极水平尺寸缩放示意图

1—电极　2—模具

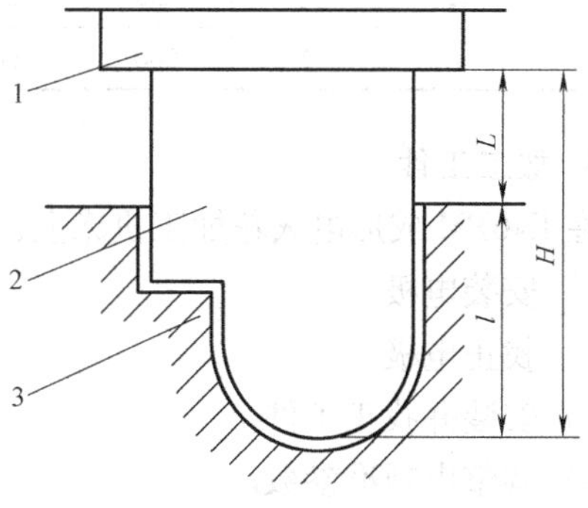

图 5-36　电极高度尺寸的计算

1—夹具　2—电极　3—工件

5.1.3　任务实施

采用电火花机床进行图 5-1 所示方孔冲模的方孔部位的加工。

1. 工艺分析

电火花加工模具一般都在淬火以后进行，毛坯上一般应先加工出预留孔，如图 5-37a 所示，其余与图 5-1 相同。

加工冲模的电极材料，一般选用铸铁或钢，这样可以采用成形磨削方法制造电极。为了

简化电极的制造过程，也可采用钢电极，材料为 Cr12，电极的尺寸精度和表面粗糙度比凹模优一级。为了实现粗、中、精规准转换，电极前端要做腐蚀处理，腐蚀高度为 15mm，双边腐蚀量为 0.25mm，如图 5-37b 所示。电火花加工前，工件和工具电极都必须经过退磁。

2. 工艺实施

电极装夹在机床主轴头的夹具中进行精度找正，使电极对机床工作台面的垂直度小于 0.01 mm/100 mm。工件安装在油杯上，工件上、下端面保持与工作台面平行。加工时采用下冲油，用粗、精加工两档规准，并采用高、低压复合脉冲电源，如表 5-1 所示。

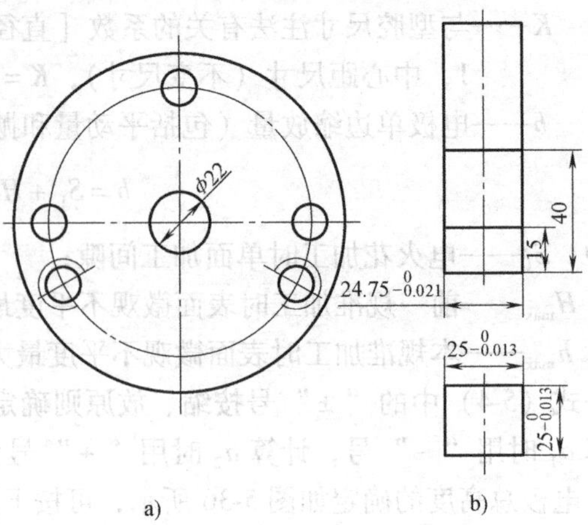

图 5-37　电火花加工前的工件、工具电极

a) 在模具零件上加工预留孔　b) 工具电极

表 5-1　电火花加工方孔时的电规准

加工规准	脉宽/μs		电压/V		电流/A		脉间/μs	冲油压力/kPa	加工深度/mm
	高压	低压	高压	低压	高压	低压			
粗加工	12	25	250	60	1	9	30	9.8	15
精加工	7	2	200	60	0.8	1.2	25	19.6	20

3. 加工工件

在 E46PM 成形电火花加工机床上，根据方孔冲模的零件图，按以下步骤加工零件。

1）安装电极。

2）找正电极。

3）安装并找正工件。

4）调整电规准参数。

5）启动电源，加工工件。

6）关闭电源，检验工件。

任务 5.2　电火花线切割加工

知识点：

1. 电火花线切割加工原理。
2. 电火花线切割机床的结构及操作方法。
3. 电火花线切割加工的工艺规律。
4. 电火花线切割 3B 程序及 ISO 程序的编制。
5. 常用的电火花线切割加工工艺。

技能点：

1. 制定电火花线切割加工工艺。
2. 编制电火花线切割3B程序。
3. 操作电火花线切割机床。

5.2.1 任务导入

1. 任务要求

本任务要求运用电火花线切割机床加工如图5-38所示的落料凸模。钼丝半径为ϕ0.18mm，放电间隙为0.01mm，采用3B代码编制其线切割程序。

2. 任务分析

电火花线切割机床除了使用ISO代码外，还使用3B、4B和EIA等指令代码。3B代码编程是一种较常用的线切割机床手工编程方法，本任务主要介绍3B代码的编程格式，并运用3B代码编制程序，加工凸模零件。

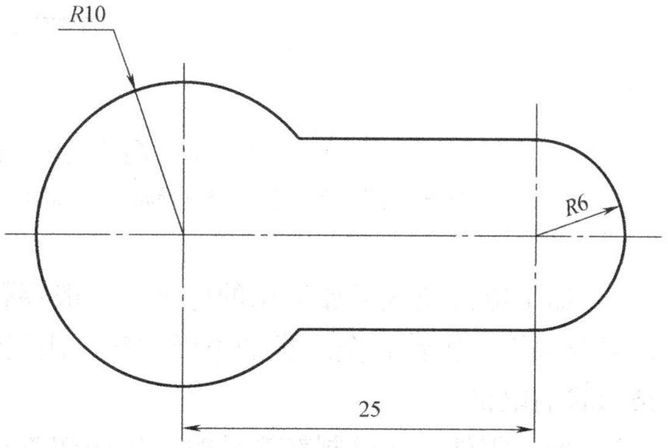

图5-38 落料凸模零件图

5.2.2 知识链接

电火花线切割加工（Wire Cut EDM，简称WEDM）是在电火花加工基础上于20世纪50年代末最早在前苏联发展起来的一种新的工艺形式，是用线状电极（钼丝或铜丝）靠火花放电对工件进行切割，故称为电火花线切割，简称线切割。它已获得广泛的应用，目前国内外的线切割机床已占电加工机床的60%以上。

1. 电火花线切割加工原理

（1）线切割加工的原理　电火花线切割加工的基本原理是利用移动的细金属导线（铜丝或钼丝）作电极，对工件进行脉冲火花放电、切割成形。

根据电极丝的运行速度，电火花线切割机床通常分为两大类：一类是高速走丝（或称快走丝）电火花线切割机床（WEDM-HS），这类机床的电极丝作高速往复运动，一般走丝速度为8～10m/s，这是我国生产和使用的主要机种，也是我国独创的电火花线切割加工模式；另一类是低速走丝（或称慢走丝）电火花线切割机床（WEDM-LS），这类机床的电极丝作低速单向运动，一般走丝速度低于0.2m/s，是国外生产和使用的主要机种。

图5-39所示为高速走丝电火花线切割工艺及装置的示意图。利用细钼丝4作工具电极进行切割，储丝筒1使钼丝作正反向交替移动，脉冲电源5提供脉冲电流，在电极丝和工件之间喷流工作液介质。工作台在水平面两个坐标方向各自按预定的控制程序，根据火花间隙状态作伺服进给移动，从而合成各种曲线轨迹，把工件切割成形。

（2）线切割加工的应用范围

1）加工模具。适用于各种形状的冲模。调整不同的间隙补偿量，只需一次编程就可以切割凸模、凸模固定板、凹模及卸料板等。模具配合间隙、加工精度通常都能达到0.01～0.02mm（快走丝）和0.002～0.005mm（慢走丝）的要求。

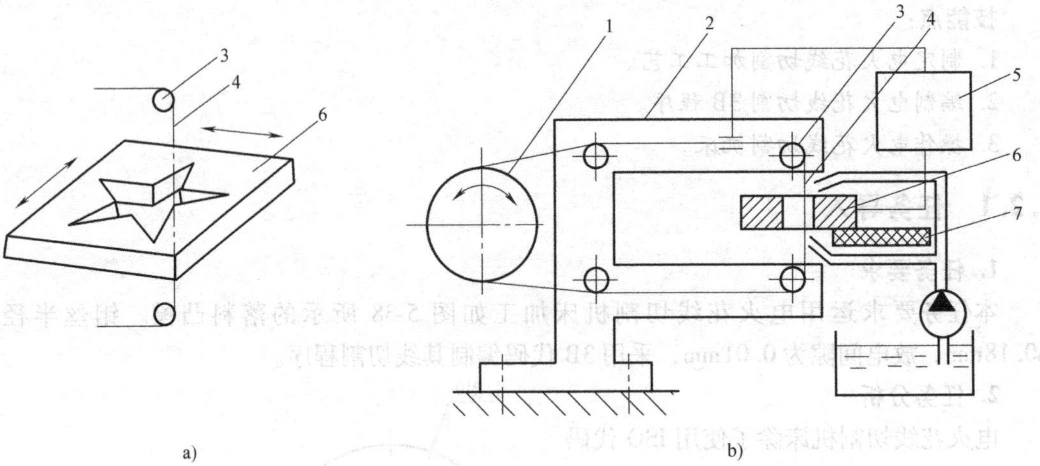

图 5-39　高速走丝电火花线切割原理

1—储丝筒　2—丝架　3—导轮　4—钼丝　5—脉冲电源　6—工件　7—工作台

2）加工电火花成形加工用的电极。一般穿孔加工用的电极以及带锥度型腔加工用的电极，以及铜钨、银钨合金之类的电极材料，用线切割加工特别经济，同时也适用于加工微细复杂形状的电极。

3）加工零件。在试制新产品时，用线切割在坯料上直接割出零件。例如在试制复杂冲压模具时，可以用线切割加工毛坯；又如某机床配件损坏后，可用线切割快速完成加工。

2. 电火花线切割加工设备

电火花线切割加工设备主要由机床本体、脉冲电源、控制系统、工作液循环系统和机床附件等几部分组成。图 5-40 和图 5-41 所示为高速和低速走丝线切割加工设备结构图。

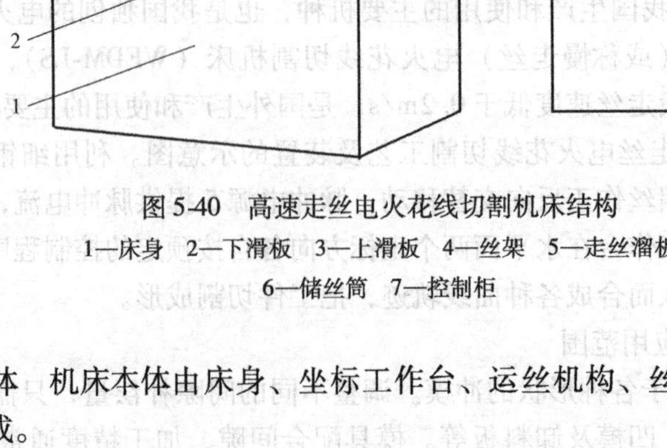

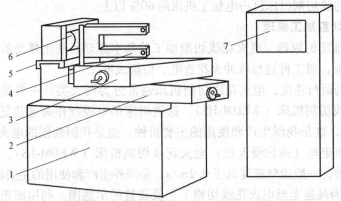

图 5-40　高速走丝电火花线切割机床结构

1—床身　2—下滑板　3—上滑板　4—丝架　5—走丝溜板
6—储丝筒　7—控制柜

（1）机床本体　机床本体由床身、坐标工作台、运丝机构、丝架、工作液箱、附件和夹具等几部分组成。

1）床身部分。床身一般为铸件，是坐标工作台、运丝机构及丝架的支承和固定基础。

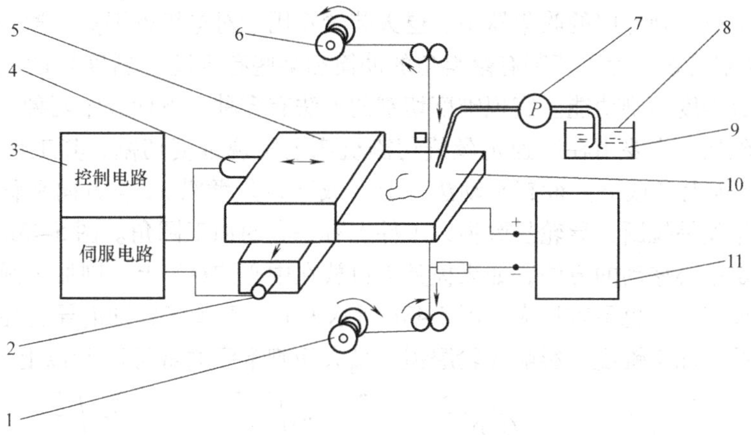

图5-41　低速走丝电火花线切割机床结构

1—废丝卷筒　2—y轴电动机　3—数控装置　4—x轴电动机　5—工作台　6—新丝放丝卷筒　7—泵　8—去离子水　9—工作液箱　10—工件　11—脉冲电源

通常采用箱式结构，应有足够的强度和刚度。床身内部安置电源和工作液箱，考虑电源的发热和工作液泵的振动，有些机床将电源和工作液箱移出床身外另行安放。

2）坐标工作台部分。电火花线切割机床最终都是通过坐标工作台与电极丝的相对运动来完成零件加工的。为保证机床精度，对导轨的精度、刚度和耐磨性有较高的要求。一般都采用“十”字滑板、滚动导轨和丝杠传动副将电动机的旋转运动变为工作台的直线运动。通过两个坐标方向各自的进给移动，可合成获得各种平面曲线轨迹。为保证工作台的定位精度和灵敏度，传动丝杠和螺母之间必须消除间隙。

3）运丝机构。运丝系统使电极丝以一定的速度运动并保持一定的张力。在高速走丝机床上，一定长度的电极丝平整地卷绕在储丝筒上，丝张力与排绕时的拉紧力有关（目前大多数机床上自带恒张力装置），储丝筒通过联轴节与驱动电动机相连。为了重复使用该段电极丝，电动机由专门的换向装置控制作正反向交替运转。走丝速度等于储丝筒外径的线速度，通常为8～10m/s。在运动过程中，电极丝由丝架支承，并依靠导轮保持电极丝与工作台垂直或倾斜一定的几何角度（锥度切割时）。

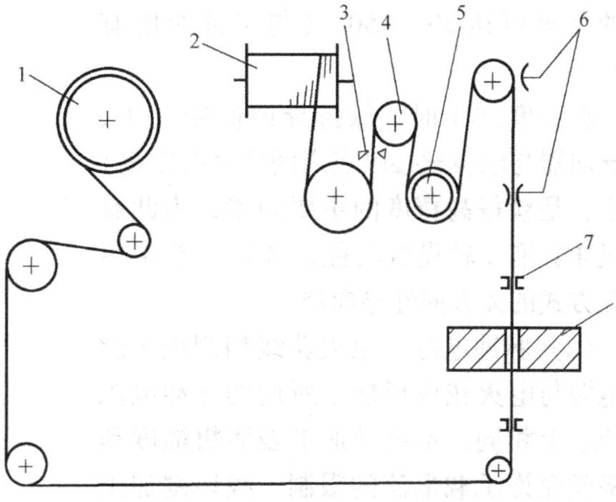

图5-42　低速走丝系统示意图

1—废丝卷丝轮　2—未使用的金属丝　3—拉丝模　4—张力电动机　5—电极丝张力调节轴　6—退火装置　7—导向器　8—工件

低速走丝系统如图5-42所示。未使用的金属丝筒2（绕有1～3kg金属丝）靠卷丝轮1使金属丝在导向器7的导向作用下以较低的速度（通常0.2m/s以下）移动。为了提供一定的张力（2～25N），在走丝路径中装有一个机械式或电磁式张力机构4和5。为实现断丝时能自动停车并报警，走丝系统中通常还装有断丝检测微动开关。用过的电极丝集中到卷丝筒上或送到专门的收集器中。退火装置 6 用于对电极丝退火，避免其产生硬化。

4）锥度切割装置。为了切割有落料角的冲模和某些有锥度（斜度）的内外表面，有些线切割机床具有锥度切割功能。实现锥度切割的方法有多种，下面介绍两种。

①偏移式丝架。主要用在高速走丝线切割机床上实现锥度切割，其工作原理如图 5-43 所示。图 5-43a 为上（或下）丝臂平动法，上（或下）丝臂沿 x、y 方向平移，此法锥度不宜过大，否则钼丝易拉断，导轮易磨损，工件上有一定的加工圆角。图 5-43b 所示为上、下丝臂同时绕一定中心移动的方法，如果模具刃口放在中心“O”上，则加工圆角近似为电极丝半径。此法加工锥度也不宜过大。图 5-43c 所示为上、下丝臂分别沿导轮径向平动和轴向摆动的方法，此法加工锥度不影响导轮磨损，最大切割锥度通常可达 5°以上。

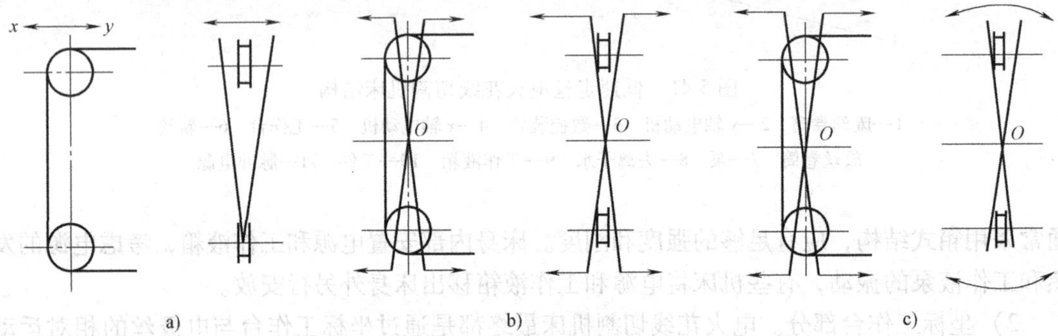

图 5-43　偏移式丝架实现锥度加工的方法

②双坐标联动装置。在低速走丝线切割机床上广泛采用此类装置，它主要依靠上导向器作纵横 2 轴（称 u、v 轴）驱动，与工作台的 x、y 轴在一起构成 NC4 轴同时控制（如图 5-44 所示）。这种方式的自由度很大，依靠功能丰富的软件，可以实现上下异形截面形状的加工。最大的倾斜角度一般为 ±5°，有的甚至可达 30° ~ 50°（与工件厚度有关）。

在锥度加工时，保持导向间距（上、下导向器与电极丝接触点之间的直线距离）一定，是获得高精度的主要因素，为此有的机床具有 z 轴设置功能，并且一般采用圆孔方式的无方向性导向器。

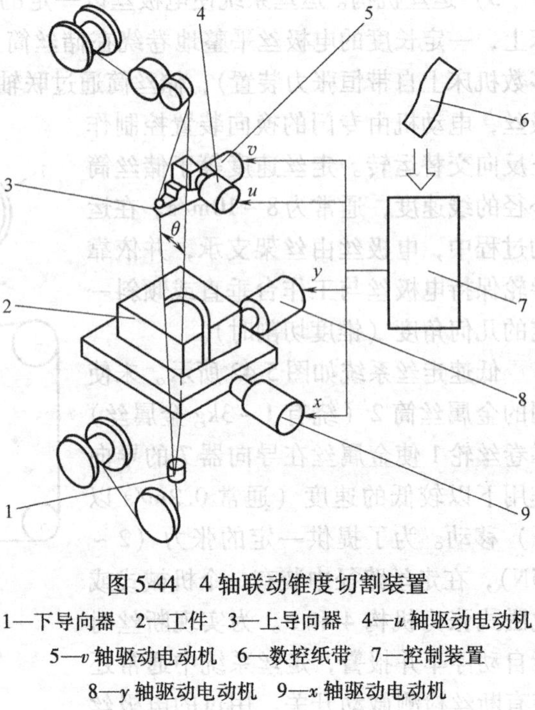

图 5-44　4 轴联动锥度切割装置

1—下导向器　2—工件　3—上导向器　4—u 轴驱动电动机　5—v 轴驱动电动机　6—数控纸带　7—控制装置　8—y 轴驱动电动机　9—x 轴驱动电动机

（2）脉冲电源　电火花线切割加工脉冲电源与电火花成形加工所用的脉冲电源在原理上相同，不过受加工表面粗糙度和电极丝允许承载电流的限制，线切割加工脉冲电源的脉宽较窄（2 ~ 60μs），单个脉冲能量、平均电流（1 ~ 5A）一般较小，所以线切割加工总是采用正极性加工。脉冲电源的形式很多，如晶体管矩形波脉冲电源、高频分组脉冲电源、并联电容型脉冲电源和低损耗电源等。

（3）工作液循环系统　在线切割加工中，工作液对加工工艺指标的影响很大，如对切割速度、表面粗糙度、加工精度等都有影响。低速走丝线切割机床大多采用去离子水作工作液，只有在特殊精加工时才采用绝缘性能较高的煤油。高速走丝线切割机床使用的工作液是专用乳化液，目前供应的乳化液有 DX-1、DX-2、DX-3 等多种，各有其特点，有的适于快速加工，有的适于大厚度切割，也有的是在原来工作液中添加某些化学成分来提高其切割速度或增加防锈能力等。工作液循环装置一般由工作液泵、液箱、过滤器、管道和流量控制阀等组成。对高速走丝机床，通常采用浇注式供液方式，而对低速走丝机床，近年来有些采用浸泡式供液方式。

3. 电火花线切割加工工艺规律

电火花线切割加工与电火花成形加工的工艺条件以及加工方式不尽相同，因此，它们之间的加工工艺过程以及影响工艺指标的因素也存在着较大差异。

（1）线切割加工的主要工艺指标

1）切割速度。在保持一定的表面粗糙度的切割过程中，单位时间内电极丝中心线在工件上切过的面积总和称为切割速度，单位为 mm^2/min。最高切割速度是指在不计切割方向和表面粗糙度等条件下，所能达到的切割速度。通常高速走丝线切割速度为 $40 \sim 80mm^2/min$，它与加工电流大小有关。为比较不同输出电流的切割效果，将每安培电流的切割速度称为切割效率，一般切割效率为 $20mm^2/(min \cdot A)$。

2）表面粗糙度。高速走丝线切割一般的表面粗糙度值为 $Ra2.5 \sim 5\mu m$，最佳也只有 $Ra1\mu m$ 左右。低速走丝线切割一般可达 $Ra1.25\mu m$，最佳可达 $Ra0.2\mu m$。

3）电极丝损耗量。对高速走丝机床，用电极丝在切割 $10000mm^2$ 面积后电极丝直径的减少量来表示。一般直径减小不应大于 0.01mm。

4）加工精度。加工精度是指所加工工件的尺寸精度、形状精度（如直线度、平面度、圆度等）和方向精度（如平行度、垂直度、倾斜度等）的总称。高速走丝线切割的尺寸精度可控制在 0.01 ~ 0.02mm 左右，低速走丝线切割可达 0.005 ~ 0.002mm 左右。

（2）电参数对工艺指标的影响

1）脉冲宽度 t_i。当 t_i 增加时，单个脉冲能力增大，加工速度提高，但表面粗糙度变差。一般 $t_i = 2 \sim 60\mu s$，在分组脉冲及光整加工时，t_i 可小至 $0.5\mu s$ 以下。

2）脉冲间隙 t_0。当 t_0 减小时平均电流增大，脉冲频率提高，切割速度加快。在脉冲间隙时间内，放电通道被消电离，附近的液体介质被恢复绝缘。因此 t_0 不能过小，以免引起电弧和断丝。一般取 $t_0 = (4 \sim 8)\ t_i$。尤其是在刚切入、或大厚度加工时，应取较大的 t_0 值。

3）开路电压 $\hat{u}_i$。$\hat{u}_i$ 会引起放电峰值电流和电加工间隙的改变。随着 $\hat{u}_i$ 提高，加工间隙增大，排屑变易，切割速度和加工稳定性提高，但易造成电极丝振动，同时还会使丝损加大。

4）放电峰值电流 $\hat{i}_e$。峰值电流是决定单个脉冲能量的主要因素之一。$\hat{i}_e$ 增大时，切割速度提高，表面粗糙度变差，电极丝损耗比加大甚至断丝。一般 $\hat{i}_e$ 小于 40A，平均电流小于 5A。低速走丝线切割加工时，因脉宽很窄，电极丝又较粗，$\hat{i}_e$ 有时大于 100A 甚至

500A。

5）放电波形。在相同的工艺条件下，高频分组脉冲（如图5-45所示）常常能获得较好的加工效果。电流波形的前沿上升比较缓慢时，电极丝损耗较少。不过当脉宽很窄时，必须要有陡的前沿才能进行有效的加工。

(3) 非电参数的影响

1）电极丝及其移动速度对工艺指标的影响。对于高速走丝线切割，广泛采用 ϕ0.06～0.20mm 的钼丝，其中 ϕ0.18mm 用得最多，因它耐损耗、抗拉强度高、丝质不易变脆且较少断丝。提高电极丝的张力可减轻丝振的影响，从而提高精度和切割速度。丝张力的波动对加工稳定性影响很大，产生波动的原因是：导轮、导轮轴承磨损偏摆、跳动；电极丝在卷丝筒上缠绕松紧不均；正反运动时张力不一样；工作一段时间后电极丝伸长、张力下降。采用恒张力装置可以在一定程度上改善丝张力的波动。电极丝的直径决定了切缝宽度和允许的峰值电流。最高切割速度一般都是用较粗的丝实现的。在切割小模数齿轮等复杂零件时，采用细丝才能获得精细的形状和很小的圆角半径。随着走丝速度的提高，在一定范围内，加工速度也提高。提高走丝速度有利于电极丝把工作液带入较大厚度的工件放电间隙中，有利于电蚀产物的排除和放电加工的稳定。但走丝速度过高，将加大机械振动、降低精度和切割速度，表面粗糙度也恶化，并易造成断丝，一般以小于10m/s为宜。低速走丝线切割机床，电极丝的材料和直径有较大的选择范围。高生产率时可用0.3mm以下的镀锌黄铜丝，允许较大的峰值电流和汽化爆炸力。精微加工时可用0.03mm以上的钼丝。由于电极丝张力均匀，振动较小，所以加工稳定性、表面粗糙度、精度指标等均较好。

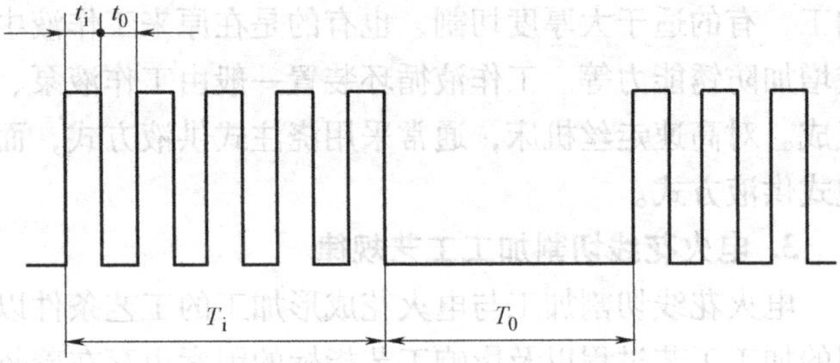

图5-45　高频分组脉冲波形

2）工件厚度及材料对工艺指标的影响。工件材料薄，工作液容易进入并充满放电间隙，对排屑和消电离有利，加工稳定性好。但工件太薄，电极丝易产生抖动，对加工精度和表面粗糙度不利。工件厚，工作液难以进入和充满放电间隙，加工稳定性差，但电极丝不易抖动，因此精度较高，表面粗糙度值较小。工件较薄时，切割速度最初随厚度的增加而增加，达到某一最大值（一般为50～100mm）后开始下降，这是因为厚度过大时，冲液和排屑条件变差。

3）预置进给速度对工艺指标的影响。预置进给速度（指进给速度的调节，俗称变频调节）对切割速度、加工精度和表面质量的影响很大。因此应调节预置进给速度紧密跟踪工件蚀除速度，保持加工间隙恒定在最佳值上。这样可使有效放电状态的比例大，而开路和短路的比例小，使切割速度达到给定加工条件下的最大值，相应的加工精度和表面质量也好。如果预置进给速度调得太快，超过工件可能的蚀除速度，会出现频繁的短路现象，切割速度反而低，表面粗糙度也差，上下端面切缝呈焦黄色，甚至可能断丝；反之，进给速度调得太慢，大大落后于工件可能的蚀除速度，极间将出现开路，有时会时而开路时而短路，上下端面切缝发焦黄色，这两种情况都大大影响工艺指标。因此，应调节进给旋钮，使电压表和电流表针尽可能小地摆动，此时进给速度均匀、平稳，能最大程度提高加工速度和降低工件的表面粗糙度。

（4）合理地选择电参数　当脉冲电源的空载电压高、短路电流大、脉冲宽度大时，切割速度高。但是切割速度和表面粗糙度的要求是互相矛盾的两个工艺指标，所以，必须在满足表面粗糙度的前提下再追求高的切割速度。切割速度还受到间隙消电离的限制，也就是说，脉冲间隙也要适宜。

若切割的工件厚度在80mm以内，则选用分组波的脉冲电源为好。它与同样能量的矩形波脉冲电源相比，在相同的切割速度条件下，可以获得较好的表面粗糙度。

无论是矩形波还是分组波，其单个脉冲能量小，则 Ra 值小，即脉冲宽度小、脉冲间隙适当、峰值电压低、峰值电流小时，表面粗糙度较好。

选用矩形波、高电压、大电流、大脉冲宽度和大脉冲间隙可充分消电离，从而保证加工的稳定性。

（5）合理调整进给的方法　整个变频进给控制电路有多个调整环节，其中大都安装在机床控制柜内部，出厂时已调整好，一般不应再变动。另有一个调节旋钮则安装在控制台操作面板上，操作工人可以根据工件材料、厚度及加工规准等来调节此旋钮，以改变进给速度。

不要以为变频进给的电路能自动跟踪工件的蚀除速度并始终维持某一放电间隙（即不会开路或短路），并错误地认为加工时可不必或可随便调节变频进给量。实际上某一具体加工条件下只存在一个相应的最佳进给量，此时钼丝的进给速度恰好等于工件实际可能的最大蚀除速度。如果设置的进给速度小于工件实际可能的蚀除速度（称欠跟踪或欠进给），则加工状态偏开路，无形中降低了生产率；如果设置好的进给速度大于工件实际可能的蚀除速度（称过跟踪或过进给），则加工状态偏短路，实际进给和切割速度也将下降，而且增加了断丝和短路的危险。实际上，由于进给系统中步进电动机、传动部件等有机械惯性及滞后现象，不论是欠进给或过进给，自动调节系统都将使进给速度忽快忽慢、加工过程变得不稳定。因此，合理调节变频进给，使其达到较好的加工状态是很重要的。

根据进给状态调整变频的方法见表5-2。

表5-2　根据进给状态调整变频的方法

实频状态	进给状态	加工面状况	切割速度	电极丝	变频调整
过跟踪	慢而稳	焦褐色	低	略焦，老化快	应减少进给速度
欠跟踪	忽快忽慢，不均匀	不光洁，易出深痕	低	易烧丝，丝上有白斑伤痕	应加快进给速度
欠佳跟踪	慢而稳	略焦褐，有条纹	较快	焦色	应稍增加进给速度
最佳跟踪	很稳	发白，光洁	快	发白，老化慢	不需再调整

生产中也可以利用机床上的电压表和电流表来观察加工状态，调节变频进给旋钮。使电压表和电流表的指针摆动最小（不动），即处于较好的加工状态，实质上也是一种调节合理的变频进给速度的方法。

4. 电火花线切割的编程系统

（1）线切割控制系统　控制系统是进行电火花线切割加工的重要基础。控制系统的稳定性、可靠性、控制精度及自动化程度都直接影响到加工工艺指标和工人的劳动强度。

电火花线切割机床控制系统的具体功能包括：

1）轨迹控制。即精确控制电极丝相对于工件的运动轨迹，以获得所需的形状和尺寸。

2）加工控制。主要包括对伺服进给速度、电源装置、走丝机构、工作液系统以及其他的机床操作控制。此外，断电记忆、故障报警、安全控制及自诊断功能也是一个重要的方面。

数字程序控制（NC 控制）电火花线切割的控制原理是把图样上工件的形状和尺寸编制成程序指令，一般通过键盘输给计算机，计算机根据输入指令控制驱动电动机，由驱动电动机带动精密丝杠，使工件相对于电极丝作轨迹运动。图 5-46 所示为数字程序控制过程框图。

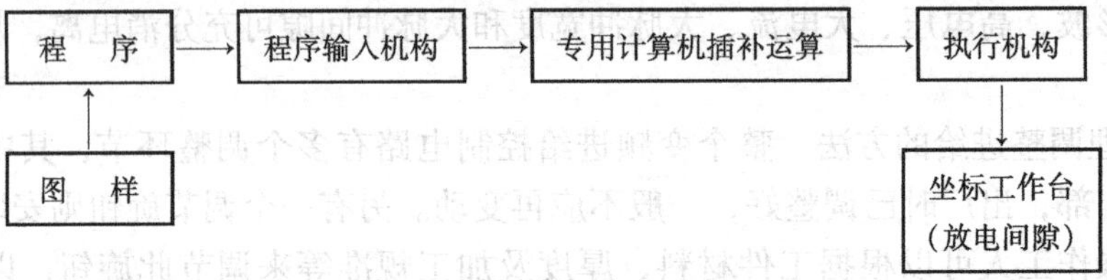

图 5-46　数字程序控制过程框图

数字程序控制方式是根据图样形状尺寸，经编程后用计算机进行直接控制加工。因此，只要机床的进给精度比较高，就可以加工出高精度的零件，而且生产准备时间短，机床占地面积少。目前高速走丝电火花线切割机床的数控系统大多采用较简单的步进电动机开环系统，而低速走丝线切割机床的数控系统则大多是伺服电动机加码盘的半闭环系统或全闭环系统。

常见的工程图形都可分解为直线和圆弧或及其组合。用数字控制技术来控制直线和圆弧轨迹的插补方法，有逐点比较法、数字积分法、矢量判别法和最小偏差法等等。每种插补方法各有其特点。高速走丝数控线切割大多采用简单易行的逐点比较法。此法的线切割数控系统，x、y 两个方向不能同时进给，只能按直线的斜度或圆弧的曲率来交替地一步一个微米地分步"插补"进给。

线切割加工控制和自动化操作方面的功能很多，并有不断增强的趋势，这对节省准备工作量、提高加工质量很有好处，主要有下列几种。

1）进给速度控制。能根据加工间隙的平均电压或放电状态的变化，通过取样、变频电路，不定期地向计算机发出中断申请插补运算，自动调整伺服进给速度，保持某一平均放电间隙，使加工稳定，提高切割速度和加工精度。

2）短路回退。经常记忆电极丝经过的路线。发生短路时，减小加工规准并沿原来的轨迹快速后退，消除短路，防止断丝。

3）间隙补偿。线切割加工数控系统所控制的是电极丝中心移动的轨迹。因此，加工有配合间隙冲模的凸模时，电极丝中心轨迹应向原图形之外偏移进行"间隙补偿"，以补偿放电间隙和电极丝的半径；加工凹模时，电极丝中心轨迹应向图形之内"间隙补偿"。

4）图形的缩放、旋转和平移。利用图形的任意缩放功能可以加工出任意比例的相似图形；利用任意角度的旋转功能可使齿轮、电动机定、转子等类零件的编程大大简化，即只要编一个齿形的程序，就可切割出整个齿轮。平移功能则极大地简化了跳步的编程。

5）适应控制。在工件厚度变化的场合，改变规准之后，能自动改变预置进给速度或电参数（包括加工电流、脉冲宽度、脉冲间隔），不用人工调节就能自动进行高效率、高精度的加工。

6）自动找中心。使孔中的电极丝自动找正后停止在孔中心处。

7）信息显示。可动态显示程序号、计数长度等轨迹参数，较完善地采用计算机屏幕显示，还可以显示电规准参数和切割轨迹图形等。

此外，线切割加工控制系统还具有故障安全（断电记忆等）和自诊断等功能。

（2）线切割3B代码数控编程　目前高速走丝线切割机床的编程一般采用3B（个别扩充为4B或5B）格式，而低速走丝线切割机床的编程通常采用国际上通用的ISO（国际标准化组织）或EIA（美国电子工业协会）格式。为了便于国际交流和标准化，电加工学会和特种加工行业协会建议我国生产的线切割控制系统逐步采用ISO代码。

以下介绍我国高速走丝线切割机床应用较广的3B程序的编程要点。

常见的图形都是由直线和圆弧组成的，任何复杂的图形，只要分解为直线和圆弧就可依次分别编程。编程时需用的参数有五个：切割的起点或终点坐标 x、y 值；切割时的计数长度 J，切割长度在 x 轴或 y 轴上的投影长度；切割时的计数方向 G；切割轨迹的类型，称为加工指令 Z。

1）程序格式。我国快走丝数控线切割机床采用统一的五指令3B程序格式，为

$$BxByBJGZ$$

式中　B——分隔符，用它来区分、隔离 x、y 和 J，B后的数字，如为0（零），则此0可不写；

x、y——直线的终点或圆弧起点的坐标值，编程时均取绝对值（μm）；

J——计数长度（μm）；

G——计数方向，分Gx或Gy，即可按 x 方向或 y 方向计数，工作台在该方向每走1μm即计数累减1，当累减到计数长度 $J=0$ 时，这段程序即加工完毕；

Z——加工指令，分为直线L与圆弧R两大类。直线又按走向和终点所在象限而分为L1、L2、L3、L4四种；圆弧又按第一步进入的象限及走向的顺、逆圆而分为SR1、SR2、SR3、SR4及NR1、NR2、NR3、NR4八种，如图5-47所示。

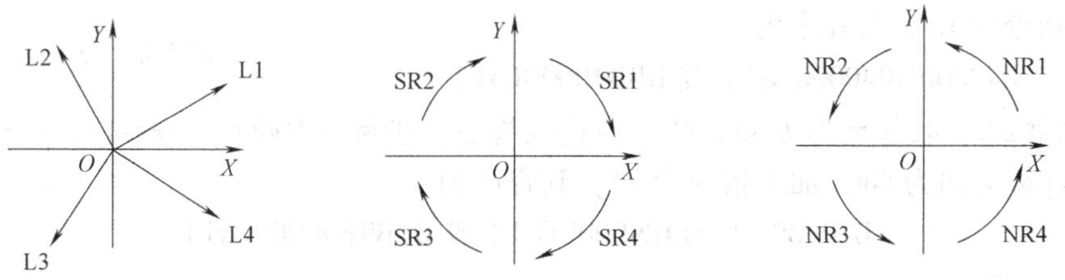

图5-47　直线和圆弧的加工指令

2）直线的编程。

①把直线的起点作为坐标的原点。

②把直线的终点坐标值作为 x、y，均取绝对值，单位为μm，因 x、y 的比值表示直线

的斜度，故也可用公约数将 x、y 缩小整倍数。

③计数长度 J，按计数方向 Gx 或 Gy，取该直线在 x 轴或 y 轴上的投影值，即取 x 值或 y 值，以 μm 为单位，决定计数长度时，要和计数方向一并考虑。

④计数方向的选取原则，应取此程序最后一步的轴向为计数方向。不能预知时，一般选取与终点处的走向较平行的轴向作为计数方向，这样可减小编程误差与加工误差。对直线而言，取 x、y 中坐标绝对值较大的方向作为计数方向，其绝对值为计数长度 J。

⑤加工指令按直线走向和终点所在象限不同而分为 L1、L2、L3、L4，其中与 x 轴正方向重合的直线算作 L1，与 y 轴正方向重合的算作 L2，与 x 轴负方向重合的算作 L3，与 y 轴负方向重合的算作 L4。与 x、y 轴重合的直线，编程时 x、y 均可作 0，且可省略不写。

3）圆弧的编程。

①把圆弧的圆心作为坐标原点。

②把圆弧的起点坐标值作为 x、y，均取绝对值，单位为 μm。

③计数长度 J 按计数方向取 x 或 y 轴上的投影值，以 μm 为单位。如果圆弧较长，跨越两个以上象限，则分别取计数方向 x 轴（或 y 轴）上各个象限投影值的绝对值相累加，作为该方向总的计数长度，也要和计数方向一并考虑。

④计数方向同样也取与该圆弧终点时走向较平行的轴向作为计数方向，以减少编程和加工误差。对圆弧来说，取终点坐标中绝对值较小的轴向作为计数方向（与直线相反）。最好也取最后一步的轴向为计数方向。

⑤加工指令对圆弧而言，按其第一步所进入的象限可分为 SR1、SR2、SR3、SR4 及 NR1、NR2、NR3、NR4 八种。

例　线切割 3B 编程实例。

切割如图 5-48 所示轨迹。不考虑补偿，从 A 点正下方 5mm 开始逆时针方向切割。试编制其线切割程序。

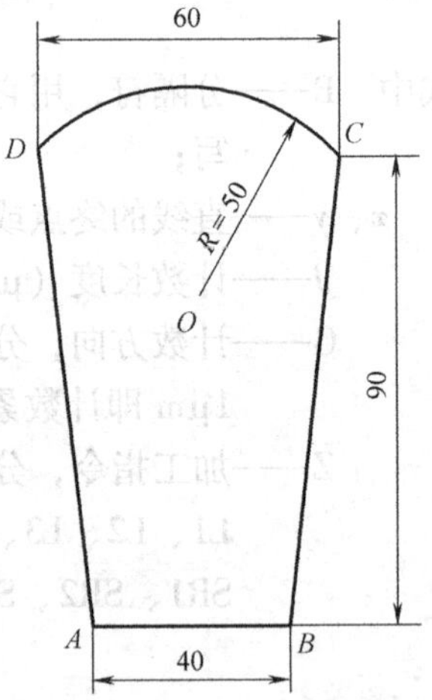

图 5-48　线切割编程图形

1）引导程序。从 A 点正下方 5mm 处向 A 点切割，该直线与 y 轴正方向重合，故其计数方向为 Gy，加工指令为 L4，其程序为

BB5000B5000GyL4 或 BBB5000GyL4

2）直线 $\overline{AB}$。该直线与 x 轴正方向重合，故其计数方向为 Gx，加工指令为 L1，其程序为

B40000BB40000GxL1 或 BBB40000GxL1

3）斜线 $\overline{BC}$。取起点为 B 点，C 点为直线终点，坐标（10000，90000），y 坐标绝对值大，故其计数方向为 Gy，加工指令为 L1，其程序为

B10000B90000B90000GyL1 或 B1B9B90000GyL1

4）圆弧 $\overset{\frown}{CD}$。取圆弧的圆心为原点，该圆弧的起点坐标为（30000，40000），终点坐标为（－30000，40000），终点 y 坐标绝对值大，故其计数方向为 Gx，加工指令为 NR1，其程序为

B30000B40000B60000NR1

5）斜线 $\overline{DA}$。取起点 D 原点，该直线终点坐标为（10000，－90000），y 坐标绝对值大，故其计数方向为 Gy，加工指令为 L4，其程序为

B10000B90000B90000GyL4　或 B1B9B90000GyL4

目前的线切割加工基本上都使用计算机自动编程，可将整个程序清单通过接口电路用打印机打印出来，或由计算机编程后直接输入线切割机或直接控制线切割机床加工，省去穿孔纸带或人工输入。实际线切割加工和编程时，要考虑钼丝半径 r 和单面放电间隙 s 的影响。对于切割孔，应将编程轨迹偏移减小 $(r+s)$ 距离；对于外形，则应将偏移增大 $(r+s)$ 距离。生产中，单面放电间隙多取0.01mm。

（3）线切割ISO代码数控编程　线切割的ISO代码和数控铣床的ISO代码有很多相似之处，主要有G指令、M指令和T指令，见表5-3。具体的编程方法参考各机床的说明书。

（4）自动编程　数控线切割编程，是根据图样提供的数据，经过分析和计算，编写出线切割机床能接受的程序。数控编程可分为人工编程和自动编程两类。人工编程通常是根据图样把图形分解成直线段和圆弧段，并且把每段的起点、终点、中心线的交点、切点的坐标一一定出，按这些直线的起点、终点，圆弧的中心、半径、起点、终点坐标进行编程。当零件的形状复杂或具有非圆曲线时，人工编程的工作量大，并容易出错。

表5-3　常用的ISO线切割加工指令

代码	功能	代码	功能
G00	快速移动，定位	G56	选择工作坐标系3
G01	直线插补	G80	移动轴直到接触感知
G02	顺时针圆弧插补	G81	移动到机床的极限
G03	逆时针圆弧插补	G82	回到当前坐标的1/2处
G04	暂停	G84	自动取电极垂直
G17	*XOY* 平面选择	G90	绝对坐标编程
G18	*XOZ* 平面选择	G91	增量坐标编程
G19	*XOZ* 平面选择	G92	制定坐标原点
G20	寸制单位	M00	暂停
G21	米制单位	M02	程序结束
G40	取消电极丝补偿	M05	忽略接触感知
G41	电极丝半径左补偿	M98	调用子程序
G42	电极丝半径右补偿	M99	子程序调用结束
G50	取消锥度补偿	T82	关工作液
G51	锥度左倾斜（沿电极丝运行方向，向左倾斜）	T83	开工作液
G52	锥度右倾斜（沿电极丝运行方向，向右倾斜）	T84	打开喷液
G54	选择工作坐标系1	T85	关闭喷液
G55	选择工作坐标系2		

为了简化编程工作，目前已广泛利用电子计算机进行自动编程。自动编程使用专用的数控语言及各种输入手段，向计算机输入必要的形状和尺寸数据，利用专门的应用软件即可求得各交、切点坐标及编写数控加工程序所需的数据，编写出数控加工程序，并可由打印机打出加工程序单，也可以直接将程序传输给线切割机床。

近来已出现了可输出两种格式（ISO和3B）的自动编程机。

值得指出，在一些CNC线切割机床上，本身已具有多种自动编程机的功能，或做到控制机与编程机合二为一，在控制加工的同时，可以“脱机”进行自动编程。例如在国外的低速走丝线切割机床及近年来我国生产的一些高速走丝线切割机都有类似的功能。

目前国内主要的线切割加工编程软件有 YH、Towedm、Autop、KS、Ycut、WAP 以及 CAXA 线切割等各种软件。

5. 电火花线切割加工工艺

（1）工件的装夹与找正

1）工件的装夹。线切割加工中，工件的装夹对加工零件的定位精度有直接影响，特别在模具制造中尤为重要。

线切割加工的工件在装夹过程中需要注意如下几点。

①确认工件的设计基准或加工基准，尽可能使设计或加工的基准与 x、y 轴平行。

②工件的基准面应清洁、无毛刺。经过热处理的工件，在穿丝孔内及扩孔的台阶处，要清理热处理残留物及氧化皮。

③工件装夹的位置应有利于工件找正，并应与机床行程相适应。

④工件的装夹应确保加工中电极丝不会过分靠近或误切割机床工作台。

⑤工件的夹紧力大小要适中、均匀，不得使工件变形或翘起。

线切割的装夹方法较简单，常见的装夹方式如图 5-49 所示。

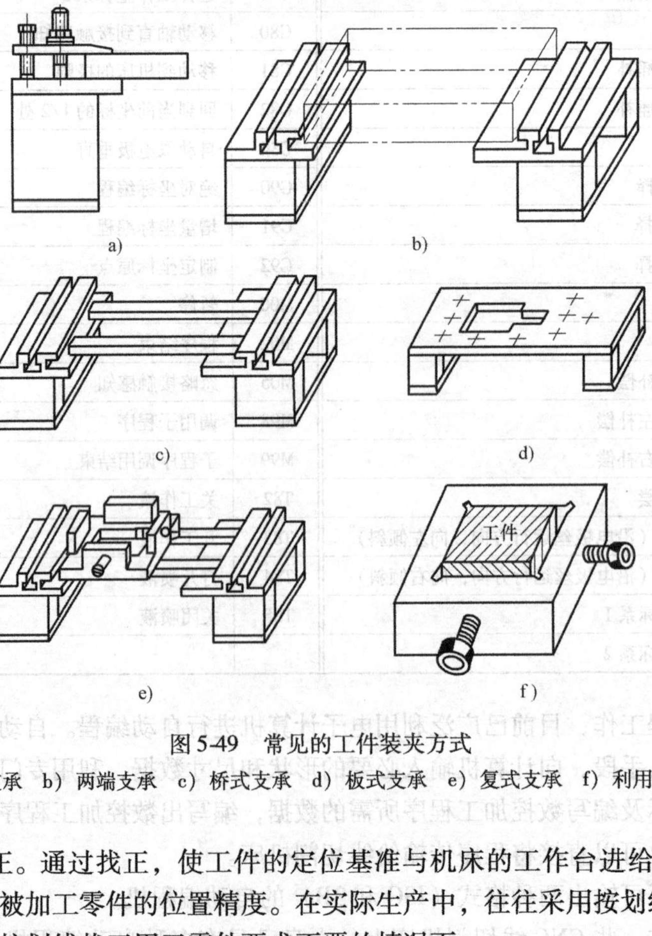

图 5-49　常见的工件装夹方式

a）悬臂支承　b）两端支承　c）桥式支承　d）板式支承　e）复式支承　f）利用夹具支承

2）工件的找正。通过找正，使工件的定位基准与机床的工作台进给方向 x，y 保持平行，这样才能保证被加工零件的位置精度。在实际生产中，往往采用按划线找正、用百分表找正等方法，其中按划线找正用于零件要求不严的情况下。

（2）电极丝的定位

1）穿丝。加工工件前，应将电极丝从丝筒上解下从穿丝孔中穿入，然后重新缠绕到丝筒上。

2）电极丝的垂直校正。切割前，还需要对电极丝进行垂直校正，使电极丝与工作台垂直。无锥度切割功能的机床一般不需垂直校正。电极丝垂直校正的常用方法有两种：一种是利用找正块，一种是利用校正器。

找正块找正也称火花法找正，一般采用互相垂直的两面进行，如图5-50所示。校正前，首先目测电极丝的垂直度，若明显不垂直，则调节上丝架的 u、v 轴，使其大致垂直。然后将找正块平放到工作台上，在弱加工条件下，将电极丝沿 x（或 y）方向缓缓移动至找正块，观察火花放电的情况：若上下均匀，则表明电极丝在该方向上垂直度较好；若下面火花多，说明电极丝右倾，将 u（或 v）轴的值调小，反之亦然。如图5-50所示描述了这几种情况。

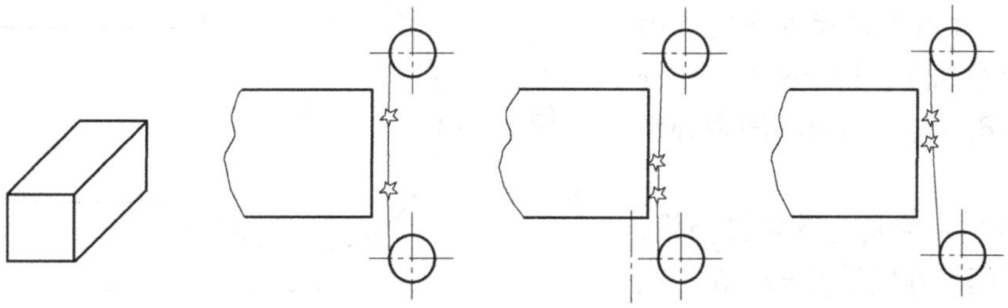

图5-50　火花法校正电极丝垂直度

a）找正块　b）垂直度较好　c）垂直度较差（右倾）　d）垂直度较差（左倾）

用火花法校正电极丝的垂直度时，需要注意以下几点。

①找正块使用一次后，其表面会留下细小的放电痕迹。下次找正时，要重新换位置，不可用有放电痕迹的位置碰火花校正电极丝的垂直度。

②在精密零件加工前，分别校正 u、v 轴的垂直度后，需要再检验电极丝垂直度校正的效果。

③在校正电极丝垂直度之前，电极丝应张紧，张力与加工中使用的张力相同。

（3）脉冲参数的选择　线切割加工时，可以改变的脉冲参数主要有电流峰值、脉冲宽度、脉冲间隙、空载电压。要求获得较好的表面粗糙度时，所选用的电参数要小；若要求获得较高的切割速度，脉冲参数要选大一些，但也不能太大，否则排屑困难导致加工不稳定，容易引起断丝等故障。高速走丝线切割加工脉冲参数的选择见表5-4。

表5-4　高速走丝线切割加工脉冲参数的选择

应　　用	脉冲宽度 $t_i/\mu s$	电流峰值 I_e/A	脉冲间隙 $t_0/\mu s$	空载电压/V
快速切割或加工厚工件 Ra 大于2.5μm	20～40	>12	保证加工稳定，一般取 $t_0/t_i=4\sim8$	一般为70～90
半精加工 Ra1.25～2.5μm	6～20	6～12		
精加工 Ra 小于1.25μm	2～6	4.8以下		

5.2.3 任务实施

1. 计算电极丝半径补偿量

加工凸模时，电极丝中心轨迹应在所加工图形的外面；加工凹模时，电极丝中心轨迹应在图形的里面。所加工工件图形与电极丝中心轨迹间的距离，在圆弧的半径方向和线段垂直方向都等于间隙补偿量f。

加工冲模的凸、凹模时，应考虑电极丝半径r、电极丝和工件之间的单边放电间隙δ_d及凸模和凹模间的单边配合间隙δ_p。当加工冲孔模具时（即冲后要求工件保证孔的尺寸），凸模尺寸由孔的尺寸确定。因δ_p在凹模上被扣除，故凸模的间隙补偿量$f_t = r + \delta_d$，凹模的间隙补偿量$f_a = r + \delta_d - \delta_p$。当加工落料模时（即冲后要求保证冲下的工件尺寸），凹模尺寸由工件尺寸决定。因δ_p在凸模上被扣除，故凸模的间隙补偿量$f_t = r + \delta_d - \delta_p$，凹模的间隙补偿量$f_a = r + \delta_d$。

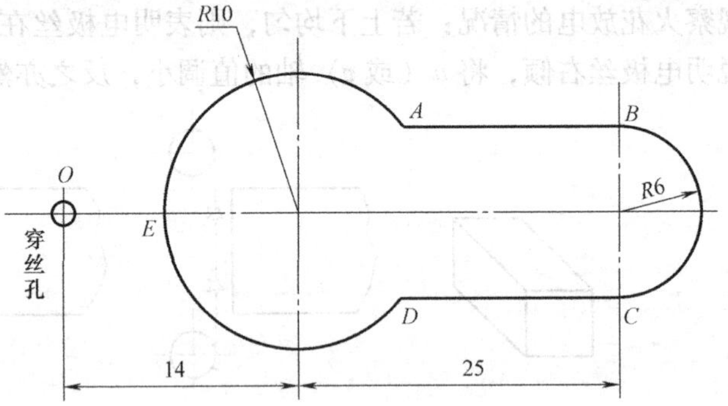

图 5-51 凸模切割时穿丝孔的位置及切割路线

图 5-38 所示模具为落料模凸模，因此凸模的间隙补偿量$f_a = r + \delta_d$，则间隙补偿量$f_a = (0.18/2 + 0.01)\text{mm} = 0.1\text{mm}$。

穿丝孔的位置及切割路线如图 5-51 所示。

2. 编制 3B 程序

3B 程序如下

B 3900 B 0 B 3900 GX L1；
B 10100 B 0 B 14100 GY NR3；
B 16950 B 0 B 16950 GX L1；
B 0 B 6100 B 12200 GX NR4；
B 16950 B 0 B 16950 GX L3；
B 8050 B 6100 B 14100 GY NR1；
B 3900 B 0 B 3900 GX L3；
DD；

综合练习题

1. 电火花成形加工的机理是什么？
2. 机械式平动头的工作原理是什么？
3. 什么是极性效应？试叙述其应用场合。
4. 如何在加工中处理好加工速度、电极损耗和加工质量之间的关系？
5. 电火花穿孔加工和成形加工常采用哪些加工方法？
6. 编制加工如图 5-52 所示凸模轮廓的 3B 程序。从图中 O 点开始逆时针切割，已知电极丝的直径为0.18mm，单面放电间隙为0.01mm。

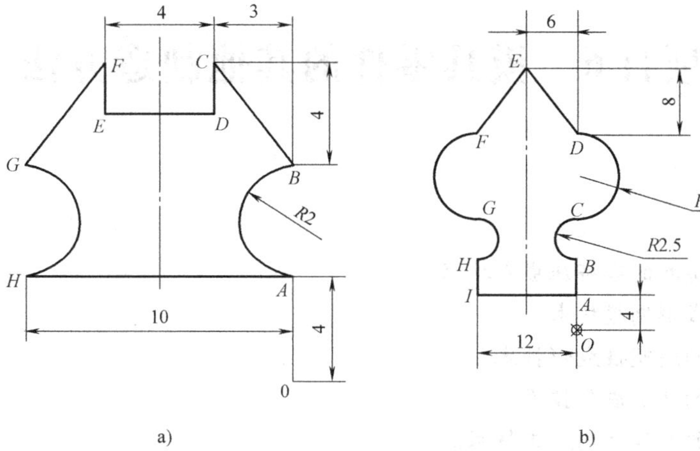

图5-52　凸模工作部分外形轮廓图

项目6　模具零件的其他制造方法

项目目标

1. 掌握模具型腔的冷挤压成形技术。
2. 熟悉快速成形制模技术。
3. 了解模具的超塑性成形技术。
4. 了解模具的铸造成型技术。
5. 熟悉模具的高速切削加工技术。

任务6.1　了解型腔的冷挤压成形

知识点：

1. 冷挤压成形工艺的特点。
2. 冷挤压成形分类。
3. 冷挤压成形时的润滑条件。

技能点：

冷挤压成形工艺设计。

6.1.1　任务导入

1. 任务要求

要求计算冷挤压成形工艺参数。

2. 任务分析

根据冷挤压方式的不同，在冷挤压成形设备的选择、工艺凸模的设计以及冷挤压时的润滑等方面需要进行考虑和分析。

6.1.2　知识链接

1. 冷挤压成形概述

冷挤压成形是在常温条件下，将淬硬的工艺凸模压入模坯，使坯料产生塑性变形，以获得与工艺凸模工作表面形状相同的内成形表面。

冷挤压方法适用于加工以有色金属、低碳钢、中碳钢、部分有一定塑性的工具钢为材料的塑料成型模型腔、压铸模型腔、锻模型腔和粉末冶金压模的型腔。冷挤压工艺具有以下特点：

1）可以加工形状复杂的型腔，尤其适合于加工某些难于进行切削加工的形状复杂的型腔。

2）挤压过程简单迅速，生产率高，一个工艺凸模可以多次使用。对于多型腔凹模采用这种方法，生产率的提高更明显。

3）加工精度高（可达 IT7 或更高），表面粗糙度值小（$Ra0.16\mu m$）。

4）冷挤压的型腔，材料纤维未被切断，金属组织更为紧密，型腔强度高。

2. 冷挤压方式分类

型腔的冷挤压加工分为封闭式冷挤压和敞开式冷挤压。

（1）封闭式冷挤压　封闭式冷挤压是将坯料放在压模套内进行挤压加工，如图6-1所示。在将工艺凸模压入坯料的过程中，由于坯料的变形受到模套的限制，金属只能朝着工艺凸模压入的相反方向产生塑性流动，迫使变形金属与工艺凸模紧密贴合，提高了型腔的成形精度。由于金属的塑性变形受到限制，所以需要的挤压力较大。对于精度要求较高、深度较大、坯料体积较小的型腔宜采用这种挤压方式加工。

由于封闭式冷挤压是将工艺凸模和坯料约束在导向套和模套内进行挤压，除了使工艺凸模获得良好的导向外，还能防止凸模断裂或坯料崩裂飞出。

（2）敞开式冷挤压　敞开式冷挤压在挤压型腔毛坯外面不加模套，如图6-2所示。这种方式在挤压前，其工艺准备较封闭式简单。被挤压金属的塑性流动，不但沿工艺凸模的轴线方向，也沿半径方向（如图6-2中箭头所示）流动，因此敞开式冷挤压只宜在模坯的端面与型腔在模坯端面上的投影面积之比较大，即模坯厚度与型腔深度之比较大的情况下采用。否则，坯料向外胀大或产生很大翘曲，使型腔的精度降低甚至使坯料开裂报废。敞开式冷挤压只在加工要求不高的浅型腔采用。

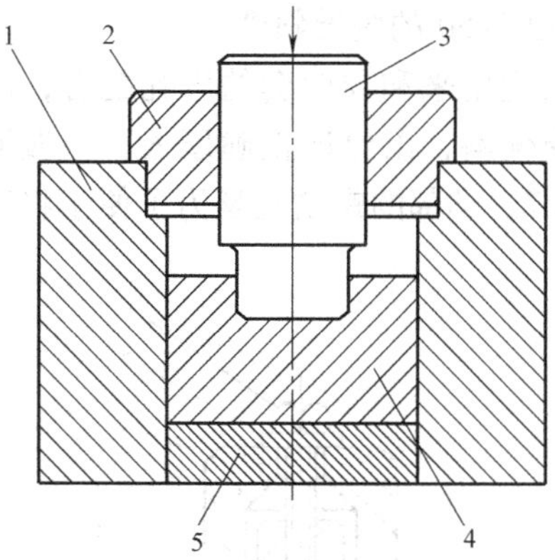

图6-1　封闭式冷挤压

1—模套　2—导向套　3—工艺凸模
4—模坯　5—垫板

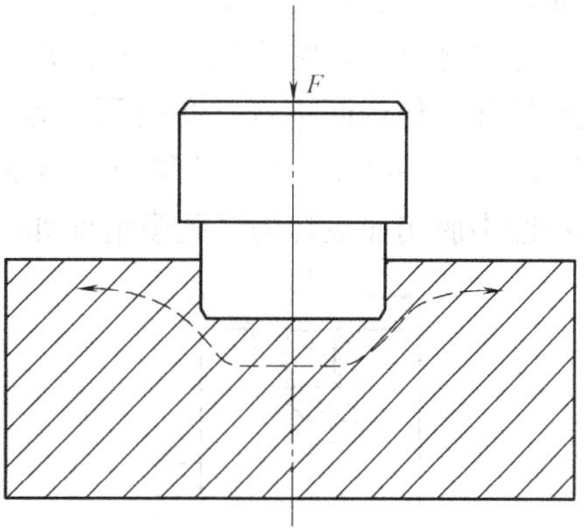

图6-2　敞开式冷挤压

3. 冷挤压的工艺准备

（1）冷挤压设备的选择　冷挤压所需要的力，与冷挤压方式、模坯材料及其性能、挤压时的润滑情况等许多因素有关，一般采用下列公式计算

$$F = pA \tag{6-1}$$

式中　F——挤压力（N）；

A——型腔投影面积（mm^2）；

p——单位挤压力（MPa），见表6-1。

表 6-1　坯料抗拉强度与单位挤压力的关系

坯料抗拉强度 R_m/MPa	250 ~ 300	300 ~ 500	500 ~ 700	700 ~ 800
单位挤压力 p/MPa	1500 ~ 2000	2000 ~ 2500	2500 ~ 3000	3000 ~ 3500

（2）工艺凸模和模套设计

1）工艺凸模。工艺凸模在工作时要承受很大的挤压力，其工作表面和流动金属之间作用着极大的摩擦力。因此，工艺凸模要有足够的强度、硬度和耐磨性。在选择工艺凸模材料和结构时，应满足上述要求。此外，凸模材料还要求有良好的切削加工性。根据型腔要求选用工艺凸模材料及所能承受的单位挤压力见表 6-2。工艺凸模的热处理硬度应达到 61 ~ 64HRC。

表 6-2　工艺凸模材料的选用

工艺凸模形状	选用材料	能承受的单位挤压力 p/MPa
简单	T8A、T10A、T12A	2000 ~ 2500
中等	CrWMn、9SiCr	2000 ~ 2500
复杂	Cr12、Cr12MoV	2500 ~ 3000

工艺凸模的结构如图 6-3 所示，它由以下三个部分组成。

①工作部分。如图 6-3 中所示的 L_1 段。工作时这部分长度要挤入型腔坯料中，因此，这部分的尺寸应和型腔设计尺寸一致，其精度比型腔精度高一级，表面粗糙度值 Ra0. 08 ~ 0. 32μm。一般将工作部分长度取为型腔深度的 1. 1 ~ 1. 3 倍。端部圆角半径 r 不应小于 0. 2mm。为了便于脱模，在可能情况下将工作部分作出 1∶50 的脱模斜度。

②导向部分。如图 6-3 所示中的 L_2 段。这部分长度用来和导向套的内孔配合，以保证工艺凸模和工作台面垂直，在挤压工程中可防止凸模偏斜，以保证正确压入。一般取 $D = 1.5d$；$L_2 >（1 \sim 1.5）D$。外径 D 与导套配合为 H8/h7。端部的螺纹孔是为了便于将工艺凸模从型腔中脱出而设计的，脱模情况如图 6-4 所示。

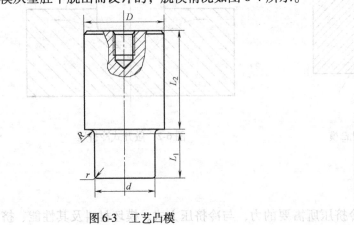

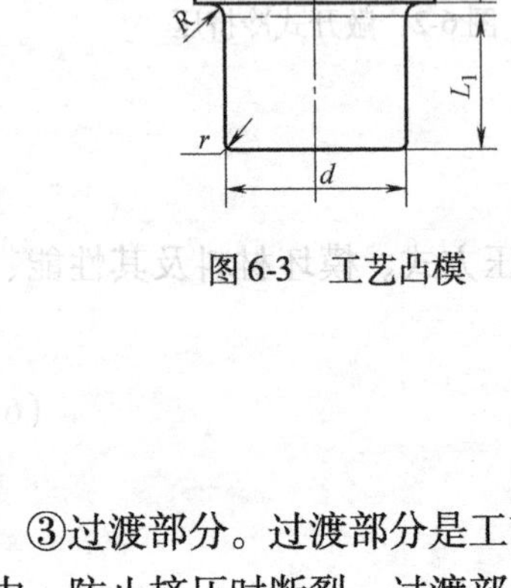

图 6-3　工艺凸模

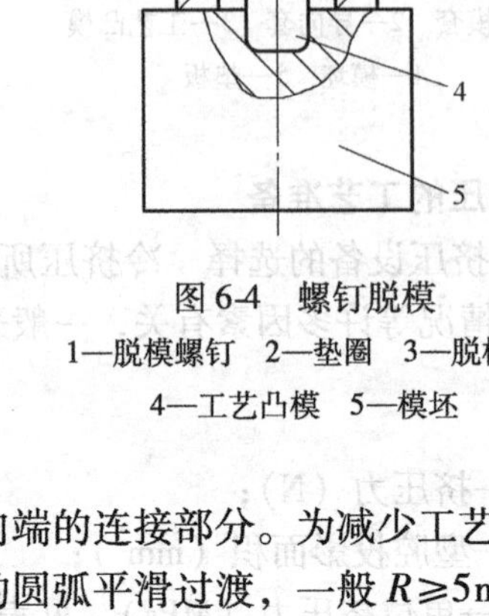

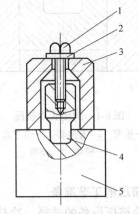

图 6-4　螺钉脱模
1—脱模螺钉　2—垫圈　3—脱模套
4—工艺凸模　5—模坯

③过渡部分。过渡部分是工艺凸模工作端和导向端的连接部分。为减少工艺凸模的应力集中，防止挤压时断裂，过渡部分应采用较大半径的圆弧平滑过渡，一般 $R \geqslant 5$mm。

2）模套。在封闭式冷挤压时，将型腔毛坯置于模套中进行挤压。模套的作用是限制模坯金属的径向流动，防止坯料破裂。模套有以下两种：

①单层模套。图6-5所示为单层模套。实验证明，对于单层模套，比值 r_2/r_1 越大则模套强度越大。但当 $r_2/r_1>4$ 以后，即使再增加模套的壁厚，强度的增大已不明显，所以实际应用中常取 $r_2=4r_1$。

②双层模套。图6-6所示为双层模套。将有一定过盈量的内、外层模套压合成为一个整体，使内层模套在尚未使用前，预先受到外层模套的径向压力而形成一定的预应力。这样就可以比同样尺寸的单层模套承受更大的挤压力。实践和理论计算证明，双层模套的强度约为单层模套的1.5倍。各层模套尺寸分别为：$r_3=(3.5\sim4)r_1$；$r_2=(1.7\sim1.8)r_1$。内层模套与坯料接触部分的表面粗糙度值为 $Ra0.16\sim1.25\mu m$。

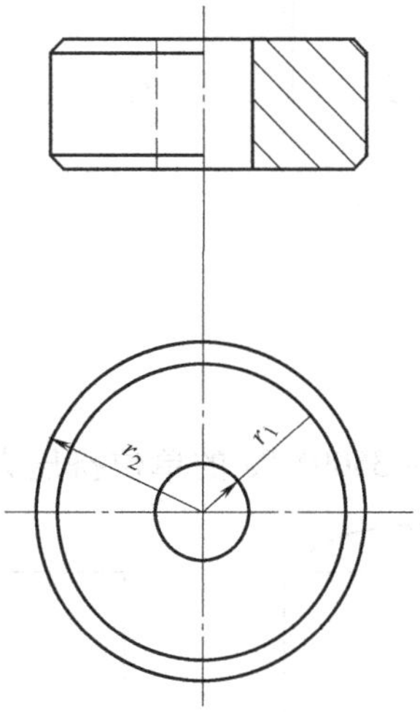

图6-5　单层模套

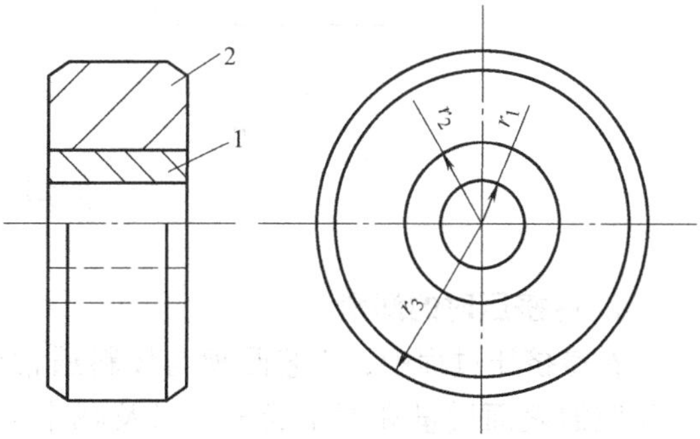

图6-6　双层模套
1—内层模套　2—外层模套

单层模套和内层模套的材料一般选用45钢、40Cr等材料制造，热处理硬度43～48HRC。外层模套材料为Q235或45钢。

（3）模坯准备　为了便于进行冷挤压加工，模坯材料应具有低的硬度和高的塑性，型腔成形后其热处理变形应尽可能小。

宜于采用冷挤压加工的材料有：铝及铝合金、铜及铜合金、低碳钢、中碳钢、部分工具钢及合金钢（如10、20、20Cr、T8A、T10A、3Cr2W8V等）。

坯料在冷挤压前必须进行热处理（低碳钢退火至100～160HBW，中碳钢球化退火至160～200HBW），提高材料的塑性、降低强度以减小挤压时的变形抗力。

封闭式冷挤压坯料的外形轮廓一般为圆柱体或圆锥体，其尺寸按以下经验公式确定（如图6-7a所示）

$$D=(2\sim2.5)d$$
$$h=(2.5\sim3)h_1$$

式中　D——坯料直径（mm）；

d——型腔直径（mm）；

h——坯料高度（mm）；

h_1——型腔深度（mm）。

有时为了减小挤压力，可在模坯底部加工出减荷穴，如图 6-7b 所示。减荷穴的直径 $d_1 = (0.6 \sim 0.7)\ d$，减荷穴处切除的金属体积约为型腔体积的 60%。但当型腔底面需要同时挤出图案或文字时，坯料不能设置减荷穴，相反应将模坯顶面作成球面，如图 6-8a 所示，或在模坯底面垫一块和图案大小一致的垫块，以使图案文字清晰，如图 6-8b 所示。

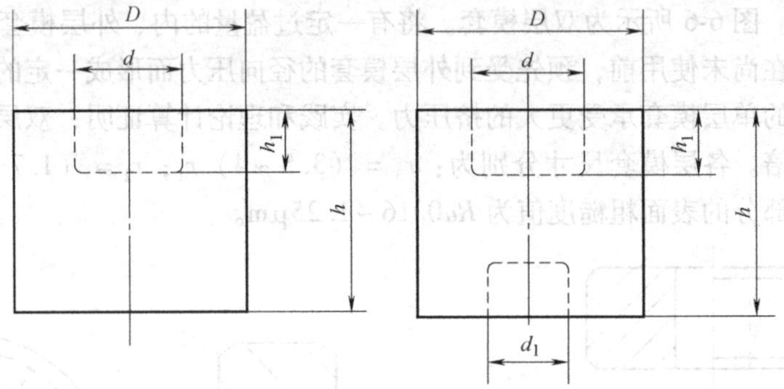

图 6-7　模坯尺寸

4. 冷挤压时的润滑

在冷挤压过程中，工艺凸模与坯料通常要承受 2000 ~ 3500MPa 的单位挤压力。为了提高型腔的表面质量和便于脱模，以及减小工艺凸模和模坯之间的摩擦力，从而减少工艺凸模破坏的可能性，应当在凸模与坯料之间施以必要的润滑。为保证良好润滑，防止在高压下润滑剂被挤出润滑区，最简便的润滑方法是将经过去油清洗的工艺凸模与坯料在硫酸铜饱和溶液中浸渍 3 ~ 4s，并涂以凡士林或全损耗系统用油稀释的二硫化钼润滑剂。

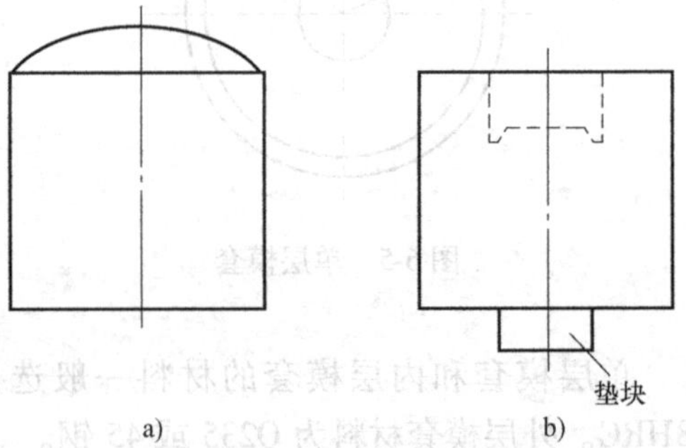

图 6-8　模坯底面垫块

另一种较好的润滑方法是将工艺凸模进行镀铜或镀锌处理，而将坯料进行除油清洗后，放入磷酸盐溶液中进行浸渍，使坯料表面产生一层不溶于水的金属磷酸盐薄膜，其厚度一般为 5 ~ 15μm。这层金属磷酸盐薄膜与基体金属结合十分牢固，能承受高温（其耐热能力可达 600℃）、高压，具有多孔性组织，能储存润滑剂。挤压时再用全损耗系统用油稀释的二硫化钼作润滑剂，涂于工艺凸模和模坯表面，就可以保证高压下坯料与工艺凸模隔开，防止在挤压过程中产生凸模和坯料黏附的现象。在涂润滑剂时，要避免润滑剂在文字或花纹内堆积，影响文字、图形的清晰。

任务 6.2　了解快速成形制模技术

知识点：

1. 快速成形技术概述。
2. 快速成形工艺的分类。

技能点：

熟悉快速成形制模技术。

6.2.1　任务导入

1. 任务要求

要求正确应用快速成形制模技术。

2. 任务分析

根据成形方式的不同，在快速成形设备的选择、快速成形工艺的设计以及快速成形数据处理等方面需要进行考虑和分析。

6.2.2　知识链接

1. 快速成形技术发展历程

快速成形技术（Rapid Prototyping & Manufacturing，RP&M）是一种基于材料堆积成形理念，逐层或逐点堆积出零件的先进制造方法，其核心思想最初可以追溯到早期的地形学领域。

目前快速成形工艺有十多种，各种成形工艺都具有自身的特点和应用范围。比较成熟并已经商业化的快速成形工艺有：光固化成形 SLA（Stereo Lithography Apparatus）；选择性激光烧结 SLS（Selective Laser Sintering）；分层实体制造 LOM（Laminated Object Manufacturing）；熔融沉积制造 FDM（Fused Deposition Modeling）；3D 打印（Three Dimensional Printing）等。

2. 快速成形加工的基本原理与基本过程

（1）快速成形加工的基本原理　快速成形技术是基于离散/堆积理念来制造零件的，它强调了模型信息处理过程的离散性和成形过程的材料堆积性两个主题，体现了快速成形技术的基本成形原理，其基本原理可以概括如下。

首先利用三维设计软件进行模型设计，再对模型数据进行按高度方向离散化，即用一系列平行于 x-y 坐标面的平面截取经过 STL 转换后的三维实体模型，获取各层的几何信息，用各层的层面几何信息来控制成形设备。离散过程是数字化过程，先通过 3D 软件（最常用的为 Pro/E、UG、CATIA 等软件）进行零件的复杂三维 CAD 模型设计，或通过对已有实体的测量反求（如使用三坐标测量仪等），然后将 CAD 模型进行数据处理，沿某一方向（通常为 Z 向）将 CAD 模型离散化，进行平面切片分层，获取各层的几何信息，从而精确控制成形设备。最后由快速成形设备将成形材料逐层堆积，最终成为真实的原型实体。

（2）快速成形的基本过程　由上述快速成形的基本原理可知原型零件快速成形的全过程可分为以下三个步骤，如图 6-9 所示。

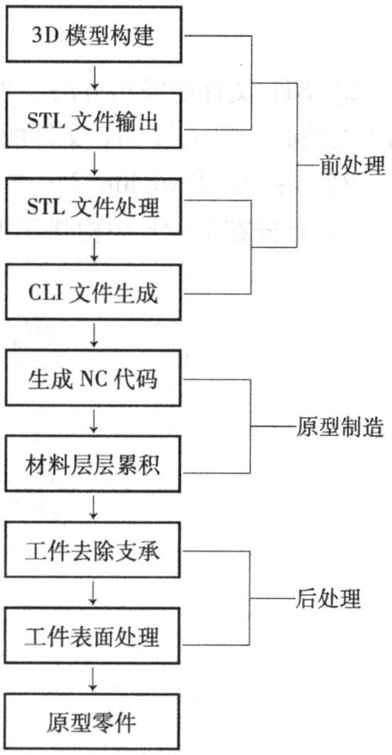

图 6-9　快速成形的过程

1）前处理。包括零件三维模型的构建和近似处理、成形方向选择和三维模型的切片处理。

2）原型制造。包括模型二维截面轮廓的制作与层层堆积。

3）后处理。包括原型零件的剥离、后固化、修补、打磨、抛光和表面强化处理等。

（3）快速成形过程中数据信息流的处理　快速成形过程中包含大量的制造信息，包括快速成形数据的格式、数据处理、数据交换、切片方式等，这些信息是设计者意图转换成实际零件的前提保证。

1）STL 文件的格式。CAD 实体数据经一系列相连的空间三角形网格化处理后生成三维多面体的模型即为 STL 文件，它类似于实体数据模型的有限元网格划分。STL 模型是一种由许多空间三角形小平面来逼近原 CAD 实体的数据模型，是原三维实体的一种几何近似，如图 6-10 所示。很明显，输出 STL 格式文件时设置精度越高，所获得的三角面片越多，文件本身也就越大。

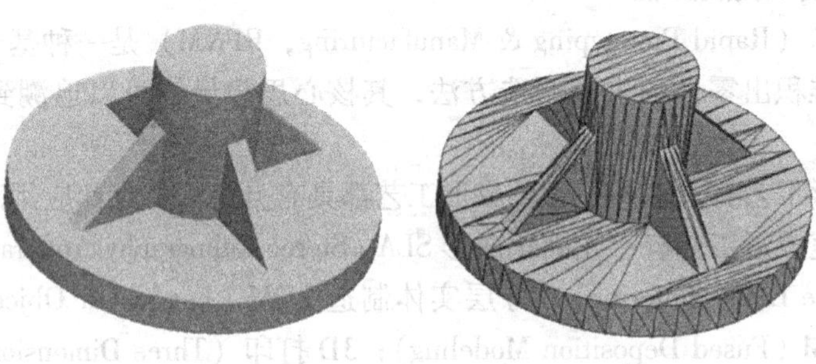

a)　　b)

图 6-10　实体及实体的三角化表示

a）实体　b）实体三角化

2）STL 文件的输出方法。当 CAD 模型在 CAD/CAM 软件中建立完毕后，进行快速原型加工之前必须要进行 STL 文件的输出。下面以上述主要软件为例进行 STL 文件的输出操作。

例：在 Pro/E wildfire 3.0 中输出 STL 文件实例。

1）首先在 Pro/E 中构建三维零件模型，如图 6-11 所示。

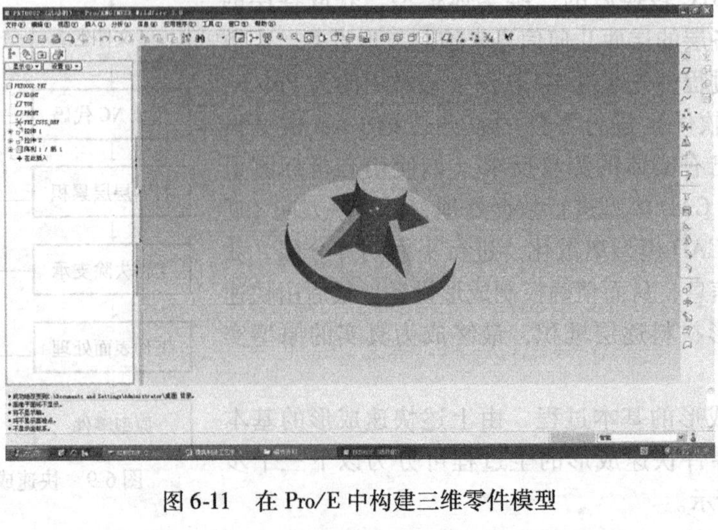

图 6-11　在 Pro/E 中构建三维零件模型

2）单击文件菜单，选择保存副本选项，如图6-12所示。

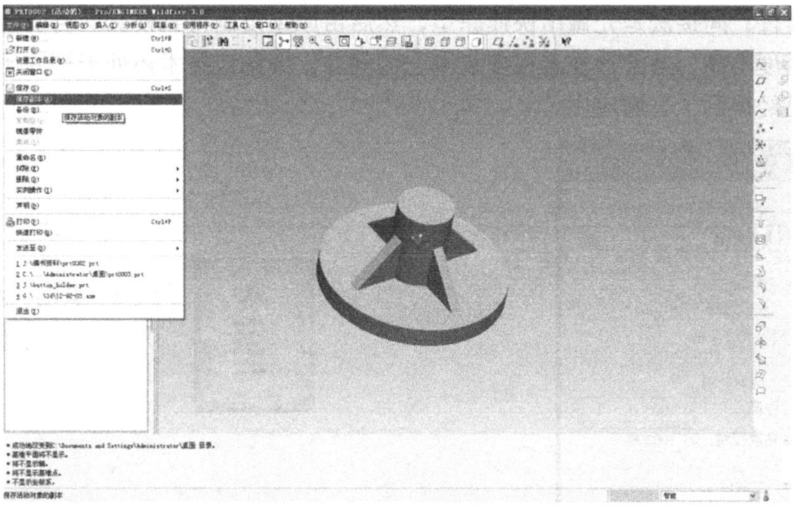

图6-12　选择保存副本选项

3）在弹出的保存副本对话框中，选择保存类型为STL（*.stl），如图6-13所示。

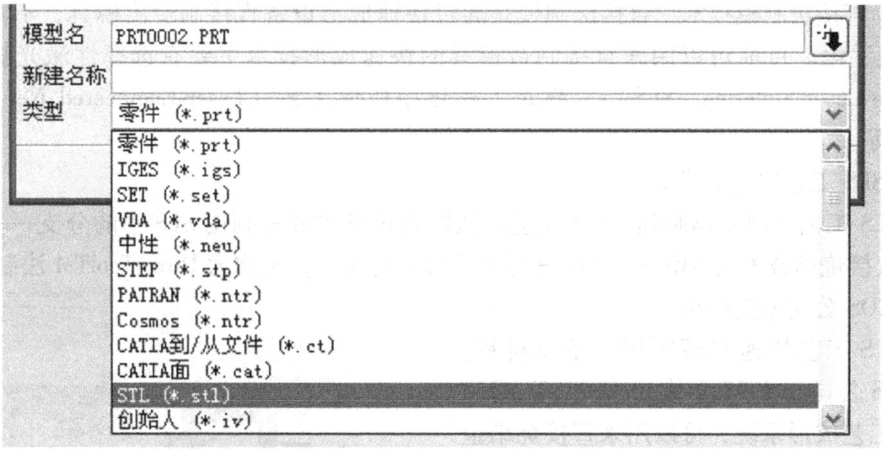

图6-13　选择保存类型为STL

4）此时将弹出输出STL对话框，如图6-14所示。在格式栏中可以选择输出格式是二进制或ASCII，在偏差控制栏中设置弦高和角度控制等精度选项。若设定弦高为0，该值会被系统自动设定为可接受的最小值。

5）单击确定按钮，此时将在工作目录中保存STL文件，即完成了零件的STL格式转换工作，得到名称为prt0002、以STL为扩展名的文件，如图6-15所示。

3. 基于快速成形的快速制模技术

快速制模技术是利用快速原型制造或其他途径所得到的零件原型，根据不同的批量和功能要求，采用合适的工艺方法快速地制造模具。利用快速成形来制造模具常用的方法有直接法和间接法。直接法是根据模具的三维 CAD 数据模型由快速成形系统直接制造模具，不需要系统制造样件；间接法是先做出快速原型，然后由原型复制得到模具。目前直接法制造出的模具成形精度不高，并且存在着很多技术上的问题，因此该技术还处于深入研究阶段，而间接法制模已经得到了普遍应用。

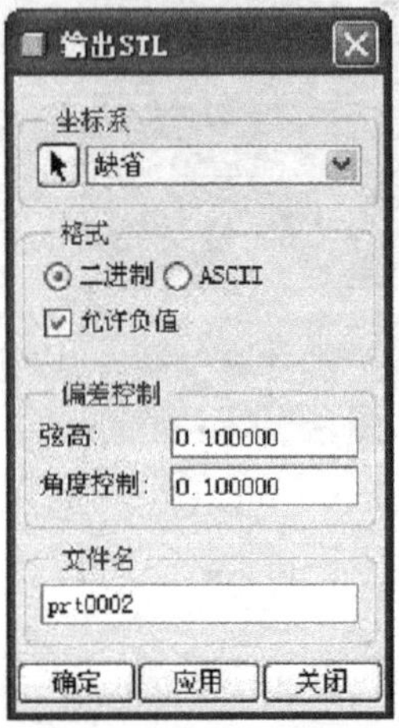

图 6-14　选择输出格式

图 6-15　完成了零件的 STL 格式转换

（1）直接法制模技术　直接法制模是通过快速成形设备直接制造出模具，不需要借助任何转换手段。目前可以用来直接制造模具的快速成形技术主要有选择性激光烧结工艺（Selective Laser Sintering，SLS））、激光工程化净成形工艺（Laser-Engineered Net Shaping，LENS）等。

1）SLS 工艺快速制模。

①SLS 工艺快速制模原理。SLS 工艺直接制造模具主要是利用 SLS 中的分支——金属粉末激光直接烧结技术（DMLS）直接进行金属模具的制造，也称为 DirectToolTM 法制模技术。是德国 EOS 公司率先提出的。

②SLS 工艺快速制模所用设备及材料。德国 EOS 公司于 1998 年推出 EOSINT M250 型 SLS 工艺成形系统，可以用来直接烧结金属粉末成形零部件。图 6-16 所示为德国 EOS 公司的 EOSINT M270 型快速成形系统，该系统可以成形 250mm × 250mm × 215mm 的金属模具，而 EOSINT M250 型能成形 250mm × 250mm × 185mm 的金属模具。该系统的成形速度可达 2 ~ 20mm^3/s。

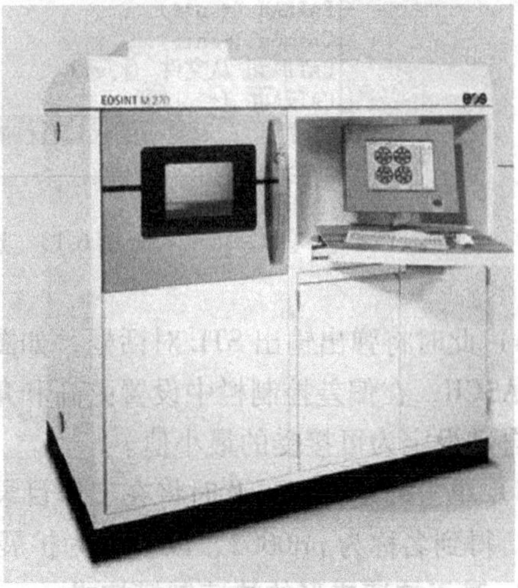

图 6-16　德国 EOS EOSINT M270 型快速成形机

目前该工艺所用合金粉末材料应用比较广泛的主要有两种：DirectMetal 铜-镍基合金粉末、DirectSteel 钢-青铜-镍基合金粉末。

DirectMetal 合金混合粉末材料为瑞典

Electrolux 公司开发的青铜和镍合金粉末。该粉末在选择性激光烧结过程中，相变产生的体积膨胀正好可以弥补粉末在烧结过程中引起的收缩，烧结成的金属模具没有明显的尺寸收缩，但仍然存在一定的孔隙。后续处理中可以通过渗高温环氧树脂或者低熔点金属，来达到全致密效果。该材料主要用做注射模、压铸模等。

DirectSteel 合金混合粉常用的有 50-V1、50-V2 和 100-V3 三种牌号。这种合金粉末材料里面不含有机成分，粒度大小为 50μm 左右，烧结出的模具不必进行后续处理，即可用做注射模、压铸模等。

③SLS 工艺快速制模技术的应用。目前 SLS 工艺快速制模技术主要应用在注射模具和铸造模具方面。图 6-17 所示为德国 EOS 公司利用 EOSINT M270 型快速成形系统烧结 EOS MaragingSteel MS1 材料制作的注射模具镶件。该模具用来生产电源插头，注射材料为 PET + 10% GF，整副模具只需 6 个工作日即可制作完毕，大大缩短了生产周期，而且大幅度削减了生产成本。

图 6-17　注射模具镶件

图 6-18 所示为可加载标准组件的某产品注射模具。该模具为德国 EOS 公司利用 EOSINT M270 型快速成形系统烧结 DirectMetal 20 材料制作而成，该副模具可以注射 5000 件而没有任何质量问题，并且整副模具的制作周期只需 5 个工作日。

图 6-19 所示为某铸造模镶件。该镶件是德国 EOS 公司利用 EOSINT M270 型快速成形系统烧结 EOS MaragingSteel MS1 材料制作而成。模具成产周期缩短了 20%，使用该镶件的模具可以生产 18 万件产品。

图 6-18　零件注射模具

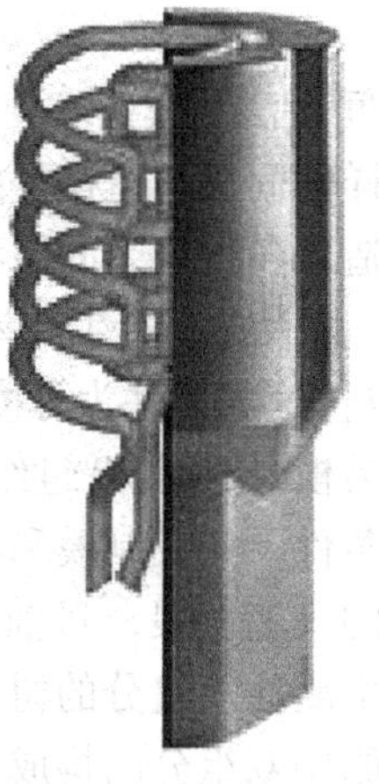

图 6-19　铸造模镶件

2）LENS 工艺制模。

①LENS 的基本原理。LENS（Laser-Engineered Net Shaping，激光工程化净成形）工艺是一种快速成形的新技术，由美国 Sandia 国家实验室研究开发。它结合了选择性激光烧结技术（SLS）和激光熔覆技术的优势，能够快速获得致密度大、强度高的金属零部件，其成

形系统主要由激光能源系统和惰性环境保护系统组成。和一般快速成形原理相同，首先是在计算机中构建零件的三维 CAD 模型，然后按照一定的厚度分层切片，将零件的三维数据信息转换为二维层面信息，再由粉送进系统按照二维层面信息在基板上逐层堆积金属粉末，然后快速冷凝最终形成致密的三维金属零件。该工艺的优势在于：加工成本低，没有前后的加工处理工序；所选材料广泛并且材料利用率高；加工精度高；成形件表面质量好，可以直接应用。

②LENS 设备及材料。图 6-20 所示为某型号 LENS 成形系统，包括大功率激光器、送粉装置、惰性气体保护氛围以及喷嘴等组成。工作时，送粉装置将粉末输送到四个方向上的喷嘴中，然后再汇聚经激光熔化后达到基板，冷凝定型形成零部件。该工艺成形材料比较广泛，目前主要有：316 不锈钢粉末、镍基耐热合金，H13 工具钢以及钨、钛等。

③LENS 工艺制模的应用。LENS 工艺可用于制造成形金属注射模、铸造模和大型金属零部件，制造大尺寸薄壁状整体结构零件及修补等。目前 LENS 工艺在国防和民用制造修理与维护应用领域的发展已经非常成熟，制造企业可以在市场上购买 LENS 相关设备和技术。图 6-21 所示为美国 Sandia 国家实验室利用 H13 工具钢制作的注射模具。

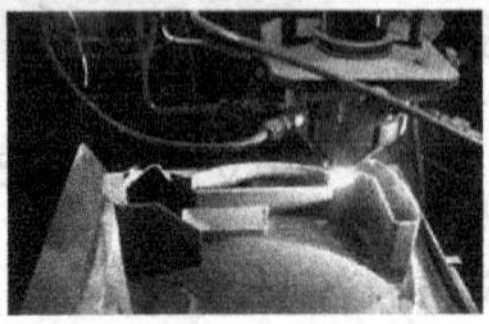

图 6-20　LENS 设备的工作场景

图 6-21　材料为 H13 钢的注射模

（2）间接法制模技术　与直接利用快速成形工艺制造金属零件或模具不同，以快速成形原型作样件间接制造模具的方法，称为间接法。快速成形技术能够更快、更好、更方便地设计并制造出各种复杂的原型。利用这些原型来制造模具一般可使模具制造周期和制造成本降低 1/2，大大提高了生产率和产品质量。根据生产批量不同，常用的方法如下。

1）以快速成形件为母模，制作硅胶模。硅胶模就是硅橡胶模具，也称为软模。用硅橡胶制作简易模具，是 20 世纪 80 年代新发展起来的实用技术。由于模具使用硅橡胶制成，必须在真空条件下完成制模和注型，所以此种方法也叫真空注型。快速成形技术问世后更促使了该技术的飞速发展，目前可以用 SLA、FDM、LOM、SLS 等技术制造原型，翻成硅胶模后，向模中灌注双组分的树脂，再翻成固化后即得到所需的零件。树脂零件的力学性能可通过改变树脂中双组分的构成来调整。

硅胶模广泛应用于家电、汽车、建筑、艺术、医学、航空、航天产品的制造。在新产品试制或者单件、小批量生产时，具有以下特点：

a. 寿命通常为成形 20 ~ 30 件，最多可达到 200 件，能满足试制新产品样件数量的需要。

b. 制模周期短，通常为 1 ~ 3 天。

c. 塑件中的气泡极少，可成形高精度塑件；硅橡胶的收缩极小，可真实地复映木纹、皮纹等各种装饰纹；硅橡胶具有一定的弹性，对于侧面的浅槽可采用强迫脱模。

d. 不会因壁厚不同而出现气孔。还可成形壁厚为0.5mm的薄壁件。

e. 可成形带螺钉等金属嵌件的塑件。

f. 制作硅胶模不需要高技能工人。

①硅胶模制作原理及工艺过程。利用原型件，通过快速真空注型技术制造硅胶模，当制造的零件件数较少（批量在20~50件）时，一般采用这种硅胶模比较经济。钢模的生产周期一般16~18周，而硅胶模的制作周期只有1周左右。

首先，在计算机上使用Pro/E、UG等造型软件设计出产品的三维实体模型，并以STL格式输出到快速成形设备中制作原型用母样，然后将原型经过表面处理，使之具有较高的表面质量能保证从硅胶模中取出。接下来要按原型尺寸制作浇注模框并组合模框，将硅胶主剂与硬化剂按照比例混合注入模框，经真空脱泡置于室温下进行硬化，然后拆去模框，剖切，取出原型母样即可得到硅胶模。在硅胶模的基础上可以浇注出透明或不透脂制件，其工艺原理如图6-22所示。

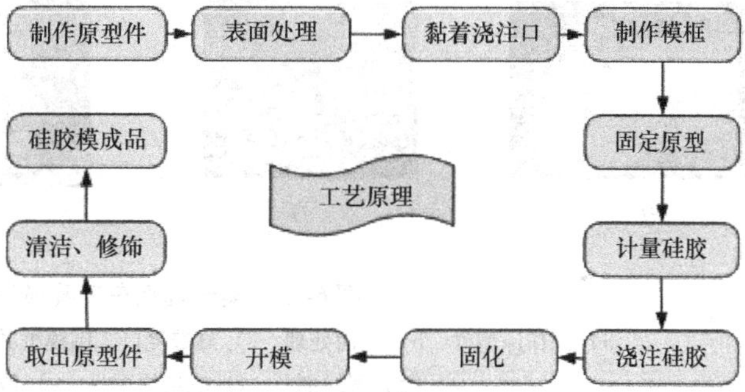

图6-22 硅胶模制作工艺原理图

按照上述原理，硅胶模制作的工艺流程如下。

a. 制作原型件及表面处理。利用快速成形工艺制作出原型件，作为母样。由于“台阶效应”，原型件表面一般有波纹状，因此需要进行表面打磨、清洁，降低其表面粗糙度值，使硅胶模表面粗糙度得到保证。有时根据实际情况还需要对原型件进行防渗、强化处理以提高原型件的抗湿性、抗热性和尺寸稳定性。最后在原型件上正确选择分型面位置，确保制品能够顺利脱模。在分型面处贴上5~10mm的胶带，并涂颜色加以区分。

b. 黏着浇注口。浇注口的定位应该使得树脂到达型腔各个边缘的路径长短相同，这样有利于浇注选择。将适当尺寸的圆形硅胶棒固定在选好的浇口位置处，作为浇注树脂的浇口。

c. 制造模框，固定原型件。从四方用模板以围住原型件的方式制作模框，然后把准备好的原型件放到模框内，并固定。

d. 硅胶和固化剂计量，混合并抽真空脱泡。首先估算原型件体积，再计算出模框的体积，两者相减即得所需硅胶的体积。根据硅胶的密度计算硅胶的重量和硬化剂的重量（两者比例约为10:1），然后混合并放入真空浇注机里抽真空脱泡，除去搅拌时混入的空气及部分反应产物。

e. 浇注硅橡胶再次抽真空脱泡。把排过气的硅胶从侧面倒入模框，硅胶沿着一侧的箱壁进入模框，直到原型件淹没在硅胶内。然后对模框再次进行抽真空，目的主要是脱去在浇注时因吸附或受堵面残存在胶料中的气泡，防止产生气孔等缺陷。

f. 固化。取出模框，可以采取室温固化或加温固化。在室温（25℃）下放置约24h，硅胶可完全固化。如果放烤箱中加温烘干，则可以加速固化。

g. 拆除模框、开模并取出母样。当模型固化后即可拆除模框，使用手术刀从分型面位置将硅胶模剖开，将母样取出。

h. 清理型腔，合模。将成品型腔进行清理、修饰，然后将两半模合起来，即可完成合模。

②硅胶模具制作设备及原材料。

下面通过制作某玩具汽车硅胶模为例来说明硅胶模具的制作流程，如图 6-23 所示。

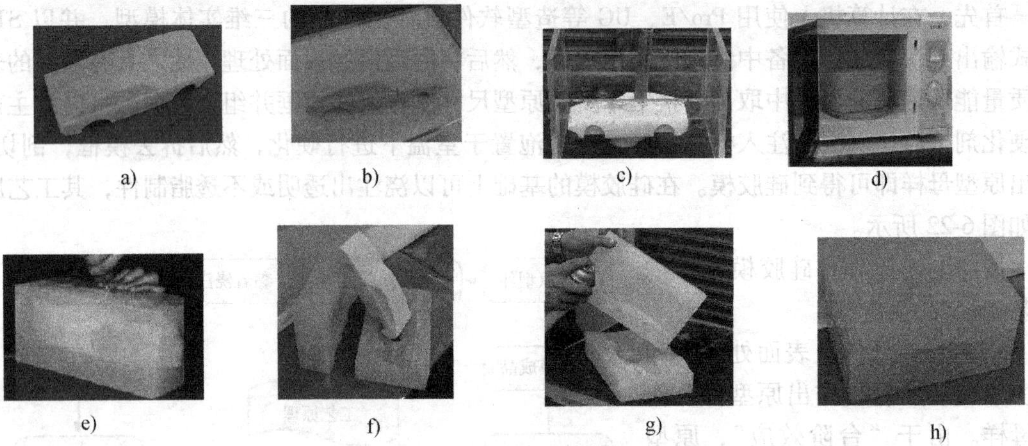

图 6-23　某玩具汽车硅胶模制作流程图

a）制作原型件　b）表面处理　c）黏着浇口、围模框并浇注　d）取出模具放入烤箱固化　e）沿分型线剖开　f）取出原型件　g）清洗、修饰　h）合模

a. 所用设备。制作硅胶模具所用的设备一般为真空注型机。真空注型机可以分为手动操作和自动操作两种类型，如图 6-24 所示。

手动操作：树脂的混合、浇注、放气均用手动操作完成，适用于试制项目和生产数量少的场合，更换树脂方便。

自动操作：在手动的基础上，利用可编程序控制器（PLC），对树脂混合、浇注、放气进行控制，适用于批量生产。

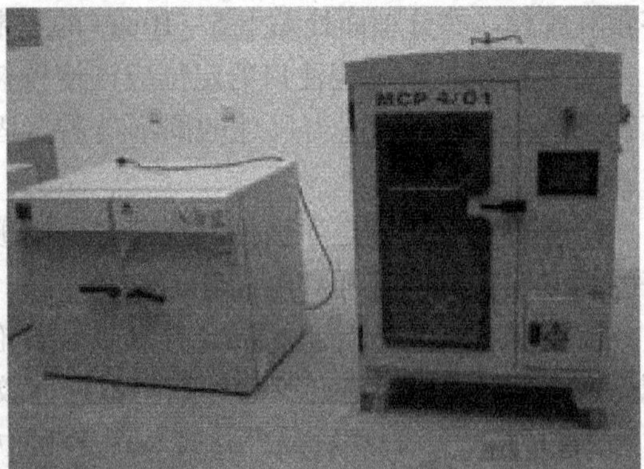

图 6-24　真空注型机

b. 制模原材料。制作硅胶模的原材料一般为双组分室温硫化的有机硅橡胶。这种硅橡胶具有优异的仿真性、脱模性，极低的收缩率及耐热老化性，而且加工成形比较方便。这种双组分硅橡胶可分成聚合型和加成型两类。聚合型在固化时会产生副生物（酒精），故收缩率比加成型大；加成型硅橡胶不会产生副生成物，线性收缩率小于 0.1%，不受模具厚度限制，可深度硫化，抗张、抗撕拉强度大。

③硅胶模的应用。硅胶模在汽车零件、仪器仪表、电子零件、各种玩具制件、日用品及

工艺美术制品等行业的应用，使得样件试制、小批量生产等方面收到缩短研发和制造周期、降低生产成本的效果。图 6-25 所示为一些产品的硅胶模及产品图。

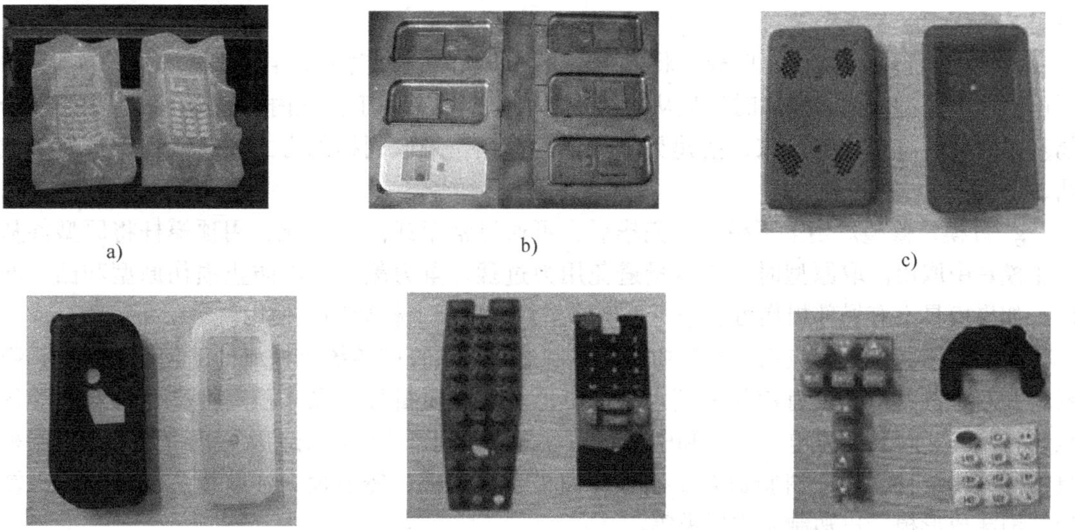

a)　b)　c)　d)　e)　f)

图 6-25　常见产品及其硅胶模

a）手机外壳硅胶模具　b）手机外套及硅胶模具　c）MP4 外套　d）手机外套　e）遥控器按键　f）其他按键

2）以快速成形件为母模，制作环氧树脂模。

①环氧树脂模制作原理及工艺过程。环氧树脂模的快速制造其实质为浇注，即将已准备好的浇注原料（树脂均匀掺入添加剂）注入一定的型腔中使其固化（完成聚合或缩聚反应），从而得到模具的一种方法。

环氧树脂模的制作原理和硅胶模基本一致，先由快速成形系统得到零件的原型件用来做母模，然后制作模框、固定原型件，为顺利脱模在原型件上涂上脱模剂，接下来浇注树脂，等树脂固化定型后去除模框，取出原型件并对上下模进行修整和组装即可。这种方法制造的模具寿命通常为 100 ~ 1000 件，为延长模具寿命，通常在环氧树脂中添加各种添加剂。与传统的钢模相比工艺简单，适于塑料注射模、薄板拉深模及吸塑模和聚氨酯发泡成型模，其制作周期通常为 1 ~ 2 周，可满足中小批量生产。

环氧树脂制模制作工艺过程可以总结如下。

a. 原型准备。首先利用快速成形技术设计制作模具原型零件，然后在原型件表面进行刮腻子、打磨、涂刷聚氨酯漆 2 ~ 3 遍等，提高原型光洁度。

b. 制作金属模框，固定原型件。根据原型的大小和模具结构设计制作模框，模框主要起防止浇注料外溢及强化和支承树脂的作用。模框的长和宽应比原型尺寸放大一些，一般远离原型件 40 ~ 60mm 为宜。浇注前模框表面要清洗、去污、除锈等，使环氧树脂固化体能与模框结合牢固。

c. 确定分型面。为脱模方便，防止倒扣、无法脱模等，应合理确定分型面位置。

d. 涂脱模剂。为顺利脱模，应在原型的外表面（包括分型面）均匀、细致地喷涂脱模剂，并且脱模剂不能涂得太厚。

e. 涂模具胶衣树脂。将模具胶衣树脂按一定的配方比例，先后与促进剂、催化剂、固化剂混合搅拌均匀，然后用硬细毛刷将胶衣树脂刷于原型表面，一般刷0.2~0.5mm厚。

f. 浇注树脂，形成凸、凹模。将配制好的金属环氧树脂混合料沿模框内壁匀速浇入，不可直接浇到型面上。浇注时尽量从最低处浇入，这样有利于模框内气泡逸出。等树脂混合物基本固化后将模具翻过来，搭建另一半模的模框，采取同样的方式进行制作，从而形成凸、凹模。

g. 分模，修整。当上下模浇注完毕后，可通过常温或高温固化，用顶模杆将原型件从树脂模具中取出。取原型时，应尽量避免用力过猛、重力敲击，以防止损伤原型和凸、凹模。如果模具上有局部损伤可以进行手工修整，然后配上模架即可使用。

②环氧树脂模具的应用。环氧树脂模具制造是一项打破传统机械加工工艺的新技术、新材料和新工艺，由于具有制作周期短、成本低、表面质量好、尺寸稳定性高、易修补等优点，在汽车、玩具、家电、五金和塑料制品等行业得到了广泛应用。从国内、外环氧树脂模具实际应用统计，环氧树脂适合于制作弯曲模、拉深模、铸造模、注射模、吹塑模、吸塑模、泡沫成形模、皮塑制品成形模等。

3）以快速成形件为母模，制作金属喷涂模。这种制模方法同样是以快速成形原型作样件，并在样件上均匀涂上脱模剂，然后将低熔点的熔化金属（如锌铝合金）充分雾化后通过电弧喷涂或等离子喷涂法以一定的速度喷射到原型样件的表面，形成金属硬壳。取出原型件，在金属硬壳背面充填背衬复合材料做支承，将金属表面进行抛光，即可得到质量较高的模具。这种模具可以用于3000件以下的注塑件生产，制作周期为3~4周，而且型腔表面及其精细花纹可以一次成形，操作较为简单，成本低廉。

4）以快速成形件为母模，制作熔模铸造金属型。熔模铸造又称为失蜡法铸造，是铸造业中的一种优异的工艺技术，应用非常广泛。它不仅适用于各种类型、各种合金的铸造，而且生产出的铸件尺寸精度、表面质量比其他铸造方法要高，甚至其他铸造方法难于铸造的复杂、耐高温、不易于加工的铸件，均可采用熔模铸造铸得。

熔模铸造的优势在于利用模型制造复杂的零件，快速成形技术的优势在于能迅速制造出原型。以快速成形件为母模，采用熔模铸造工艺可以快速制造精密、复杂结构的金属零件，其工艺过程为：首先利用快速成形机制作原型件，然后在原型的表面涂覆陶瓷耐火材料并放在加热炉中焙烧，烧去原型而保留陶瓷型壳，最后向型壳中浇注金属液，冷却后即可得金属件。该方法获得的零件表面质量较高，如果大批量生产可由原型制得硅胶模，再用硅胶模翻制多个消失模，用于精密铸造。

任务6.3　了解超塑性成形工艺

知识点：

1. 超塑性成形的原理。
2. 超塑性合金ZnAl22的性能。
3. 超塑性成形工艺。

技能点：

超塑性成形工艺。

6.3.1　任务导入

1. 任务要求

如图6-26所示的尼龙齿轮，要求正确确定其超塑性成形工艺。

2. 任务分析

超塑性成形根据材料与工艺的不同，制造模具的效果也不同，在学习的过程中应对材料的选择、工艺方案的确定等方面进行考虑和分析。

6.3.2　知识链接

1. 超塑性成形的原理和应用

目前实用的超塑性成形技术多是针对在组织结构上经过处理的金属材料。这种材料具有直径在5μm以下的稳定超细晶粒，在一定的温度和变形速度下，具有很小的变形抗力和远远超过普通金属材料的塑性——超塑性，其断后伸长率可达100% ~2000%。凡断后伸长率超过100%的材料均称为超塑性材料。

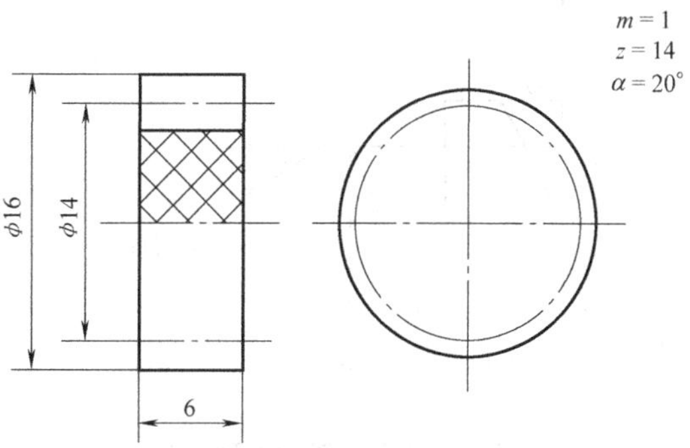

图6-26　尼龙齿轮

利用工艺凸模慢慢挤压具有超塑性的模具坯料，并保持一定的温度，就可在较小的压力下获得与凸模工作表面吻合很好的型腔，这就是模具型腔超塑性成形的基本原理。

用超塑性成形制造型腔，是以超塑性金属为型腔坯料，在超塑性状态下将工艺凸模压入坯料内部，以实现成形加工的一种工艺方法。采用这种方法制造型腔，由于材料变形抗力低，不会因大的塑性变形而断裂，也不硬化，对获得形状复杂的型腔十分有利，与型腔冷挤压相比，可大大降低挤压力。此外，模具从设计到加工都得到简化。

锌铝合金ZnAl22、ZnAl27、ZnAl14等均具有优异的超塑性能。ZnAl22是制作塑料成型模的材料。利用超塑性成形型腔，对缩短制造周期，提高塑料制品质量，降低产品成本，加速新产品的研制，都有突出的技术经济效益。

近年来，国内将超塑性挤压技术应用于模具钢获得成功，Cr12MoV、3Cr2W8V等钢的锻模型腔，用超塑性挤压方法可一次压成，经济效益十分显著。

2. 超塑性合金 ZnAl22 的性能

超塑性合金ZnAl22的成分和性能见表6-3。这种材料为锌基中含铝（$w_{Al}=22\%$），在275℃以上时是单相的α固溶体，冷却时分解成两相，即α(Al) + β(Zn)的层状共析组织（也称为珠光体）。如在单相固溶体时（通常加热到350℃）快速冷却，可以得到5μm以下的粒状两相组织。在获得5μm以下的超细晶粒后，当变形温度处于250℃时，其断后伸长率A可达1000%以上，即进入超塑性状态。在这种状态下将工艺凸模压入（挤压速度在0.01 ~0.1mm/min）合金材料内部，能使合金产生任意的塑性变形，其成形压力远小于一般冷挤压时所需的压力。经超塑性成形后，再对合金进行强化处理获得两相层状共析组织，其抗拉强度 R_m 可达 400 ~ 430MPa。超塑合金 ZnAl22 的超塑性和强化处理工艺如图 6-27 和图 6-28 所示。

表 6-3　ZnAl22 的主要成分和性能

主要成分 ×100				性　能									
w_{Al}	w_{Cu}	w_{Mg}	w_{Zn}	熔点	密度 ρ /(g/cm³)	在 250℃时		恢复正常温度时			强化处理后		
						R_m /MPa	100 × A	R_m /MPa	100 × A	HBW	R_m /MPa	100 × A	HBW
20 ~ 24	0.4 ~ 1	0.001 ~ 0.1	余量	420 ~ 500	5.4	8.6	1125	300 ~ 330	28 ~ 33	60 ~ 80	400 ~ 430	7 ~ 11	86 ~ 112

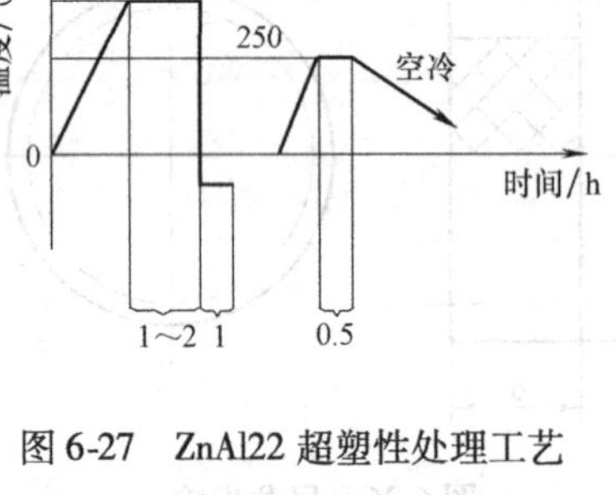

图 6-27　ZnAl22 超塑性处理工艺

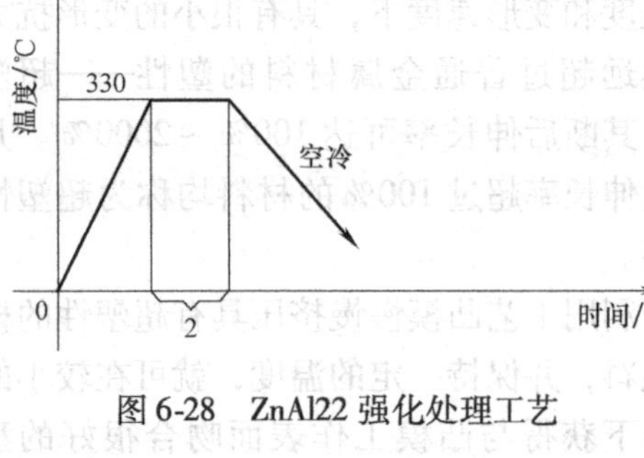

图 6-28　ZnAl22 强化处理工艺

与常用的各种钢料相比，ZnAl22 的耐热性能和承压能力比较差，所以多用于制造塑料注射模具。为增强模具的承载能力，常在超塑性合金外围用钢制模框加固。在注射成型模具温度较高的浇口部位采用钢制镶件结构来弥补合金熔点较低的缺点。

3. 超塑性成形工艺

用 ZnAl22 制造塑料成型模型腔的工艺过程如图 6-29 所示。

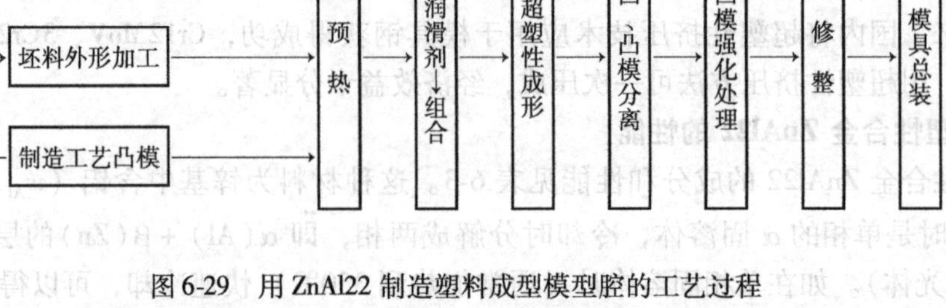

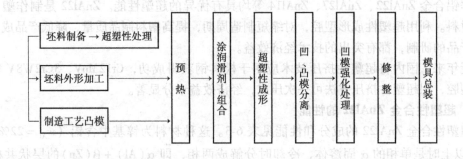

图 6-29　用 ZnAl22 制造塑料成型模型腔的工艺过程

(1) 坯料准备　一般 ZnAl22 合金在出厂时均已经过超塑性处理。因此只需选择适当类型的原材料，切削加工成型腔坯料后即可进行挤压。若材料规格不能满足要求，可将材料经等温锻造成所需形状，在特殊情况下还可用浇注的方法来获得大规格的坯料。但是，经重新锻造或浇注的 ZnAl22 已不具有超塑性，必须进行超塑性处理。

（2）工艺凸模　工艺凸模可以采用中碳钢、低碳钢、工具钢或 HPb59-1 等材料制造。工艺凸模一般可不进行热处理，其制造精度和表面粗糙度的要求应比型腔的要求高一级。在确定工艺凸模的尺寸时，要考虑模具材料及塑料制件的收缩率，其计算公式如下

$$d = D[1 - \alpha_{l_1} t_1 + \alpha_{l_2}(t_1 - t_2) + \alpha_{l_3} t_2] \tag{6-2}$$

式中　d——工艺凸模的尺寸（mm）；

D——塑料制件尺寸（mm）；

α_{l_1}——凸模的线（膨）胀系数（$℃^{-1}$）；

α_{l_2}——ZnAl22 的线（膨）胀系数（$℃^{-1}$）；

α_{l_3}——塑料的线（膨）胀系数（$℃^{-1}$）；

t_1——挤压温度（℃）；

t_2——塑料注射温度（℃）。

α_{l_2}可在 0.003～0.006 的范围内选取，α_{l_1}、α_{l_2}可按照工艺凸模及塑料类别从有关手册查得。

（3）护套　ZnAl22 在超塑性状态下，屈服强度低、断后伸长率高，在工艺凸模压入毛坯时，金属因受力会发生自由的塑性流动而影响成形精度。因此，应使型腔的成形过程在如图 6-30 所示的防护套内进行。由于防护套的作用，变形金属的塑性流动方向与工艺凸模的压入方向相反，使变形金属与凸模表面紧密贴合，从而提高了型腔的成形精度。

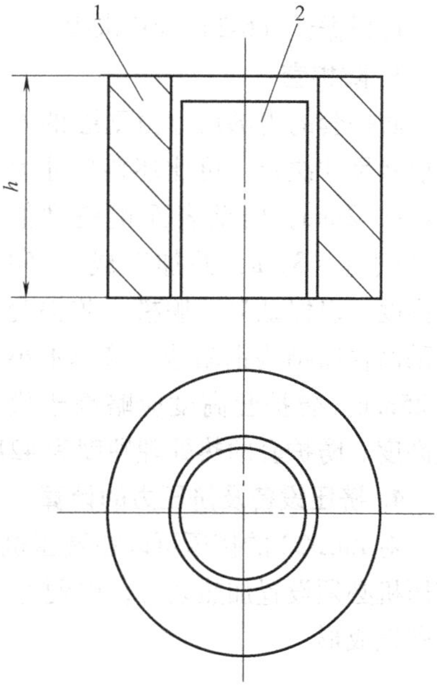

图 6-30　防护套

（4）挤压设备及挤压力的计算　挤压力与挤压速度、型腔复杂程度等因素有关，可采用下列经验公式进行计算

$$F = pA\eta$$

式中　F——挤压力（N）；

p——单位挤压力（MPa），一般在 20～100MPa；

A——型腔的投影面积（mm^2）；

$\eta = \eta_1\eta_2\eta_3$——修正系数。

η_1 根据型腔的形状复杂程度在 1～1.2 的范围内选取；η_2 根据型腔的尺寸大小在 1～1.3 的范围内选取；η_3 根据挤压速度在 1～1.6 的范围内选取。

（5）润滑　合理的润滑可以减小 ZnAl22 流动时与工艺凸模之间的摩擦阻力，降低单位挤压力，同时可以防止金属黏附，易于脱模，以获得理想的型腔尺寸和表面粗糙度。所用润滑剂应能耐高温，常用的有 295 硅脂、201 甲基硅油、硬脂酸锌等。但使用时其用量不能过多，并应涂抹均匀，否则在润滑剂堆积部位不能被 ZnAl22 充满，影响型腔精度。

6.3.3 任务实施

制造尼龙齿轮注射模型腔的加工过程如图6-31所示。

1. 坯料准备

由于尼龙齿轮型腔是组合结构，型腔的坯料尺寸可按体积不变原理（即模坯成形前后的体积不变），根据型腔的结构尺寸进行计算。在计算时应考虑适当的切削加工余量（压制成形后的多余材料用切削加工方法去除）。坯料与工艺凸模接触的表面，其表面粗糙度值 *Ra* 小于0.63μm。

2. 工艺凸模

可根据式（6-2）计算求得。

3. 防护套

防护套的内部尺寸由型腔的外部形状尺寸决定，可比坯料尺寸大0.1～0.2mm，内壁表面粗糙度值 *Ra* 小于0.63μm，并加工成1∶50的锥度，以保证易于脱模。防护套可采用普通结构钢制造，壁厚不小于25mm。防护套高度应略高于模坯高度。防护套的热处理硬度为42HRC以上。

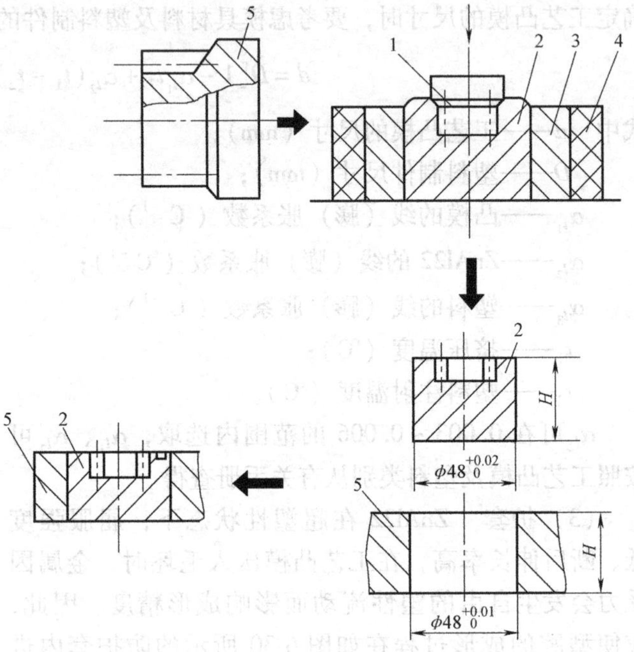

图6-31　尼龙齿轮型腔的加工过程

1—工艺凸模　2—模坯　3—防护套　4—电阻式加热圈
5—固定板

4. 挤压设备及挤压力的计算

对ZnAl22的挤压可以在液压机上进行。根据合金材料的特性和工艺要求，压制型腔的液压机必须设置加热装置，以便将ZnAl22加热到250℃后保持恒温，并以一定的压力实现超塑性成形。

任务6.4　了解铸造成型

知识点：

1. 锌合金铸造成型。
2. 铍青铜铸造成型。
3. 陶瓷型铸造。

技能点：

熟悉铸造成型技术。

6.4.1　任务导入

1. 任务要求

要求能正确应用铸造成型工艺。

2. 任务分析

根据材料与工艺的不同，制造模具的效果不同，在学习的过程中应对材料的选择、工艺方案的确定等方面进行考虑和分析。

6.4.2　知识链接

1. 锌合金模具

用锌合金材料制造工作零件的模具称为锌合金模具。锌合金可以用于制造冲裁、弯曲、成形、拉深、注射、吹塑、陶瓷等模具的工作零件，一般采用铸造方法进行制造。

（1）模具用锌合金的性能　用于制造模具的材料必须具有一定的强度、硬度和耐磨性，同时还必须满足制造工艺方面的要求（如流动性、偏析、高温状态下形成裂纹的倾向等）。制造模具的锌合金以锌为基体，由锌、铜、铝、镁等元素组成，其物理力学性能受合金中各元素质量分数的影响。因此，使用时必须对各元素的质量分数进行适当选择。表6-4是两种用作模具材料的锌合金化学成分。表6-5列出了锌合金模具材料的性能。

表6-4　锌合金模具材料的化学成分

w_{Al}(%)	w_{Cu}(%)	w_{Mg}(%)	w_{Pb}(%)	w_{Cd}(%)	w_{Fe}(%)	w_{Sn}(%)	w_{Zn}(%)
3.9～4.2	2.85～3.35	0.03～0.06	<0.008	<0.001	<0.02	微量	其余
4.10	3.02	0.049	<0.0015	<0.0007	<0.009	微量	其余

表6-5　锌合金模具材料的性能

密度 ρ/(g/cm^3)	熔点 t_r/℃	凝固收缩率 (%)	抗拉强度 R_m/MPa	抗压强度 R_{mc}/MPa	抗剪强度 τ/MPa	布氏硬度 HBW
6.7	380	1.1～1.2	240～290	550～600	240	100～115

表6-5所列锌合金的熔点为380℃时，浇注温度为420～450℃，这一温度比锡、铋低熔点合金高，所以，也称中熔点合金。这种合金有良好的流动性，可以铸出形状复杂的立体曲面和花纹，熔化时对热源无特殊要求，浇注简单，不需要专用设备。

（2）锌合金模具制造工艺　锌合金模具的铸造方法，按模具用途和要求以及工厂设备条件的不同大致有以下几种。

1）砂型铸造法。砂型铸造锌合金模具与普通铸造方法相似，不同之处是它采用敞开式铸型。

2）金属型铸造法。金属型铸造法是直接用金属制件，或用加工好的凸模（或凹模）作为铸型铸造模具的方法。在某些情况下也可用容易加工的金属材料制作一个样件作铸型。

3）石膏型铸造法。利用样件（或制件）翻制出石膏型，用石膏型浇注锌合金凸模或凹模。石膏型适于铸造有精细花纹或图案的型腔模。

铸件的表面粗糙度主要取决于铸型的表面粗糙度或铸型材料的粒度，粒度越细，铸件表面的 *Ra* 值越小、越美观。

图 6-32 所示是锌合金凹模的浇注示意图。凸模采用高硬度的金属材料制作，刃口锋利；凹模采用锌合金材料。

在铸造之前应作好下列准备工作：按设计要求加工好凸模，经检验合格后将凸模固定在上模座上；在下模座上安放模框（应保证凸模位于模框中部），正对凸模安放漏料孔芯；在模框外侧四周填上湿砂并压实，防止合金熔液泄漏；将模框内杂物清理干净后按以下工艺顺序完成凹模的浇注和装配调试工作。

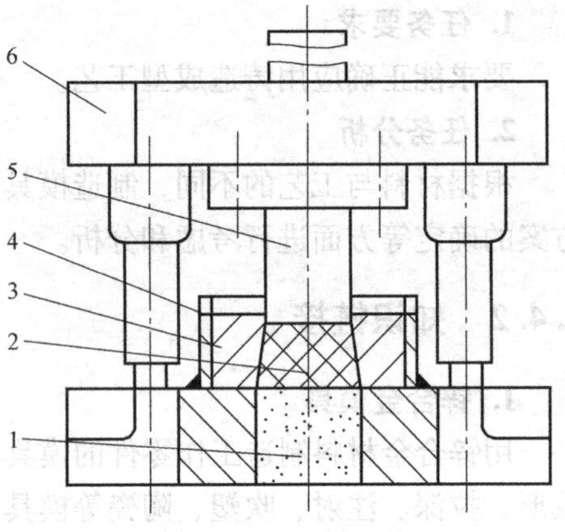

图 6-32　锌合金冲裁凹模浇注示意图

1—干砂　2—漏料孔芯　3—模框　4—锌合金凹模　5—凸模　6—模架

这种浇注方法称为模内浇注法，如图 6-33 所示，适用于合金用量在 20kg 以下的冲模的浇注。浇注合金用量在 20kg 以上的模具，冷凝时所散发的热量较大，为防止模架受热变形，可以在模架外的平板上单独将凹模（或凸模）浇注出后，再安装到模架上去，这种方法称为模外浇注法。模内浇注法与模外浇注法没有本质上的区别，主要区别在于浇注时是否使用模架，后者用平板代替模架的下模座。这两种方法适用于浇注形状简单、冲裁各种不同板料厚度的冲裁模具。

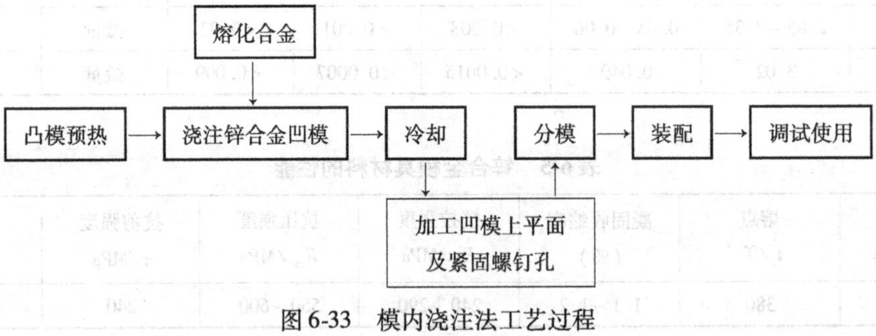

图 6-33　模内浇注法工艺过程

①熔化合金。可采用坩埚或薄钢板焊成的熔锅，将锌合金砸成碎块，放在锅中用箱式电炉、焦炭炉等加热熔化（熔化容器、搅拌、除渣等与合金接触的工具都必须涂刷一层膨润土或氧化锌，以防止合金与钢制工具直接接触）。因合金在熔化过程中要不断吸收气体，温度越高吸收越多，因此为了避免在合金凝固时不能完全析出所吸收的气体，待合金完全熔化之后，需加入干燥的氯化锌或氯化铵进行除气精炼处理，以防合金模具出现气孔，其用量为合金重量的 0.1% ~0.3%。除气剂必须干燥，以免发生爆溅。精炼时可在合金表面覆盖一层木炭粉。合金的熔化温度应控制在 450 ~500℃，温度过高锌容易与铁起作用，形成锌化铁（脆性化合物），导致合金性能下降，使镁烧损严重，吸气过多，流动性变差。

②预热。在浇注前必须预热凸模，以保证浇注质量。预热温度与浇注方式和浇注合金的用量有关。通常预热温度控制在 150 ~200℃最佳。可以采用氧乙炔焰、喷灯直接对凸模进行预热，或者将凸模浸放在合金熔液中预热。对于形状复杂的凸模预热，温度要稍高些，以

防止因温度过低出现浇不满和过大的铸造圆角，增加凹模上平面机械加工的工作量，还可以防止出现凹模竖壁高度过小，使模具报废的现象。采用氧乙炔焰预热时火焰温度不宜过高，特别是凸模的细小、尖角部位温度不宜过高。

③浇注。合金的浇注温度应控制在420～450℃。浇注时应将浮渣清除干净，搅拌合金，防止合金产生偏析和叠层等缺陷。考虑到合金冷凝时的收缩，凹模的浇注厚度要增加约10mm以补偿合金冷凝时产生的收缩。浇注锌合金凹模的模框，可采用2～4mm厚的钢板焊接而成，其长、宽、高尺寸根据凹模的设计尺寸确定，也可用1.5～2mm厚的钢板作成四个"Γ"形件，用"U"形卡子固定，组成模框，如图6-34所示。这种模框的尺寸大小可以根据凹模尺寸作相应的调整，使用方便、制作简单、通用性好、可反复使用。也可根据凹模外形尺寸的大小和模具结构，单独加工一个钢制厚模框，并预先在该模框上加工出紧固螺钉孔、销孔和预留孔，如图6-35所示。将此模框安装在模架上，在预留孔内浇注合金，冷却后只对凹模的上平面进行适当加工。这种模框的优点是合金用量少，但模框加工比较复杂，主要用于小型冲裁模。

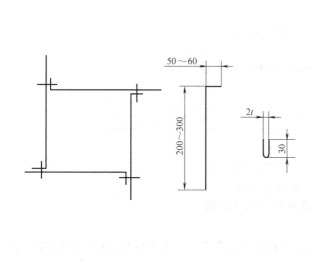

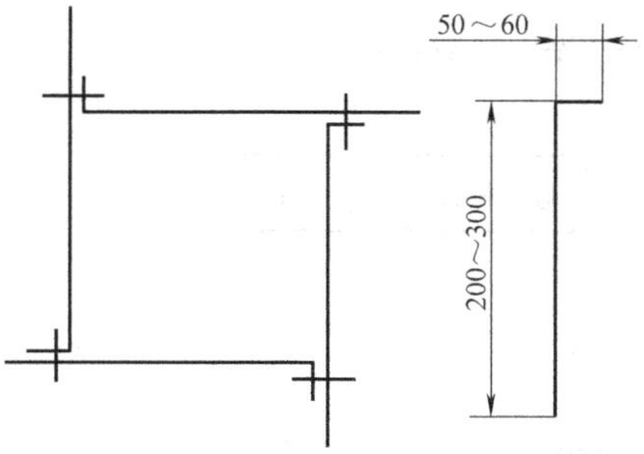

图6-34 可调式模框

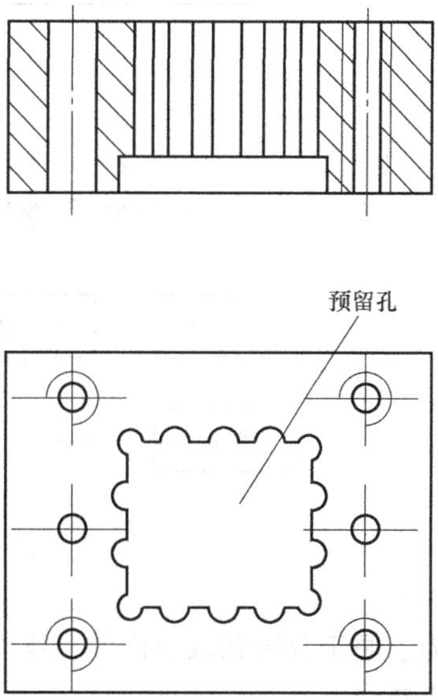

图6-35 厚模框

锌合金凹模的漏料孔可采用机械加工方法获得，也可在浇注时使用漏料孔芯浇出。漏料孔芯可用耐火砖或红砖磨制而成（此法简单、易行，但铸造后表面粗糙），也可用型砂制造（此法制作过程复杂，但形状准确，表面平整光滑）。砂芯在合金冷却收缩时，对收缩的阻力较小，可以降低收缩产生的内应力，防止合金凹模收缩胀裂。此外，还可采用铁芯或用1.5～2mm的钢板弯制成漏料孔芯框架，内填干砂做漏料孔芯，后者主要用于模外浇注法铸造中型模具。

图6-36所示为鼓风机叶片冲模，采用金属型铸造，其工艺过程如图6-37所示。

①制作样件。样件的形状及尺寸精度、表面质量等直接影响锌合金模具的精度和表面质量，所以样件是制模的关键。样件厚度应和制件厚度一致，当用手工敲制样件时，对某些样件还要考虑合金的冷却收缩对尺寸的影响。图6-36a所示鼓风机叶片的样件可以用板料经手

工敲制后拼接而成。但这样制得的样件，形状及尺寸精度都比较低，对钣金工的技术水平要求比较高。比较简单的办法是用原有的制件制成样件。

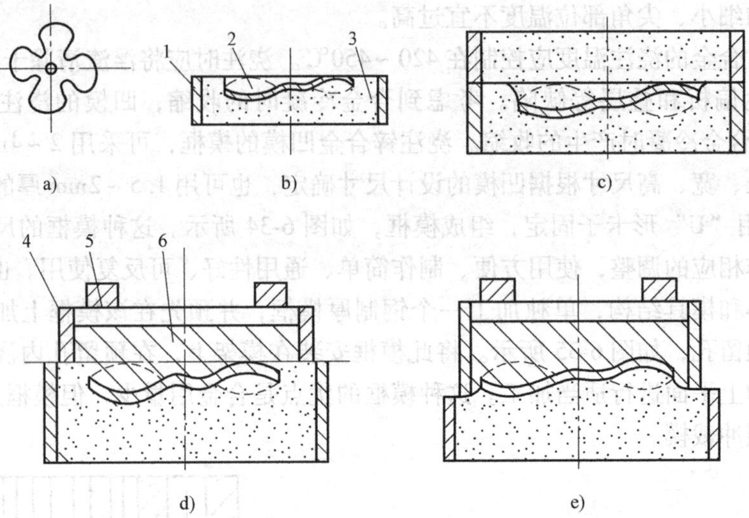

图 6-36　锌合金模铸造

a）鼓风机叶片　b）、c）铸型制作　d）、e）浇注

1—砂箱　2—模型　3—型砂　4—模框　5—压铁　6—锌合金

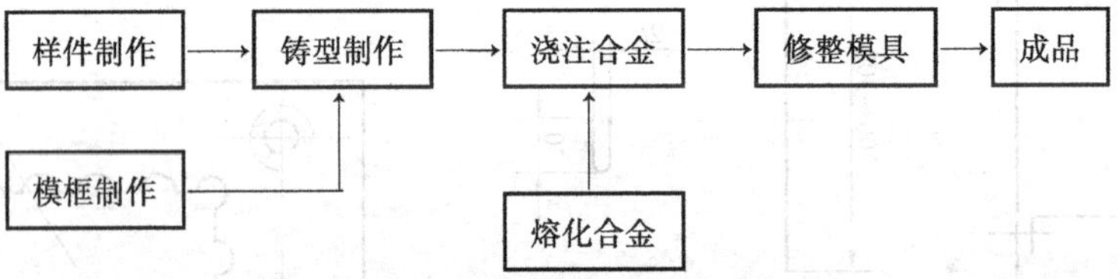

图 6-37　金属型铸造工艺过程

为了便于分模和取出样件，样件上的垂直表面应光滑平整，不允许有凹陷，最好有一定的起模斜度。

②铸型制作。制作铸型可按以下顺序进行：将样件置于型砂内并找正；把样件下部的型砂撞紧撞实，清除分型面上的型砂，撒上分型砂，如图 6-36b 所示；将另一砂箱置于砂箱 1 上制成铸型，如图 6-36c 所示；将上、下砂箱打开，把预先按尺寸制造的铁板模框放上，并压上防止模框移位的压铁，如图 6-36d、e 所示。

③浇注合金。考虑到合金冷凝时的收缩，故浇注合金的厚度应为所需厚度的 2 ~ 3 倍。当开始冷凝时要用喷灯在上面及周围加热使其均匀冷凝固化。完成图 6-36d 的浇注后取出样件，将其放入图 6-36e 的模框内浇注，即可制成鼓风机叶片冲模的工作零件。

最后进行落砂、清理和修整即得模具的成品零件。

2. 铍青铜模具

铍青铜合金也称铍青铜。铍青铜是一种由 0.5% ~ 3% 的铍和钴、硅组成的铜基合金。铍青铜模具材料的化学成分见表 6-6。铍青铜经过热处理后可获得较好的综合力学性能，除具有高的强度、硬度（高于中碳钢）、弹性、耐磨性、耐蚀性和耐疲劳性外，还具有高的导电性、导热性、无磁性等特性。

表6-6　铍青铜模具材料的化学成分

代号	w_{Be}(%)	w_{Co}(%)	w_{Si}(%)	w_{Cu}(%)
QBe2	1.90～2.15	0.35～0.65	0.20～0.35	其余
QBe0.3-1.5	2.50～2.75	0.35～0.65	0.20～0.35	其余

镀铜合金适于制作需要量大、切削加工困难、形状复杂的精密塑料成型模。

图6-38所示是用金属型浇注镀铜合金的示意图，其工艺过程如图6-39所示。

铸造模具的精度取决于铸型的加工精度，所以对铸型尺寸、形状及表面粗糙度要求都比较高。模型设计时要考虑起模斜度、收缩量、加工余量等因素。由于合金熔点较高，一般在880℃左右，所以模型材料应选用耐热模具钢（3Cr2W8V），热处理硬度为42～47HRC。

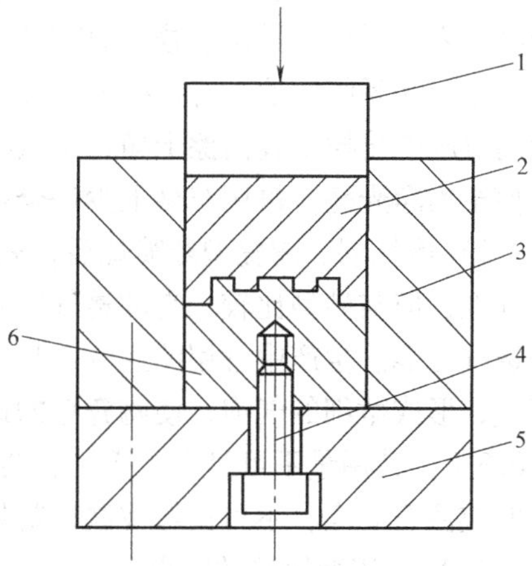

图6-38　铍铜合金铸造示意图

3. 陶瓷型铸造

陶瓷型铸造是在砂型铸造的基础上发展起来的一种铸造工艺。陶瓷型是用质地较纯、热稳定性较高的耐火材料制作而成，用这种铸型铸造出来的铸件具有较高的尺寸精度（IT8～IT10），表面粗糙度值可达 $Ra1.25 \sim 10\mu m$。所以这种铸造方法也称陶瓷型精密铸造。目前陶瓷型铸造已成为铸造大型厚壁精密铸件的重要方法。在模具制造中常用于铸造形状特别复杂、图案花纹精致的模具，如塑料成型模、橡胶模、玻璃模、锻模、压铸模和冲模等。用这种工艺生产的模具，其使用寿命往往接近或超过机械加工生产的模具。但是，由于陶瓷型铸造的精度和表面粗糙度还不能完全满足模具的设计要求，因此对要求较高的模具可与其他工艺结合起来应用。

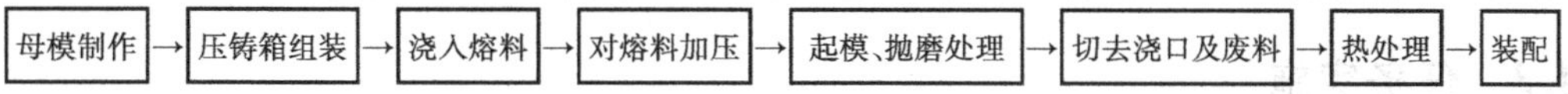

图6-39　铍青铜铸造工艺流程图

（1）陶瓷型的材料　制陶瓷型所用的造型材料包括耐火材料、黏结剂、催化剂、脱模剂、透气剂等。

1）耐火材料。陶瓷型所用耐火材料要求杂质少、熔点高、高温热膨胀系数小。可用作陶瓷型耐火材料的有：刚玉粉、铝矾土、碳化硅及锆砂（$ZrSiO_4$）等。

2）黏结剂。陶瓷型常用的黏结剂是硅酸乙酯水解液。硅酸乙酯的分子式为 $(C_2H_5O)_4Si$，它不能起黏结剂的作用，只有水解后成为硅酸溶胶才能用作黏结剂。所以可将溶质硅酸乙酯和水在溶剂酒精中通过盐酸的催化作用发生水解反应，得到硅酸溶液（即硅酸乙酯水解液)，以用作陶瓷型的黏结剂。为了防止陶瓷型在喷烧及焙烧阶段产生大的裂纹，水解时往往还要加入质量分数为0.5%左右的醋酸或甘油。

3）催化剂。硅酸乙酯水解液的pH值通常在0.2～0.26之间，其稳定性较好，当与耐火粉料混合成浆料后，并不能在短时间内结胶。为了使陶瓷浆能在要求的时间内结胶，必须加入催化剂。所用的催化剂有氢氧化钙、氧化镁、氢氧化钠以及氧化钙等。

通常用氢氧化钙和氧化镁作催化剂，加入方法简单、易于控制。氢氧化钙的作用较强烈，氧化镁则较缓慢。加入量随铸型大小而定。对大型铸件，氢氧化钙的加入量为每100ml硅酸乙酯水解液约0.35g，其结胶时间为8～10min，中小型铸件用量为0.45g，结胶时间为3～5min。

4）脱模剂。硅酸乙酯水解液对模型的附着性能很强，因此在造型时为了防止黏模，影响型腔表面质量，需用脱模剂使模型与陶瓷型容易分离。常用的脱模剂有上光蜡、变压器油、全损耗系统用油、有机硅油及凡士林等。上光蜡与全损耗系统用油同时使用效果更佳，使用时应先将模型表面擦干净，用软布蘸上光蜡，在模型表面涂成均匀薄层，然后用干燥软布擦至均净光亮，再用布蘸上少许全损耗系统用油涂擦均匀，即可进行灌浆。

5）透气剂。陶瓷型经喷烧后，表面能形成无数显微裂纹，在一定程度上增进了铸件的透气性，但与砂型比较，它的透气性还是很差，故需往陶瓷浆料中加入透气剂以改善陶瓷型的透气性能。生产中常用的透气剂是过氧化氢（双氧水）。过氧化氢加入后会迅速分解放出氧气，形成微细的气泡，使陶瓷型的透气性提高。过氧化氢的加入量为耐火粉重量的0.2%～0.3%，其用量不可过多。否则，会使陶瓷型产生裂纹、变形及气孔等缺陷。使用过氧化氢时应注意安全，不可接触皮肤以防灼伤。

（2）陶瓷型铸造的特点

1）铸件尺寸精度高，表面粗糙度小。由于陶瓷型采用热稳定性高、粒度细的耐火材料，灌浆层表面光滑，故能铸出表面粗糙度值较小的铸件，其表面粗糙度值可达 *Ra*1.25～10μm。由于陶瓷型在高温下变形较小，故铸件尺寸精度也高，可达IT8～IT10。

2）投资少、生产准备周期短。陶瓷型铸造的生产准备工作比较简易，不需复杂设备，一般铸造车间只要添置一些原材料及简单的辅助设备，很快即可投入生产。

3）可铸造大型精密铸件。熔模铸造虽也能铸出精密铸件，但由于自身工艺的限制，浇注的铸件一般比较小，最大铸件只有几十公斤，而陶瓷型铸件最大可达十几吨。

6.4.3 任务实施

下面以陶瓷型的铸造制作技术为例介绍其工艺过程。

因为陶瓷型所用的材料一般为刚玉粉、硅酸乙酯等，这些材料都比较贵，所以只有小型陶瓷型才全部采用陶瓷浆料灌制。对于大型陶瓷型，如果也全部采用陶瓷浆造型则成本太高。为了节约陶瓷浆料、降低成本，常采用带底套的陶瓷型，即与液体金属直接接触的面层用陶瓷材料灌注，而其余部分采用砂底套（或金属底套）代替陶瓷材料。因浆料中所用耐火材料的粒度很细、透气性很差，而采用砂套可使这一情况得到改善，使铸件的尺寸精度提高，表面粗糙度值减小。用水玻璃砂底套的陶瓷型的造型过程如图6-40所示。

（1）母模制作　用来制造陶瓷型的模型称为母模。因母模的表面粗糙度对铸件的表面粗糙度有直接影响，故母模的表面粗糙度应比铸件的表面粗糙度低（一般铸件要求 *Ra*2.5～

10μm，其母模表面要求 $Ra2.5\sim6.3\mu m$）。制造带砂底套的陶瓷型需要粗、精两个母模，如图6-41a所示。A是用于制造砂底套用的粗母模，B是用于浇注陶瓷浆料的精母模。粗母模轮廓尺寸应比精母模尺寸均匀增大或缩小，两者间相应尺寸之差就决定了陶瓷层的厚度（一般为10mm左右）。

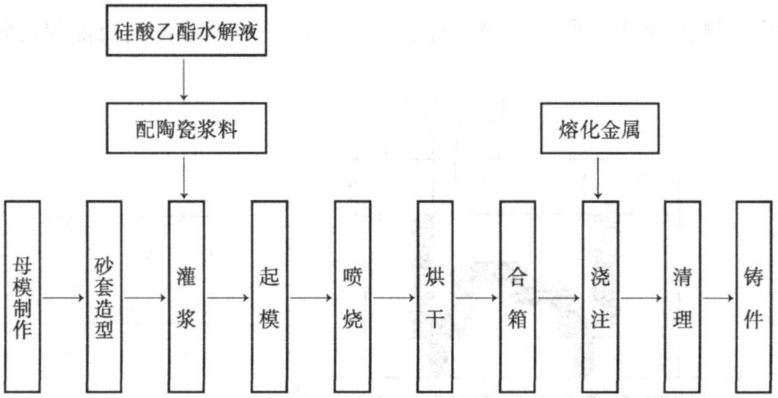

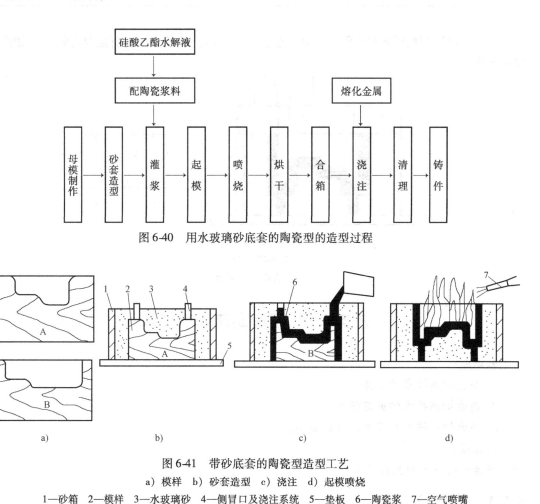

图6-40　用水玻璃砂底套的陶瓷型的造型过程

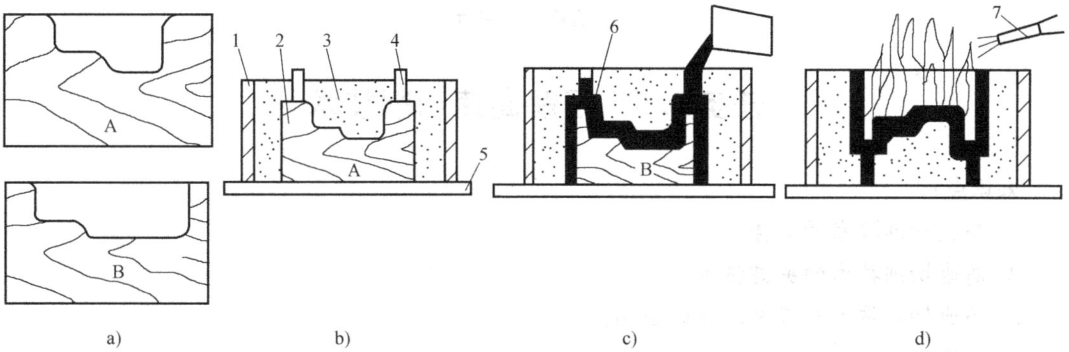

图6-41　带砂底套的陶瓷型造型工艺

a）模样　b）砂套造型　c）浇注　d）起模喷烧

1—砂箱　2—模样　3—水玻璃砂　4—侧冒口及浇注系统　5—垫板　6—陶瓷浆　7—空气喷嘴

（2）砂套造型　如图6-41b所示，将粗母模置于平板上，外面套上砂箱，在母模上面竖两根圆棒后，填水玻璃砂，击实后起模，并在砂套上打小气孔，吹注二氧化碳使其硬化，即得到所需的水玻璃砂底套。砂底套顶面的两孔，一个作浇注陶瓷液的浇注系统，另一个是浇注时的侧冒口。

（3）灌浆和喷烧　为了获得陶瓷层，在精母模外套上砂底套，使两者间的间隙均匀，将预先搅拌均匀的陶瓷材料从浇注系统注入，充满间隙，如图6-41c所示。待陶瓷浆液结胶、硬化后起模，点火喷烧，并吹压缩空气助燃，使陶瓷型内残存的水分和少量的有机物质去除，并使陶瓷层强度增加，如图6-41d所示。火焰熄灭后移入高温炉中焙烧，带水玻璃砂底套的陶瓷型焙烧温度为300~600℃，升温速度约100~300℃/h，保温1~3h左右。出炉温度在250℃以下，以免产生裂纹。不同的耐火材料与硅酸乙酯水解液的配比见表6-7。

表 6-7 耐火材料与硅酸乙脂水解液的配比

耐火材料种类	耐火材料/kg: 硅酸乙脂水解液/L	耐火材料种类	耐火材料/kg: 硅酸乙脂水解液/L
刚玉粉或碳化硅粉	2:1	铝矾土粉	10:(3.5~4)
		石英粉	5:2

最后将陶瓷型按图 6-42a 所示合箱，经浇注、冷却、清理即得到所需要的铸件，如图 6-42b 所示。

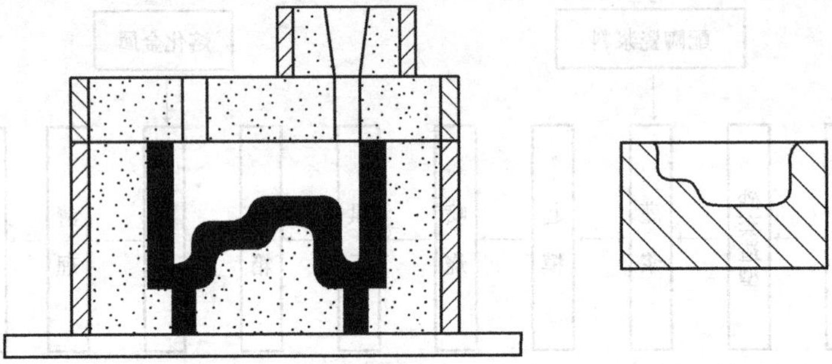

a)　b)

图 6-42　合箱

a）合箱　b）铸件

任务 6.5　了解高速切削技术

知识点：

1. 高速切削技术的优势。
2. 高速切削技术的关键技术。
3. 高速切削技术在模具工业的应用。

技能点：

高速切削技术的关键技术。

6.5.1　任务导入

1. 任务要求

要求正确理解高速切削技术。

2. 任务分析

高速切削加工不能简单地用某一固定的切削速度值来定义。不同的切削条件下，高速切削具有不同的速度范围。在学习的过程中应对材料的选择、工艺方案的确定等方面进行考虑和分析。

6.5.2　知识链接

1. 高速切削技术概述

高速切削（High Speed Machining，HSM 或 High Speed Cutting，HSC）是指以远高于常

规的切削速度进行的切削加工，或者是切削速度比常规高出5～10倍以上的切削加工。

高速切削加工不能简单地用某一固定的切削速度值来定义。不同的切削条件下，高速切削具有不同的速度范围。

2. 高速切削技术的优势

高速切削与普通切削方式相比在转速、移动速度和切削量等方面都做了改进，采取高转速、快速移动、少切削量的切削方式。总之，与传统的切削方式相比，高速切削拥有以下不可比拟的优势。

（1）加工效率高　进给量较常规提高5～10倍，材料去除率提高3～6倍。同时机床快速空程速度的大幅度提高，也大大减少了非切削的空行程时间，机床加工效率得到了大幅度提高。

（2）切削力小　在高速切削加工范围内，随着切削速度的提高，切削力也相应减少，较常规切削降低至30%，背向力降低更明显。这有利于减小工件受力变形，适合加工薄壁件和刚性较差的零件。

（3）切削热少　加工过程迅速，95%以上的切削热被切屑带走。工件集聚热量少，温升低，基本上保持冷态，适于加工易氧化和易产生热变形的零件。

（4）加工精度高　高速切削时机床的激振频率特别高，刀具激振频率远离工艺系统固有频率，不易产生振动，又因切削力小，热变形小，残余应力小，易于保证加工精度和表面质量。

（5）工序集中化　高速切削可获得高的加工精度和低的表面粗糙度，在一定的条件下，可对硬表面加工，从而使工序集中化，这对模具加工有特别意义。

（6）加工成本降低、研发周期缩短　切削速度的提高缩短了零件的单件加工时间，从而降低成本。用高速加工中心或高速铣床加工模具，可以在工件一次装夹中，完成型面的粗、精加工和模具其他部位的机械加工，即所谓“一次过”技术，使产品的研发周期大大缩短。

（7）刀具寿命延长　高速切削技术能够保证刀具在不同速度下工作的负载恒定，而且刀具每刃的切削量比较小，有利于延长刀具的使用寿命。

（8）加工件表面质量高　高速切削还可以完成淬硬钢的精加工，提高加工件的表面质量。例如高速切削加工淬硬的模具可以减少甚至取代放电加工和磨削加工，同时满足加工质量的要求。

由于拥有上述众多优势，高速切削加工技术已在航空航天、汽车和摩托车、模具制造、轻工与电子工业以及其他制造业得到了越来越广泛的应用，同时取得了极其巨大的技术与经济效益。图6-43所示为叶片和某薄壁件的加工实例，可看到多种不同材料的复杂结构零件、包含自由曲面的零件等，都可用高速切削技术加工。

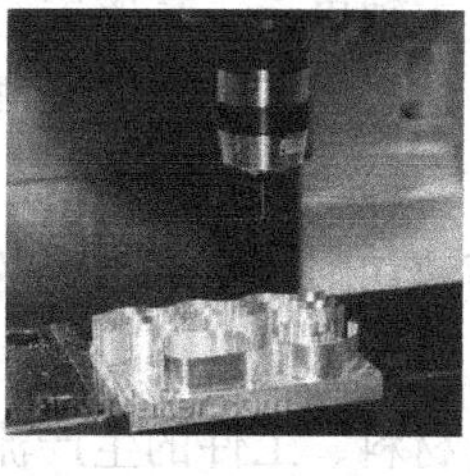

图6-43　高速切削加工零件实例

3. 高速切削的关键技术

高速切削加工技术是一个复杂的系统工程，目前已经形成了一个完整合理的体系，该体系主要包括高速切削加工理论、机床、刀具、工件、加工工艺及切削过程监控与测试等诸多方面，如图6-44所示。

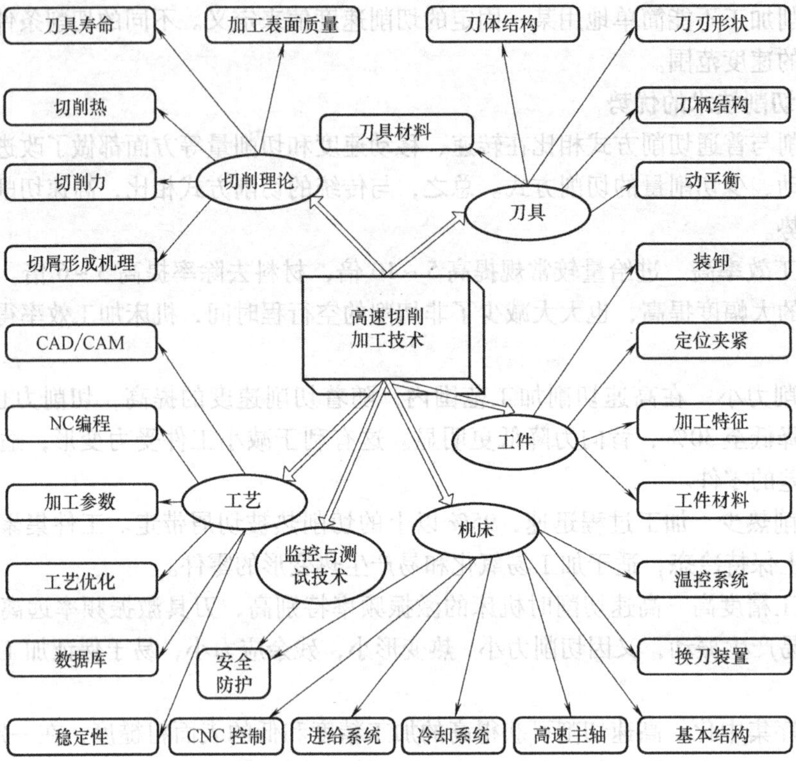

图6-44　高速切削加工技术体系

高速切削加工综合技术中，高速切削机床（包括高速主轴系统、快速进给系统、CNC控制系统等），刀具技术（包括高速切削刀具材料、刀具结构和刀柄系统等）以及高速切削加工安全防护与监控技术等都是最重要的关键技术，它们对高速切削加工技术的发展和应用，起着决定性的作用。

(1) 高速切削机床　高速切削加工技术一般采用高速数控加工中心、高速铣床或钻床等，高速机床是实现高速切削加工的前提和基础。

高速切削机床技术主要包括高速单元技术和机床整机技术。高速单元技术主要包括：高速主轴单元、高速进给系统、高速CNC控制系统等。高速机床整机技术主要包括：机床床身、冷却系统、安全措施和加工环境等。

1）高速主轴单元。高速主轴单元包括动力源、主轴、轴承和机架四个主要部分，也是高速切削技术最重要的关键技术之一，在很大程度上决定了高速机床的性能。

实际应用中，电主轴的选用应根据加工零件的实际需要来决定，综合考虑工件材料、刀具材料、工件的生产流程等来确定加工所需的最大转速和功率，以免造成投资浪费。

2）高速进给系统。高速机床必须同时具有高速主轴系统和高速进给系统。进给系统的高速性也是评价高速机床性能的重要指标之一，不仅对提高生产率有重要意义，而且也是维持高速加工刀具正常工作的必要条件，否则会造成刀具急剧磨损，破坏加工工件的表面质量。目前常用的高速进给系统主要有两种驱动方式：高速滚珠丝杠、直线电动机。值得一提的是还有一种处于研发阶段尚未应用的驱动方式——虚拟轴机构，这是一种全新概念的机床进给机构。

3）高速CNC控制系统。数控高速切削加工要求CNC控制系统具有快速数据处理能力和较大的程序存储量，以保证在高速切削时，特别是在4轴~5轴联动加工复杂曲面时仍具有良好的加工性能。

另外，高速机床的床身、立柱以及工作台，还有冷却系统和切削处理方式都属于高速机床的重点研究内容。

（2）刀具技术　高速切削刀具技术是实现高速切削的关键技术之一，主要包括刀具的材料、刀具结构以及刀柄系统。

高速切削刀具和普通切削刀具有很大不同，目前已投入使用的刀具材料主要有金刚石、立方氮化硼、陶瓷、TiC（N）基硬质合金（金属陶瓷）、涂层和超细晶粒硬质合金等。

（3）加工安全防护与监控技术　高速切削加工时的安全问题主要包括：操作者及机床周围现场人员的安全；避免机床、刀具、工件及有关设施的损伤；识别和避免可能引起重大事故的工况等方面。

在机床结构方面，机床要有安全保护墙和门窗，机床起动应与安全装置互锁。目前机床防护窗的材料主要有安全玻璃和聚合物玻璃。试验表明8mm厚的聚合物玻璃相当于3mm厚的钢板强度，而且相对于安全玻璃而言更容易吸收冲击能量。

4. 高速切削技术在模具工业中的应用

高速切削加工技术经过几十年的发展已经广泛应用于汽车工业、模具行业、航空航天行业，尤其是在加工复杂曲面的领域，凸显了其独特的优势和强大的生命力。

大量的生产实践已经证明，高速切削技术在模具制造中的应用是切实可行的，同时具备加工精度高、表面质量好和生产率高的优点。下面仅举几个实际案例来说明模具制造业中高速切削技术的具体应用。

（1）某矿泉水瓶型腔模具　此类型腔模具传统的加工方式通常是采用数控铣削和电火花加工相结合，以数控铣作为前道加工，由电火花加工达到型腔的公称尺寸和形状要求，再由手工研磨到所需的表面粗糙度要求。

具体操作：采用20mm的圆弧立铣刀粗加工，*R*8mm的球头立铣刀半精加工，精加工采用*R*5mm的球头立铣刀，以*R*2.5mm的球头立铣刀清角。设备为加工中心MVC850（博赛公司）；材料为110mm×200mm×50mm铸造铝合金6061；刀具为W18Cr4V高速钢和YG8、YG6、YG8N等硬质合金。采用上面的加工方法铣削所用的总时间为5h55min56s，再加上电火花加工和手工抛光等工序，加工总时间必定在20h以上。

采用高速切削加工：粗加工采用16mm圆弧立铣刀开粗，切除大部分余量；半精加工采用*R*4mm球头立铣刀，主轴转速为15000r/min，进给速度为3500mm/min，加工时间为21min49s；精加工采用*R*1mm球头立铣刀采用平行铣削方式对型腔进行加工，主轴转速为25000r/min，进给速度为3500mm/min，加工时间为1h2min4s；精加工采用*R*0.5mm球头立铣刀平行铣削，达到尺寸要求和表面粗糙度要求，加工时间为2h3min10s。机床采用日本产YASDAYBM-640V型，刀具为KOBELKO、VC系列及DOKOLM系列，总加工时间为3个多小时。由此可见采用高速切削技术不但省去大量的后续人工处理工序，而且大大节约了加工时间。

（2）某插座压铸模　材料的硬度为54HRC，传统加工工艺过程：粗加工→线切割→淬火→EDM成形→抛光，加工总工时为55h。高速切削加工工艺过程：粗加工→淬火→高速加工→抛光，加工总工时仅为14.5h，工效提高近4倍。高速切削加工后的模具表面质量极佳，而且大幅度降低了生产成本。

（3）某载货汽车外壳模具　采用高速切削加工方法，粗加工采用直径25.4mm的球头立铣刀，主轴转速9000r/min，进给速度5000mm/min；精加工采用直径8mm的球头立铣刀，主轴转速20000r/min，进给量2000mm/min，高速铣削后表面粗糙度值为*Ra*1μm，不必再进行手工研磨，只用油石抛光。与传统的电加工工艺相比，手工操作时间减少了40%。

从上述案例可以看出，高速切削技术作为一种先进制造技术，已被越来越多的企业所接受。相信随着相关技术的不断革新，应用领域不断拓展，高速切削技术势必对传统制造业产生深远的影响。

综合练习题

1. 型腔的冷挤压成形分为哪几种方式，各有什么特点？
2. 快速成形过程分为哪几个步骤？
3. 超塑性成形的基本原理是什么？
4. 铸造成型技术具有哪些特点？
5. 高速切削技术的优势有哪些？

项目 7　模具零件的光整加工

项目目标

1. 熟悉光整加工的主要方法、基本原理和特点。
2. 掌握影响研磨、抛光质量和效率的主要因素。

光整加工是指不切除或从工件上切除极薄材料层，以减小工件表面粗糙度值为目的的加工方法。主要表面的光整加工（如研磨、珩磨、精磨、滚压等），应放在工艺路线的最后阶段进行，加工后的表面粗糙度值在 $Ra0.8\mu m$ 以下，轻微的碰撞都会损坏表面。有时在光整加工后，要用绒布保护工件，绝对不准用手或其他物件直接接触工件，以免光整加工的表面，由于工序间的转运和安装而受到损伤。

任务 7.1　研磨与抛光

知识点：

1. 模具研磨与抛光的基本原理。
2. 研磨与抛光的分类。

技能点：

零件研磨与抛光工艺制定。

7.1.1　任务导入

1. 任务要求

图 7-1 所示为导柱、导套零件图，材料为 20 钢，硬度 58 ~ 62HRC，渗碳深度 0.8 ~ 1.2mm。要求根据该零件的图样要求，制定其光整加工方法。

2. 任务分析

导柱、导套在模具中起导向作用，并保证凸模和凹模在工作时具有正确的相对位置，保证模架的活动部分运动平稳、无阻滞现象。在加工中，由于导柱、导套热处理后硬度较高，除了保证导柱、导套配合表面的尺寸和形状精度外，还要采用磨削方法保证同轴度要求，并对配合表面进行精加工，进一步提高被加工表面的质量，以达到图样要求。

7.1.2　知识链接

光整加工在精加工后进行，目的是降低工件表面粗糙度值、增加表面光泽和表面强度。光整加工的主要方法有研磨和抛光两大类，人们习惯上把使用硬质研具的加工称为研磨，而使用软质研具的加工称为抛光。

研磨和抛光是同一种机械运动，原理一样，只是对于表面质量而言，抛光的表面粗糙度值比研磨要更低一些。其实抛光也可以说是研磨的后道工序，可以在同一台平面抛光机上同时实现研磨和抛光。研磨分为粗磨、精磨，抛光则分为粗抛、精抛。很多时候都是采用三道工序来进行产品表面质量的加工：粗磨、精磨、精抛。有了这三道工序，工件表面的平面度、平行度、表面质量就相当高了。

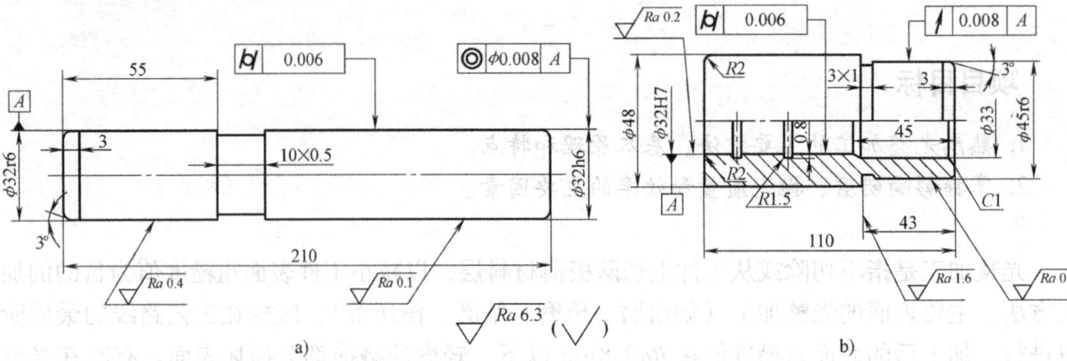

图7-1　导柱和导套

a）导柱　b）导套

研磨和抛光可以在同一台平面抛光机上实现，但是所用的配置却不一样。研磨需要用研磨盘和研磨液，抛光则是用抛光液、抛光盘、抛光垫、抛光布、抛光轮等。所以在一台平面抛光机上实现研磨和抛光时需要研磨后更换盘、液体等配置。

1. 研磨

（1）研磨的机理　研磨是一种微量加工的工艺方法。研磨借助于研具与研磨剂（一种游离的磨料），在工件的被加工表面和研具之间产生相对运动，并施以一定的压力，从工件上去除微小的表面凸起层，以获得很低的表面粗糙度值和很高的尺寸精度及几何形状精度。在模具制造中，特别是在产品外观质量要求较高的精密压铸模、塑料成型模、汽车覆盖件模具的制造中应用广泛。

在研磨过程中，被加工表面发生复杂的物理和化学作用，其主要作用如下。

1）物理作用。研磨时，研具的研磨面上均匀地涂有研磨剂，若研具材料的硬度低于工件，当研具和工件在压力作用下做相对运动时，研磨剂中具有尖锐棱角和高硬度的微粒，有些会被压嵌入研具表面上产生切削作用（塑性变形），有些则在研具和工件表面间滚动或滑动产生滑擦（弹性变形）。这些微粒如同无数的切削刀刃，对工件表面产生微量的切削作用，并均匀地从工件表面切去一层极薄的金属。图7-2所示为研磨加工模型。同时，钝化了的磨粒在研磨压力的作用下，通过挤压被加工表面的峰点，使被加工表面产生微挤压塑性变形，从而使工件逐渐得到高的尺寸精度和低的表面粗糙度值。

2）化学作用。当采用氧化铬、硬脂酸等研磨剂时，在研磨过程中研磨剂和工件的被加工表面上产生化学作用，生成一层极薄的氧化膜，氧化膜很容易被磨掉，而又不损伤材料基体。在研磨过程中氧化膜不断迅速形成，又很快被磨掉，提高了研磨效率。

（2）研磨的特点

1）表面粗糙度值低。研磨属于微量进给磨削，切削深度小，有利于降低工件表面粗糙度值。加工表面粗糙度值可达 $Ra0.01\mu m$。

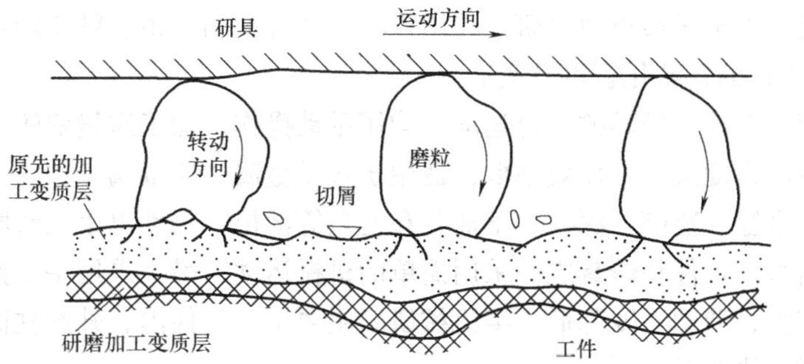

图7-2　研磨加工模型

2）尺寸精度高。研磨采用极细的微粉磨料，机床、研具和工件处于弹性浮动工作状态，在低速、低压作用下，逐次磨去被加工表面的凸峰点，加工精度可达0.01～0.1μm 。

3）形状精度高。研磨时，工件基本处于自由状态，受力均匀，运动平稳，且运动精度不影响形状精度。加工圆柱体的圆柱度可达0.1μm。

4）改善工件表面力学性能。研磨的切削热量小，工件变形小，变质层薄，表面不会出现微裂纹。同时能降低表面摩擦因数，提高耐磨和耐蚀性。研磨零件表层存在残余压应力，这种应力有利于提高工件表面的疲劳强度。

5）研具的要求不高。研磨所用研具与设备一般比较简单，不要求具有极高的精度。但研具材料一般比工件软，研磨中会受到磨损，应注意及时修整与更换。

（3）研磨的分类

1）按研磨剂的使用条件分类。

①湿研磨。湿研磨即在研磨过程中将研磨剂涂抹在研具或工件上，用分散的磨粒进行研磨。研磨剂中除磨粒外还有煤油、全损耗系统用油、油酸、硬脂酸等物质。磨粒在研磨过程中有的嵌入了研具，个别的嵌入了工件，但大部分存在于研具与工件之间，如图7-3a所示。磨粒的切削作用以滚动切削为主，生产率高，但加工出的工件表面一般没有光泽，加工的表面粗糙度值一般可达到*Ra*0.025μm，多用于粗研或半精研平面与内外圆柱面。

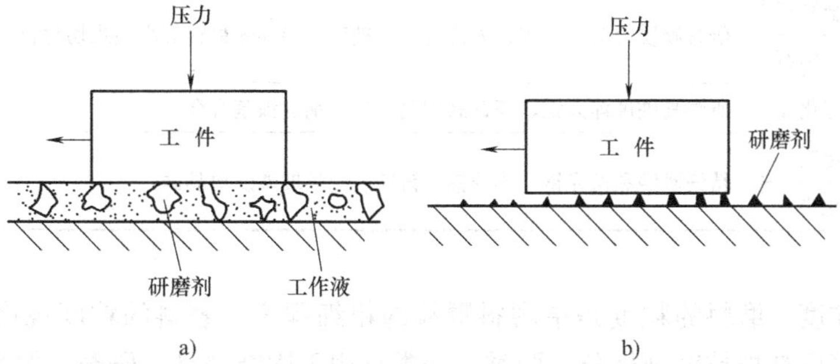

图7-3　湿研磨与干研磨

a）湿研磨　b）干研磨

②干研磨。干研磨即在研磨以前，先将磨粒压入研具，用压砂研具对工件进行研磨。这种研磨方法一般在研磨时不加其他物质，进行干研磨，如图7-3b所示。这种方法的生产率不如湿研磨，但可以达到很高的尺寸精度和很低的表面粗糙度值，一般用于精研。

③半干研磨。半干研磨类似湿研，使用糊状研磨膏，用于粗、精研均可。

2）按研磨工艺的自动化程度分类。

①手动研磨。工件、研具的相对运动，均用手动操作，加工质量依赖于操作者的技能水平。手动研磨劳动强度大，工作效率低，适用于各类金属、非金属工件的各种表面。模具成形零件上的局部窄缝、狭槽、深孔、不通孔和死角等部位，仍然以手工研磨为主。

②半机械研磨。工件和研具之一采用简单的机械运动，另一采用手工操作。加工质量仍与操作者技能有关，劳动强度降低。半机械研磨主要用于工件内、外圆柱面，平面及圆锥面的研磨，模具零件研磨时常用。

③机械研磨。工件、研具的运动均采用机械运动。加工质量靠机械设备保证，工作效率比较高，但只能适用于表面形状不太复杂的零件的研磨。

（4）研磨工艺　研磨工艺方案采用得正确与否，直接影响到研磨质量。

1）磨料与研磨剂。

①磨料的种类。磨料应具有高硬度、高耐磨性；磨粒要有适当的锐利性，在加工中破碎后仍能保持一定的锋刃；磨粒的尺寸要大致相近，使加工中尽可能有均一的工作磨粒。磨料的种类很多，一般是按硬度来划分的。常用磨料的种类及用途见表 7-1。

表 7-1　常用磨料的种类及用途

磨料		用途
系列	名称	
刚玉系（氧化铝系）	棕刚玉	粗研磨钢、铸铁和硬青铜
	白刚玉	粗研淬火钢、高速钢和有色金属
	铬刚玉	研磨低表面粗糙度表面、钢件
	单晶刚玉	研磨不锈钢等强度高、韧性大的工件
碳化物系	黑碳化硅	研磨铸铁、黄铜、铝
	绿碳化硅	研磨硬质合金、硬铬、玻璃、陶瓷、石材
	碳化硼	研磨和抛光硬质合金、陶瓷、人造宝石等高硬度材料，为金刚石的代用品
超硬磨料系	天然金刚石	研磨硬质合金、陶瓷、人造宝石、玻璃、半导体材料等高硬难切材料
	人造金刚石	
	立方氮化硼	研磨高硬度淬火钢、高钒高钼钢、高速钢、镍基合金
软磨料系	氧化铁	精细研磨和抛光钢、淬硬钢、铸铁、光学玻璃及单晶硅
	氧化铬	

②磨料的粒度。磨料的粒度是指磨料颗粒的粗细程度。磨料的粒度规格用粒度号来表示。磨料的国家标准把粒度规格分为两类：一类是用于固结磨具、研磨、抛光的磨料粒度规格，其粒度号以“F”打头，称为“F 粒度号磨料”，其中 F4 ~ F220 为粗磨粒的粒度号，F230 ~ F1200 为微粉的粒度号；另一类是用于涂附磨具的磨料粒度规格，其粒度号以“P”打头，称为“P 粒度号磨料”，其中 P12 ~ P220 为粗磨粒粒度号，P240 ~ P2500 为微粉粒度号。通俗地讲，固结磨具就是砂轮，涂附磨具常见的是砂布、砂纸、砂带等。它们都是用来研磨的，只是加工对象和采用的磨具类型不一样。

不同粒度的磨料研磨时可达到的表面粗糙度见表7-2。

表7-2 磨料粒度及可达到的表面粗糙度

研磨方法	磨料粒度	能达到的表面粗糙度 $Ra/\mu m$	研磨方法	磨料粒度	能达到的表面粗糙度 $Ra/\mu m$
粗研磨	P12～P40	≥3.2	精研磨	P150～P220	0.8～0.2
半精研磨	P50～P120	3.2～0.8	超精研磨	P240～P2500	≤0.2

③研磨剂。研磨剂是由磨料、研磨液及辅料按一定比例配制而成的混合物。常用的研磨剂有液体和固体两大类。液体研磨剂由研磨粉、硬脂酸、煤油、汽油、工业用甘油配制而成；固体研磨剂是指研磨膏，由磨料和无腐蚀性载体，如硬脂酸、肥皂片、凡士林配制而成。

④研磨液。研磨液主要起润滑和冷却作用，应具备有一定的黏度和稀释能力；表面张力要低；化学稳定性要好，对被研磨工件没有化学腐蚀作用；能与磨粒很好地混合，易于沉淀研磨脱落的粉尘和颗粒物；对操作者无害，易于清洗等。常用的研磨液有煤油、全损耗系统用油、工业用甘油、动物油等。

2）研磨的压力、速度和时间。

①研磨的压力。研磨压力是研磨表面单位面积上所承受的压力。在研磨过程中，随着工件表面粗糙度值的不断降低，研具与工件表面接触面积在不断增大，则研磨压力逐渐减小。研磨时，研具与工件的接触压力应适当。若研磨压力过大，会加快研具的磨损，使研磨表面粗糙度值增高，影响研磨质量；反之，若研磨压力过小，会使切削能力降低，影响研磨效率。

研磨压力的范围一般在0.01～0.5MPa。手工研磨时的研磨压力约为0.01～0.2MPa；精研时的研磨压力约为0.01～0.05MPa；机械研磨时，压力一般为0.01～0.3MPa。当研磨压力在0.04～0.2MPa范围内时，对降低工件表面粗糙度收效显著。

②研磨的速度。在一定的条件下，提高研磨速度可以提高研磨效率。一般研磨速度应在10～150m/min之间。对于精密研磨来说，其研磨速度应选择在30m/min以下。一般手工粗研磨每分钟约往复40～60次；精研磨每分钟约往复20～40次。

③研磨的时间。研磨时间和研磨速度这两个研磨要素是密切相关的，它们都同研磨中工件所走过的路程成正比。

对于粗研磨来说，为获得较高的研磨效率，其研磨时间主要根据磨粒的切削快慢来决定。对于精研磨来说，实验曲线表明，研磨时间在1～3min范围，对研磨效果的改变已变缓，超过3min，对研磨效果的提高没有显著变化。

3）研磨运动轨迹。研磨时，研具与工件之间所做的相对运动，称为研磨运动。在研磨运动中，研具（或工件）上的某一点在工件（或研具）表面上所走过的路线，就是研磨运动的轨迹。研磨时选用不同的运动轨迹能使工件表面各处都受到均匀的研削。

常用的手工研磨运动形式有直线、摆线、螺旋线和仿“8”字形线等几种。不论哪一种轨迹的研磨运动，其共同特点都是工件的被加工面与研具工作面做相密合的研磨运动。这样的研磨运动既能获得比较理想的研磨效果，又能保持研具的均匀磨损，提高研具的耐用度。

4）研磨余量。研磨余量取决于零件尺寸、原始表面粗糙度、最终精度要求，原则上研磨余量只要能去除表面加工痕迹和变质层即可。研磨余量过大，使加工时间延长，研磨抛光工具和材料消耗增加，加工成本增大；反之，研磨后达不到要求的表面粗糙度和精度。当零件尺寸公差较大时，研磨余量可以取在零件尺寸公差范围之内，见表 7-3。

表 7-3　研磨余量

零件形状	前道工序	表面粗糙度 $Ra/\mu m$	研磨余量/μm	研后表面粗糙度 $Ra/\mu m$
平面	精磨	0.8 ~ 0.4	3 ~ 15	0.1
	刮削	1.6 ~ 0.8	3 ~ 20	0.1
内圆	磨内圆	0.8 ~ 0.2	5 ~ 20	0.1
	精车	1.6	20 ~ 40	0.1
	铰孔	3.2 ~ 1.6	20 ~ 50	0.1
型腔	线切割	细钼丝:1.6	5 ~ 10	0.1
		粗钼丝:6.3	10 ~ 20	0.1
外圆	磨外圆	0.8 ~ 0.4	10 ~ 30	0.1
	精车	1.6	20 ~ 35	0.1

5）研具。研具是研磨剂的载体，游离的磨粒嵌入研具工作表面发挥切削作用。磨粒磨钝时，由于磨粒自身部分碎裂或结合剂断裂，磨粒从研具上局部或完全脱落，而研具工作面上的磨料不断出现新的切削刃，或不断露出新的磨粒，使研具在一定时间内能保持切削性能。同时研具又是研磨成形的工具，自身具有较高的几何形状精度，并将其按一定的方式传递到工件上。

①研具的材料。灰铸铁：晶粒细小，具有良好的润滑性；硬度适中，磨耗低；研磨效果好；价廉易得，应用广泛。球墨铸铁：比一般铸铁容易嵌存磨料，可使磨粒嵌入牢固、均匀，同时能增加研具的耐用度，可获得高质量的研磨效果。软钢：韧性较好，强度较高；常用于制作小型研具，如研磨小孔、窄槽等。有色金属及合金：如铜、黄铜、青铜、锡、铝、铅锡合金等，材质较软，表面容易嵌入磨粒，适宜做软钢类工件的研具。非金属材料：如木、竹、皮革、毛毡、纤维板、塑料、玻璃等，除玻璃以外，其他材料质地较软，磨粒易于嵌入，可获得良好的研磨效果。

②研具的种类。

a. 研磨平板。用于研磨平面，有带槽和无槽两种类型，带槽的用于粗研，无槽的用于精研。模具零件上的小平面，常用自制的小平板进行研磨，如图 7-4 所示。

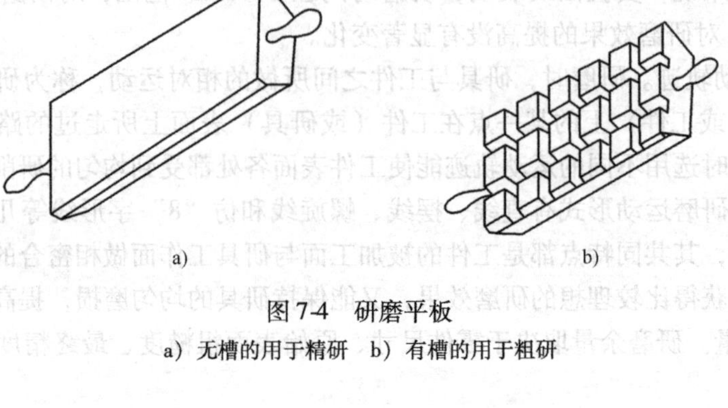

图 7-4　研磨平板
a）无槽的用于精研　b）有槽的用于粗研

b. 研磨环。主要研磨外圆柱表面，如图7-5所示。研磨环的内径比工件的外径大0.025～0.05mm，当研磨环内径磨大时，可通过外径调节螺钉使调节圈的内径缩小。

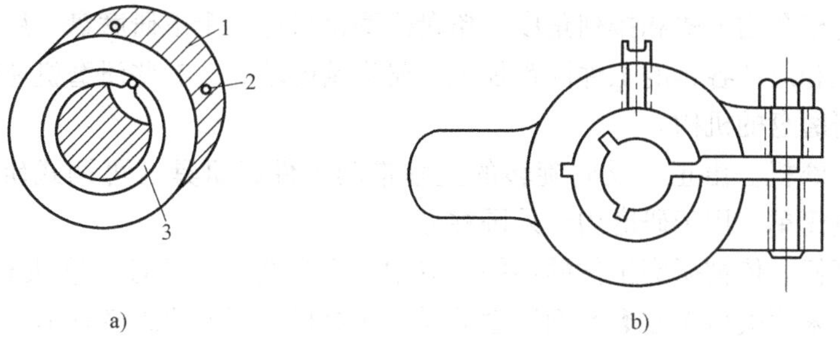

图7-5　研磨环

1—外环　2—调节螺钉　3—调节圈

c. 研磨棒。主要用于圆柱孔的研磨，分固定式和可调式两种，如图7-6所示。固定式研磨棒制造容易，但磨损后无法补偿。固定式研磨棒分有槽的和无槽的两种结构，有槽的用于粗研，无槽的用于精研。当研磨环的内孔和研磨棒的外圆做成圆锥形时，可用于研磨内、外圆锥表面。

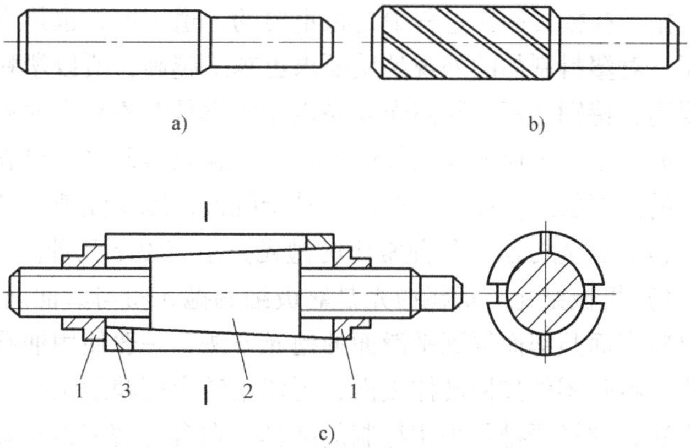

图7-6　研磨棒

a）固定式无槽研磨棒　b）固定式有槽研磨棒　c）可调式研磨棒

1—调节螺钉　2—锥度芯棒　3—开槽研磨套

③研具硬度。研具是磨具大类里的一类特殊工艺装备，它的硬度定义仍沿用磨具硬度的定义。磨具硬度是指磨粒在外力作用下从磨具表面脱落的难易程度，反映结合剂把持磨粒的强度。磨具硬度主要取决于结合剂加入量的多少和磨具的密度。磨粒容易脱落的表示磨具硬度低；反之，表示硬度高。研具硬度的等级一般分为超软、软、中软、中、中硬、硬和超硬7大级。从这些等级中还可再细分出若干小级。测定研具硬度的方法，较常用的有手锥法、机械锥法、洛氏硬度计测定法和喷砂硬度计测定法。在研磨切削加工中，若被研工件的材质硬度高，一般选用硬度低的研具；反之，则选用硬度高的研具。

6）研磨机。研磨机是用涂上或嵌入磨料的研具对工件表面进行研磨的机床，主要用于研磨工件中的高精度平面、内外圆柱面、圆锥面、球面、螺纹面和其他型面。研磨机的主要类型有圆盘式研磨机、转轴式研磨机和各种专用研磨机。

①圆盘式研磨机。分单盘和双盘两种，以双盘研磨机应用最为普遍。在双盘研磨机上，多个工件同时放入位于上、下研磨盘之间的保持架内，保持架和工件由偏心或行星机构带动作平面平行运动。下研磨盘旋转，与之平行的上研磨盘可以不转，或与下研磨盘反向旋转，并可上下移动以压紧工件（压力可调）。此外，上研磨盘还可随摇臂绕立柱转动一角度，以

便装卸工件。双盘研磨机主要用于加工两平行面、一个平面（需增加压紧工件的附件）、外圆柱面和球面（采用带V形槽的研磨盘）等。加工外圆柱面时，因工件既要滑动又要滚动，需合理选择保持架孔槽形式和排列角度。单盘研磨机只有一个下研磨盘，用于研磨工件的下平面，可使形状和尺寸各异的工件同盘加工，研磨精度较高。有些研磨机还带有能在研磨过程中自动校正研磨盘的机构。

②转轴式研磨机。由正、反向旋转的主轴带动工件或研具（可调式研磨环或研磨棒）旋转，结构比较简单，用于研磨内、外圆柱面。

③专用研磨机。依被研磨工件的不同，有中心孔研磨机、钢球研磨机和齿轮研磨机等。此外，还有一种采用类似无心磨磨削原理的无心研磨机，用于研磨圆柱形工件。

2. 抛光

抛光是一种比研磨更微磨削的精加工。研磨时研具较硬，其微切削作用和挤压塑性变形作用较强，在尺寸精度和表面粗糙度两方面都有明显的加工效果。在抛光过程中也存在着微切削作用和化学作用。由于抛光所用研具较软，还存在塑性流动作用。这是由于抛光过程中的摩擦现象，使抛光接触点温度上升，引起热塑性流动。抛光的作用是进一步降低表面粗糙度值，并获得光滑表面，但不提高表面的形状精度和位置精度。抛光后表面粗糙度值可达 $Ra0.4\mu m$ 以下。

抛光在模具制作过程中是很重要的一道工序，也是收官之作。随着塑料制品的日益广泛应用，对塑料制品的外观品质要求也越来越高，所以塑料成型模型腔的表面抛光质量也要相应提高，特别是镜面和高光高亮表面的模具对模具表面粗糙度要求更高，因而对抛光的要求也更高。抛光不仅增加工件的美观，而且能够改善材料表面的耐蚀性、耐磨性，还可以方便后续的注塑加工，如使塑料制品易于脱模，减少注塑生产周期等。

（1）抛光方法　目前常用的抛光方法有以下几种。

1）机械抛光。机械抛光是靠极细的抛光粉与磨面间产生的相对磨削和滚压作用，来消除材料表面凸部而得到平滑面的抛光方法，一般使用油石条、羊毛轮、砂纸等，以手工操作为主，特殊零件如回转体表面，可使用转台等辅助工具。表面质量要求高的可采用超精研抛的方法，超精研抛是采用特制的磨具，在含有磨料的研抛液中，紧压在工件被加工表面上，作高速旋转运动。利用该技术可以达到 $Ra0.008\mu m$ 的表面粗糙度值，是各种抛光方法中最高的，光学镜片模具常采用这种方法。

2）化学抛光。化学抛光是让材料浸在化学介质中，其表面微观凸出的部分较凹陷部分优先溶解，从而得到平滑面。这种方法的主要优点是不需要复杂设备，可以抛光形状复杂的工件，可以同时抛光很多工件，效率高。化学抛光的核心问题是抛光液的配制。化学抛光得到的表面粗糙度值一般为数十微米。

3）电解抛光。电解抛光的基本原理与化学抛光相同，即靠选择性地溶解材料表面微小凸出部分，使表面光滑。与化学抛光相比，电解抛光可以消除阴极反应的影响，效果较好。电解修磨抛光是近年来发展起来的一种高效率加工工艺，它能大大提高模具的质量和寿命，缩短模具制造周期，降低模具制造成本。

4）超声波抛光。超声波抛光是将工件放入磨料悬浮液中并一起置于超声波场中，依靠超声波的振荡作用，使磨料在工件表面磨削抛光。超声波加工宏观力小，不会引起工件变形，但工装制作和安装较困难。超声波加工可以与化学或电化学方法结合，在溶液腐蚀、电解的基础上，再施加超声波振动搅拌溶液，使工件表面溶解产物脱离，表面附近的腐蚀或电解均匀。超声波在液体中的空化作用还能够抑制腐蚀过程，利于表面光亮化。

5）流体抛光。流体抛光是依靠高速流动的液体及其携带的磨粒冲刷工件表面达到抛光的目的，常用方法有：磨料喷射加工、液体喷射加工、流体动力研磨等。流体动力研磨是由液压驱动，使携带磨粒的液体介质高速往复流过工件表面。介质主要采用在较低压力下流动性好的特殊化合物（聚合物状物质）并掺上磨料制成，磨料可采用碳化硅粉末。

6）磁研磨抛光。磁研磨抛光是利用磁性磨料在磁场作用下形成磨料刷，对工件磨削加工。这种方法加工效率高，质量好，加工条件容易控制，工作条件好。采用合适的磨料，表面粗糙度值可以达到 *Ra*0.1μm。

（2）抛光工具

1）手工抛光工具。

①平面用抛光器。平面用抛光器如图 7-7 所示。抛光器手柄的材料为硬木，在抛光器的研磨面上，用刀刻出大小适当的凹槽，在离研磨面稍高的地方刻出用于缠绕布类制品的止动凹槽。

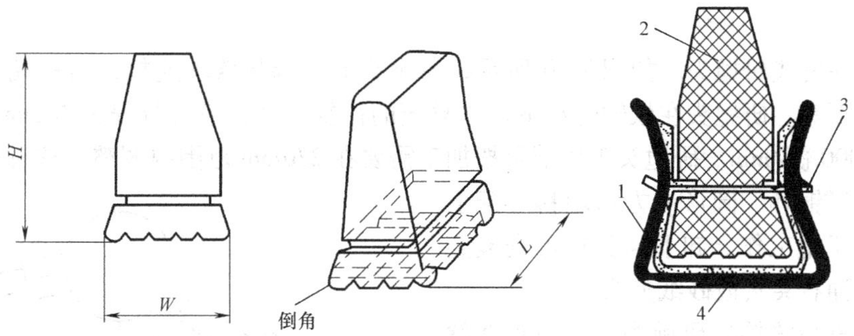

图 7-7　平面用抛光器

1—人造皮革　2—木质手柄　3—钢丝或铝丝　4—尼龙布

若使用粒度较粗的研磨剂进行研磨加工时，只需将研磨膏涂在抛光器的研磨面上进行研磨加工即可。

②球面用抛光器。如图 7-8 所示，球面用抛光器与平面用抛光器基本相同。抛光凸形工件的研磨面，其曲率半径一定要比工件曲率半径大 3mm；抛光凹形工件的研磨面，其曲率半径比工件曲率半径小 3mm。

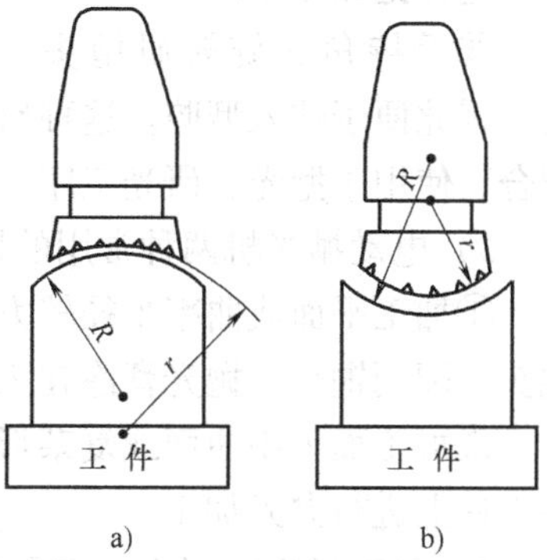

图 7-8　球面用抛光器

a）抛光凸形工件　b）抛光凹形工件

③自由曲面用抛光器。对于平面或球面的抛光作业，其研磨面和抛光器保持密接的位置关系，故不在乎抛光器的大小。但是自由曲面是呈连续变化的，使用太大的抛光器时，容易损伤工件表面的形状。因此，对于自由曲面应使用小型抛光器进行抛光，抛光器越小，越容易模拟自由曲面的形状，如图 7-9 所示。

2）电动抛光机。由于模具工作零件型面的手工研磨、抛光工作量大。因此，一种用以提高抛光效率和降低劳动强度的手持研抛工具——电动抛光机在模具行业中的应用正在逐步扩大。电动抛光机带有三种不同的研抛头，电动机通过软轴与手持研抛头连接，可使研抛头作旋转运动或往复运动。使用不同的研抛头，配上不同的磨削头，可以进行各种不同的研抛工作。

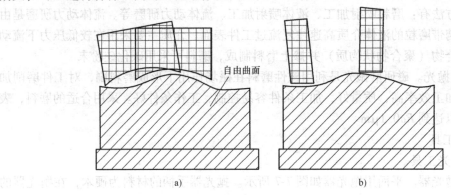

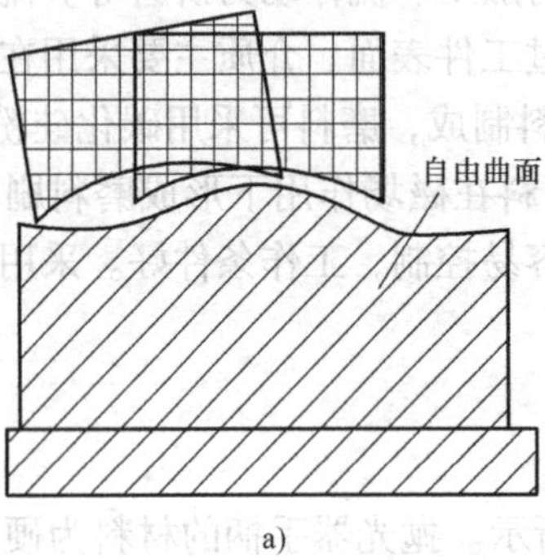

图 7-9 自由曲面用抛光器

a）大型抛光器 b）小型抛光器

①手持往复式研抛头。如图 7-10 所示，研抛头的一端与软轴连接，另一端可安装研具或锉刀、油石等。研抛头在软轴传动下可作频繁的往复运动，最大行程为 20mm，往复频率最高可达 5000 次/min。研抛头工作端可按加工需要在 270mm 范围内调整。这种研抛头主要以圆形或方形铜环、圆形或方形塑料环配上球头杆进行研抛工作。卸下球头杆可安装金刚石锉刀、油石夹头或砂纸夹头。

②手持直角式旋转研抛头。研抛头在软轴传动下作高速旋转运动。可装夹 $\phi2$ ~ $\phi12$mm 的特型金刚石砂轮进行复杂曲面的修磨。装上打光球用的轴套，用塑料研磨套可研抛圆弧部位。装上各种尺寸的羊毛毡抛光头可进行抛光工作。

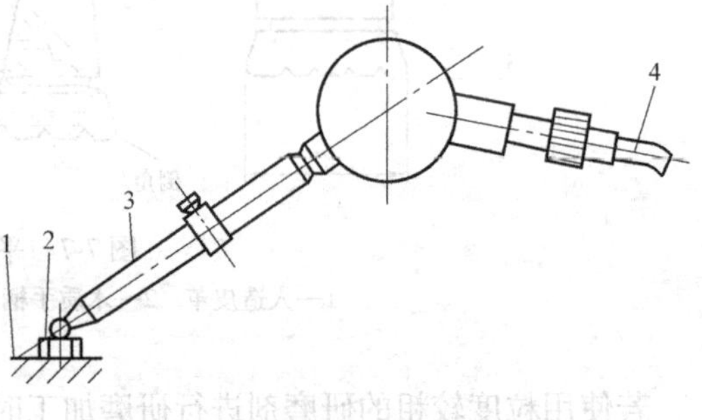

图 7-10 手持往复式研抛头的应用

1—被研磨工件 2—研抛环 3—球头杆 4—软轴

③手持角式旋转研抛头。研抛头呈角式，因此便于伸入型腔。这种研抛头的应用主要是与铜环配合，使用于研光工序；与塑料环配合，使用于抛光、研光工序；将尼龙纤维圆布、羊毛毡紧固于布用塑料环上用于抛光。

3）电动抛光机两种常用的抛光方法。

①加工平面或曲率半径较大的规则面时，采用手持角式旋转研抛头或手持直角式旋转研抛头，配用铜环，抛光膏涂在工件上进行抛光加工。

②加工面为小曲面或复杂形状的型面时，采用手持往复式研抛头，配用铜环，抛光膏涂在工件上进行抛光加工。

4）新型抛光磨削头。它是采用高分子弹性多孔性材料制成的一种新型磨削头。这种磨削头具有微孔海绵状结构，磨料均匀，弹性好，可以直接进行镜面加工。使用时磨削力均匀，产热少，不易堵塞，能获得平滑、光洁、均匀的表面。弹性磨料配方有多种，分别用于磨削各种材料。磨削头在使用前可用砂轮修整成各种需要的形状。

（3）抛光工艺

1）影响可抛光性的因素。抛光可达到的表面粗糙度值取决于下面三个因素。

①抛光工艺要求。抛光是工件的最后一道精加工工序，对研磨的工艺要求也适用于抛光。

②模具工作零件的钢材等级或材质。钢材中所含的杂质是不理想的成分，要改善模具钢的性能，可采用真空抽气冶炼法和电炉去杂质冶炼法。

③钢材的热处理。模具钢的硬度越高则越难进行研磨和抛光，但是硬度高的模具钢可以得到较低的表面粗糙度值，因此可以通过提高模具钢的淬硬性来提高钢材的可抛光性。

2）抛光工序的工艺步骤。抛光的工艺步骤要根据操作者的经验、使用的工具、设备情况和材料的性能等决定。通常采用两种方法进行抛光：

①选定抛光膏的粒度。先用硬的抛光工具抛光，再换用软质抛光工具最终精抛。

②选用中硬的抛光膏。工具先用较粗粒度的抛光膏，再逐步减小抛光膏的粒度进行抛光加工。

3）抛光中可能出现的缺陷及解决方法 。抛光中的主要问题是所谓“过抛光”，其结果是抛光时间越长，表面反而越粗糙。这主要产生两种现象，即产生“橘皮状”和“针孔状”缺陷。过抛光问题一般在机抛时产生，而手抛很少出现这种过抛光现象。

①“橘皮状”问题。抛光时压力过大且时间过长时，会出现这种情况。较软的材料容易产生这种过抛光现象，其原因并不是钢材有缺陷，而是抛光用力过大，导致金属材料表面产生微小塑性变形所致。解决方法：通过渗氮或其他热处理方式增加材料的表面硬度；对于较软的材料，采用软质抛光工具。

②“针孔状”问题。由于材料中含有杂质，在抛光过程中，这些杂质从金属组织中脱离下来，形成针孔状小坑。解决方法：避免用氧化铝抛光膏进行机抛；在适当的压力下作最短时间的抛光，采用优质合金钢材。

7.1.3　任务实施

通过对图7-1导柱和导套加工的任务分析，可以得出导柱和导套的加工方案为：下料→粗车→钻中心孔→车→检验→热处理→研磨中心孔→磨削→研磨外圆和内孔。对于加工方案中研磨工艺这一步，具体的做法如下。

在生产数量大的情况下，可以在专用研磨机床上研磨；单件小批量生产可以采用简单的研磨工具在卧式车床上进行研磨。研磨时将导柱安装在车床上，由主轴带动旋转，在导柱表面均匀涂上一层研磨剂，然后套上研磨工具并用手将其握住，作轴线方向的往复运动。研磨导套与研磨导柱相类似，由主轴带动研磨工具旋转，手握套在研具上的导套，作轴线方向的往复直线运动。调节研具上的调整螺钉和螺母，可以调整研磨套的直径，以控制研磨量的大小。

导柱采用的工具和导套研磨如图7-11和图7-12所示。

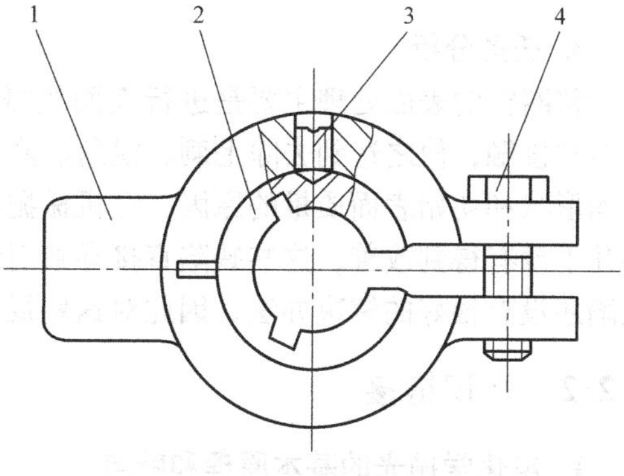

图7-11　导柱研磨工具

1—研磨架　2—研磨套　3—限动螺钉　4—调整螺钉

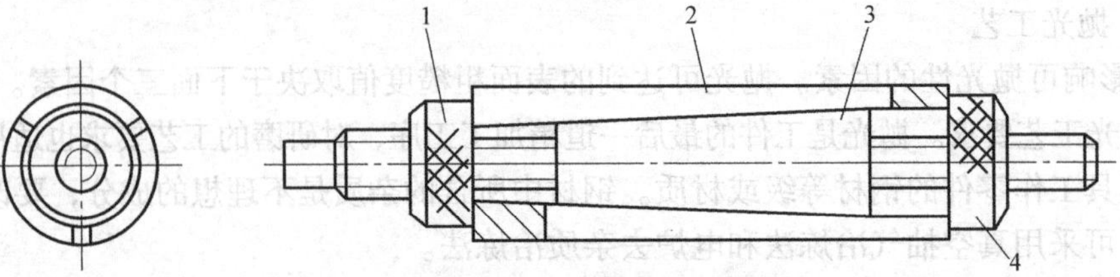

图 7-12　导套研磨工具

1、4—调整螺母　2—研磨套　3—锥度心轴

任务 7.2　电化学抛光

知识点：

1. 电化学抛光的基本原理和特点。
2. 影响电化学抛光质量的因素。

技能点：

电化学抛光方式的选用场合。

7.2.1　任务导入

1. 任务要求

图 7-13 所示为电脑横机移圈针的实物图。移圈针的表面质量对自身的使用性能以及针织品质量都有很大的影响。编织部分——头部，要在纱线中高速穿行，循环完成脱圈→进纱→成圈→脱圈的编织动作，因此头部形状应圆滑，不允许有任何棱角、毛糙或加工时形成的毛刺，否则将会拉毛纱线，严重时磨断纱线，直接影响成品的质量。

图 7-13　移圈针实物图

2. 任务分析

移圈针的表面处理主要是进行表面机械抛光，利用工件与介质（或工件与工件）间的摩擦和接触，使之达到去除毛刺、锐角、降低表面粗糙度的效果。但由于移圈针本身特殊的结构形状和初始表面质量的原因，经机械抛光后针钩内侧面的褶皱和脱圈齐肩部位的冲压痕迹几乎没有得到改善，这些缺陷直接导致对纱线进行拉毛或割断以及影响脱圈。目前对这些缺陷还没有很好的解决办法，因此对这些局部部位采用局部光整加工是很有必要的。

7.2.2　知识链接

1. 电化学抛光的基本原理和特点

（1）基本原理　电化学抛光的基本原理如图 7-14 所示。被抛光零件接直流电源的阳极，耐腐蚀材料（不锈钢或铝材）作为工具接负极，将零件、工具放入电解液槽中，形成电路产生电流，阳极失去电子产生溶解现象，表面被不断蚀除。随着溶解的进行，在阳极表面会生成黏度高、电阻大的氧化物薄膜；凸出处较薄，电阻较小，电流密度比凹处大，这样突出处先被溶解，从而降低表面粗糙度，达到抛光的目的。

（2）特点

1）电火花加工后的表面，经过电化学抛光后可使表面粗糙度值由 *Ra*1.6～3.2μm 降低到 *Ra*0.2～0.4μm。电化学抛光时各部位金属去除速度相近，抛光量很小。电化学抛光后尺寸精度和形状精度可控制在 0.01mm 之内。

2）电化学抛光和传统手工研磨抛光相比，效率提高几倍以上，如抛光余量为 0.1～0.15mm 时，电化学抛光时间约为 10～15min，而且抛光速度不受材料硬度的影响。

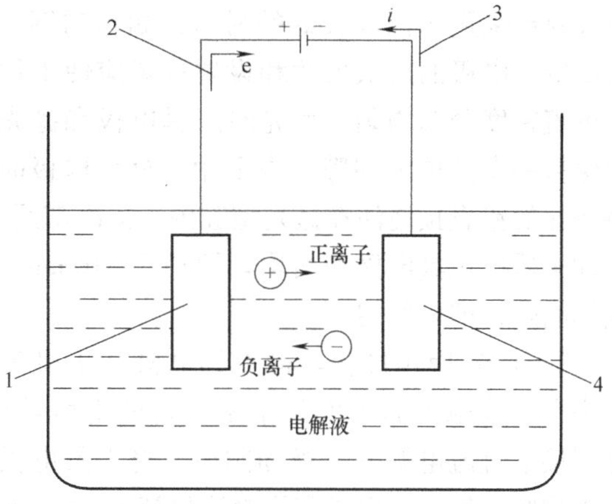

图 7-14　电化学抛光的基本原理

1—加工零件　2—电子流方向　3—电流方向　4—工具

3）电化学抛光工艺方法简单，操作容易，而且设备简单，投资小。

4）电化学抛光不能消除原表面的“粗波纹”，因此电化学抛光前，加工表面应无波纹现象。

2. 影响电化学抛光质量的因素

（1）电解液　电解液成分和比例对抛光质量有决定性影响。目前电解液的种类很多，要根据不同金属材料选择不同的电解液配方和比例。

（2）电流密度　通常电化学抛光都在较高电流密度下进行，以获得平滑光亮的表面。但当电流密度过高时，阳极析出的氧气过多，使电解液近似沸腾，不利于抛光的正常进行。

（3）电解液温度　一般电解液温度低，金属溶解速度低，生产率低。否则反之。不同金属材料都有一个最佳温度范围，目前是通过试验确定。电化学抛光属于小距离化学反应，电解产物如不能及时排除，也影响抛光质量，抛光时应采用搅拌或移动的方法，促使电解液流动。保持抛光区电解液的最佳状态，缩小电解液的温度变化，始终保证最佳抛光条件，是保证抛光质量的重要因素之一。

（4）抛光时间　抛光开始时，表面平整速度最大，随着时间增加，阳极金属去除总量增加，不同金属材料都有一个最佳抛光时间。当超过最佳抛光时间时，抛光质量逐渐变差。

（5）金属材料的金相组织状态　金属的金相组织越均匀、致密，抛光效果越好；如金属中含有较多非金属成分，则抛光效果就差；如金属以合金形式组成，应选择使合金均匀溶解的电解液；铸件由于组织疏松不宜于电化学抛光；铸铁件由于有游离石墨，也不宜于电化学抛光。

（6）抛光表面的原始表面粗糙度　采用电化学抛光时，工件原始表面粗糙度值达到 *Ra*0.8～2.5μm 时，电化学抛光才能取得满意效果。

3. 抛光方式

（1）整体电化学抛光法　整体电化学抛光法如图 7-15 所示。电源电压为 0～50V，电流密度为 80～100A/dm²，工具电极 2 的上下运动由伺服机构 4 控制，工作台 9 上有纵横拖板以调节工件 1 和电极 2 之间的相对位置，电解液 6 有恒温控制装置保持工作温度。

1）工具电极的选择与使用时的注意事项。工具电极材料采用耐蚀性较好的材料，如不锈钢、铅和石墨等。电极的形状尺寸和设置位置应使工件表面的电流密度分布均匀。抛光时工具电极和抛光型腔应保持一定的电解间隙。当采用铅材作电极时，可将溶化的铅直接浇注在抛光型腔内，待冷却后取出，经加工后使工具电极型面均匀缩小 5～10mm，得到电解间隙，即可使用。

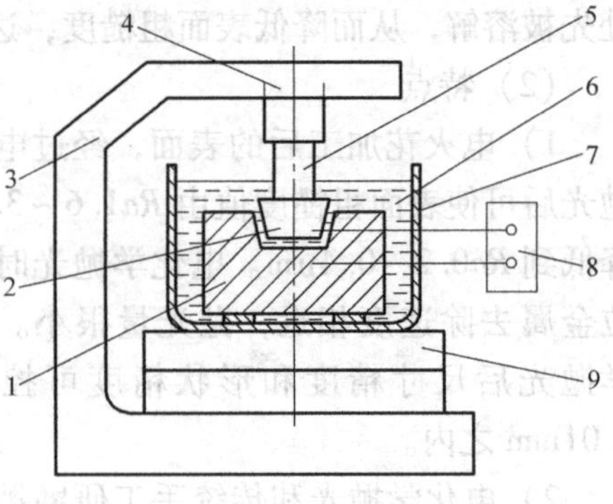

图 7-15　整体电化学抛光示意图

1—工件　2—工具电极　3—床身　4—伺服机构　5—进给主轴　6—电解液　7—电解槽　8—电源　9—纵横工作台

2）抛光操作过程。将工具电极装于机床主轴夹头上，被抛光的工件放于工作台的电解液槽内，分别接上直流电源的阳极和阴极。将工具电极纳入工件型腔，使工具电极和型腔边保持 5～10mm 的电解间隙。电解液经加热至工作温度后倒入电解液槽内（或在槽中直接加热至工作温度，电解液的液面应超出工件上平面 15～20mm），然后接通电源，调整电压符合预定电流后即可开始抛光。抛光时为避免电解液温度过高以及排除电解气泡，应经常补充新的电解液和搅拌，也可以采用定时提起工具电极的方法达到搅拌电解液的目的。

（2）逐步电化学抛光法　逐步电化学抛光法也称为电解磨削加工，是阳极溶解和机械磨削相结合的一种抛光方法，以电化学阳极溶解为主，磨轮的作用主要是消除氧化膜。逐步电化学抛光法如图 7-16 所示（DMP-10 型电化学修研抛光机）。脉冲直流电源 3 的电压为 0～24V 无级调节，最大输出电流 10A，脉冲波为矩形。电解液槽 7 的容积为 7L，由泵 6 经过过滤器向抛光区注入电解液。积聚在抛光型腔工件 11 内的电解液和电解产物由电动吸引器 9 产生的负压吸回电解液槽。160W 的电动机带动电动抛光器，抛光轮的转速为 8000～20000r/min 无级调速，快速擦除电化学产生的氧化膜。

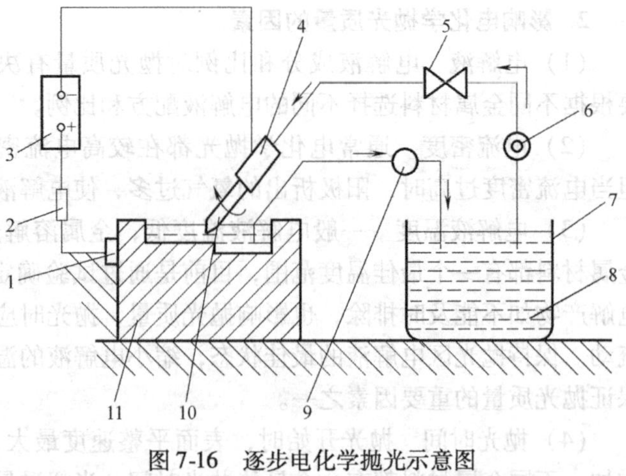

图 7-16　逐步电化学抛光示意图

1—磁铁　2—可调电阻　3—电源　4—电动抛光器　5—阀门　6—泵　7—电解槽　8—电解液　9—吸引器　10—磨头　11—工件

在操作过程中根据模具型腔的形状，选择合适的导电油石或金属导电锉，装于电动抛光器 4 前端的夹持器上，并和电源和阴极接通。被抛光模具通过磁铁 1 吸牢，将磁铁的导线和电源阳极接通。起动泵 6 调节流量，向模具抛光型腔喷出一定量的电解液，然后调节抛光电压，将抛光工具电极慢慢接触抛光表面进行磨抛运动，以不产生火花放电为准。

7.2.3　任务实施

针对图 7-13 所示移圈针的机械抛光方法无法解决的表面缺陷，采取非接触抛光方法对这些缺陷进行局部光整加工。结合抛光部位的结构特点，采用成形阴极对移圈针钩内侧面及齐肩部位进行局部电化学抛光。移圈针作为阳极接直流电源的正极，阴极接电源负极，两极之间保持一定的间隙，放入电解液中，接通电源后，两极与电解液发生电化学及化学反应达到抛光效果。移圈针（SK5 钢）作为阳极接电源正极，ϕ0.3mm 纯铜丝和（8×6×90）mm 的纯铜块分别作为抛光针钩内侧面和齐肩部位的阴极接电源负极，装入自制的夹具中，两极之间保持一定的间隙，放入 H_2SO_4-H_3PO_4-CrO_3 型电解液中，其电化学抛光示意图如图 7-17、图 7-18 所示。

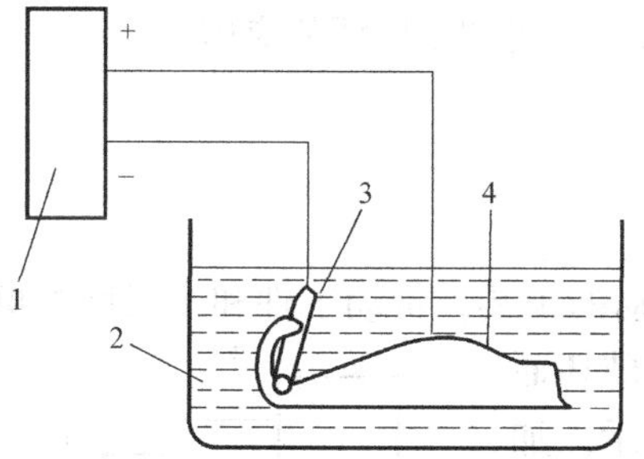

图 7-17　针钩内侧面电化学抛光示意图
1—直流电源　2—电解液　3—阴极　4—移圈针

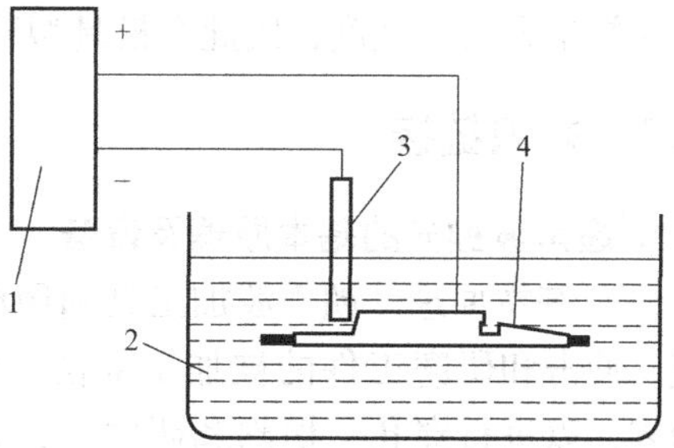

图 7-18　脱圈齐肩部位电化学抛光示意图
1—直流电源　2—电解液　3—阴极　4—移圈针

在电解抛光之前，将移圈针放入超声波清洗机中用丙酮清洗 2h 去表面油污。电解抛光的质量是由很多可变因素决定的，影响电解抛光过程的因素主要有电压、电解液成分、电解液温度、加工间隙和持续时间，因此需要对上述参数进行优化，在最佳工艺参数下对其进行电解抛光加工。

通过实验对工艺参数的优化，在各自最佳工艺参数下分别对针钩内侧面以及齐肩部位冲压面进行电化学抛光。抛光后用清水清洗再用热水浸泡 5min 后烘干。用某 SMZ800 体视显微镜（63×）和某公司 VHX-1000 光学显微镜对针钩和齐肩处冲压面进行表面形貌观察，电化学抛光对针钩内侧面上小的褶皱去除能力很强，抛光后细小的褶皱基本被去除，表面较为光滑，对齐肩部位的棱边倒圆、去毛刺效果很好，在一定程度上能弱化凸缺陷，整个表面圆滑无尖锐峰。

任务 7.3　超声波抛光

知识点：

1. 超声波抛光的基本原理及设备。

2. 超声波抛光的工艺及特点。

技能点：

超声波抛光方式的选用场合。

7.3.1　任务导入

1. 任务要求

在模具生产过程中，会遇到对一些硬脆材料的工件进行光整加工的问题，采用手工或简单的机械加工方法在加工效率及表面粗糙度方面已经达不到图样的要求。为此有必要寻求一种特殊的模具光整加工方法。

2. 任务分析

超声波抛光技术是随着模具制造新工艺的不断发明而出现的。超声波抛光技术作为一种新型的零件表面处理技术，其抛光时阻力小、效率高、精度高，特别适用于硬度高、形状复杂、带有窄缝或深槽的模具型腔表面的光整加工。同时它可以缩短模具制造周期、提高质量、减轻工人劳动强度，因此在模具型腔表面加工过程中得到很广泛的应用。

7.3.2　知识链接

1. 超声波抛光的基本原理及设备

（1）基本原理　超声波加工是利用产生超声振动的工具，带动工件和工具间的磨料悬浮液，冲击和研磨工件的被加工部位，使局部材料破坏而成粉末，以进行穿孔、切割和研磨等，如图 7-19 所示。加工时抛光工具 4 以一定的静压力作用在工件 6 上，在工具和工件之间加入磨料悬浮液 5（磨料和水或煤油的混合物），超声换能器 2 产生 16kHz 以上的超声频轴向振动，借助于变幅杆 3 把振幅放大到 0.02～0.08mm，迫使工作液中悬浮的磨粒以很大的速度和加速度不断地撞击、磨削被加工表面，把加工区域的材料粉碎成很细的微粒，并从工件上打击下来。虽然每次打击下来的材料很少，但由于每秒钟打击次数多达 16000 次以上，所以仍有一定的加速度。与此同时工作液受工具端面超声振动作用而产生的高频、交变的液压正负冲击波，使磨料悬浮液在加工间隙中强迫循环，使变钝的磨粒及时得到更新，切屑能够及时地排除。超声振动使工具具有自刃性，能防止磨具气孔堵塞，提高了磨削性能。随着工具的轴向进给，工具端部形状被复制在工件上。

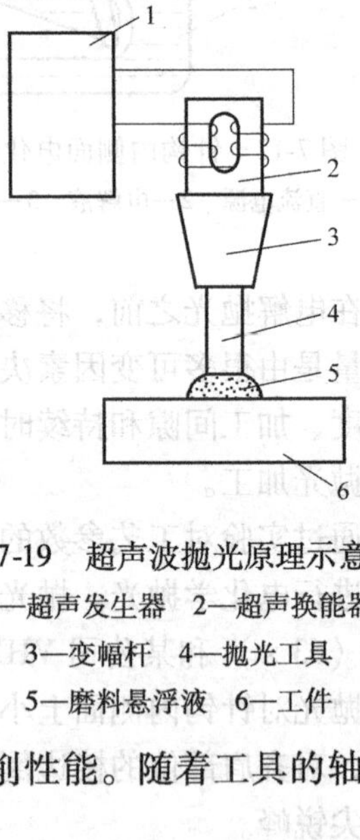

图 7-19　超声波抛光原理示意图
1—超声发生器　2—超声换能器
3—变幅杆　4—抛光工具
5—磨料悬浮液　6—工件

超声波加工的精度，一般可达到 0.01～0.02mm，表面粗糙度值可达到 *Ra*0.63μm 左右，在模具加工中用于加工某些冲模、拉丝模以及抛光模具工作零件的成形表面。

（2）超声波抛光机设备　超声波抛光机一般包括超声频电振荡发生器、将电振荡转换成机械振动的换能器和机械振动系统。图 7-20 所示是 SDY-022 型超

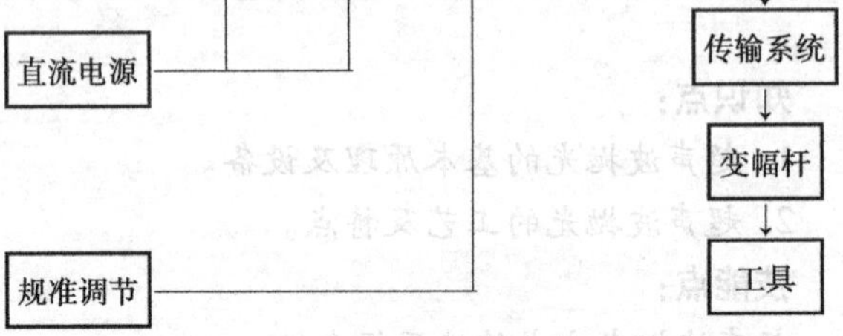

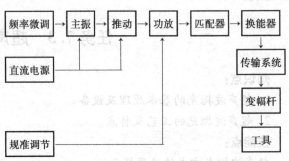

图 7-20　SDY-022 型超声波抛光机原理框图

声波抛光机原理框图。

1）超声发生器。超声发生器也称超声波或超声频电振荡发生器，作用是将工频交流电转变为有一定功率输出的超声频振荡，以提供工具端面往复振动和去除被加工材料的能量。

2）换能器。换能器的作用是将高频电振荡转换成机械振动，目前实现这一目的可利用压电效应和磁致伸缩效应两种方法。

①压电效应超声波换能器。石英晶体、钛酸钡（$BaTiO_3$）以及锆钛酸铅（$PbZrTiO_3$）等物质在受到机械压缩或拉伸变形时，在它们两对面的界面上将产生一定的电荷，形成一定的电势；反之，在它们的两界面上加以一定的电压，则产生一定的机械变形，如图7-21所示，这一现象称为“压电效应”。如果两面加上16000Hz以上的交变电压，则该物质产生高频的伸缩变形，使周围的介质作超声振动。为了获得最大的超声波强度，应使晶体处于共振状态，故晶体片厚度应为声波半波长或整数倍。

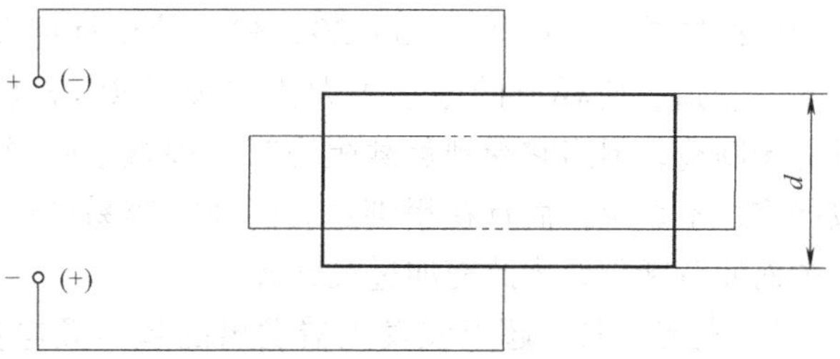

图7-21　压电效应

石英晶体的伸缩量太小，3000V电压才能产生0.01μm以下的变形；钛酸钡的压电效应比石英晶体大20～30倍，但效率和机械强度不如石英晶体；锆钛酸铅具有二者的优点，一般可用做超声波清洗和小功率超声波抛光机的换能器，常制成圆形薄片，两面镀银，先加高压直流电进行极化，一面为正极，另一面为负极。使用时，常将两片叠在一起，正极在中间，负极在两侧，经上下端块用螺钉夹紧，如图7-22所示。

②磁致伸缩效应超声波换能器。铁、钴、镍及其合金的长度能随着所处的磁场强度的变化而伸缩，这种现象称为磁致伸缩效应。

为了减少高频涡流损耗，超声波抛光机中常用纯镍片叠成封闭磁路的镍片磁致伸缩换能器，如图7-23所示。在两芯柱上同向绕以线圈，通入高频电流使之伸缩。它比压电式换能器有较高的机械强度和较大的输出功率，常用于中功率和大功率的超声波抛光机中。

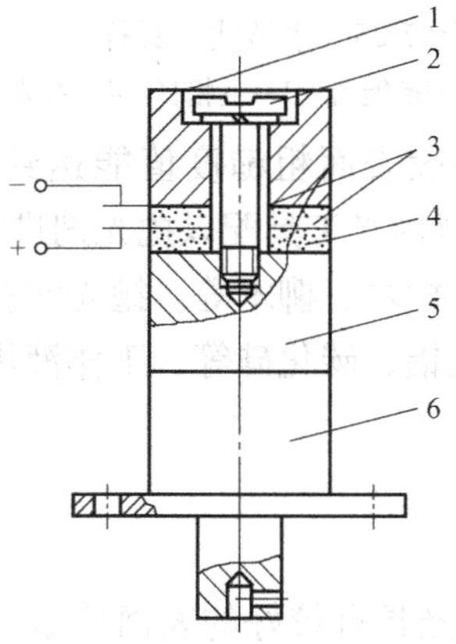

图7-22　压电陶瓷换能器
1—上端块　2—压紧螺钉　3—导电镍片
4—压电陶瓷　5—下端块　6—变幅杆

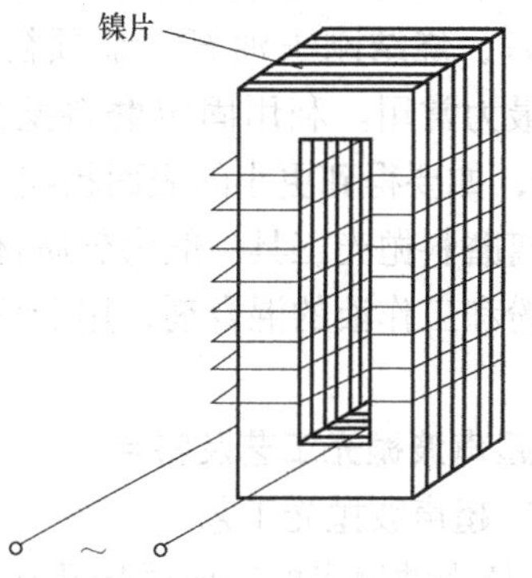

图7-23　磁致伸缩换能器

③变幅杆。压电或磁致伸缩的变形量很小，即使在其共振条件下振幅也不超过0.005～0.01mm，不能直接用来加工。超声波抛光需0.01～0.02mm的振幅，因此必须通过一个上粗下细的杆子将振幅加以放大，此杆称为振幅扩大棒或变幅杆，如图7-24所示。

为了获得较大的振幅，应使变幅杆的固有振动频率和外激振动频率相等，处于共振状态。为此，在设计、制造变幅杆时，应使其长度等于超声波的半波长或其整倍数。

由于超声波在钢铁中传播的波长 $\lambda=0.2\sim0.31$m，故钢变幅杆的长度一般在半波长100～160mm之间。变幅杆可制成锥形、指数形、阶梯形等，如图7-24所示。锥形的振幅扩大比较小（5～10）倍，但易于制造；指数形的振幅扩大比中等（10～20）倍，使用性能稳定，但不易制造；阶梯形的振幅扩大比较大（20倍以上），且易于制造，但当它受到负载阻力时振幅减小的现象也较严重，不稳定，而且在粗细过渡的地方容易产生应力集中而疲劳断裂，为此需加过渡圆弧。

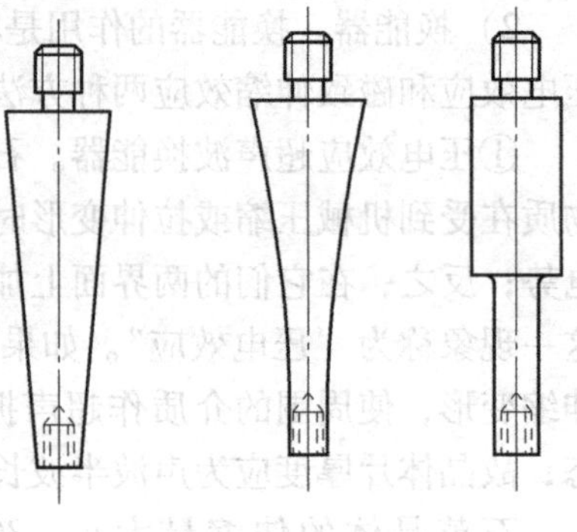

图7-24　变幅杆

a）锥形　b）指数形　c）阶梯形

3）抛光工具。超声波发生器发出的超声频电振荡经换能器转换成同一频率的机械振动，超声频的机械振动再经变幅杆放大后传给抛光工具，使磨粒和工作液以一定的能量冲击工件，进行抛光加工。工具头的形状应该和模具抛光型腔的形状相适应。

为了减少超声振动在传递过程中的损耗和便于操作，抛光工具直接固定在变幅杆上，变幅杆和换能器设计成手持式工具杆的形式，并通过弹性软轴与超声波发生器相连接，如图7-25所示。

超声波抛光工具分固定磨料抛光工具和游离磨料抛光工具。固定磨料抛光工具有三角、平面、圆、扁平、弧形等几种基本形状，其特点为硬度大，生产率高，其中以烧结金刚石油石、电镀金刚石锉刀、烧结刚玉油石、细颗粒混合油石等最为常用。利用固定磨料抛光工具作粗抛光，一般表面粗糙度值能达到 *Ra*0.63～1.25μm，如要得到更小的表面粗糙度值，应采用游离磨料抛光工具配以抛光剂进行精抛光。

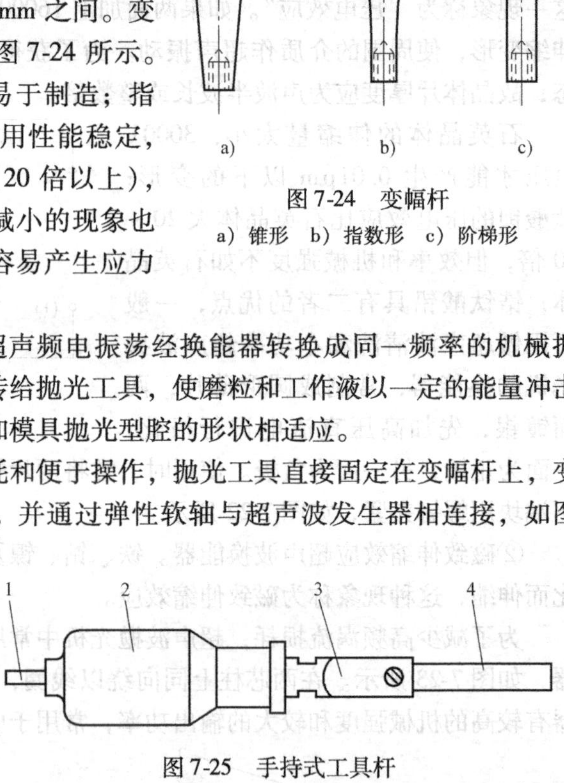

图7-25　手持式工具杆

1—软轴　2—换能器　3—变幅杆　4—抛光工具

游离磨料抛光工具一般为软质材料，如黄铜、竹片、桐木、柳木等。抛光时在抛光面涂以研磨粉和工作液的混合剂，用于精抛光。研磨粉是氧化铝、碳化硅等，工作液用煤油、汽油或水。

2. 超声波抛光工艺及特点

（1）超声波抛光工艺

1）超声波抛光的表面质量及其影响因素。超声波抛光具有较好的表面质量，不会产生表面烧伤和表面变质层，其表面粗糙度值可以达到 *Ra* 小于0.16μm，基本上能满足塑料成型模以及其他模具表面粗糙度的要求。超声波抛光的表面，其表面粗糙度数值的大小，取决于每粒磨料每次撞击工件表面后留下的凹痕大小，它与磨料颗粒的直径、被加工材料的性质、超声振动的振幅以及磨料悬浮工作液的成分等有关。

磨料粒度是决定超声波抛光表面粗糙度数值大小的主要因素，随着磨料粒度的减小，工件表面的表面粗糙度也随之降低。采用同一种粒度的磨料而超声振幅不同，则所得到的表面粗糙度也不同。各种磨料粒度在大、中、小三种不同超声振幅下所能达到的最终表面粗糙度见表7-4。

表7-4　磨料粒度与表面粗糙度

金刚石研磨块粒度	输出	表面粗糙度 $Ra/\mu m$	金刚石研磨块粒度	输出	表面粗糙度 $Ra/\mu m$
200/230	大	3.5	M20/30	大	0.7
200/230	中	3.0	M20/30	中	0.6
200/230	小	2.5	M20/30	小	0.4
325/400	大	1.5	M10/20	大	0.25
325/400	中	1.0	M10/20	中	0.2
325/400	小	0.8	M10/20	小	0.15

2）磨料及工作液的选用。

①磨料的选用。磨料的粒度要根据加工表面的原始表面粗糙度和要求达到的表面粗糙度来选择。通常如果电加工的表面粗糙度值从 $Ra3.2\mu m$ 降至 $Ra0.16\mu m$ 以下，需要经过从粗抛到精抛的多道工序。超声波抛光具有如图7-26所示的特征：抛光初期表面粗糙度能迅速得到改善，但随着操作时间的延长，表面粗糙度稳定在某一数值。因此，选用某种粒度的磨料抛光到出现表面粗糙度值不能继续减小时，应及时改用更细粒度的磨料，这样可获得最快的抛光速度。

②工作液的选用。超声波抛光用的工作液，可选用煤油、汽油、润滑油或水。磨料悬浮工作液体的性能对表面粗糙度的影响比较复杂。实践表明，用煤油或润滑油代替水可使表面粗糙度有所改善。在要求工件表面达到镜面光亮度时，也可以采用干抛方式，即只用磨料，不加工作液。

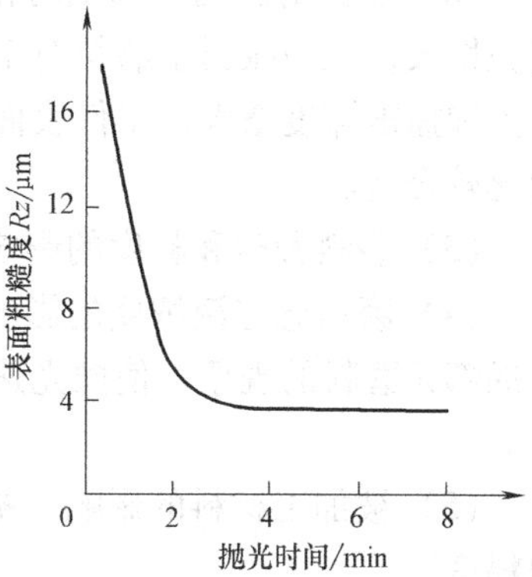

图7-26　超声波抛光特征

3）抛光速度、抛光余量与抛光精度。

①抛光速度。超声波抛光速度的高低与工件材料、硬度及磨具材料有关。一般表面粗糙度值从 $Ra5\mu m$ 减小到 $Ra0.04\mu m$，其抛光速度为 $10 \sim 15min/cm^2$。

②抛光余量。超声波抛光电火花加工表面时，最小抛光余量应大于电加工变质层或电蚀凹穴深度，以便将热影响层抛去。电火花粗规准加工的抛光量约为0.15mm。电火花中规准加工的抛光量为0.02～0.05mm。为了保证抛光效率，一般要求电加工后的表面粗糙度值 Ra 小于 $2.5\mu m$，最大也不应大于 $Ra5\mu m$。

③抛光精度。抛光精度与被抛光件原始表面粗糙度有很大关系。如原始表面粗糙度值为 $Ra16 \sim 25\mu m$，为达到表面粗糙度值 $Ra0.4 \sim 0.8\mu m$，则需抛除的深度约为 $25\mu m$ 以上。抛除量小，较易保持精度，所以对那些尺寸精度要求较高的工件，抛光前工件表面粗糙度值不应大于 $Ra2.5\mu m$，这样不仅容易保持精度，而且抛光效率也高。现电火花加工可以达到

$Ra2.5\mu m$，所以采用超声波抛光作为电加工后处理工艺是合理的。

(2) 超声波抛光的特点

1) 适合于加工硬脆材料（特别是不导电的硬脆材料），如玻璃、石英、陶瓷、宝石、金刚石、各种半导体材料、淬火钢、硬质合金等。

2) 由于是靠磨料悬浮液的冲击和抛磨去除加工余量，所以可采用较工件软的材料作工具。加工时不需要使工具和工件作比较复杂的相对运动。因此，超声波加工机床的结构比较简单，操作维修也比较方便。

3) 由于去除加工余量是靠磨料的瞬时撞击，工具对加工表面的宏观作用力小，热影响小，不会引起变形及烧伤，因此适合于加工薄壁零件及工件上的窄槽、小孔。

4) 采用超声波抛光，可提高已加工表面的耐磨性和耐蚀性。

3. 超声波抛光效率及其影响因素

超声波抛光效率的高低一般用超声波抛光速度来表示。抛光速度是指单位面积所用的抛光时间，单位为 min/cm^2。影响超声波抛光速度的主要因素有：工具振动频率、振幅、抛光工具和工件间的静压力、磨料的种类和粒度、磨料悬浮液的浓度、抛光工具与工件材料、工件抛光面积及原始表面粗糙度等。一般表面粗糙度值从 $Ra5\mu m$ 减少到 $Ra0.04\mu m$，其抛光速度为 $10\sim15min/cm^2$。

(1) 抛光工具的振幅和频率的影响　过大的振幅和过高的频率会使抛光工具和变幅杆承受很大的内应力，可能超过它的疲劳强度而降低使用寿命，而且在连接处的损耗也增大，因此一般振幅在 0.01～0.02mm，频率在 16000～25000Hz 之间。实际加工中应调至共振频率，以获得最大的振幅。

(2) 压力的影响　加工时抛光工具对工件应有一个合适的压力。压力过小，抛光加工间隙增大，从而减弱了磨粒对工件的撞击力，使抛光效率降低；压力过大，磨粒对工件的撞击力和撞击深度增大，工件表面粗糙度值则变大。抛光工具对工件一般保持 3～5N 的静压力比较合适。

(3) 磨料种类和粒度的影响　磨料硬度越高，抛光速度越快，但要考虑成本。

(4) 磨料悬浮液浓度的影响　磨料悬浮液浓度低，加工间隙内磨粒少，可能造成加工区局部无磨料的现象，使抛光速度下降。通常采用的浓度为磨料对水的重量比约 0.5～1 左右。

(5) 被加工材料的影响　被加工材料硬度越高，抛光速度越低，但易获得较低的表面粗糙度。

7.3.3　任务实施

针对淬硬钢工件的特性，根据超声波抛光加工的原理，在自行设计的具有自动跟踪和测试等监测和控制系统的超声研磨协同脉冲电化学复合光整加工装置的实验条件下，采用 W5 金刚石磨料，对淬硬钢工件进行多次实验比照，得到的试验样件的 SEM（扫描电子显微镜）照片如图 7-27 所示。从图片比对可以看出，采用超声波抛光加工的方法得

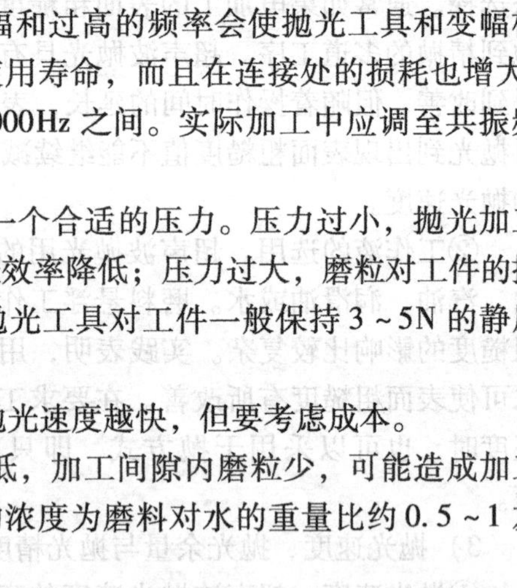

a)　b)

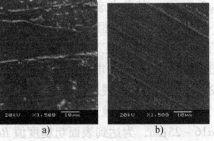

图 7-27　试验样件的 SEM 照片
a) 普通研磨抛光　b) 超声研磨抛光

到的试件表面质量比较高。

任务7.4　其他光整加工

知识点：

其他光整加工方法。

技能点：

其他光整加工方法。

7.4.1　任务导入

1. 任务要求

多种模具光整加工方法。

2. 任务分析

模具工作零件的光整加工除前面介绍的方法外，还可以采用挤压珩磨、喷丸抛光、程序控制抛光等多种光整加工方法，下面做简单介绍。

7.4.2　知识链接

1. 挤压珩磨

挤压珩磨又称挤压切削研磨抛光技术，它是利用液压动力挤出半固态的研磨料，利用黏弹性介质中磨料的“切削”作用，有控制地去除工件材料表面毛刺，实现对零部件的切削、研磨、抛光，这是国际上新兴的一种先进抛光工艺。

（1）挤压珩磨的基本原理　挤压珩磨是利用一种含磨料的半流动状态的黏性磨料介质，在一定压力下强迫通过被加工表面，由磨料颗粒的刮削作用去除工件表面微观不平材料的工艺方法。图7-28所示为挤压珩磨加工过程示意图。工件安装并压紧在夹具中，夹具与上、下磨料室相连，磨料室内充以黏性磨料，由活塞对黏性磨料施加压力，并作往复挤压运动，使黏性磨料在一定压力作用下反复在工件待加工表面上滑移通过，从而达到表面抛光或去毛刺的目的。

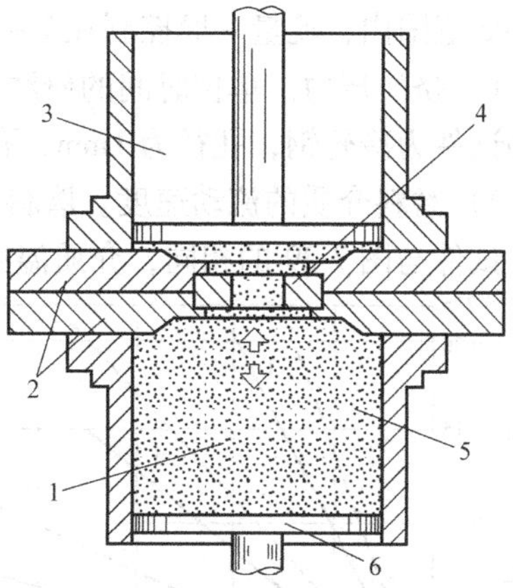

图7-28　挤压珩磨加工过程示意图
1—黏性磨料　2—夹具　3—上部磨料室
4—工件　5—下部磨料室　6—液压操纵活塞

（2）挤压珩磨的工艺特点

1）抛光效果。加工后的表面粗糙度与原始状态和磨料粒度等有关，一般可降低为加工前粗糙度值的1/10，最低的 Ra 值可以达到0.025μm。磨料流动加工可以去除在0.025mm深度的表面残余应力，可以去除前面工序（如电火花加工、激光加工等）形成的表面变质层和其他表面微观缺陷。

2）材料去除速度。材料去除量在0.01～0.1mm之间，加工时间通常为1～5min，最多十几分钟即可完成。对一些小型零件，可以多件同时加工，效率可大大提高。对多件装夹的小零件的生产率每小时可达约1000件。

3）加工精度。切削均匀性可以保持在被切削量的10%以内，因此，不至于破坏零件原有的形状精度。由于去除量很少，可以达到较高的尺寸精度，一般尺寸精度可控制在微米的数量级。

（3）黏性磨料介质　黏性磨料介质是将磨料与特殊的基体介质均匀混合而成，其作用相当于切削加工中的刀具，是实现加工的最关键因素，其性能直接影响到抛光效果。

黏性磨料介质一般由基体介质、添加剂、磨料三种成分均匀混合而成。

1）基体介质。它是一种半固定、半流动状态的聚合物，其成分属于一种黏弹性的橡胶类高分子化合物，主要起着黏结磨料颗粒的作用。当加工孔径较大或孔形比较简单的表面时，一般使用较黏稠的基体介质；而加工小孔和长弯曲孔或细孔、窄缝时，应使用低黏度或较易流动的基体介质。

2）添加剂。这是为获得理想的黏性、稠度、稳定性而加入到基体介质中的成分，其种类包括增稠剂、减黏剂、润滑剂等。

3）磨料。磨料一般使用氧化铝、碳化硼、碳化硅。当加工硬质合金等坚硬材料时，可以使用金刚石粉。应根据不同的加工对象确定具体的磨料种类、粒度、含量。粗磨料可获得较快的去除速度，细磨料可以获得较小的表面粗糙度。故一般抛光时用细磨料，去毛刺时用粗磨料，对微小孔的抛光应使用更细的磨料。此外，还可利用细磨料作为添加剂来调配基体介质的稠度。在实际使用中常是几种粒度的磨料混合使用，以获得较好的性能。

（4）挤压珩磨工艺参数和工艺规律　挤压珩磨工艺参数除了黏性磨料介质的黏稠度、磨料种类和粒度外，主要的还有挤压压力、磨料介质的流动速度（或单位时间介质流量）和加工时间等。挤压压力、流量、加工时间由挤压珩磨机控制。挤压压力一般控制在3～15MPa范围内，流量一般控制在7～25L/min，加工时间在几分钟到几十分钟范围内。

1）挤压压力。单位时间的研磨量大体上随挤压压力的增大而增加，如图7-29所示。加工的试件为冷轧钢，孔径为1mm，孔长为2mm。

2）磨料介质的流动速度。磨料介质的流动速度随挤压压力的增加而增加，如图7-30所示。试件与图7-29的相同，介质温度为38℃。

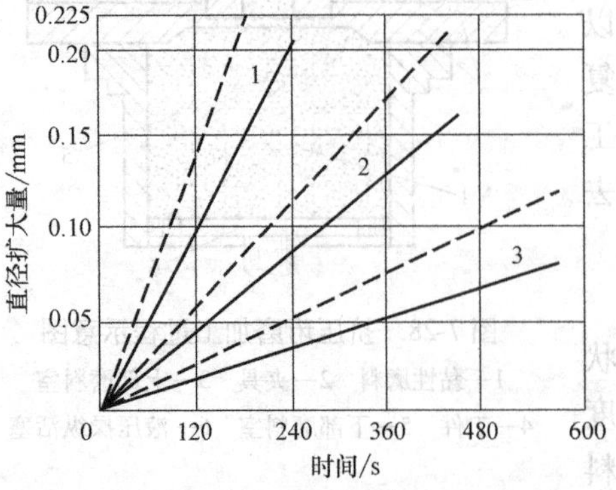

图7-29　挤压压力、温度与材料去除速度的关系

--------介质温度为38℃　——介质温度为32℃

1—压力为4116kPa　2—压力为3430kPa

3—压力为2740kPa

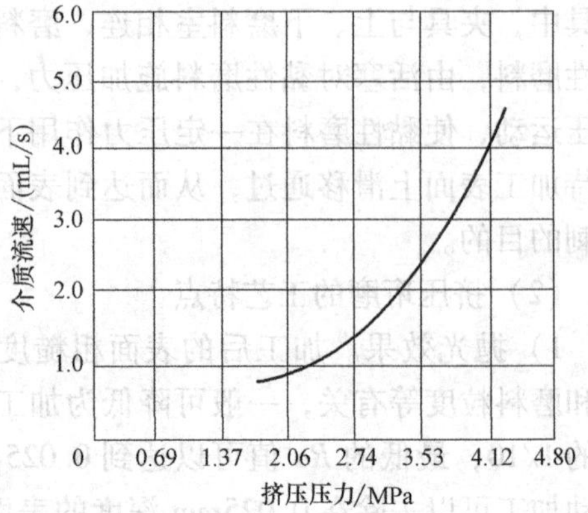

图7-30　介质流速与挤压压力的关系

3）加工时间。工件表面粗糙度最初随加工时间的增加而迅速改善，但达到一定粗糙度后，再增加抛光时间，表面粗糙度却不再改善，如图7-31所示。试件材料为钢，磨料为碳化硅，粒度为F60，介质流速为3.43mL/s。

（5）挤压珩磨的应用

1）铝型材挤压模。铝型材挤压模凹模型腔复杂，精度要求高，经电火花加工，其表面粗糙度值为*Ra*2.5μm，通常手工研磨需1～4h，而挤压研磨只需5～15min，表面粗糙度约为*Ra*0.25μm，其抛光质量均匀，且流向与挤压铝型材时的流向一致，有助于提高产品质量。

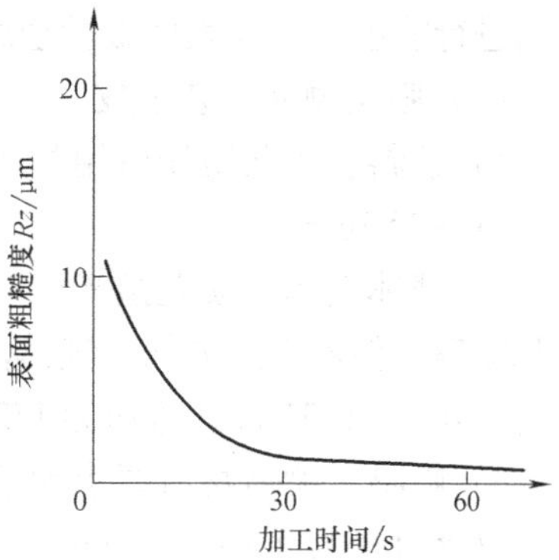

图7-31　表面粗糙度随加工时间而变化的关系

由于挤压型材品种的不断增加和规格的大型化、形状的复杂化、尺寸的精密化、材料的高强化等原因，对挤压模的制造和寿命提出了更高的要求。将经过电加工后的模具工作零件型面，分别采取手工研磨和挤压研磨再加超声波清洗，然后进行PCVD（等离子体化学气相沉积）表面强化，发现经挤压研磨加超声波清洗的模具，TiN涂层更致密，与基体结合牢固，性能优于手工研磨后的TiN涂层，使用寿命能提高3倍左右。挤压研磨与超声波清洗相结合的精密研磨工艺能有效地改善表面性质，为模具工作零件型面表面强化提供了优良的表面状态。

图7-32所示麻花钻头挤压凹模，材料为镍铬高温耐热钢。内型面为精铸原始表面，表面粗糙度值为*Ra*2～2.5μm。介质挤压压力为10MPa，挤压时间为7min，挤压研磨后表面粗糙度值达到*Ra*0.4～0.5μm。采用挤压研磨方法解决了型腔研磨抛光的难题，且抛光均匀，提高了效率。

2）合金钢落料凹模。图7-33所示为落料凹模，材料为Cr12MoV，硬度为62HRC。内腔由快速走丝线切割加工成形，线切割后表面粗糙度值为*Ra*3.2μm。介质挤压压力为10MPa，挤压时间为8min，挤压研磨后表面粗糙度值达到*Ra*0.4μm，单边研磨量为0.015～0.03mm。

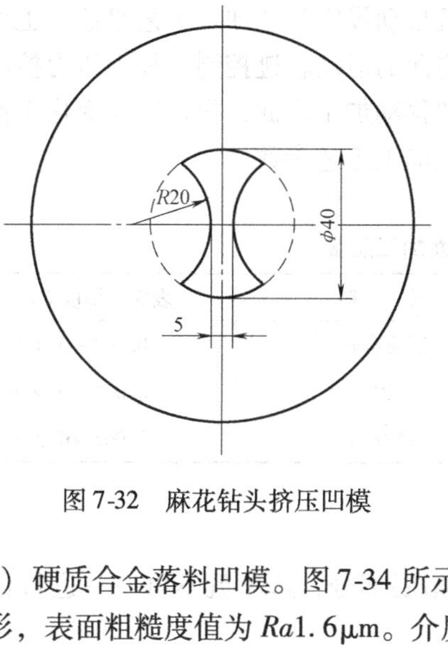

图7-32　麻花钻头挤压凹模

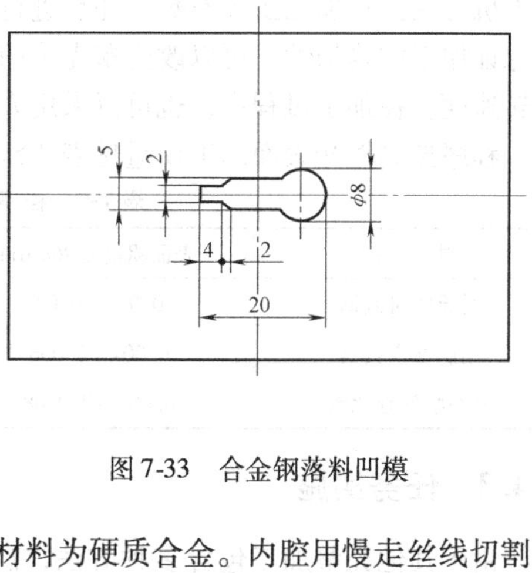

图7-33　合金钢落料凹模

3）硬质合金落料凹模。图7-34所示落料凹模材料为硬质合金。内腔用慢走丝线切割加工成形，表面粗糙度值为*Ra*1.6μm。介质挤压压力为10MPa，挤压时间为15min，挤压研磨后表面粗糙度值达到 $Ra0.2\mu m$，单边研磨量为 0.015 ~ 0.03mm。

2. 喷丸抛光

喷丸抛光是利用含有微细玻璃球的高速干燥流对被抛光表面进行喷射，去除表面微量金属材料，降低表面粗糙度。

(1) 喷丸抛光工艺参数

1) 磨料。喷丸抛光所用的磨料为玻璃球，磨料颗粒尺寸为 10 ~ 150μm。

2) 载体气体。喷丸抛光的载体气体可用干燥空气、二氧化碳等，但不得用氧气。气体流量为 28L/min 左右，气体压力为 0.2 ~ 1.3MPa，流速为 152 ~ 335m/s。

3) 喷嘴。喷嘴材料要求耐磨性好，多采用硬质合金材料。喷嘴口径为 0.13 ~ 1.2mm。

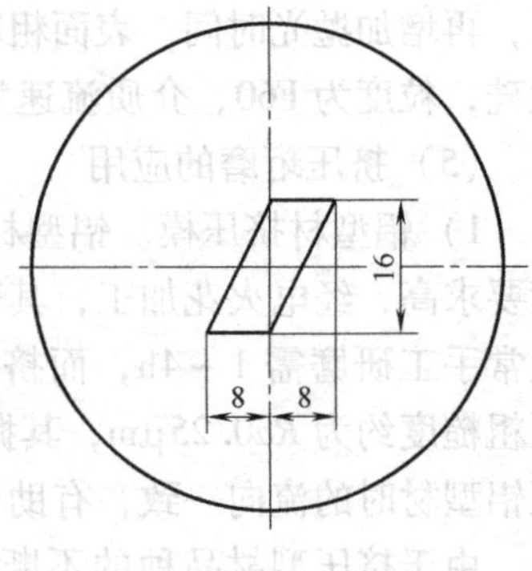

图 7-34　硬质合金落料凹模

(2) 影响喷丸抛光的因素　影响喷丸抛光的因素有磨料粒度、喷嘴直径、喷嘴到加工表面的距离、喷射速度、喷射角度。

当喷嘴距离较小时，由于磨料速度随运行距离增大而增大，去除材料量也相应增加；但当喷嘴距离过大后，由于空气阻力，磨料速度随运行距离增大而逐渐变小，因而加工速度也逐渐下降。喷丸抛光表面质量与模料颗粒尺寸有关，磨粒尺寸越小，表面质量越好。喷丸抛光在模具加工中的应用一般是在成形表面电火花加工后，去除电火花加工表面变质层。

3. 程序控制抛光

在加工非球面透镜塑料注射模成型表面时，成型表面的粗糙度要求很低，而且形状误差在 1μm 之内，甚至高达 0.1 ~ 0.3μm。为实现高质量表面抛光和形状复杂表面的抛光，研制出了程序控制抛光机，它适用于各种高精度复杂曲面的研磨抛光。

程序控制抛光机由计算机、数控系统、机械系统和附件等组成。这种抛光方式能有效保证加工质量，减轻人工研磨抛光的随意性，同时降低了劳动强度和提高了生产效率。

加工前，将被加工工件的材料状态、抛光前的表面质量参数和加工尺寸参数，与研磨抛光后的表面质量要求等参数输入到计算机后，计算机自动设定各项加工工艺参数。也可以进行人机对话修正加工工艺参数，并且进行各种形状曲面的运动轨迹控制、加工压力控制。为了保证加工的均匀性，可以改变抛光头的运动速度和移动加工表面，根据需要变化工作台的回转速度。在加工过程中，也可以采用人机对话修正加工工艺参数。

程序控制抛光表面加工质量见表 7-5。

表 7-5　程序控制抛光表面加工质量

材　料	表面粗糙度 $Ra/\mu m$	材　料	表面粗糙度 $Ra/\mu m$
马氏体时效钢	0.005 ~ 0.03	硬质合金	0.003 ~ 0.005
耐腐蚀模具钢	0.004 ~ 0.006	铜	0.004 ~ 0.005
易切削预硬化钢	0.005 ~ 0.0308	磷青铜	0.005 ~ 0.007

7.4.3　任务实施

由于其他光整加工包含多种方法，属于知识的拓展部分，这里就不再一一进行任务实施。

综合练习题

1. 简述模具研磨与抛光的基本原理。
2. 简述研磨与抛光的分类。
3. 如何选择研磨工具和确定研磨余量？
4. 简述电化学抛光的基本原理。
5. 影响电化学抛光质量的因素有哪些？
6. 说明超声波的加工原理及定义。
7. 影响超声波抛光表面质量的因素是什么？
8. 说明挤压珩磨的原理、工艺特点以及在模具制造中的应用。

项目8　典型模具零件的制造工艺

项目目标

1. 掌握冲模和塑料成型模模架的组成，模架零件的技术要求和加工方法。
2. 掌握冲裁凸模、型芯类零件的加工工艺特点及主要加工方法。
3. 掌握模具型孔、型腔类零件的加工工艺特点及主要加工方法。
4. 了解简易模具制造工艺及方法。

机械加工方法广泛用于制造模具零件。对凸模、凹模等模具的工作零件，即使采用其他工艺方法（如特种加工）加工，也仍然有部分工序要由机械加工来完成。

用机械加工方法制造模具，在工艺上要充分考虑模具零件的材料、结构形状、尺寸、精度和使用寿命等方面的不同要求，采用合理的加工方法和工艺路线，尽可能通过加工设备来保证模具的加工质量，提高生产率和降低成本。要特别注意在设计和制造模具时，不能盲目追求模具的加工精度和使用寿命，应根据模具所加工零件的质量要求和产量，确定合理的模具精度和寿命，否则就会使制造费用增加，经济效益下降。

任务8.1　了解模架的制造工艺

知识点：

1. 模架的组成。
2. 模架零件的技术要求和加工方法。

技能点：

模架零件的工艺规程制定。

8.1.1　任务导入

1. 任务要求

图8-1所示为导柱、导套零件图，材料为20钢，硬度58～62HRC，渗碳深度0.8～1.2mm。要求掌握该零件的制造工艺方法，制定其工艺路线。

2. 任务分析

导柱、导套在模具中起导向作用，保证凸模和凹模在工作时具有正确的相对位置，并保证模架的活动部分运动平稳、无阻滞现象。

由于导柱、导套热处理后硬度较高，配合表面精加工后要采用磨削方法保证同轴度要求。

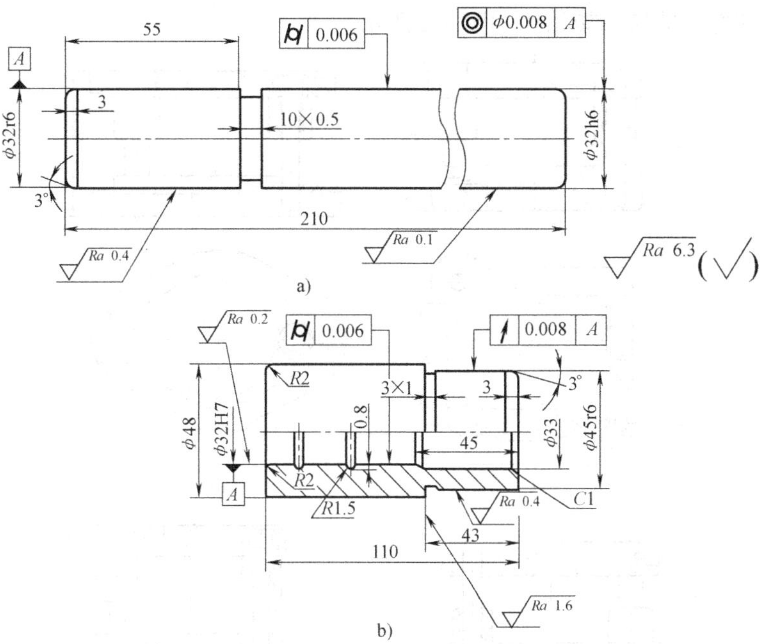

图 8-1　导柱和导套

a）导柱　b）导套

8. 1. 2　知识链接

1. 模具零件的类型

（1）板类和矩形件　模具的板类零件主要有以下几种：塑料成型模中的定模型腔板、动模型腔板、定模和动模固定板、支承板、推杆固定板、推板、浇道推板、成型件推板、滑块、导滑块、楔紧块、支承块、热流道板、拉板和定距拉板等。冲压模具中的凹模板、凸模固定板、凸模垫板、卸料板、导向板等。

矩形件是指外形似矩形的零件，在模具上这类零件大约有以下几种：侧向分型抽芯滑块、各种锲紧块、支承块、矩形斜面定位件、定距拉板等。有配合精度要求和位置精度要求的矩形件，一般进行磨削加工；没有配合精度要求和位置精度要求的矩形件，一般采用刨削加工或铣削加工。

（2）圆柱形零件　模具中常见的圆柱形零件有以下几种。

1）各种圆形型腔件、型芯、型芯镶件。

2）各种导柱、斜销、推杆、复位杆、拉杆、定位销、拉料杆、支承柱、支承钉、轴。

3）冲模中的各种圆柱形冲头、导柱、定位销等。

（3）筒体形零件　在模具中常见的筒体形零件一般有：型腔镶套、各种通孔型芯镶件、浇口套、导向套、推管、支承套、定位圈等。

2. 冲模模架的组成和作用

冲模模架的组成：上、下模座，导柱、导套。

冲模模架的作用：模架用来安装模具的工作零件和其他结构零件，并保证模具的工作部分在工作时间具有正确的相对位置。

滑动导向的标准冲模模架结构如图 8-2 所示。

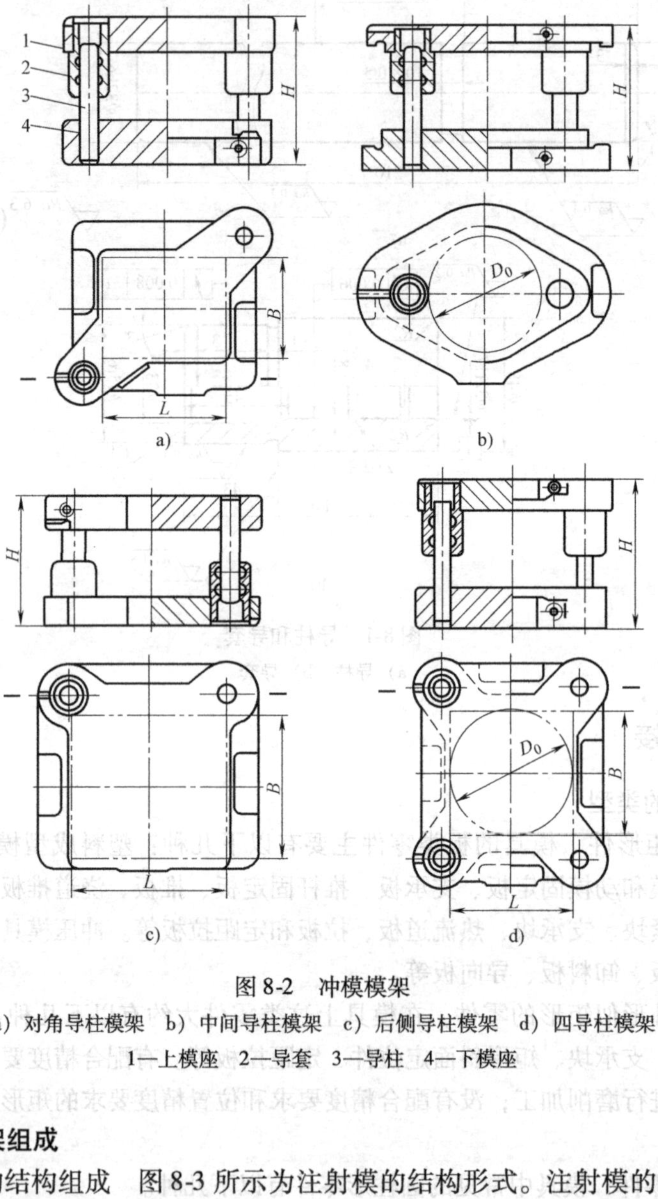

图 8-2 冲模模架

a）对角导柱模架 b）中间导柱模架 c）后侧导柱模架 d）四导柱模架

1—上模座 2—导套 3—导柱 4—下模座

3. 注射模模架组成

（1）注射模的结构组成 图 8-3 所示为注射模的结构形式。注射模的结构有多种形式，其组成零件也不完全相同，但根据模具各零（部）件与塑料的接触情况，可以将模具的组成分为成型零件和结构零件两大类。

1）成型零件。与塑料接触并构成模腔的那些零件，它们决定着塑料制品的几何形状和尺寸。

2）结构零件。除成型零件以外的模具零件，这些零件具有支承、导向、排气、顶出制品、侧向抽芯、侧向分型、温度调节、引导塑料熔体向型腔流动等功能。

在结构零件中，合模导向装置与支承零部件的组成构成注射模模架，如图 8-4 所示。

（2）模架的技术要求 模架组合后其安装基准面应保持平行。中小型注射模架的分级指标见表 8-1。

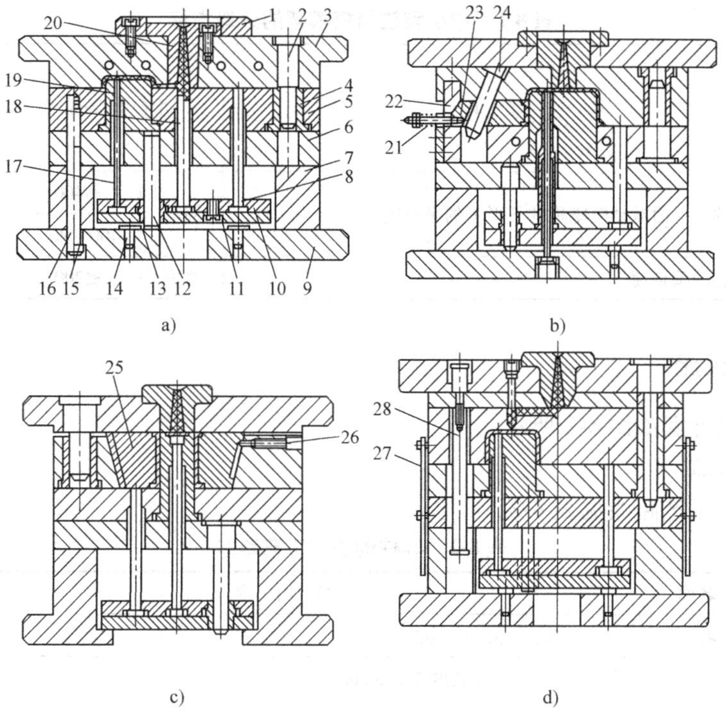

图8-3　不同结构形式的注射模

a）普通标准模架注射模　b）侧型芯式注射模　c）拼块式注射模　d）三板式注射模

1—定位圈　2—导柱　3—凹模　4—导套　5—型芯固定板　6—支承板　7—垫块　8—复位杆　9—动模座板　10—推杆固定板　11—推板　12—推杆导柱　13—推板导套　14—限位钉　15—螺钉　16—定位销　17—推杆　18—拉料杆　19—型芯　20—浇口套　21—弹簧　22—楔紧块　23—侧型芯滑块　24—斜销　25—斜滑块　26—限位螺钉　27—定距拉板　28—定距拉杆

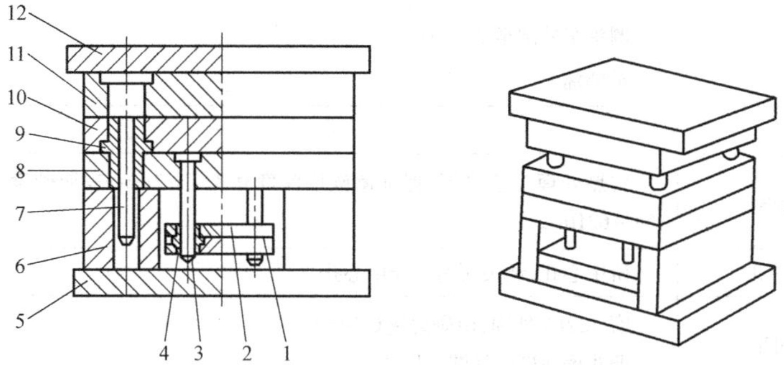

图8-4　注射模模架

1—推板　2—推杆固定板　3—导柱　4—推板导套　5—动模座板　6—垫块　7—导柱　8—支承板　9—导套　10—动模板　11—定模板　12—定模座板

导柱、导套和复位杆等零件装配后要运动灵活、无阻滞现象。

模具主要分型面闭合时的贴合间隙值应符合模架精度要求。

Ⅰ级精度模架为0.02mm。

Ⅱ级精度模架为0.03mm。

Ⅲ级精度模架为0.04mm。

表 8-1 中小型注射模模架的分级指标

项目序号	检 查 项 目	主参数/mm		精度分级		
				Ⅰ	Ⅱ	Ⅲ
				几何公差等级		
1	定模座板的上平面对动模座板的下平面的平行度	周界	≤400	5	6	7
			400 ~ 900	6	7	8
2	模板导柱孔的垂直度	厚度	≤200	4	5	6

8.1.3 任务实施

标准导柱和导套如图 8-1 所示。

1. 导柱的加工

导柱的加工工艺路线见表 8-2。

表 8-2 导柱的加工工艺路线

工序号	工序名称	工 序 内 容	设备
1	下料	按尺寸 ϕ35mm 切断	锯床
2	车端面钻中心孔	车端面保证长度 212. 5mm 钻中心孔 调头车端面保证 210mm 钻中心孔	卧式车床
3	车外圆	车外圆至 ϕ32. 4mm 切 100. 5mm 槽到尺寸 车端部 调头车外圆至 ϕ32. 4mm 车端部	卧式车床
4	检验	—	—
5	热处理	按热处理工艺进行，保证渗碳层深度 0. 8 ~ 1. 2mm，表面硬度 58 ~ 62HRC	—
6	研中心孔	研中心孔，调头研另一端中心孔	卧式车床
7	磨外圆	磨 ϕ32h6 外圆，留研磨量 0. 01mm 调头磨 ϕ32r4 外圆到尺寸	外圆磨床
8	研磨	研磨外圆 ϕ32h6 达要求，抛光圆角	卧式车床
9	检验	—	—

（1）中心孔定位　外圆柱面的车削和磨削以两端的中心孔定位，使设计基准与工艺基准重合。若中心孔有较大的圆度误差，将使中心孔和顶尖不能良好接触，影响加工精度，如图 8-5 所示。导柱在热处理后修正中心孔，目的在于消除中心孔在热处理过程中可能产生的变形和其他缺陷，使磨削外圆柱面时能获得精确定位，以保证外圆柱面的形状精度要求。

（2）修正中心孔　修正中心孔可采用磨、研磨和挤压的方法。

1）车床上用磨削方法修正中心孔如图8-6所示。

2）挤压中心孔的硬质合金多棱顶尖如图8-7所示。

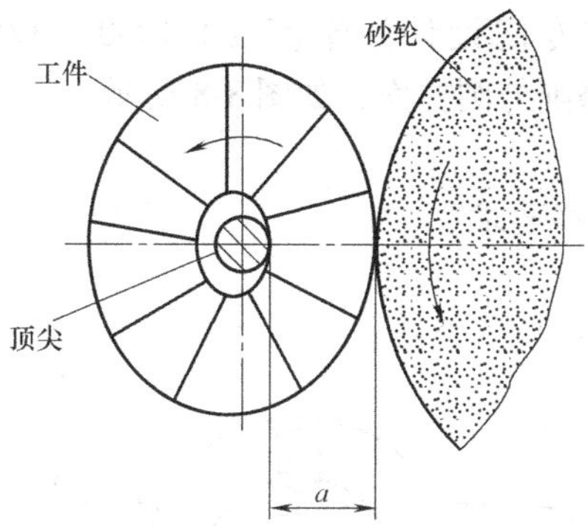

图8-5　中心孔的圆度误差使工件产生圆度误差

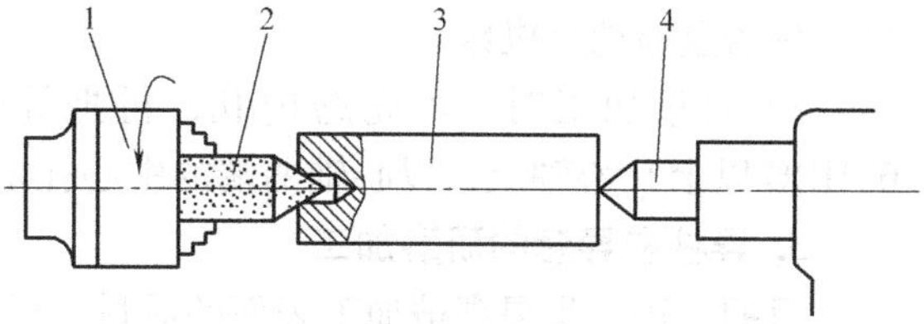

图8-6　车床上磨中心孔

1—自定心卡盘　2—砂轮　3—工件　4—尾顶尖

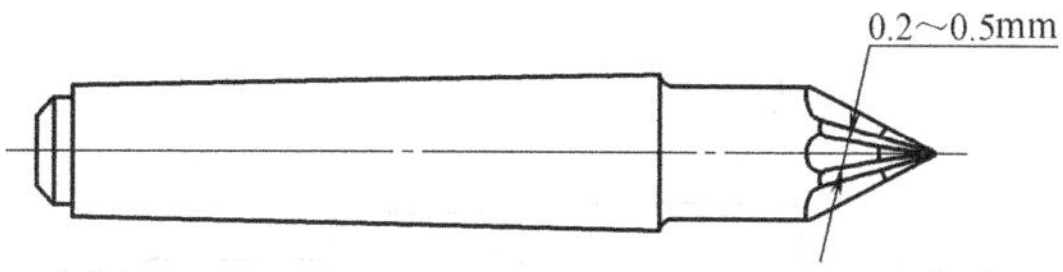

图8-7　硬质合金多棱顶尖

2. 导套的加工

导套的加工工艺路线见表8-3。

表8-3　导套的加工工艺路线

工序号	工序名称	工　序　内　容	设备
1	下料	按尺寸 ϕ52mm 切断	锯床
2	车外圆及内孔	车端面保证长度113mm 钻 ϕ32mm 孔至 ϕ30mm 车 ϕ45mm 外圆至 ϕ45.4mm 倒角 车31mm退刀槽至尺寸 镗 ϕ32mm 孔至 ϕ31.6mm 镗油槽 镗 ϕ32mm 孔至尺寸 倒角	卧式车床
3	车外圆倒角	车 ϕ48mm 的外圆至尺寸 车端面保证长度110mm 倒内外圆角	卧式车床
4	检验	—	—
5	热处理	按热处理工艺进行，保证渗碳层深度0.8～1.2mm，硬度58～62HRC	—
6	磨内、外圆	磨 ϕ45mm 外圆达图样要求，磨 ϕ32mm 内孔，留研磨量0.01mm	万能外圆磨床
7	研磨内孔	研磨 ϕ32mm 孔达图样要求，研磨圆弧	卧式车床
8	检验	—	—

导套加工时要正确选择定位基准，以保证内、外圆柱面的同轴度要求。

1）单件生产时，采用一次装夹磨出内、外圆，可避免由于多次装夹带来的误差，但每磨一件需重新调整机床。

2）批量加工时，可先磨内孔，再把导套装在专门设计的锥度（1/1000 ~ 1/5000，60HRC 以上）心轴上，以心轴两端的中心孔定位，磨削外圆柱面，如图 8-8 所示。

3. 导柱和导套的研磨加工

目的：进一步提高被加工表面的质量，以达到图样要求。

1）导柱研磨工具，如图 8-9 所示。

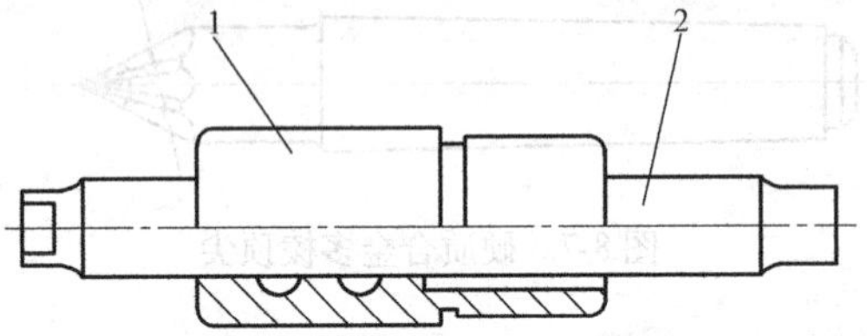

图 8-8　用小锥度心轴安装导套

1—导套　2—心轴

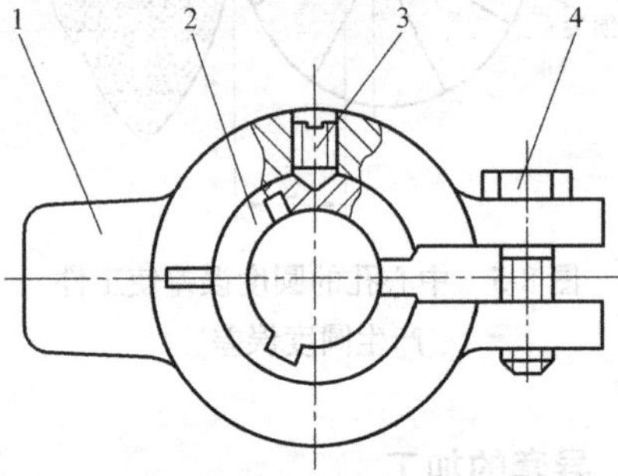

图 8-9　导柱研磨工具

1—研磨架　2—研磨套　3—限动螺钉　4—调整螺钉

2）导套研磨工具，如图 8-10 所示。

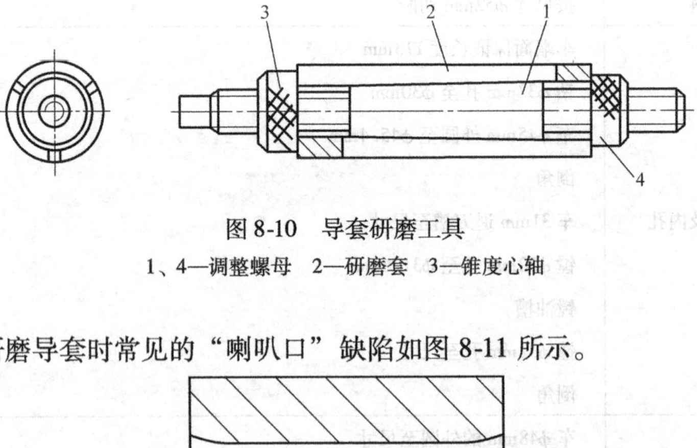

图 8-10　导套研磨工具

1、4—调整螺母　2—研磨套　3—锥度心轴

3）磨削和研磨导套时常见的“喇叭口”缺陷如图 8-11 所示。

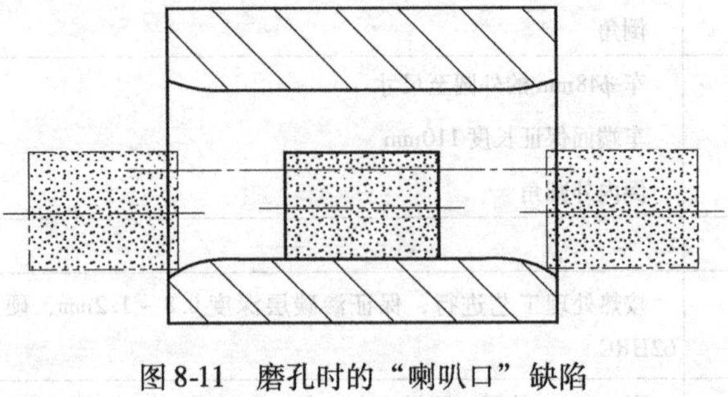

图 8-11　磨孔时的“喇叭口”缺陷

4. 其他结构零件的加工

（1）模座的加工　标准铸铁冲模模座如图 8-12 所示。

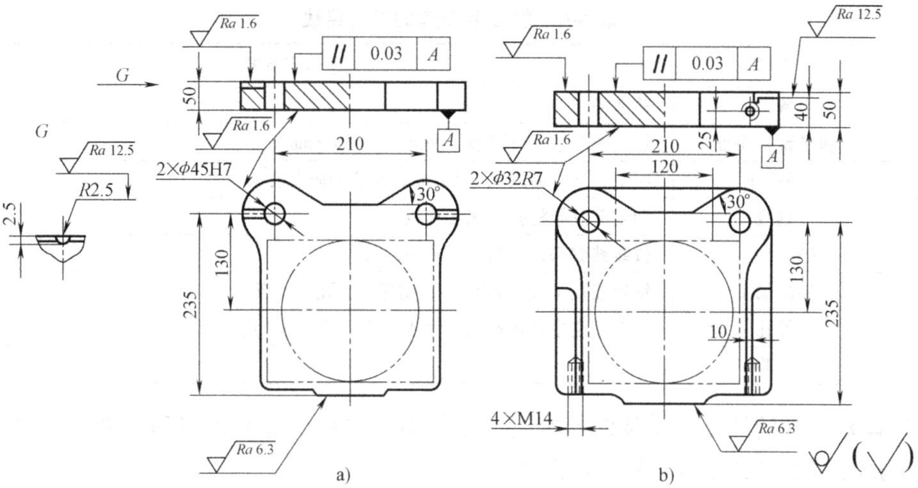

图8-12　冲模模座

a）上模座　b）下模座

1）作用。保证模架的装配要求，使模架工作时上模座沿导柱上、下运动平稳，无滞阻现象，保证模具能正常工作。

2）公差。模座上、下平面的平行度公差见表8-4。

表8-4　模座上、下平面的平行度公差

公称尺寸/mm	平行度公差等级		公称尺寸/mm	平行度公差等级	
	4	5		4	5
	公差值/mm			公差值/mm	
40～63	0.008	0.012	250～400	0.020	0.030
63～100	0.010	0.015	400～630	0.025	0.040
100～160	0.012	0.020	630～1000	0.030	0.050
160～250	0.015	0.025	1000～1600	0.040	0.060

3）加工工艺路线。上、下模座的加工工艺路线见表8-5、表8-6。

表8-5　加工上模座的工艺路线

工序号	工序名称	工序内容及要求
1	备料	铸造毛坯
2	刨（铣）平面	刨（铣）上、下平面，保证尺寸50.8mm
3	磨平面	磨上、下平面达尺寸50mm；保证平面度要求
4	划线	划前部及导套安装孔线
5	铣前部	按线铣前部
6	钻孔	按线钻导套安装孔至尺寸ϕ43mm
7	镗孔	和下模座重叠镗孔达尺寸ϕ45H7，保证垂直度
8	铣槽	铣R2.5mm圆弧槽
9	检验	—

表 8-6　加工下模座的工艺路线

工序号	工序名称	工序内容及要求
1	备料	铸造毛坯
2	刨（铣）平面	刨（铣）上、下平面，保证尺寸 50.8mm
3	磨平面	磨上、下平面达尺寸 50mm；保证平面度要求
4	划线	划前部及导柱孔线螺纹孔线
5	铣床加工	按线铣前部，铣两侧压紧面达尺寸
6	钻床加工	钻导柱孔至尺寸 ϕ30mm，钻螺纹底孔，攻螺纹
7	镗孔	和上模座重叠镗孔达尺寸 ϕ32R7，保证垂直度
8	检验	—

（2）模板零件的加工　模架的基本组成零件有：导柱、导套及各种模板（板类零件）。导柱、导套的加工主要是内、外圆柱面加工。

支承零件（各种模板、支承板）都是平板状零件，在制造过程中主要进行平面加工和孔系加工。对模板进行镗孔加工时，应在模板平面精加工后以模板的大平面及两相邻侧面作定位基准，将模板放置在机床工作台的等高垫铁上，如图 8-13 所示。

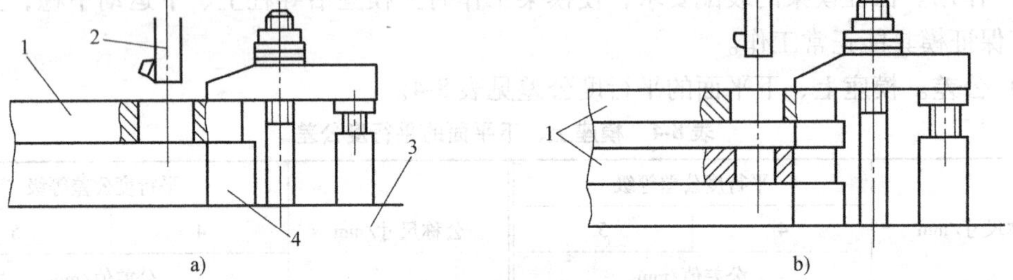

图 8-13　模板的装夹

a）模板单个镗孔　b）定模同时镗孔

1—模板　2—镗杆　3—工作台　4—等高垫铁

（3）浇口套的加工　浇口套结构如图 8-14 所示。材料：T8A，热处理 56 ~ 58HRC。加工工艺路线见表 8-7。

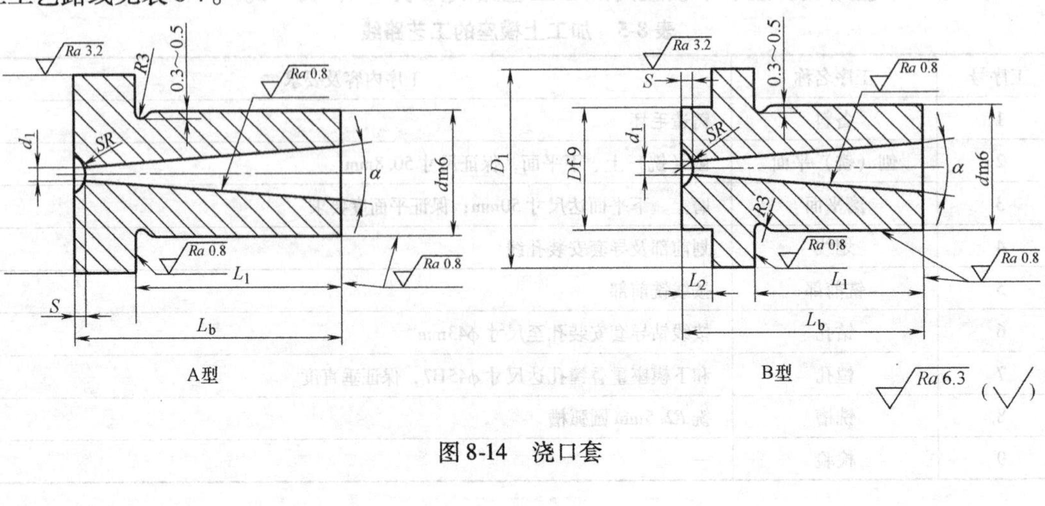

图 8-14　浇口套

表8-7　加工浇口套的工艺路线

工序号	工序名称	工艺说明
1	备料	按零件结构及尺寸大小选用热轧圆钢或锻件作毛坯 保证直径和长度方向上有足够的加工余量 若浇口套凸肩部分长度不能可靠夹持，应将毛坯长度适当加长
2	车削加工	车外圆 d 及端面留磨削余量 车退刀槽达设计要求 钻孔 加工锥孔达设计要求 调头车 D_1 外圆达设计要求 车外圆 D 留磨量 车端面保证尺寸 L_b 车球面凹坑达设计要求
3	检验	—
4	热处理	—
5	磨削加工	以锥孔定位磨外圆 d 及 D 达设计要求
6	检验	—

任务8.2　了解冲裁凸模、型芯类零件的加工工艺

知识点：

1. 冲裁凸模、型芯类零件的加工方法。
2. 冲裁凸模、型芯类零件的加工工艺。

技能点：

1. 冲裁凸模、型芯类零件的加工方法。
2. 冲裁凸模、型芯类零件的加工工艺。

8.2.1　任务导入

1. 任务要求

要求编制不同结构工作零件的工艺路线。

2. 任务分析

模具工作零件的工作性质、技术要求、材料、热处理、制造方法、工艺路线、制造设备等方面有许多不同点，因此在编制零件工艺规程时要区别对待。

8.2.2　知识链接

1. 冲裁凸模的加工

凸模是冲模的主要工作零件之一。零件的表面一般分为两部分，一部分为工作表面，另一部分为非工作表面。工作表面的加工是凸模加工工艺过程中的重点，非工作表面一般可采

用普通机械加工方法，如车、刨、钻、铣、磨、钳等。在制定凸模的加工工艺时应考虑以下因素。

1）凸模在工作中承受冲击载荷，为防止在工作时产生脆性断裂，零件应有足够的韧性，其毛坯可采用锻造加工。在机械加工前一般经过下料、锻造、退火、毛坯制造等工艺过程。退火的目的主要是消除内应力、降低硬度、改善切削加工性能，为机械加工作准备。

2）一般要求模具精度比制件精度高出2～3级。凸模的工作表面要求光洁、刃口锋利，表面粗糙度值一般要求达到$Ra0.4\mu m$，配合面的表面粗糙度值达到$Ra0.8 \sim 1.6\mu m$，加工后必须达到图样上规定的尺寸精度和表面粗糙度要求。因此，凸模表面的加工分为粗加工和精加工阶段。

3）凸模表面的热处理。凸模在工作时对冲压材料进行剪切，同时与冲压材料之间相互摩擦，因此，其表面需通过淬火或局部淬火来提高硬度，以获得良好的耐磨性。淬火后的硬度一般要求达到58～62HRC。淬火加回火工序一般安排在粗加工（或半精加工）之后，精加工之前。若采用电火花或线切割加工，淬火加回火工序也在精加工之前。

（1）圆形凸模的加工

1）结构。圆形凸模如图8-15所示。

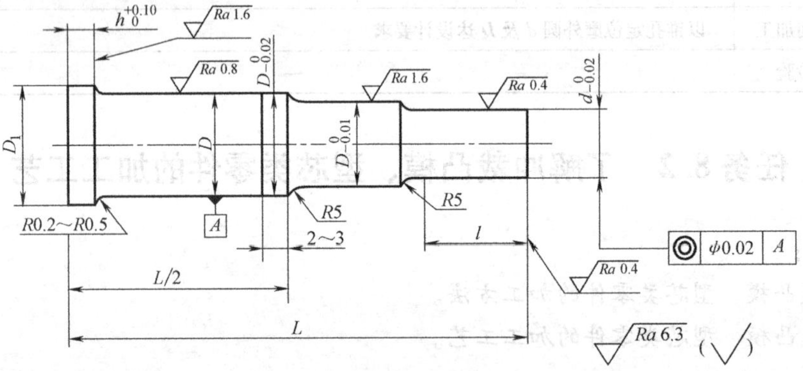

图8-15　圆形凸模

2）加工工艺路线。毛坯→车削加工（留磨削余量）→热处理→磨削。

（2）非圆形凸模的加工　凸模的非圆形工作型面，分为平面结构和非平面结构。

1）平面结构的凸模型面的刨削加工，如图8-16所示。

铣削加工倾斜平面的方法：工件斜置；刀具斜置；将刀具作成一定的锥度对斜面进行加工，这种方法一般少用。

2）非平面结构的凸模型面如图8-17所示。

加工方法：

①仿形铣床加工。靠仿形销和靠模控制铣刀进行加工。

②数控铣床加工。加工精度比仿形铣削高。

③普通铣床加工。采用划线法进行加工。

3）非圆形凸模的仿形磨削加工。原理是在具有放缩尺的曲面磨床或光学曲面磨床上，按放大样板或放大图对成形表面进行磨削加工。该方法主要用于磨削尺寸较小的凸模和凹模拼块，被加工零件精度为±0.01mm，表面粗糙度为$Ra0.32 \sim 0.63\mu m$。光学曲面磨床如图

8-18所示。

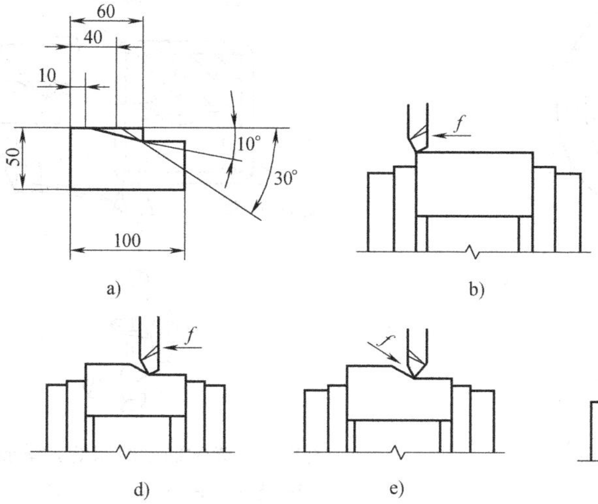

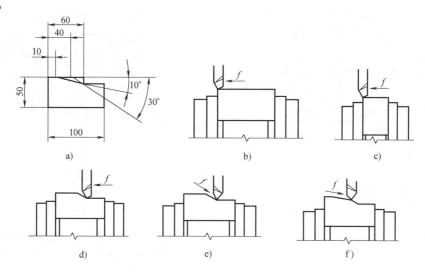

图 8-16　平面结构凸模的刨削加工

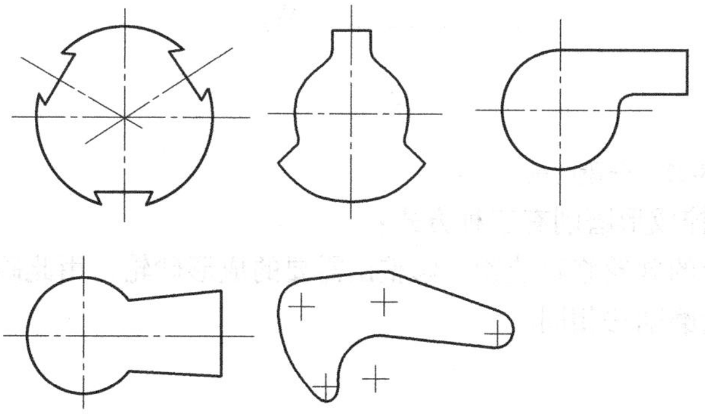

图 8-17　非平面结构的凸模

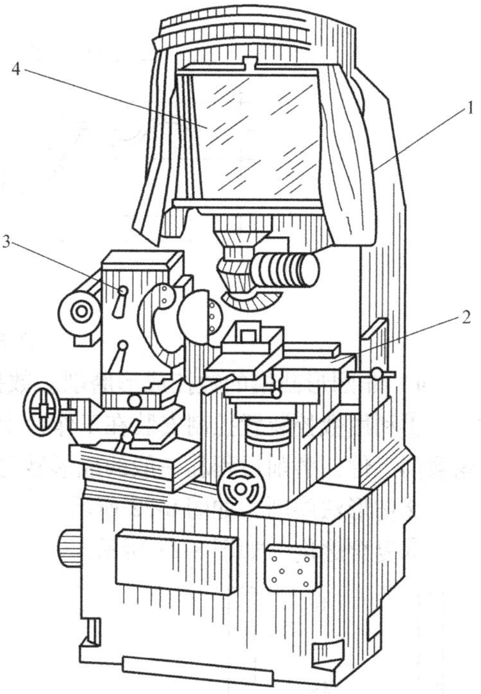

图 8-18　光学曲面磨床

1—床身　2—坐标工作台　3—砂轮架　4—光屏

光学曲面磨床的砂轮架用来安装砂轮，它能作纵向和横向送进（手动），可绕垂直轴旋转一定角度以便将砂轮斜置进行磨削，如图 8-19 所示。

光学曲面磨床的光学投影放大系统原理如图 8-20 所示。

将被磨削表面轮廓分段，如图 8-21a 所示。把每段曲线放大 50 倍绘图，如图 8-21b 所示。

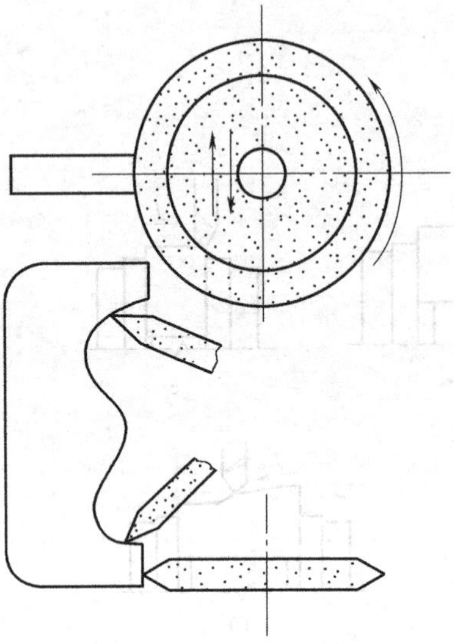

图 8-19　磨削曲线轮廓的侧边

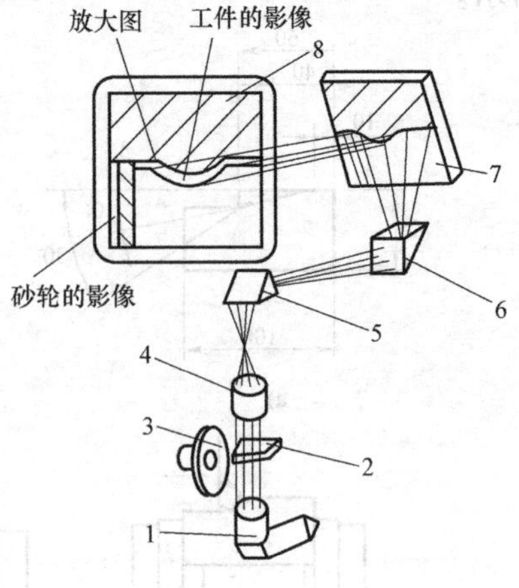

图 8-20　光学曲面磨床的光学放大原理

1—光源　2—工件　3—砂轮　4—物镜

5、6—棱镜　7—平镜　8—光屏

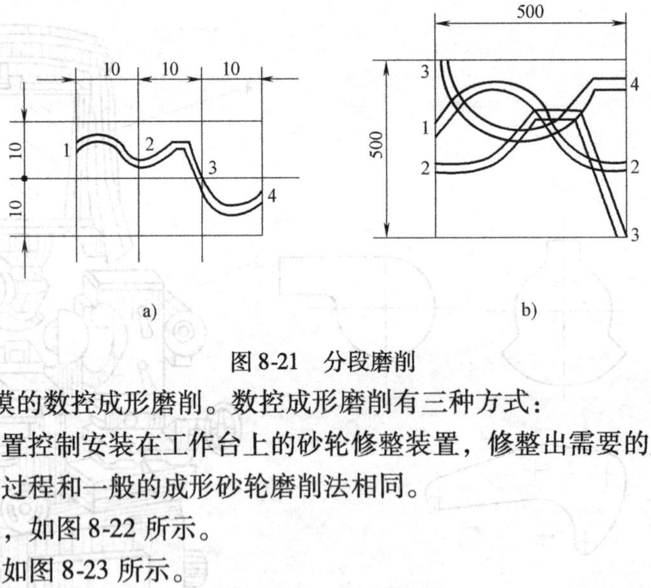

图 8-21　分段磨削

4）非圆形凸模的数控成形磨削。数控成形磨削有三种方式：

①利用数控装置控制安装在工作台上的砂轮修整装置，修整出需要的成形砂轮，用此砂轮磨削工件，磨削过程和一般的成形砂轮磨削法相同。

②仿形法磨削，如图 8-22 所示。

③复合磨削，如图 8-23 所示。

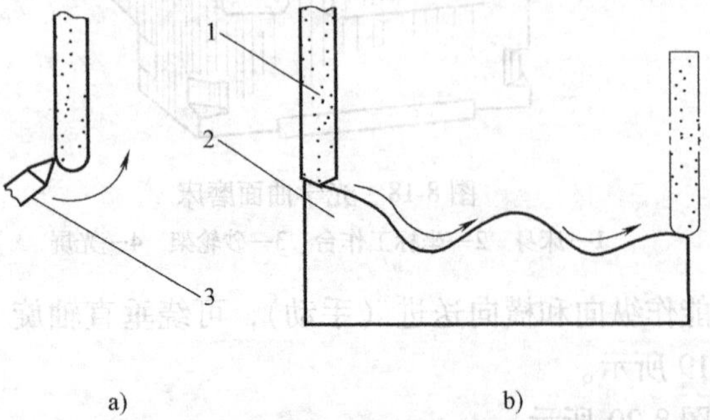

图 8-22　用仿形法磨削

a）修整成形砂轮　b）磨削工件

1—砂轮　2—工件　3—金刚石

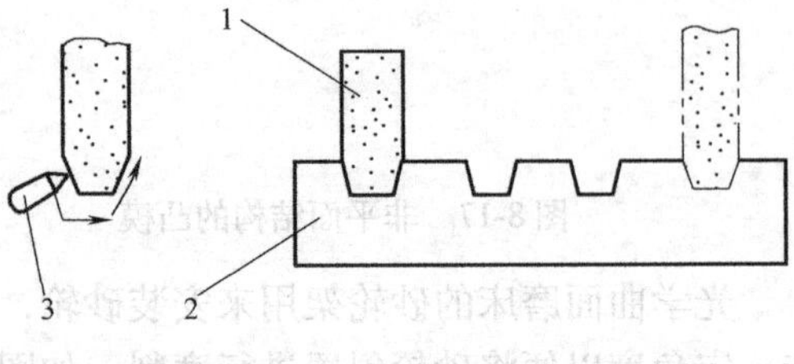

图 8-23　复合磨削

a）修整成形砂轮　b）磨削工件

1—砂轮　2—工件　3—金刚石

成形磨削时，凸模不能带凸肩，如图 8-24 所示。当凸模形状复杂，某些表面因砂轮不能进入而无法直接磨削时，可考虑将凸模改成镶拼结构，如图 8-25 所示。

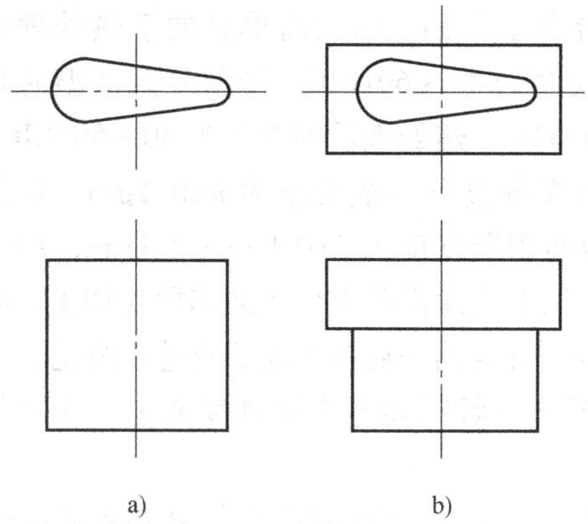

图 8-24　凸模结构

a）不带凸肩　b）带凸肩

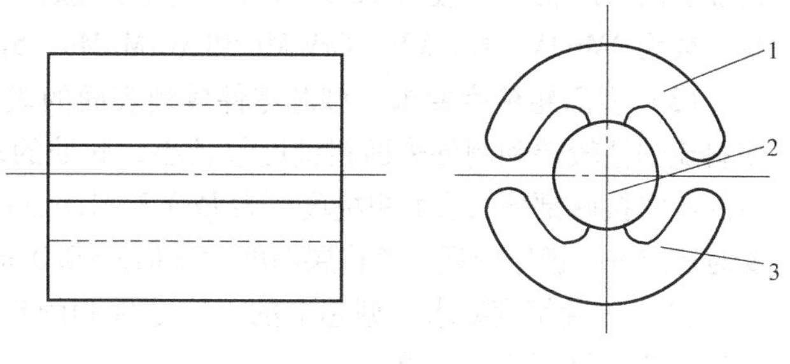

图 8-25　镶拼式凸模

1—拼块 1　2—拼块 2　3—拼块 3

2. 型芯类零件的加工

（1）基本结构形式　型芯是指塑料成型模中成型塑件较大内表面的凸状零件，它又称主型芯。型芯有整体式和组合式两大类。图 8-26 所示为塑料成型模型芯的基本结构形式。

1）图 8-26a 所示为整体式结构，其结构牢固，成型的制件质量较好，但机械加工不便，钢材消耗量较大。此种型芯主要用于小型模具上的形状简单的小型型芯。为了节约贵重钢材和便于加工，将型芯单独加工后，再镶入模板中。

2）图 8-26b 所示为通孔台肩式型芯。凸模用台肩和模板相连，再用垫板螺钉紧固，连接比较牢固，结构可靠，在中小型塑料成型模中应用普遍。

3）图 8-26c 所示凸模端面与模板间用圆柱销定位、螺钉连接。它适用于较大截面和形状比较复杂的凸模，型面的加工便于采用磨削和电火花线切割加工。

4）图 8-26d 所示为拼块式凸模，由多块凸模相拼合组成，主要用于形状比较复杂、加工困难的情况。通过凸模的分解可分别单独加工，使加工工艺大大简化，使加工变得容易，但要注意拼合后要保证尺寸精度，避免出现累积误差。

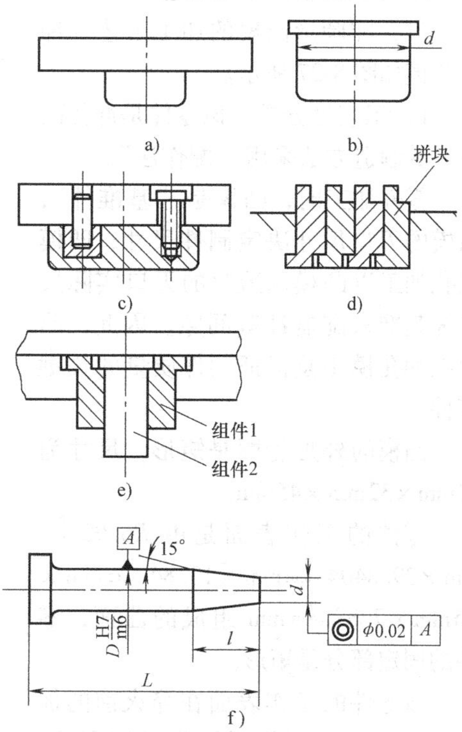

图 8-26　塑料成型模型芯的基本结构形式

5）图 8-26e 所示为组合式凸模。形状复杂的大型凸模（型芯），为了便于机械加工，可采用组合式的结构。设计和制造这种型芯时，必须注意结构合理，应保证型芯和镶块的强度，防止热处理变形且应避免尖角与壁厚突变。

6）图 8-26f 所示为小直径型芯的基本结构形式。

（2）材料及热处理　塑料成型模的型芯常用的材料有 T8A、T10A 等碳素工具钢，9Mn2V、Cr6WV、CrWMn 和 5CrMnMo、5CrNiMo 等合金工具钢。形状简单且便于热处理后精加工的型芯材料一般为 T8A、T10A，热处理后的硬度为 45 ~ 60HRC。形状复杂的型芯材料一般为 9Mn2V、Cr6WV、CrWMn 和 5CrMnMo、5CrNiMo，热处理后的硬度为 40 ~ 50HRC。

（3）表面粗糙度要求　型芯零件成型表面的表面粗糙度值一般要求为 *Ra*0.1μm。如果塑料流动性较差和制件表面粗糙度值较小，此处的表面粗糙度值为 *Ra*0.025 ~ 0.1μm，型芯与加料室接触部分的表面粗糙度值为 *Ra*0.2 ~ 1.6μm。以上表面都要进行研磨和抛光加工，必要时还应进行镀铬处理。镀铬层厚度为 0.015 ~ 0.02mm，在镀铬前后各表面都应进行抛光。

（4）位置精度要求　型芯上的工作零件和固定部分一般都要考虑同轴度要求，在零件加工工艺上保证这一要求。

（5）型芯的脱模斜度　塑料成型模的凸模、型芯、型腔、型孔的成型部分都有脱模斜度，在图样上脱模斜度的部位及长度、脱模斜度的大小，都应该有明确的标示。

8.2.3　任务实施

1. 冲裁凸模的加工工艺

（1）非圆形凸模的加工工艺　冲孔凸模如图 8-27 所示。

1）工艺性分析。该零件是冲孔凸模，其制造方法采用“配作法”。

零件加工时，凸模是“基准件”，凸模的刃口尺寸决定制件尺寸，凹模型孔加工以凸模制造时的刃口实际尺寸为基准来配制冲裁间隙。因此，凸模在冲孔模中是保证制件质量的关键零件。

凸模的外形轮廓是矩形，尺寸为 22mm × 32mm × 45mm。

零件的工作表面是由 $R6.92_{-0.02}^{\ 0}$ mm × $29.8404_{-0.04}^{\ 0}$ mm × $13.84_{-0.02}^{\ 0}$ mm × *R*5mm × $7.82_{-0.03}^{\ 0}$ mm 组成的曲面，零件的固定部分是矩形。

该零件的工作表面在淬火前的加工方法可以采用仿形刨削或压印法，淬火后的精密加工可以采用坐标磨削和钳工修研的方法。采用仿形刨削作为淬火前的主要加工手段，在淬火中

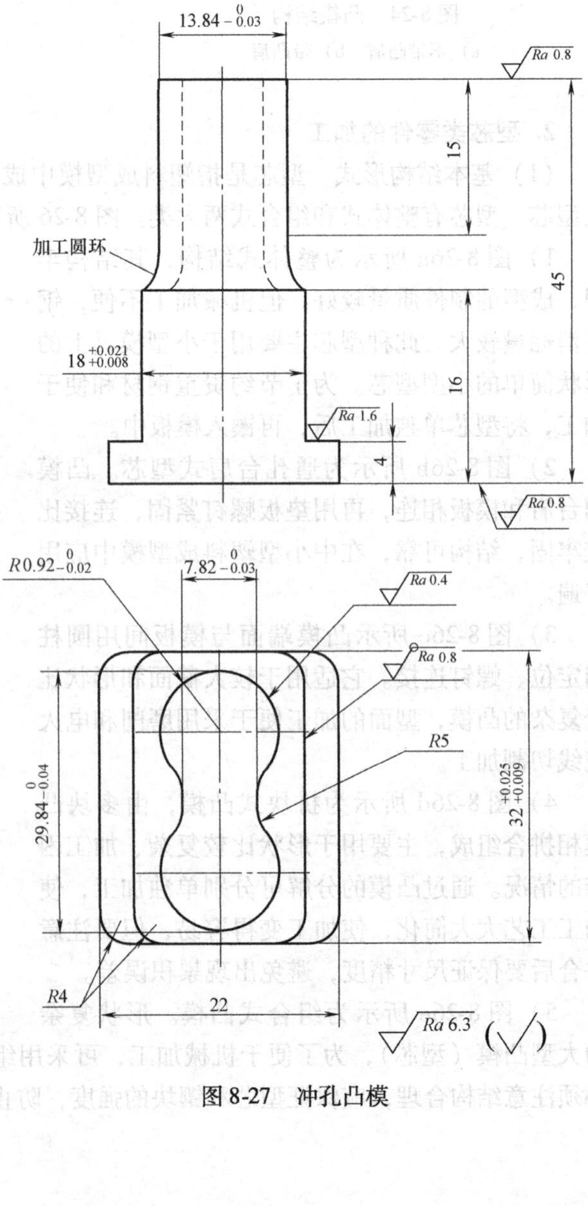

图 8-27　冲孔凸模

控制热处理变形量，淬火后的精加工通过模具钳工的加工来保证。

零件的材料是低合金工具钢 MnCrWV，也是低变形冷作模具钢，热处理硬度为 58 ~ 62 HRC，具有良好的综合性能，是锰铬钨系钢的代表钢种。由于材料含有微量的钒，可以抑制网状碳化物，增加淬透性和降低热敏感性，使晶粒细化。

零件为实心结构，各部分尺寸相差不大，热处理较易控制变形。

2）工艺方案。对复杂型面凸模的制造工艺应根据凸模形状、尺寸、技术要求并结合现场加工设备等条件具体制定，其工艺方案为：备料→锻造→热处理（退火）→刨（或铣）六面→平磨（或万能工具磨）六面至尺寸上限→钳工划线→粗铣外形→仿形刨或精铣成形表面→检查→钳工粗研→热处理→钳工精研及抛光。

此工艺方案的不足之处在于淬火前必须完成机械加工成形，这样会造成热处理后工件的变形、氧化、脱碳、烧蚀等问题，影响凸模的精度和质量。

在选择凸模材料时，应采用热变形小的合金工具钢，如 CrWMn、Cr12MoV 等。热处理时需采用高温盐浴炉加热，淬火后采用真空回火炉回火稳定处理，防止过烧和氧化等现象产生。

3）型面检验及工具。在模具生产中检查复杂曲面的形状和尺寸时，广泛采用型面样板法和光学投影仪放大法来检验，以及利用型面检验样板的透光度检验成形表面。

4）工艺过程。冲孔凸模加工工艺过程见表 8-8。

表 8-8　冲孔凸模加工工艺过程

序号	工序名称	工序主要内容
1	下料	锯床下料，ϕ40mm × 430 $^{+4.0}_{0}$ mm
2	锻造	毛坯锻成 37mm × 27mm × 50mm 六方体
3	热处理	退火至硬度不小于 229HBW
4	立铣	铣六方至 32.4mm × 22mm × 45.5mm，留单面余量 0.2 ~ 0.25mm
5	平磨	磨六面至尺寸上限，基准面对角尺寸保证 90°
6	钳	去毛刺，划线
7	工具铣	铣型面及台阶 18mm × 32mm，留双面余量 0.4 ~ 0.5mm
8	仿形刨	按图找正刨削面，留双面余量 0.1 ~ 0.15mm
9	检验	用放大图在投影仪上将工件放大检查其型面
10	钳	修型面，留余量 0.02 ~ 0.03mm，对样板倒角 R4mm
11	热处理	将工作部分局部淬火、回火至 58 ~ 62HRC
12	平磨	磨光上下面，找正磨削尺寸 18mm × 32mm 至要求
13	钳	修研型面达图样要求

5）型面检验样板的设计与制造。冲孔凸模的型面检验样板如图 8-28 所示。

（2）冲裁凸凹模零件的加工工艺　冲裁凸凹模零件如图 8-29 所示。

1）工艺性分析。冲裁凸凹模零件是完成制件外形和两个圆柱孔的工作零件。从零件图上可以看出，该成形表面的加工采用“配作法”。外成形表面是非基准面，它与落料凹模的实际尺寸配制，保证双面间隙为 0.06mm 。凸凹模的两个冲裁内孔也是非基准面，与冲孔凸模的实际尺寸配制，保证双面间隙。

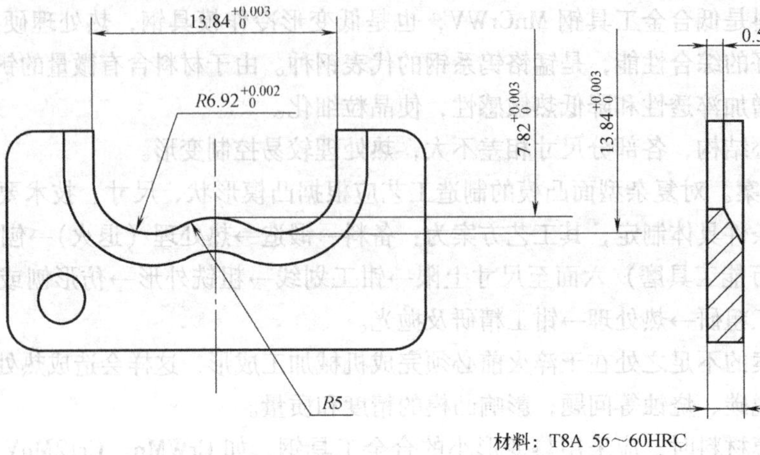

图 8-28　冲孔凸模的型面检验样板

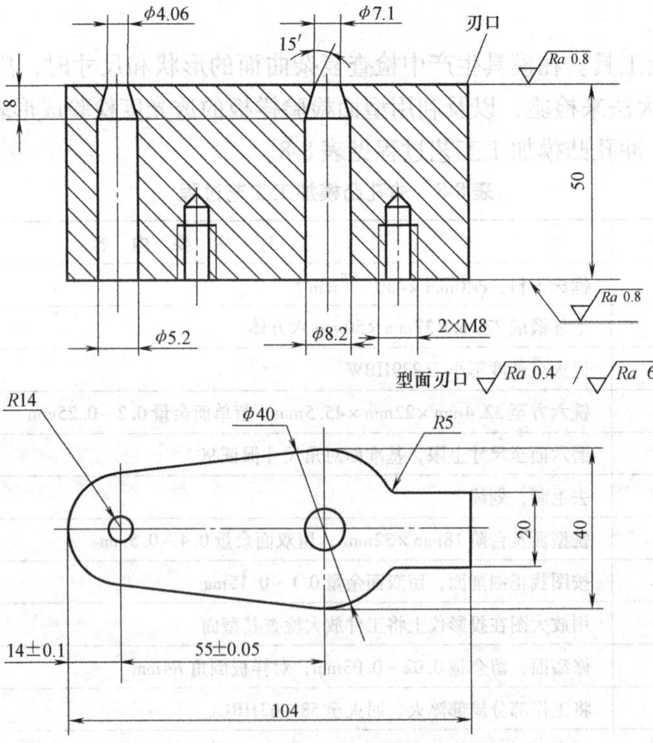

图 8-29　冲裁凸凹模

该零件的外形尺寸是 104mm × 40mm × 50mm。成形表面的外形轮廓和两个圆柱孔，分别是由 *R*14mm、*ϕ*14mm、*R*5mm 的 5 段圆弧面和 5 个平面组成，结构表面上有两个 M8 的螺纹孔。该零件外形比较复杂，冲裁内孔的结构是直通的形式。

外成形表面的精加工可以采用电火花线切割、成形磨削和连续轨迹坐标磨削的工艺，底面上的两个 M8 的螺纹孔可供成形磨削时夹紧固定用。

两个冲裁内孔成形表面为圆锥形，带有 15′的斜度。在热处理前可以用非标准锥度铰刀铰制，在热处理后进行研磨，保证冲裁间隙。因此，应该进行二级工具锥度铰刀的设计和制造。如果配备具有切割斜度的线切割机床，则两内孔可以在线切割机床上加工。

冲裁凸凹模零件材料为Cr6WV高强度微变形冲压模具钢，热处理硬度为58～62 HRC。凸凹模成形磨削的工艺尺寸如图8-30所示。Cr6WV材料易于锻造，共晶碳化物数量少，有良好的切削加工性能，淬火后变形比较均匀，基本上不受锻件质量的影响。它的淬透性和Cr12系列钢相近，耐磨性、淬火变形性、均匀性不如Cr12MoV钢。零件毛坯形式为锻件。

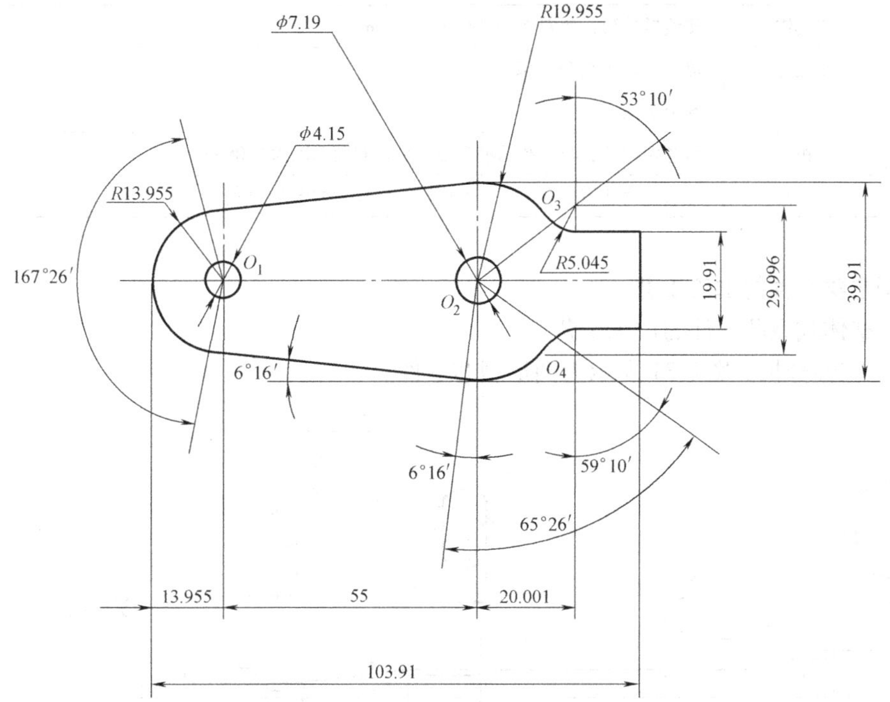

图8-30　凸凹模成形磨削的工艺尺寸

2）工艺方案。根据一般工厂的加工设备条件，可以采用两个方案。

方案一：

下料→锻造→热处理（退火）→铣六方→磨六面→钳工划线钻螺纹底孔及穿丝孔、攻螺纹→镗内孔及粗铣外形→热处理→研磨内孔→成形磨削外形。

方案二：

下料→锻造→热处理（退火）→铣六方→磨六面→钳工划线钻螺纹底孔及穿丝孔、攻螺纹→镗内孔及粗铣外形→热处理→电火花线切割内外形。

3）工艺过程的制定。冲裁凸凹模零件加工工艺过程见表8-9，采用方案一。

表8-9　冲裁凸凹模零件加工工艺过程

序号	工序名称	工 序 主 要 内 容
1	下料	锯床下料，ϕ56mm×117$_{-4.0}^{\ 0}$mm
2	锻造	毛坯锻成110mm×45mm×55mm六方体
3	热处理	退火硬度不小于241HBW
4	铣	铣六方至104.4mm×5.4mm×40.3mm

（续）

序号	工序名称	工　序　主　要　内　容
5	磨	磨六面，基准面对角尺寸保证 90°
6	钳	去毛刺，划线，钻螺纹孔
7	镗	镗两内孔，保证孔距尺寸，孔径留余量 0.1 ~ 0.15mm
8	钳	铰圆锥孔留研磨余量，做漏料孔
9	工具铣	按线铣外形，留双面余量 0.3 ~ 0.4mm
10	热处理	淬火、回火至 58 ~ 62 HRC
11	平磨	磨上下面
12	钳	研磨两内孔，与冲孔凸模实配，保证双面间隙为 0.06mm
13	成形磨	修磨型面达图样要求，成形磨削工艺尺寸如图 8-30 所示

2. 型芯类零件的加工工艺

（1）整体式型芯零件的加工工艺

1）工艺性分析。图 8-31 所示为圆形型芯零件。

图 8-31　圆形型芯零件

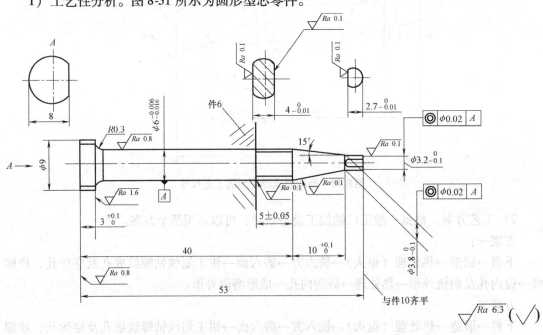

从形状上分析，该零件主要由回转面组成。长度与直径的比值超过 5∶1，属于细长杆零件，在车削和磨削时应解决加工装夹问题。在粗加工车削时，毛坯为多零件毛坯，装夹方便。在精加工磨削外圆时，该零件的装夹方式有三种，如图 8-32 所示。

图 8-32a 所示为反顶尖结构，适用于外圆直径小、长度较大的细长杆凸模、型芯类零件。$d<5$mm 时，两端做成 60°的锥形顶尖，在零件加工完毕后，再切除反顶尖部分。

图 8-32b 所示为辅助中心孔结构，其两端中心孔按 GB/T 145—2001 要求加工，适用于

外圆直径较大的情况。$d \geq 5$mm 时，工作端的中心孔根据零件使用情况决定是否加长。当零件不允许保留图 8-32b 所示的细长轴装夹基本形式中心孔时，加工完毕后，需切除附加长度和中心孔。

图 8-32c 所示为加长段在大端的加工方法，适用于细长比不太大的情况。

该零件是细长轴，根据零件形状和尺寸精度要求，主要加工方法为车削和外圆磨削。

零件工作时在型腔内要承受熔融状塑料的冲击，需进行淬火处理。零件要求有一定的韧性，长期工作不会发生脆性断裂和早期塑性变形。选用的毛坯材料为 CrWMn，并要求进行淬火处理，热处理硬度为 45 ~ 50HRC。

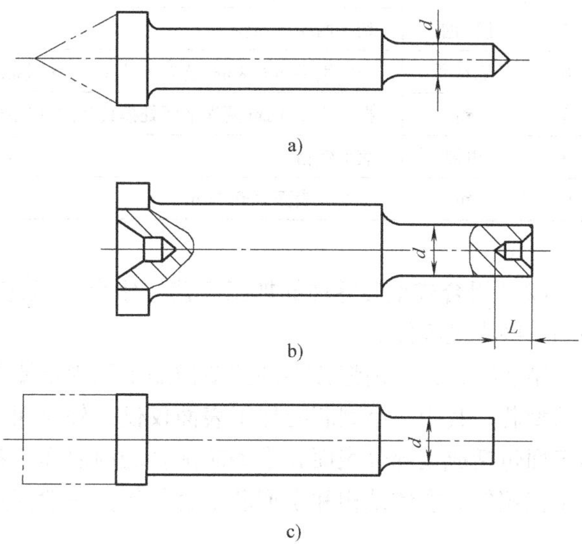

图 8-32　细长轴装夹的三种方式

CrWMn 材料属于锰铬钨系低变形合金工具钢，有较好的淬硬性（硬度不小于 60HRC）和淬透性（油淬，30 ~ 50HRC）；淬硬层为 1.5 ~ 3mm。该材料有较好的强韧性，淬火时不易淬裂，并且变形倾向小，有较好的耐磨性。作为细长轴类零件，在热处理时，不得有过大的弯曲变形，弯曲翘曲控制在 0.1mm 之内。表面要求耐磨耐腐蚀，成型表面的表面粗糙度能长期保持不变，在 250℃ 工作时，表面不氧化，并保证塑料制件表面质量要求和便于脱模。因此，要求淬硬，成型表面的表面粗糙度值为 $Ra0.1\mu m$，并进行镀铬抛光处理。磨削时使表面粗糙度值达到 $Ra0.4\mu m$，在此基础上进行抛光，待模具试压后再进行镀铬抛光处理。

零件毛坯采用圆棒形材料，经下料后直接进行机加工。

2）工艺方案。一般中小型凸模、型芯加工的方案为：备料→粗车（卧式车床）→热处理（淬火、回火）→检验（硬度、弯曲度）→研中心孔或反顶尖孔（车床、钻床）→磨外圆（外圆磨床、工具磨床）→检验→切顶台或顶尖（万能工具磨床、电火花线切割机床）→研端面（钳工）→检验。

3）工艺过程。材料：CrWMn，零件总数量：24 件，其中备件 4 件。毛坯为圆棒形材，8 个零件为一件毛坯。型芯零件的加工工艺过程见表 8-10。

表 8-10　型芯零件的加工工艺过程

序号	工序名称	工序主要内容
1	下料	锯床下料，ϕ12mm × 550mm，3 件
2	车	按图车削，$Ra0.1\mu m$ 及以下表面留双边余量 0.3 ~ 0.4mm，两端在零件长度之外做反顶尖
3	热处理	淬火、回火；40 ~ 45HRC，弯曲变形 ≤ 0.1mm
4	车	研磨反顶尖
5	外圆磨	磨削 $Ra1.6\mu m$ 及以下表面，磨至 $Ra0.01\mu m$，留 0.01mm 单边余量

（续）

序号	工序名称	工序主要内容
6	车	抛光 $Ra0.1\mu m$ 外圆，达图样要求
7	线切割	切去两端反顶尖
8	工具磨	磨左端平面至 8mm 及 $2.7_{-0.1}^{\ 0}$mm，$4_{-0.10}^{\ 0}$mm 两扁平处，留 0.01mm 单边研磨余量
9	钳	抛光 $Ra0.1\mu m$ 两端平面处模具装配（试压）
10	电镀	表面镀铬
11	钳	抛光各表面 $Ra0.1\mu m$

（2）组合式型芯零件的加工工艺　组合式型芯是将结构复杂的型芯分解成主体结构零件和一些小型零件。

制造时，先分别将各零件按图样加工至规定要求，然后把小型芯嵌入主体结构组合成完整的型芯。其中，小型芯的加工表面仅仅是外表面，包括其成型表面和配合面。主体结构的加工面包括成型部分表面和小型芯配合的内表面，各零件外表面的加工工艺过程与整体式型芯工艺相似。主体结构和小型芯配合的部分一般都是内圆柱面，可采用钻、铰、镗等方法加工。

图 8-33 所示是组合式定模型芯。分析其加工工艺过程：组合式型芯由型芯 A、型芯 B 和型芯 C 组成。如果该模具设计为一次成型两个塑料制件，则有两组定模型芯。加工时，可将每个型芯成对加工，然后再分割开进行精加工。3 个型芯的材料均为 CrWMn，硬度要求为 50 ~ 55 HRC。

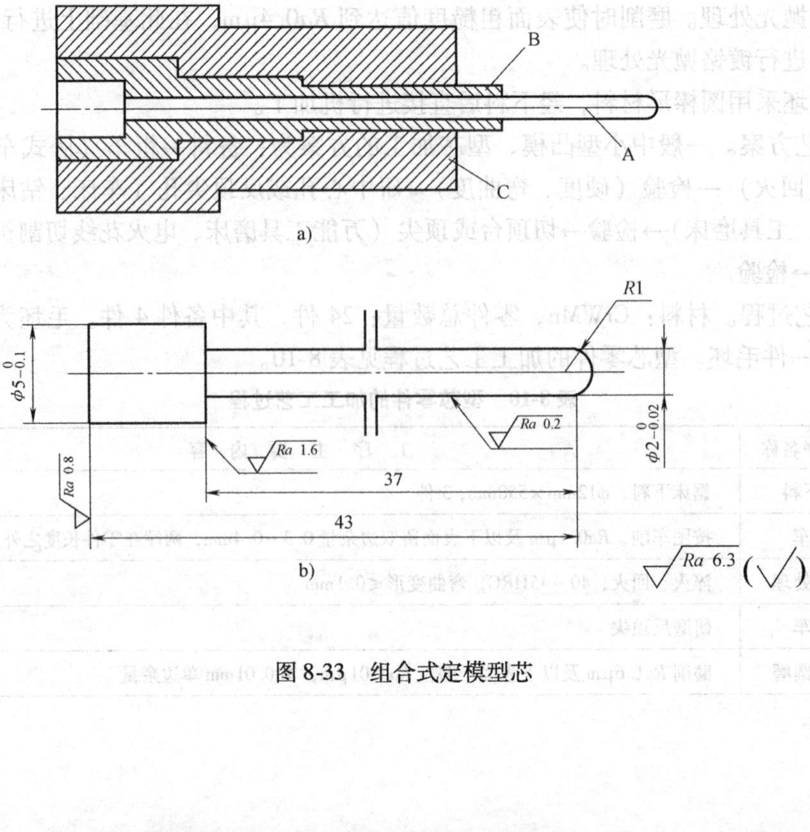

图 8-33　组合式定模型芯

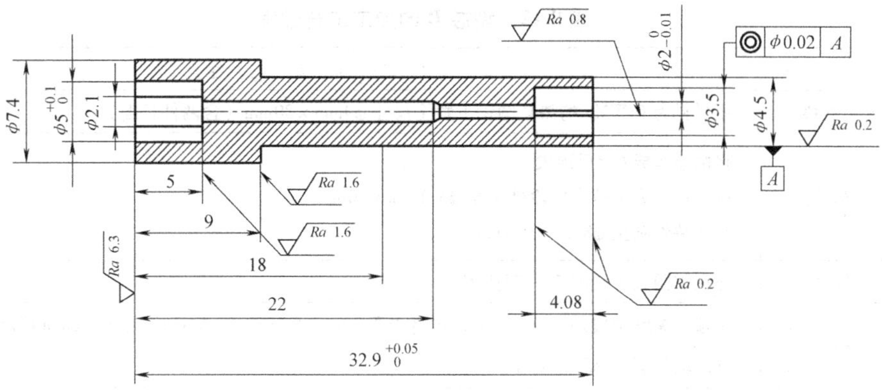

c)

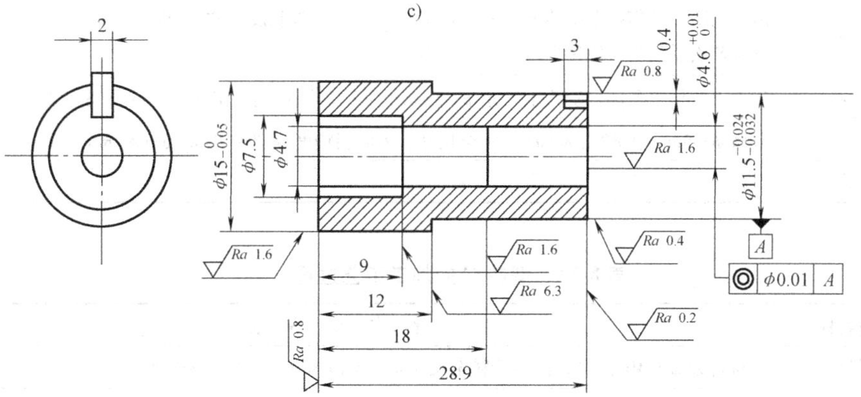

d)

图 8-33　组合式定模型芯（续）

该定模型芯的加工工艺过程见表 8-11 ~ 表 8-13。

表 8-11　型芯 A 的加工工艺过程

序号	工序名称	工　序　主　要　内　容
1	下料	用材料为 CrWMn 的热轧圆钢下料至尺寸 ϕ6mm × 100mm（含两件长度）
2	车外圆	将两端车成 60° 反顶尖 以一顶一夹定位车中段外圆至 ϕ2. 4mm × 50mm 车两端外圆至 ϕ5. 5mm × 9. 3mm
3	热处理	淬火加回火至硬度 50 ~ 55HRC
4	磨外圆	一顶一夹磨 ϕ2mm 外圆，留 0. 01mm 研磨余量 磨两端外圆至 $\phi5\,_{-0.1}^{\ \ 0}$ mm
5	线切割	从中割断，分作两个型芯 A，使每个型芯 ϕ2mm 处长度尺寸 37mm 分别割去反顶尖，使每个型芯长度为 43mm
6	钳	研磨 ϕ2mm 外圆至尺寸 修磨 R1mm 球头并研磨，表面粗糙度 Ra0. 2μm
7	检验	

表 8-12 型芯 B 的加工工艺过程

序号	工序名称	工序主要内容
1	下料	用材料为 CrWMn 的热轧圆钢下料至尺寸 ϕ9mm × 80mm（含两件长度）
2	车外圆	将两端车成 60°反顶尖 以一顶一夹定位车中段外圆至 ϕ5.1mm × 50mm 车两端外圆至 ϕ8mm × 9.3mm
3	热处理	淬火加回火至硬度 50 ~ 55HRC
4	磨外圆	一顶一夹磨中段外圆 ϕ4.6mm，再将中段 30mm 磨圆至 ϕ4.51mm，留 0.01mm 研磨余量 磨两端外圆至 $\phi5_{-0.1}^{0}$mm
5	线切割	从中割断，分作两个型芯 B，使每个型芯 ϕ4.51mm 处长度尺寸 $14.98_{0}^{+0.05}$mm 分别割去反顶尖，使每个型芯长度为 34mm
6	电火花	用电火花加工各段台阶孔至尺寸 ϕ3.5mm 和 $\phi2_{0}^{+0.01}$mm 内孔留 0.005mm 单面研磨余量
7	钳	研磨 ϕ3.5mm 和 $\phi2_{-0.01}^{0}$mm 外圆至尺寸，表面粗糙度分别为 Ra0.8μm 和 Ra0.2μm
8	检验	

表 8-13 型芯 C 的加工工艺过程

序号	工序名称	工序主要内容
1	下料	用材料为 CrWMn 的热轧圆钢下料至尺寸 ϕ18mm × 80mm（含两件长度）
2	车外圆	将两端车成 60°反顶尖 以一顶一夹定位车中段外圆至 ϕ11.6mm × 25mm 车两端外圆至 ϕ15.1mm × 9.2 mm
3	热处理	淬火加回火至硬度 50 ~ 55HRC
4	磨外圆	一顶一夹磨中段外圆 $\phi11.5_{+0.012}^{+0.024}$mm，留 0.01mm 研磨余量 磨两端外圆至 $\phi15_{-0.3}^{0}$mm
5	线切割	从中割断，分作两个型芯 C，使每个型芯 $\phi11.5_{+0.012}^{+0.024}$mm 处长度尺寸 10.9mm 分别割去反顶尖，使每个型芯长度为 28.9mm
6	电火花	用电火花加工各段台阶孔至规定直径及长度，留适当研磨余量
7	钳	修锉 3mm × 2mm × 0.4mm 浇道并研磨。研磨内、外端面至规定要求，两端面待装入定模板后平磨或手研至要求
8	检验	

任务 8.3 了解型孔、型腔类零件的加工工艺

知识点：

1. 型孔、型腔类零件的加工方法。
2. 型孔、型腔类零件的加工工艺。

技能点：

1. 型孔、型腔类零件的加工方法。

2. 型孔、型腔类零件的加工工艺。

8.3.1　任务导入

1. 任务要求

要求编制不同型孔、型腔类零件的工艺路线。

2. 任务分析

模具工作零件的工作性质、技术要求、材料、热处理、制造方法、工艺路线、制造设备等方面有许多不同点，因此在编制零件工艺规程时要区别对待。

8.3.2　知识链接

1. 凹模型孔的加工

（1）圆形型孔

1）单型孔凹模。毛坯→锻造→退火→车削、铣削→钻、镗型孔→划线→钻固定孔→攻螺纹、铰销孔→淬火、回火→磨削上、下平面及型孔。

2）多型孔凹模，常采用坐标法进行加工。

①镶块结构的凹模。图8-34所示为镶块结构的凹模。

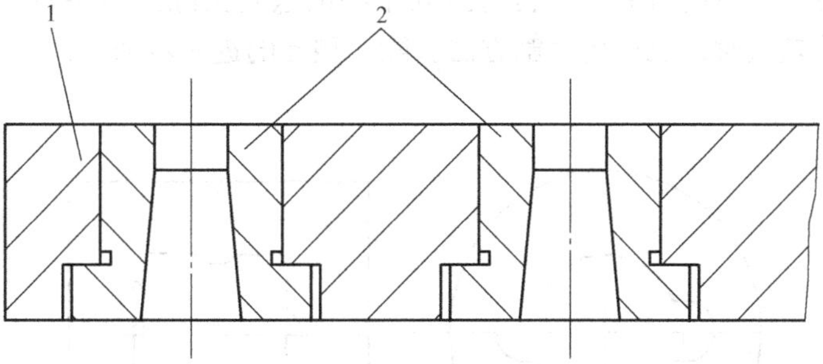

图8-34　镶块结构的凹模

1—固定板　2—凹模镶件

在坐标镗床上按坐标法镗孔，是将各型孔间的尺寸转化为直角坐标尺寸，如图8-35所示。

工件安装调整过程中的找正如图8-36、图8-37所示。

加工分布在同一圆周上的孔，可以使用坐标镗床的机床附件——万能回转工作台。

②整体式凹模。材料：碳素工具钢或合金工具钢。热处理：58～60HRC。

加工工艺路线：毛坯锻造→退火→粗加工→半精加工→钻、镗型孔→淬火、回火→磨削上、下平面。

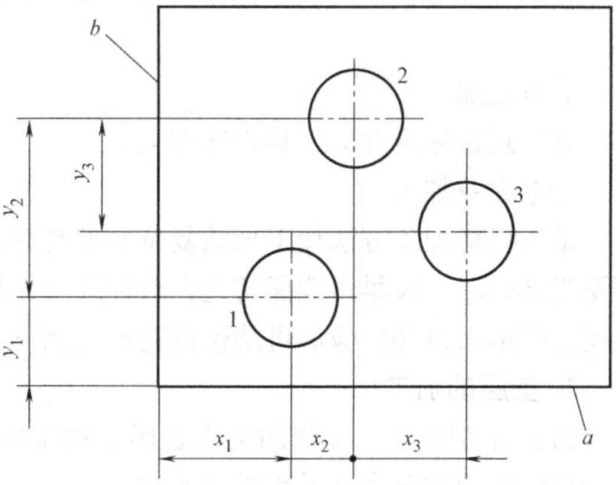

图8-35　孔系的直角坐标尺寸

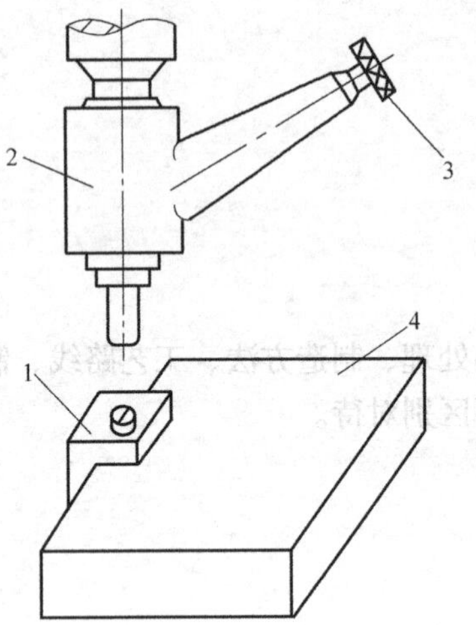

图 8-36　用定位角铁和光学中心测定器找正

1—定位角铁　2—光学中心测定器　3—目镜　4—工件

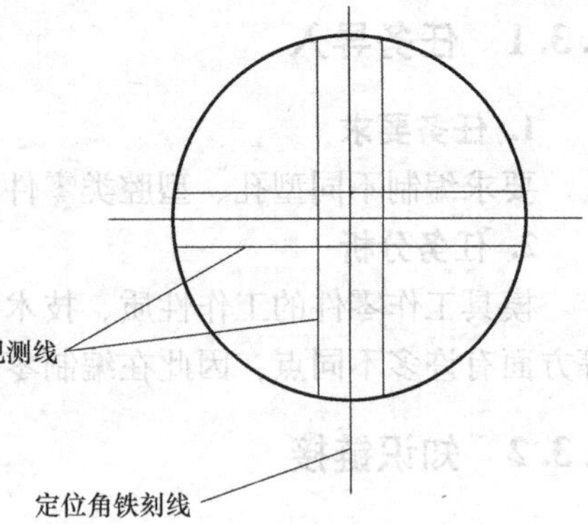

图 8-37　定位角铁刻线在显微镜中的位置

（2）非圆形型孔　非圆形型孔凹模如图 8-38 所示。非圆形型孔的凹模，通常将毛坯锻造成矩形，加工各平面后进行划线，再将型孔中心的余料去除。图 8-39 所示是沿型孔轮廓线钻孔。凹模尺寸较大时，也可用气割方法去除。型孔的进一步加工：

①仿形铣削。

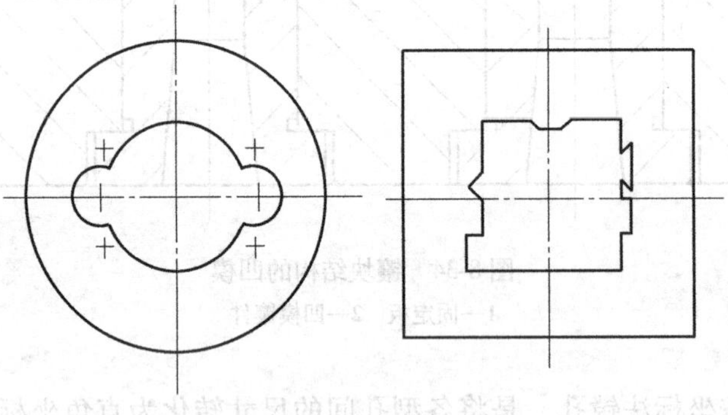

图 8-38　非圆形型孔凹模

②数控加工。

③立式铣床或万能工具铣床加工。

④电火花加工。

采用机械加工方法加工形状复杂的型孔时，可将内表面加工转变成外表面加工。凹模采用镶拼结构时，应尽可能保持选在对称线上，如图 8-40 所示，以便一次同时加工几个镶块。凹模的圆形刃口部位应尽可能保持完整的圆形。

2. 型腔的加工

（1）车削加工　车削加工主要用于加工回转曲面的型腔或型腔的回转曲面部分。对拼式塑料压缩模型腔车削过程见表 8-14。

（2）铣削加工

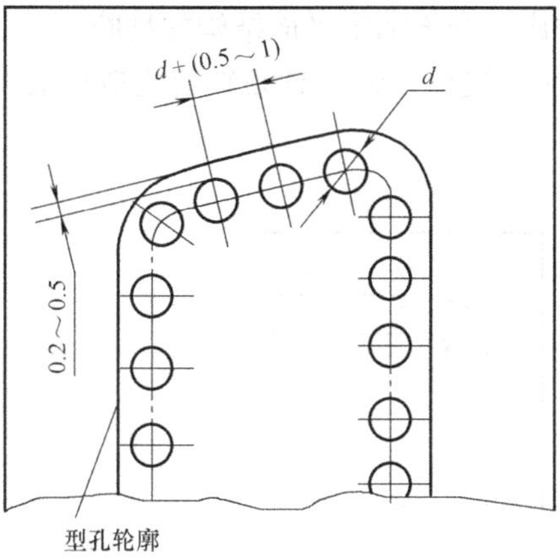

图8-39　沿型孔轮廓线钻孔

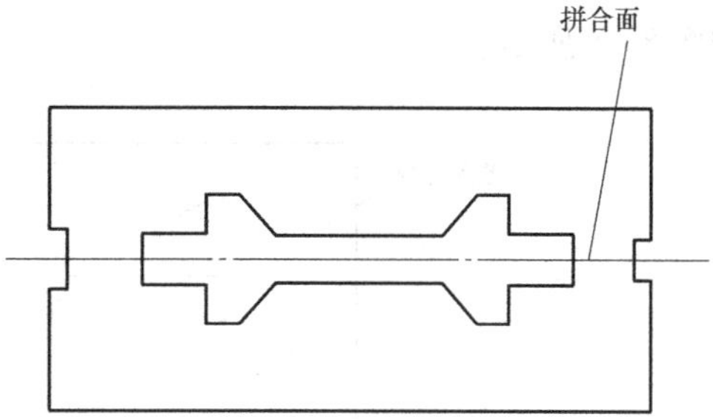

图8-40　拼合面在对称线上

表8-14　对拼式塑料压缩模型腔车削过程

序号	工艺内容	简　图	说　明
1	装夹	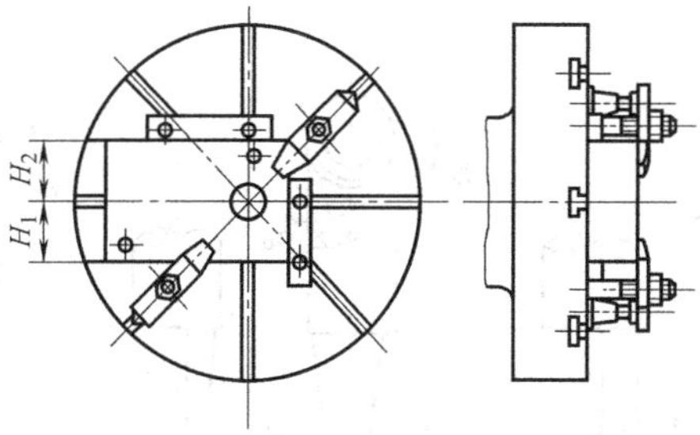	1）将工件压在花盘上，按 ϕ44.7mm 的线找正后，再用百分表检查两侧面使 $H_1=H_2$ 2）靠紧工件的一对垂直面压上两块定位块，以备车另一件时定位
2	车球面	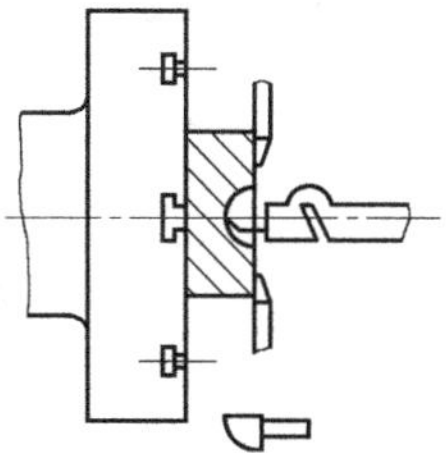	1）粗车球面 2）使用弹簧刀杆和成形车刀精车球面
3	装加工件	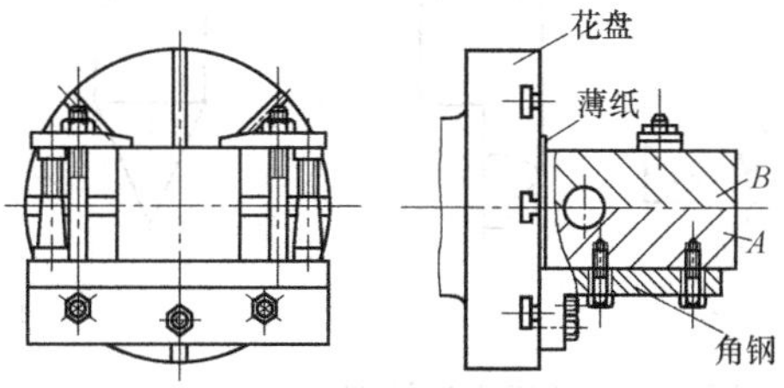	1）用花盘和角铁装夹工件 2）用百分表按外形找正工件后将工件和角铁压紧（在工件和花盘间垫一薄纸作用是便于卸开拼块）
4	车锥孔	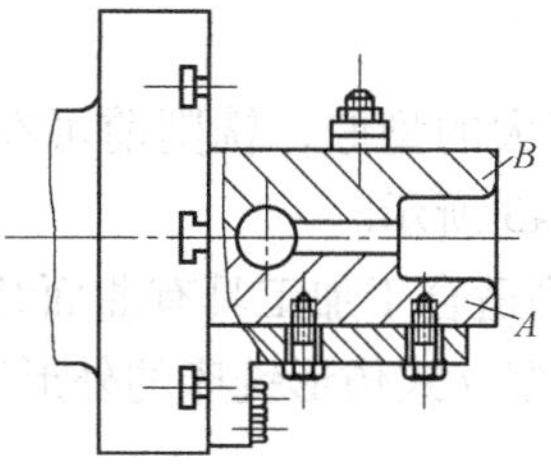	1）钻、镗孔至 ϕ21.71mm（松开压板，卸下拼块B检查尺寸） 2）车削锥度（同样卸下拼块B观察及检查）

1）普通铣床加工型腔。立式铣床和万能工具铣床适合于加工平面结构的型腔。

加工型腔时，由于刀具加长，必须考虑由于切削力波动导致刀具倾斜变化造成的误差。如图 8-41 所示。

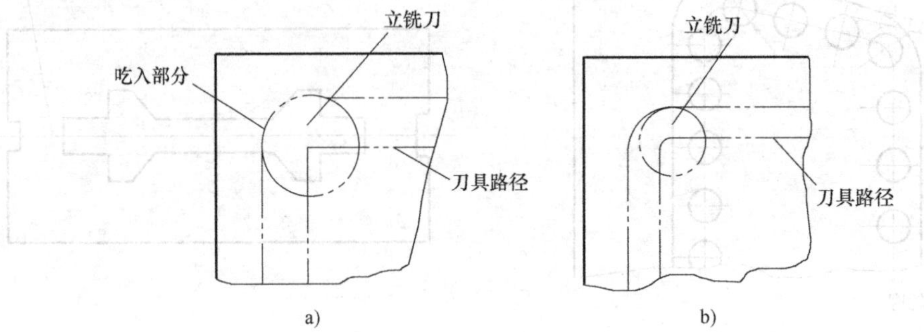

图 8-41　型腔圆角的加工

为加工出某些特殊的形状部位，在无适合的标准铣刀可选用时，可采用图 8-42 所示适合于不同用途的单刃指形铣刀。

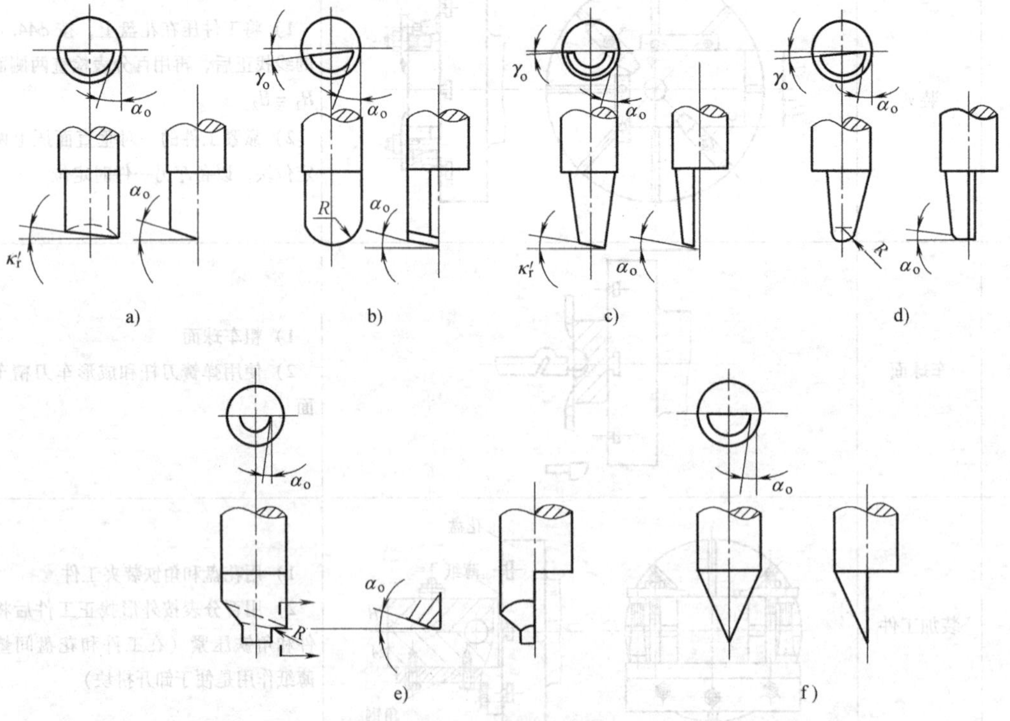

图 8-42　单刃指形铣刀

为提高铣削效率，对某些铣削余量较大的型腔，铣削前可在型腔轮廓线的内部连续钻孔，孔的深度和型腔的深度接近，如图 8-43 所示。

2）仿形铣床加工型腔。仿形铣床特别适合于加工具有曲面结构的型腔。

①仿形铣床。图 8-44 所示为 XB4480 型立式仿形铣床的外形图。该铣床适于加工平面轮廓、曲面等。

②加工方式。

a. 按样板轮廓仿形。铣削时靠模销沿着靠模外形运动，不作轴向运动，铣刀也只沿工件的轮廓铣削，不作轴向运动，如图 8-45a 所示。可用于加工轮廓形状，但需深度不变。

b. 按照立体模型仿形。水平分行：如图 8-45b 所示。垂直分行：如图 8-45c 所示。周期进给的方向与半圆柱面的轴线方向平行，如图 8-46a 所示。周期进给的方向与半圆柱面的轴线方向垂直，如图 8-46b 所示。

铣削后的残留面积，如图 8-47 所示。

3）铣刀和仿形销。铣刀端头的形状如图 8-48 所示。

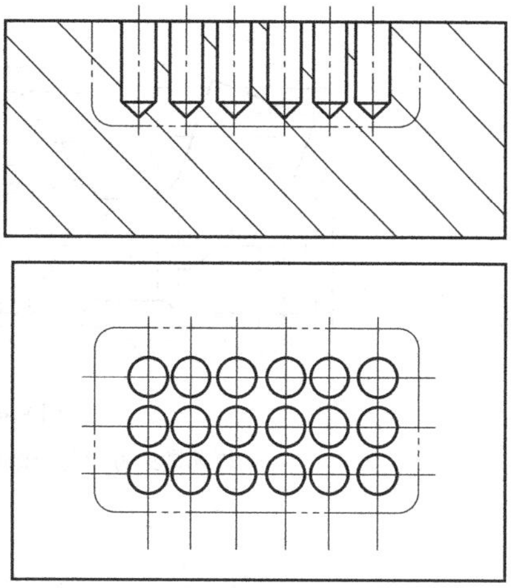

图 8-43　型腔钻孔示意图

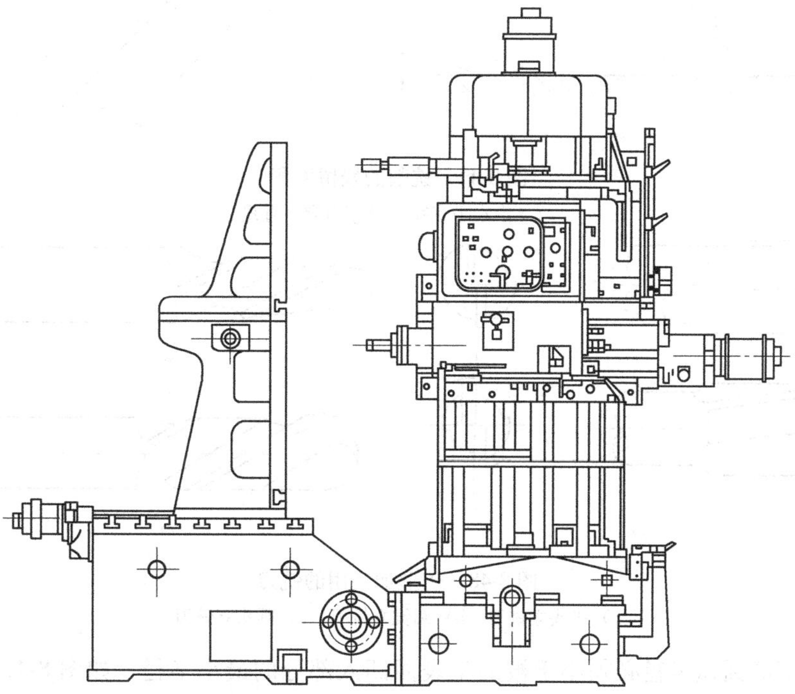

图 8-44　XB4480 型立式仿形铣床

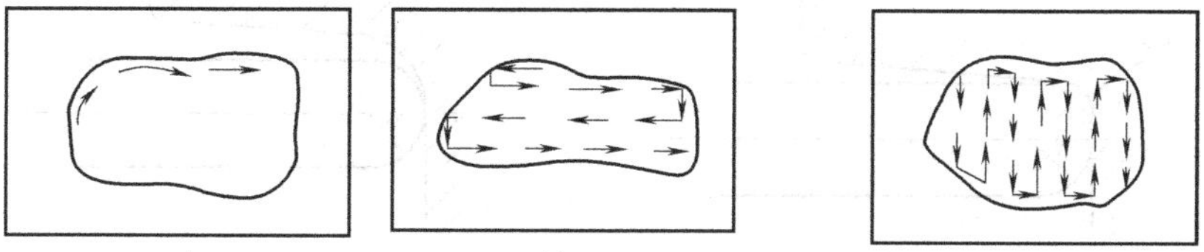

a)　b)　c)

图 8-45　仿形铣削方式

a）按样板轮廓仿形　b）按立体轮廓水平分行仿形　c）按立体轮廓垂直分行仿形

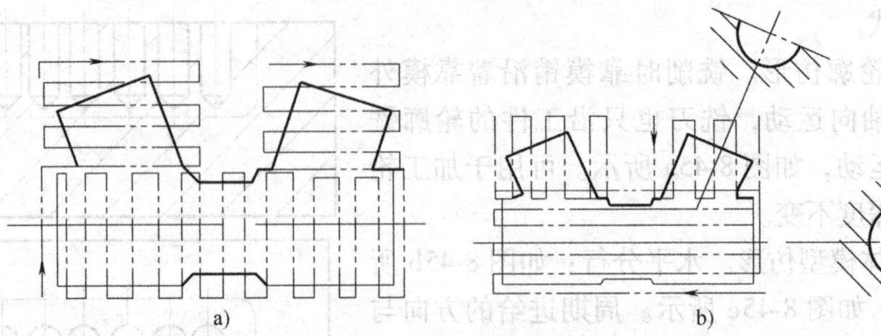

图 8-46　具有半圆形截面的型腔

a）周期进给方向与半圆面轴线平行　b）周期进给方向与半圆面轴线垂直

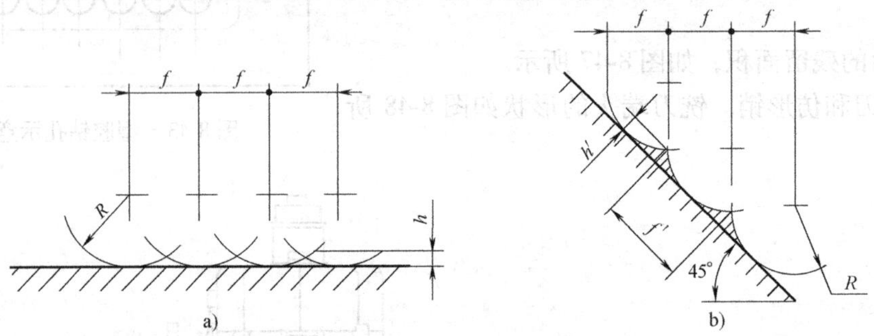

图 8-47　铣削的残留面积

a）f沿水平直线　b）f沿倾斜直线

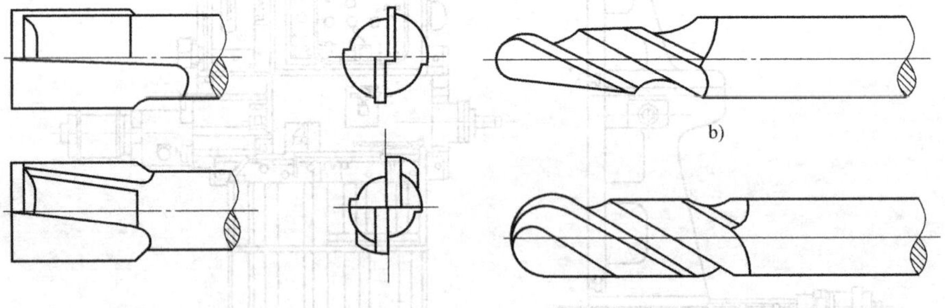

图 8-48　仿形加工用的铣刀

a）平头立铣刀　b）圆锥立铣刀　c）圆头立铣刀

铣刀端部的圆弧半径必须小于被加工表面凹入部分的最小半径，如图 8-49 所示。锥形铣刀的斜度应小于被加工表面的倾斜角，如图 8-50 所示。

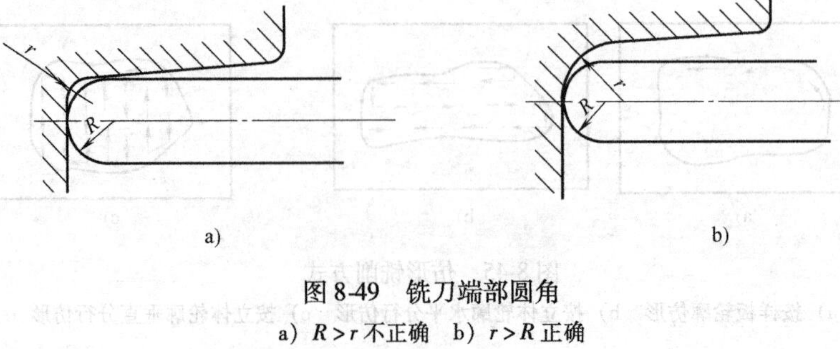

图 8-49　铣刀端部圆角

a）$R>r$ 不正确　b）$r>R$ 正确

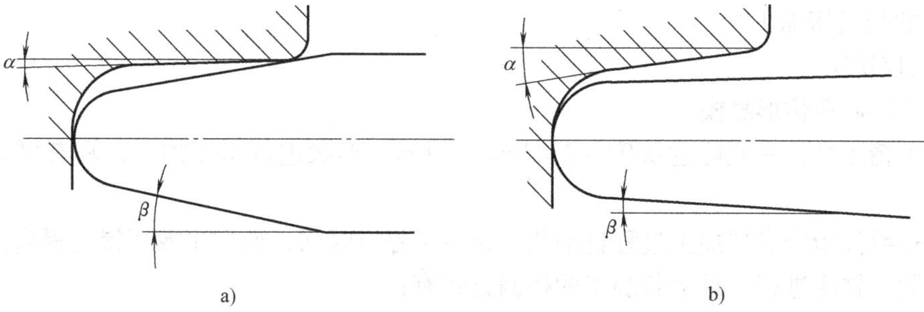

图8-50　铣刀端部斜度

仿形销如图8-51所示。仿形销的直径计算

$$D=d+2(z+e)$$

式中　D——仿形销直径；

d——铣刀直径；

e——仿形销偏移的修正量；

z——型腔加工后留下的钳工修正量。

材料有钢、铝、黄铜、塑料等。

4）仿形靠模。仿形靠模是仿形加工的主要装置。材料有石膏、木材、塑料、铝合金、铸铁、钢板等。

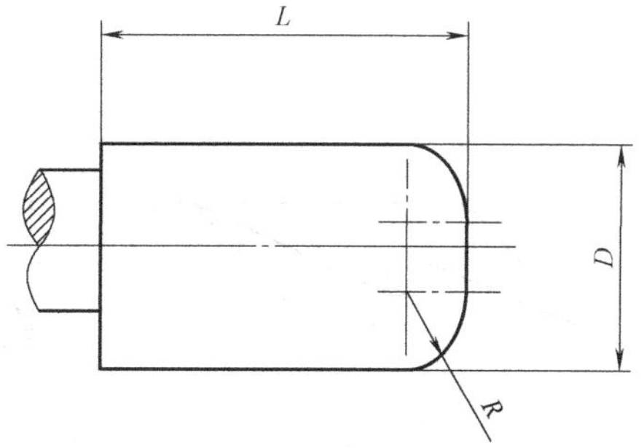

图8-51　仿形销

仿形铣床可用来加工如图8-52所示的锻模型腔。仿形铣削前需将模坯加工成六面体，划出中心线。

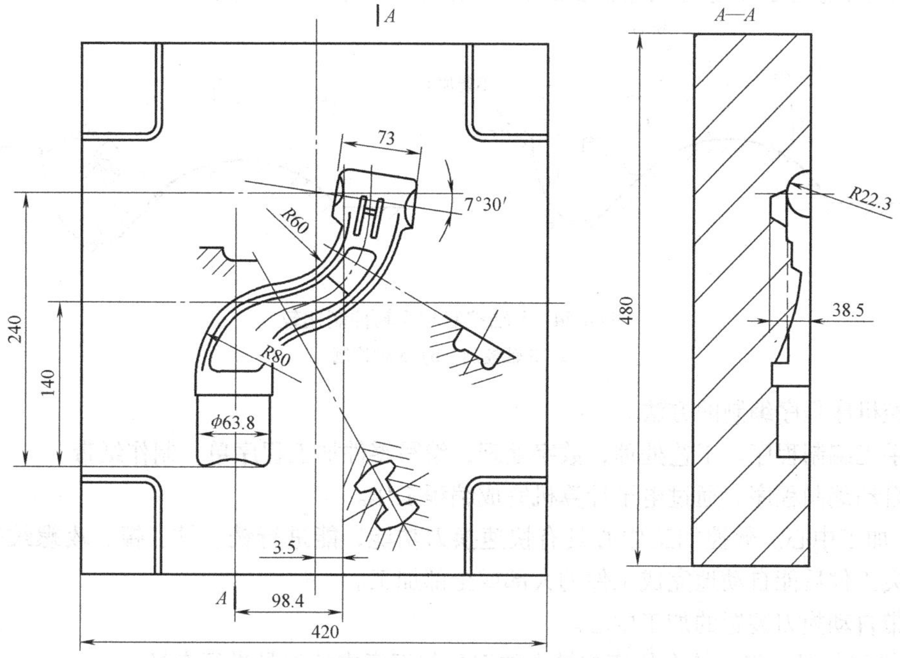

图8-52　锻模型腔（飞边槽未表示出来）

(3) 数控机床加工

1) 数控铣床。

①不需要制造仿形靠模。

②加工精度高，一般可达0.02～0.03mm；对同一形状进行重复加工，具有可靠的再现性。

③通过数控指令实现加工过程自动化，减少了停机时间，使加工效率得到提高。

采用数控铣床进行三维形状加工的控制方式有：

①2½轴控制，如图8-53a所示。

②3轴控制，如图8-53b所示。

③5轴控制，如图8-53c所示。

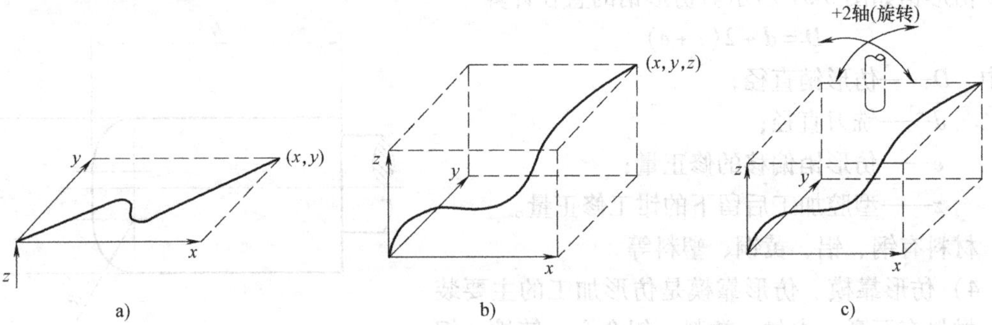

图8-53　加工三维形状的控制方式

a) 2½轴控制　b) 3轴控制　c) 5轴控制

5轴控制数控加工还可以加工表面的凹入部分，如图8-54所示。

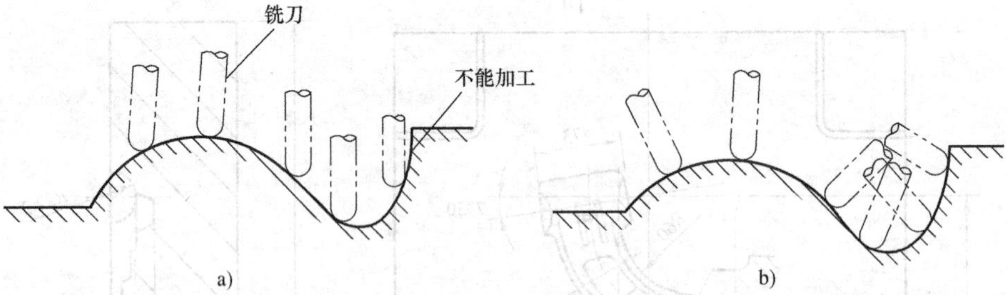

图8-54　5轴控制与3轴控制比较

a) 3轴控制　b) 5轴控制

数控机床程序编制的方法。

①手工编制程序。工艺处理，数字处理，编写零件加工程序单，制作纸带。

②自动编制程序。通过电子计算机完成编程工作。

2) 加工中心。数控加工中心具有快速换刀功能，能进行铣、钻、镗、攻螺纹等加工，一次装夹工件后能自动地完成工件的大部或全部加工。

①带自动换刀装置的加工中心。

a. 换刀装置，将夹持在机床主轴上的刀具与刀库中的刀具进行交换。

b. 刀库，储存所需各种刀具的仓库，其功能是接受刀具传送装置送来的刀夹以及把刀夹给予刀具传送装置。

c. 刀具传送装置，在换刀装置与刀具库之间，快速而准确地传送刀具。

②加工中心用在模具制造中的注意事项：

a. 模具设计应标准化。

b. 加工形状应标准化。

c. 对工具系统加以设计。

d. 规范加工范围和切削条件。

e. 重视切屑处理。

f. 充实生产管理，提高机床的运转率。

8.3.3 任务实施

1. 凹模型孔加工工艺

级进冲裁凹模如图8-55所示。

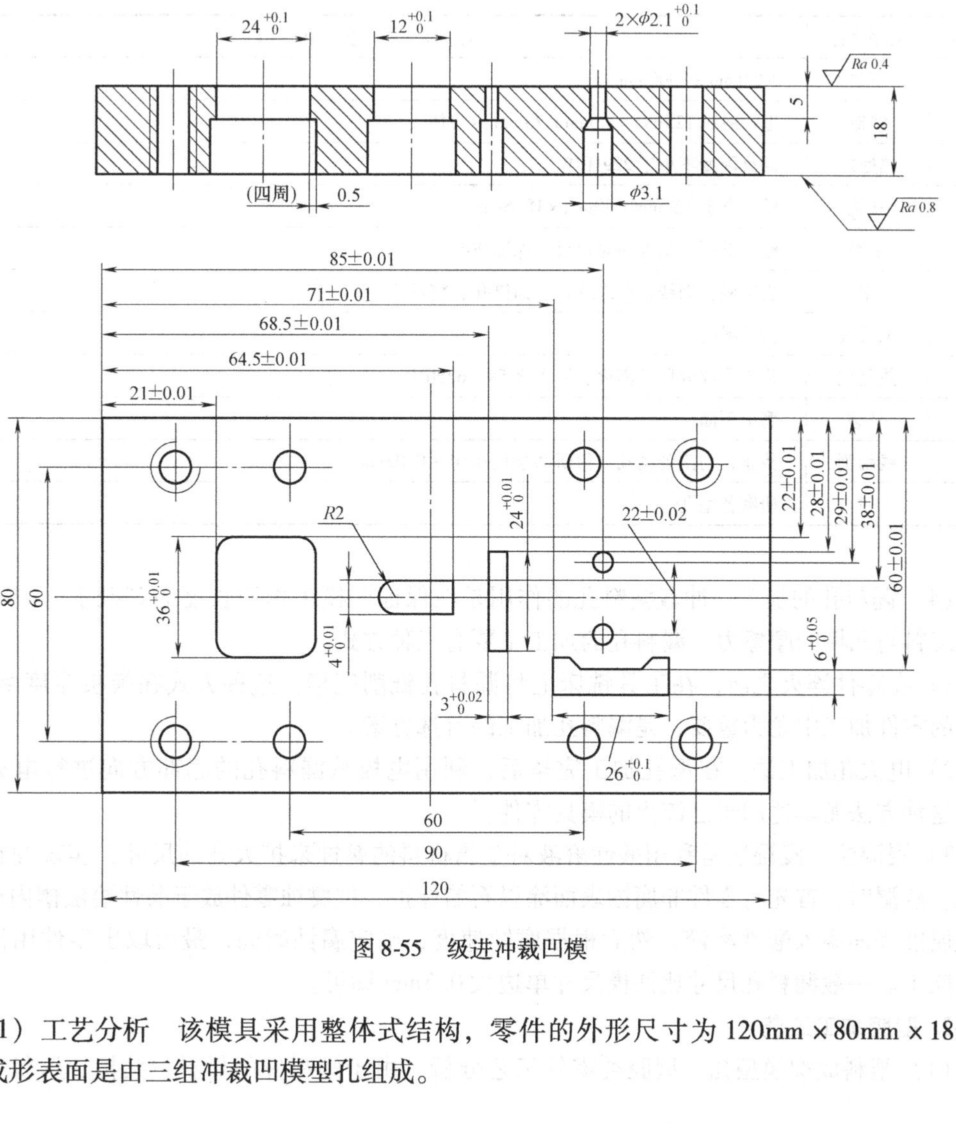

图8-55　级进冲裁凹模

(1) 工艺分析　该模具采用整体式结构，零件的外形尺寸为120mm × 80mm × 18mm，零件成形表面是由三组冲裁凹模型孔组成。

第一组是定距孔和两个圆孔，第二组是两个长孔，第三组是一个落料型孔。这三组型孔之间有严格的孔距精度要求，它是实现连续冲裁、保证零件尺寸精度的关键因素。结构表面包括螺纹连接孔和销钉孔等。

该凹模零件是模具装配和加工的基准件，模具上的卸料板、固定板、模板上的各孔都和该零件有关。加工中要以该凹模型孔的实际尺寸为基准来加工相关零件上的各孔。

该零件材料为MnCrWV，热处理硬度为60～64HRC，毛坯为锻件，金属材料的纤维方向应平行于大平面且与零件长轴方向垂直。

零件各型孔的成形表面，在淬火后采用电火花线切割加工，最后由钳工进行研磨加工。

型孔可在投影仪或工具显微镜上检查，小孔应制成二级，使用“光面量规”进行检查。

（2）工艺方案　级进冲裁凹模的加工工艺方案为：下料→锻造→热处理→铣六方→平磨→钳（给螺纹孔及销钉孔划线）→工具铣→热处理→线切割→钳（研磨各型孔）。

（3）工艺过程的制定　级进冲裁凹模的加工工艺过程见表8-15。

表8-15　级进冲裁凹模的加工工艺过程

序号	工序名称	工序主要内容
1	下料	ϕ250mm×1000mm
2	锻造	毛坯锻成125mm×85mm×23mm六方体
3	热处理	退火硬度不小于229HBW
4	立铣	铣六方至120mm×80mm×18.6mm
5	平磨	磨上下面，基准面对角尺寸保证90°
6	钳	去毛刺，划线，钻螺纹孔、销钉孔、穿丝孔
7	工具铣	铣漏料孔
8	热处理	将工作部分局部淬火、回火至58～62HRC
9	平磨	磨上下面
10	线切割	找正，切割各型孔，留研磨余量0.01～0.02mm
11	钳	研磨各型孔

（4）漏料孔的加工　冲裁漏料孔的作用是在保证凹模工作面长度的基础上，减小落料件或废料与凹模的摩擦力。漏料孔的加工主要有三种方式。

1）在零件淬火之前，在工具铣床上将漏料孔铣削完毕。这种方式在模板厚度≥50mm以上的零件加工中尤为重要，是漏料孔加工的首选方案。

2）电火花加工法。在型孔加工完毕后，利用电极从漏料孔的底部方向进行电火花加工。这种方法尤其适用于已淬火的模具零件。

3）浸湿法。浸湿法是利用酸性溶液对金属材料的腐蚀来扩大孔的尺寸，实现漏料孔的加工。浸湿时，首先将零件非腐蚀表面涂以石蜡保护，把腐蚀零件放于酸性溶液槽内或在零件被腐蚀表面滴入酸性溶液，然后根据腐蚀速度，确定腐蚀时间，最后取出零件用清水清洗、吹干。一般漏料孔尺寸比凹模尺寸单边大0.5mm即可。

2. 型腔加工工艺

（1）塑料成型模型孔、型腔类零件工艺分析　由于塑料件的材料、结构、形状、成型方式各不相同，塑料成型模型孔、型腔类零件的结构和形状也不尽相同，这类零件的制造工艺因此有所不同。但共同之处为都具有工作型腔、分型面和定位安装的配合面，并有较高的尺寸精度、形状精度和位置精度，以及表面粗糙度等技术要求，是工艺分析的重点。图8-56所示为塑料成型模型腔板结构图。

1）图8-56a所示为一压缩模中的凹模，其工艺方案为：备料→车削→调质→平磨→镗导柱孔→钳工制各螺纹孔或销孔。

如要求淬火，则车削、镗孔均应留磨削加工余量，钳工工序后再安排：淬火和回火→万能磨孔、外圆及端面→平磨下端面→坐标磨导柱孔及中心孔→机械抛光型腔→钳工研磨抛光→试模→渗氮（后两工序根据需要确定）。

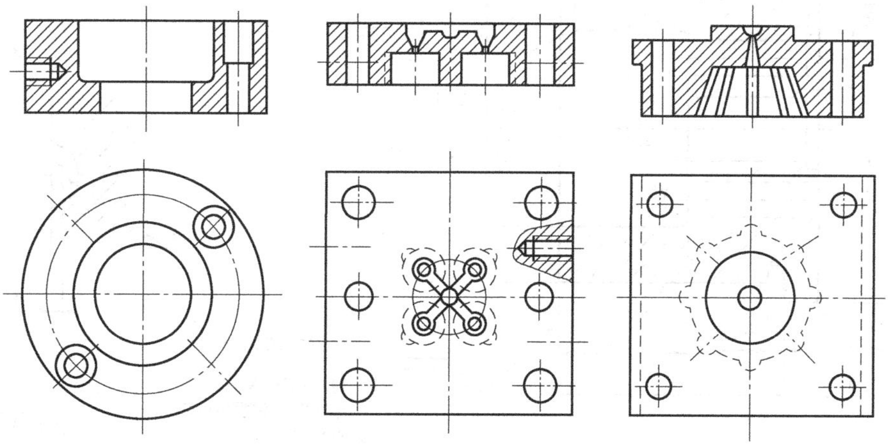

a)　　b)　　c)

图8-56　塑料成型模型腔板结构图

a）压缩塑压模凹模　b）双分型面注射模中间型板　c）带主流道定模板

2）图8-56b所示为注射模的中间板，其工艺方案为：备料→锻造→退火→刨六面一钳工钻吊装螺孔→调质→平磨→划线一镗铣型腔及浇口→钳工预装（定模板、动模板）→配镗上、下导柱孔→钳工拆分→电火花加工型腔（如果没有大型电火花机床可在镗铣和钳工两工序中完成）→钳工研磨抛光。

3）图8-56c所示为带主流道的定模板，其工艺路线为：锻→刨→平磨→划线后进行车制型腔及主流道→电火花加工型腔（或铣制钳修型腔）→钳工预装→镗导柱孔→钳工拆分、配研、抛光。

对于大型型腔板，采用锯床下料，坯料可直接从锻轧厂提供的退火状态的模具钢获得，简化了锻刨等工序，缩短了生产周期，提高了生产率。一些形状复杂的型腔板采用立式数控铣床或仿形铣床加工后，使模具精度得到较大提高，劳动生产率和工作环境得到明显改善。

（2）塑料成型模型腔类零件加工实例　图8-57所示零件为一型腔零件，材料为CrWMn，硬度为50～55HRC。该零件的加工工艺过程制定如下。

1）零件工艺性分析。从图8-57分析可知该零件为整体嵌入式动模型腔，零件的主要加工面是：

①外圆 $\phi40^{+0.024}_{+0.008}$mm、$Ra1.6\mu m$ 型腔与型腔固定板的装配基面，保证型腔的正确安装位

置；

②孔 $\phi 25.1^{+0.03}_{0}$ mm、$Ra0.1\mu m$ 成型制件外表面；

③孔 $\phi 8^{+0.015}_{0}$ mm、$Ra0.4\mu m$，孔 $2\times\phi 4^{+0.012}_{0}$ mm、$Ra0.8\mu m$ 分别与小型芯、推杆配合安装；

④上、下端面 $Ra0.4\mu m$ 分别为分型面和与固定板的接合面；

⑤分浇道、浇口的加工。

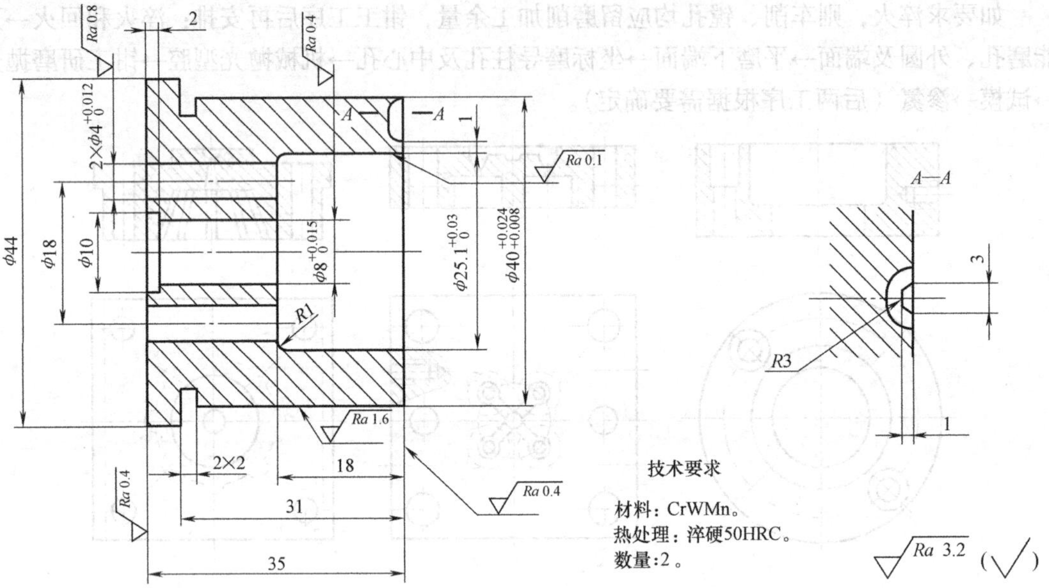

图 8-57　塑料成型模型腔图

2）技术要求分析。保证各加工面的表面质量，外圆 $\phi 40$mm 与 $\phi 8$mm 孔、$\phi 25.1$mm 孔的中心线要重合，保证孔与小型芯、推杆，外圆与型腔固定板的安装配合精度。要保证端面与外圆线的垂直度要求。

该零件结构简单，工艺性较好。

3）选择毛坯。材料 CrWMn；淬硬 50～55HRC；数量 2 件。

毛坯为锻件。单件生产，采用自由锻造的方法生产毛坯，锻件精度较低。要求锻后的毛坯长度为 100mm（包括两件型腔的长度、端面加工余量、切断槽宽和车削第二件时夹持料头长度）。

4）选择定位基准和确定工件装夹方式。零件的主要加工表面为外圆和内孔，按照基准重合的原则应以该零件的 $\phi 40$mm 外圆中心线为定位基准。因为是单件生产，工件装夹方式采用直接找正法。

5）确定零件加工工艺路线。

①主要表面加工方案：

外圆 $\phi 40^{+0.024}_{+0.008}$mm、$Ra1.6\mu m$：粗车→半精车→磨削。

孔 $\phi 25.1^{+0.03}_{0}$mm、$Ra0.1\mu m$：钻孔→扩孔→半精镗→磨孔→研磨。

孔 $\phi 8^{+0.015}_{0}$ mm、$Ra0.4\mu m$：钻孔→粗铰→精铰→磨孔；孔 $2\times\phi 4^{+0.012}_{0}$ mm、$Ra0.8\mu m$：钻

孔→粗铰→精铰→研磨。

上、下端面 $Ra0.4\mu m$ 分别为分型面和与固定板的接合面，先车削加工，然后在最后钳工装配时与型腔固定板一起磨削加工。

分浇道、浇口必须待型腔压装后配作加工，这样才能保证型腔上的分浇道与固定板上的分浇道对正。分浇道配加工时，型腔已淬硬，所以只能采用磨削加工。

②加工阶段划分和工序集中的程度。模具零件加工属单件生产，工序安排上采用工序集中的原则。型腔零件加工要求很高，大部分加工面均划分为粗加工、半精加工、精加工三个阶段。孔 $2\times\phi4^{+0.012}_{0}$mm 和孔 $\phi25.1^{+0.03}_{0}$mm 则划分为粗加工、半精加工、精加工、光整加工四个阶段。

③加工顺序的安排。在加工过程中为了保证该零件的技术要求和加工的方便，应遵循“先粗后精”“基面先行”的原则：先加工 $\phi40$mm 外圆，后加工 $\phi8^{+0.015}_{0}$mm、$\phi25.1^{+0.03}_{0}$mm、$2\times\phi4^{+0.012}_{0}$mm 的内孔；然后以外圆 $\phi40$mm 为基准，精加工各孔，再以孔 $\phi8$mm 为基准精加工外圆；最后是孔 $2\times\phi4$mm、$\phi25.1$mm 的光整加工；还要合理安排次要表面的加工、热处理工序和检验工序。

④加工工艺过程见表8-16。

表8-16　塑料成型模型腔加工工艺过程

序号	工序名称	工序主要内容	设备	夹具	刀具	量具
1	下料	下料，$\phi50$mm×100^{+4}_{0}mm	锯床	—	—	—
2	锻造	毛坯锻成 $\phi48$mm×100mm	锻压设备	—	—	—
3	热处理	退火	干燥箱	—	—	—
4	车削	车外圆 $\phi44$mm 达尺寸；车退刀槽 2mm×2mm； 车外圆 $\phi40$mm，留磨量 0.5mm；车右端面，留磨量 0.2mm；钻 $\phi8^{+0.015}_{0}$mm 孔，预孔达 $\phi7$mm，铰孔 $\phi8$mm，留磨量 0.3mm；扩 $\phi25.1$mm、镗 $\phi25.1$mm 及孔底，各留磨量 0.5mm 和 0.2mm（孔深度镗至 18.0mm）；切断；调头车左端，留磨量 0.2mm；锪 $\phi10$mm 孔			车刀 钻头 铰刀 镗刀	游标卡尺
5	坐标镗	以外圆为基准找正，钻、铰 $2\times\phi4^{+0.012}_{0}$mm，留磨量 0.01mm	坐标镗床	通用夹具	钻头 铰刀	游标卡尺
6	热处理	淬火 50～55HRC	干燥箱	—	—	—
7	内圆磨	以外圆 $\phi40$mm 为基准，磨孔 $\phi8^{+0.015}_{0}$mm 达图样要求；磨孔 $\phi25.1^{+0.03}_{0}$mm，留研量 0.015mm；磨孔底及 $R1$ 达图样要求，留研量 0.010mm（孔深度磨至 18.19mm）	内圆磨床	通用夹具	砂轮	千分尺
8	外圆磨	以内孔 $\phi8^{+0.015}_{0}$mm 定位，穿专用心轴 磨外圆 $\phi40^{+0.024}_{+0.008}$mm，达图样要求	外圆磨床	通用夹具	砂轮	千分尺
9	钳工研磨	研磨 $2\times\phi4^{+0.012}_{0}$mm 孔达图样要求 研磨 $\phi25.1^{+0.03}_{0}$mm 孔底及 $R1$mm 达图样要求	车床	通用夹具	专用研磨工具	千分尺
10	钳装	压装型腔、与固定板一起磨两大面、磨分浇道和浇口	钳台 平面磨床	通用夹具	—	—

任务8.4　了解模具零件的简易制造工艺

知识点：

模具零件的简易制造工艺

技能点：

模具零件的简易制造工艺

8.4.1　任务导入

1. 任务要求

模具零件的多种简易制造工艺。

2. 任务分析

模具工作零件除采用切削加工和特种加工方法外，还可以采用多种简易制造工艺，加快新产品及小批量产品模具的开发。

8.4.2　知识链接

1. 锌合金模具

锌基合金是指以锌为基体的锌、铝、铜三元素合金，并加入微量的镁，简称锌合金。将锌合金用铸造方法制造出的模具，称为锌合金模具。这种材料的抗压强度可达860MPa以上，布氏硬度为120～130HBW，具有优良的耐磨性、铸造性和切削加工性，而且还可以重熔后再使用。锌合金模具如图8-58所示。

用锌合金可以制造冲裁模（如落料模、冲孔模、复合模），也可以制造弯曲模、拉深模及其他成形模。

对于锌合金冲裁模，其凸模和凹模所用材料并不相同，其中一个用锌合金制造，另一个仍用模具钢制造。一般落料凹模和冲孔凸模应采用锌合金制造，而落料凸模和冲孔凹模仍用模具钢制造。

下面以落料模为例介绍锌合金模具的制造工艺（见图8-58）。

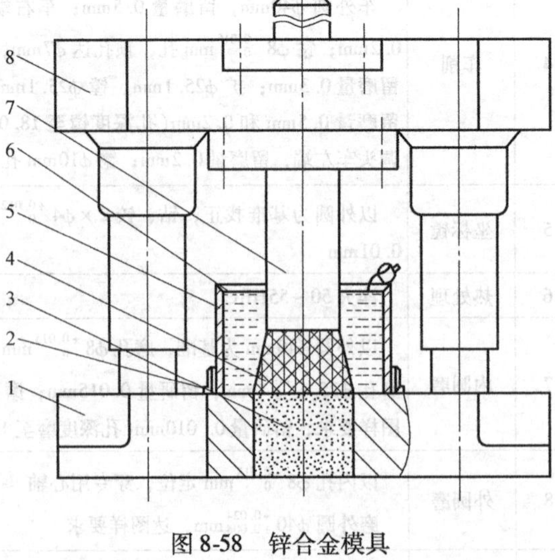

图8-58　锌合金模具

1—下模座　2、3—干砂　4—型芯　5—模框　6—锌基合金凹模　7—钢质凸模　8—上模座

先用模具钢制造落料凸模，然后用铸造法制造锌合金凹模。步骤如下所述。

1）在下模座漏料孔中填干砂（2，3），放上漏料孔型芯（4），在下模座上安放模框（5）。

2）在模具下角四周填上干砂。

3）将安装有凸模（7，凸模预热至150℃～200℃）的上模装合在下模上，使凸模工作端面与型芯上表面接触。

4）将熔化（450℃左右）的锌合金浇注于模框内，并轻微搅动，直到达到预定高度为止。

5）锌合金冷却凝固后拔出凸模，铣削锌合金上平面，再加工螺钉及销钉孔，安装凹模，并装上卸料板，即可投入使用。

对于中小型冲裁件，凸模的预热可在模架上进行。

对于尺寸较大的凸模，可采用模架外预热的方法，在平板上浇注，然后与锌合金凹模一起装入模架。

锌合金凝固时约有1%的收缩率，待完全冷却后拔出凸模会有些困难。因此，可150℃~250℃时拔出凸模，再将锌合金凹模一起装入模架。

锌合金模落料时，要求搭边值比普通冲裁模大，以保护凹模刃口不受到挤压和碰伤。落料时，要求钢质凸模刃口保持锋利。凸模进入凹模的深度，要比材料厚2~4mm，才能促使自动补偿磨损，获得动态平衡间隙，否则将影响零件的质量。

锌基合金模具是以铸造方法取代机械加工方法，使凸、凹模制造过程大为简化，使得模具制造成本降低，制造周期缩短。

2. 低熔点合金模具

低熔点合金模具利用熔点低的合金，以铸造方法代替机械加工工艺来制造形状复杂的凸模、凹模和压边圈等工作零件。这种模具主要用于冲压加工中的弯曲、拉深等成形工序。

常用的低熔点合金元素有铋、锡、锑、镉、锌、铅等。试验和实际使用证明，采用铋、锡两元素共晶合金（铋锡重量比为58∶42）制造模具最为适宜，其熔点为138℃，抗拉强度为60.5MPa，抗压强度为87.5MPa。它流动性好，熔铸性能稳定，铸形清晰，且合金熔化时氧化极少，对人体无害。冷凝后的低熔点合金组织比较细密，是一种可塑材料，具有一定的力学、物理性能，当载荷超过其极限强度时，合金体虽变形，但不至于断裂。

合金中的主要成分铋，冷凝时具有体积膨胀的特性，使合金能有效地充满型腔，且表面比较光滑平整。低熔点合金从液态冷凝到固态时，具有不与任何金属黏结的特点，这给用模型样件浇注模具带来了极大的方便。

如图8-59所示为低熔点合金拉深模，该浇注工艺在压力机外进行。

1）先在模具中放入按工件实样为制造依据的样件12，再放入凸模板7。样件12上有小孔，以供合金流过。

2）将已熔化的低熔点合金由浇口1浇入模内。

3）凝固后，以样件为分界，留在熔箱内的即为凹模，样件以上与凸模板7固定在一起的即为凸模。凸模板7上的螺钉3的作用是增强与低熔点合金凸模的连接强度。

4）在凸模和凹模分开后，取出样件，修光型腔。

由于样件与工件形状、尺寸、厚度均相同，因此冲压时即能压出合乎要求的工件。对于拉深模也可以将压边圈同时铸出。

与钢模相比，低熔点合金模具以铸造代替了大量机械加工和钳工加工，因而制造周期大大缩短。制造一副低熔点合金模具通常只需2~6h，这对于形状复杂、尺寸较大的成形件，优越性更为突出。

用低熔点合金浇注的凸模、凹模及压边圈用完后可重新熔化浇注，因此可以节省大量的优质钢材。

低熔点合金较软，成形后的工作表面不易被擦伤。但目前所使用的低熔点合金硬度较低，强度不够高，而且价格较贵。

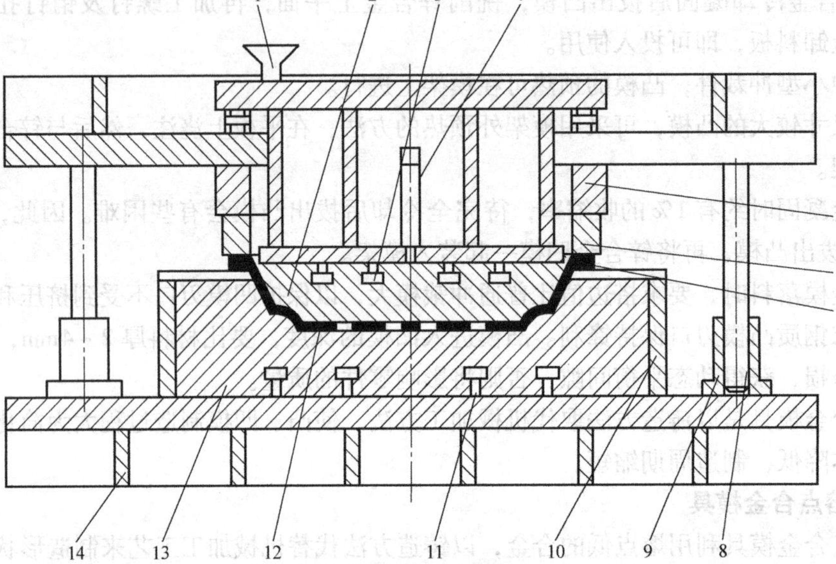

图 8-59　低熔点合金拉深模

1—浇口　2—凸模　3—螺钉　4—排气管　5—压边圈座　6—压边圈　7—凸模板　8—导管　9—导柱固定座　10—熔箱　11—螺钉　12—样件　13—凹模　14—底座

低熔点合金模具多用在批量小、尺寸大、形状复杂的薄板件的成形中，如汽车覆盖件等。它可冲压的材料为08F、Q235、铜、铝、不锈钢等，厚度可在0.3~3mm之间，不宜太厚，以 $t<1.5$mm 最为合适。当压制厚度为1.5mm的钢板时，其一次铸模的冲压寿命约为3000件。

3. 树脂模具

目前，常用的树脂模具是橡胶弹性体模，它是一种人工合成的具有高弹性的高分子材料。与普通的天然橡胶比较，它具有机械强度高、耐磨、耐油、耐酸、耐老化等优点，并且抗撕裂性能较好，硬度范围也较大。

采用橡胶弹性体模成形，实质上属于半模成形方法。普通冲模都有工作部分形状尺寸与制件对应的凸模和凹模，橡胶弹性体模则只需其中一件，而另一件则改用橡胶弹性体垫来代替。例如对橡胶弹性体冲裁模来说，落料只需钢质的落料凸模，冲孔模只需钢质的冲孔凹模，而落料凹模和冲孔凸模则改用橡胶弹性体模扩建来替代。这样就大大简化了模具结构，降低了模具制造费用。

图8-60所示为橡胶弹性体落料模示意图。橡胶弹性体模垫6应放置在容框5内，限制橡胶受力后的自由变形，促使橡胶朝刃口处流动，从而在刃口处产生较大的冲裁力。

用橡胶弹性体冲孔模冲孔有两种方式，如图8-61所示。

当钢制凹模中不设顶杆时，橡胶和工件的变形如图8-61a所示。橡胶对工件的压力不能集中到刃口处，因而切断材料所需的行程就增大，切出的断面质量也不高，而且橡胶在邻近钢质凹模的刃口处也容易被割裂。

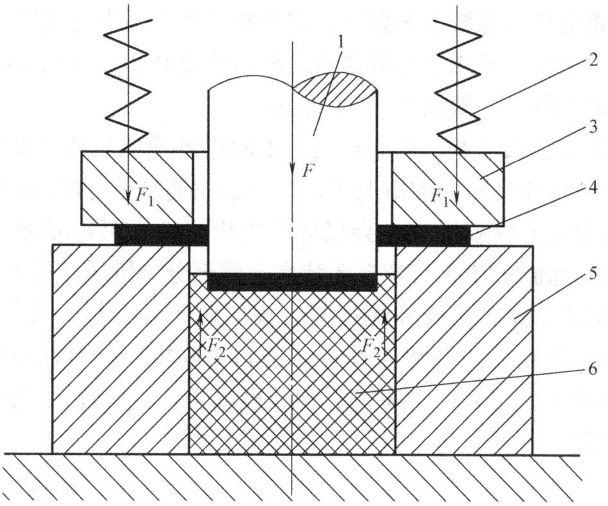

图8-60　橡胶弹性体落料模

1—凸模　2—弹簧　3—压料板　4—冲压件　5—容框　6—橡胶弹性体模垫

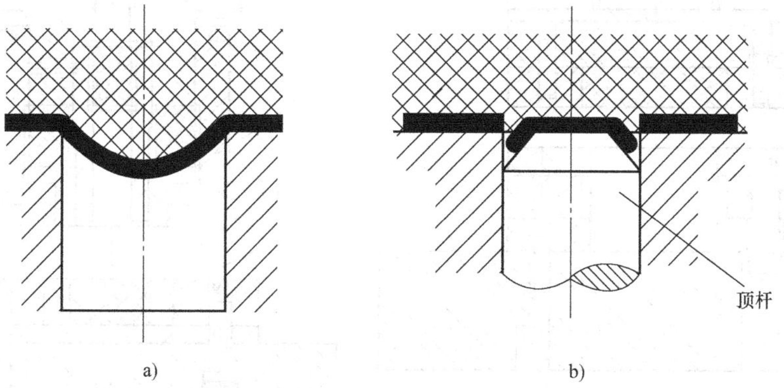

图8-61　冲孔时有顶杆与无顶杆的比较

a）无顶杆　b）有顶杆

图8-61b所示是在钢质凹模中装设带锥端的顶杆，其作用与容框相同，即限制橡胶向孔内的变形，将橡胶对材料的剪切力集中到刃口处，这不仅可以提高冲孔质量，还提高了橡胶的使用寿命。

1）用于冲模的橡胶弹性体的硬度以邵氏硬度90～95HSA为宜，它有较好的综合力学性能。同一种橡胶，在压缩量相等的情况下，厚度越大，则所产生的单位压力越小，对冲裁越不利。

2）容框的型腔应与凸模的外形相仿，其单边间隙一般为1.5～2.0mm。间隙太大，则搭边量增加，造成材料浪费，并且易使橡胶产生割损和脱圈现象；间隙太小，则因橡胶不易进入缝隙，对材料产生的剪切小，不利于材料分离。

3）钢质凸模或凹模的刃口应锋利，冲模应装有压料装置。冲裁时压料模孔的高度应达到使材料分离的要求，但不宜太深。

4）在冲压前应将毛坯和橡胶表面擦净，以免在工作表面上造成凹坑。

5）橡胶弹性体冲裁模一般用于冲裁薄料，材料厚度 0.2mm 以下时效果最佳。

6）条料搭边应取大些，一般以 3.5mm 为宜。

7）压力机的吨位宜选大一些，最好选用速度较慢的液压机或摩擦压力机。在冲压件外形尺寸较小、厚度及冲压深度不大的情况下，也可选用速度较低的曲柄压力机。若冲压速度过高，则高速冲击所引起的橡胶反冲力会损坏压力机构件。图 8-62 所示为橡胶弹性体落料模。模具为倒装结构。橡胶模垫 3 与容框 2 装在上模部分，钢质凸模 1 则装在下模部分。

图 8-63 所示为冲裁垫圈的橡胶弹性体复合模。对于复合模，其凸凹模 1 应是钢质的，而落料凹模与冲孔凸模则用橡胶模垫 4 代替。这副橡胶模还具有通用性，当工件尺寸改变时，只需要更换凸凹模 1、顶杆 2、容框 3、橡胶模垫 4 和压料板 5，便可适应厚度在一定尺寸范围内的垫圈的冲裁。

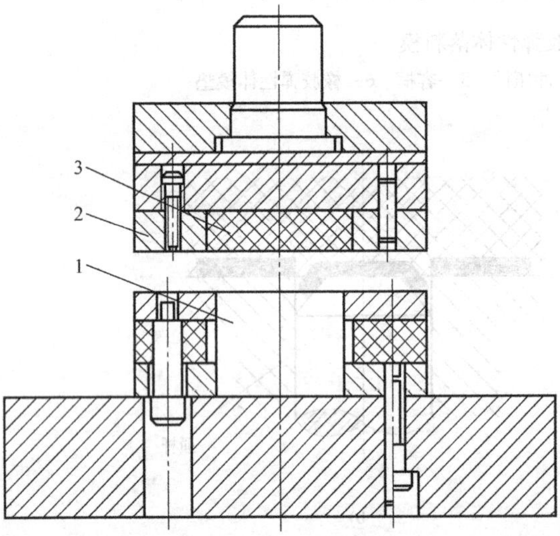

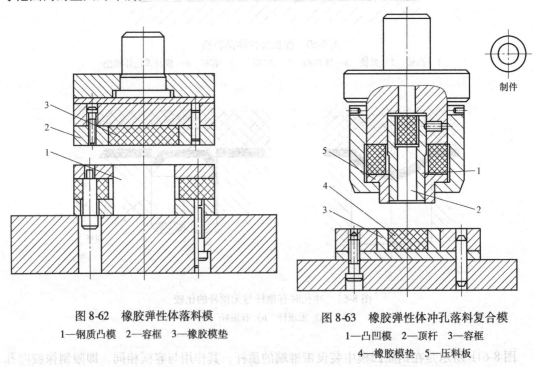

图 8-62　橡胶弹性体落料模

1—钢质凸模　2—容框　3—橡胶模垫

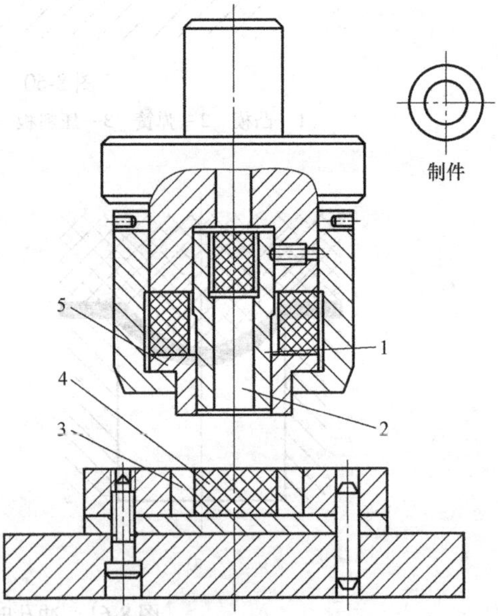

图 8-63　橡胶弹性体冲孔落料复合模

1—凸凹模　2—顶杆　3—容框

4—橡胶模垫　5—压料板

橡胶弹性体模也可用于弯曲、拉深、胀形等成形工序。用橡胶弹性体代替钢质材料制造弯曲、拉深等成形模时，应选用邵氏硬度 85HSA 的橡胶弹性体，它不仅有一定的硬度，而且还有较好的流动性，有利于在冲压时充满型腔，发挥其成形效果。

用橡胶弹性体做弯曲模，不但结构简单，成本低，而且弯曲件的精度与表面质量也较好。弯曲件的回弹角比用钢质的弯曲模时小，这是因为在弯曲过程中，当橡胶模垫对板料的单位压力达到一定数值后，就会使板料弯曲区内外层均为压应力。由于应力同向，故可使回弹逐渐减小，直至接近于零，可见这种弯曲方式具有校正弯曲的效果。

图 8-64 所示为一副橡胶弹性体弯曲模。件 5 为弯曲凸模，件 4 为橡胶弹性体模垫，冲压时橡胶使毛坯压向凸模直至完全贴合。在橡胶底部放置成形棒 1 有利于橡胶转移成形，并使其产生比较均匀的压力，从而提高了橡胶成形效果并可以减小冲压力。

图 8-65 所示为一副橡胶弹性体拉深模，钢质凹模 4 装于上模，拉深凸模则用橡胶弹性体代替。

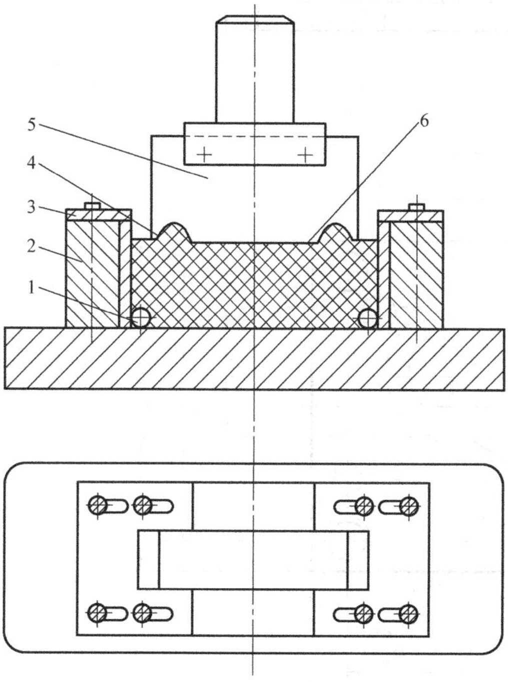

图 8-64　橡胶弹性体弯曲模
1—成形棒　2—容框　3—定位板　4—橡胶弹性体模垫　5—弯曲凸模　6—制件

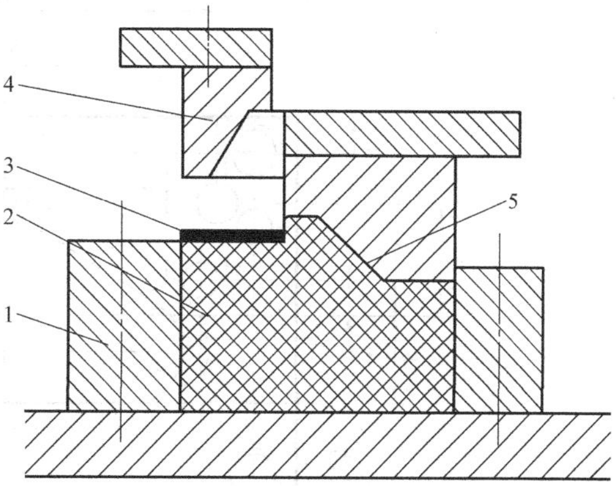

图 8-65　橡胶弹性体拉深模
1—容框　2—橡胶模垫　3—毛坯　4—钢质凹模　5—制件

综合练习题

1. 模具零件的类型有哪些?
2. 夹具磨削法的原理是什么?
3. 成形磨削的种类有哪些?
4. 磨削加工的基本方法有哪些?
5. 凸模类零件的加工特点有哪些?
6. 凹模类零件的加工特点有哪些?
7. 数控铣床进行三维形状加工的控制方式有哪些?
8. 对具有圆形型孔的多型孔凹模，在机械加工时怎样保证各型孔间的位置精度?
9. 对具有非圆形型孔的凹模和型腔，在机械加工时常采用哪些方法? 比较其优缺点。
10. 编制下列模具零件的加工工艺。

（1）图 8-66 为法兰冲裁凹模零件图，材料为 Cr12，硬度为 58 ~ 62HRC。

（2）图 8-67 为法兰冲裁凸凹模零件图，材料为 Cr12，硬度为 58 ~ 62HRC。

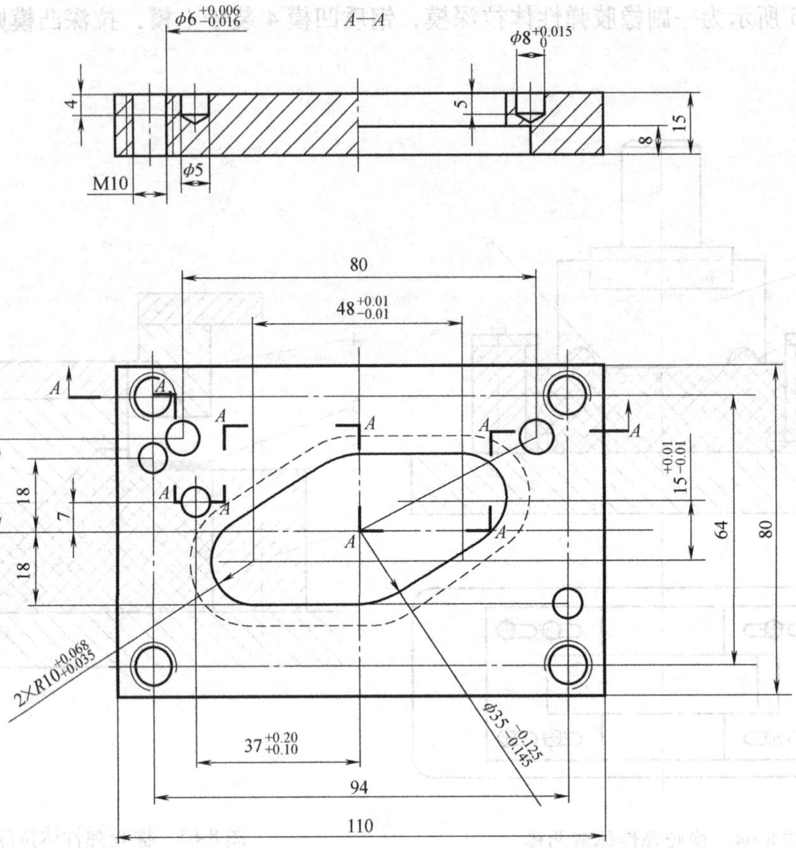

图 8-66　法兰冲裁凹模零件图

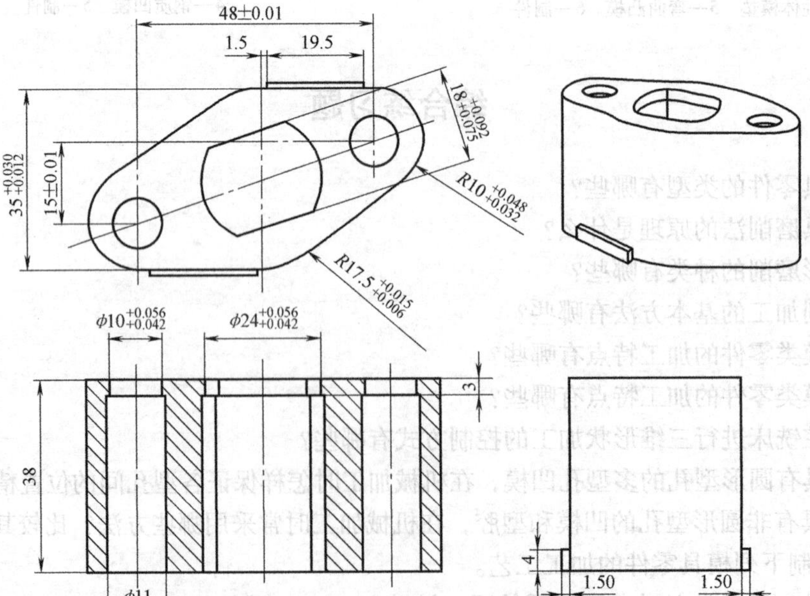

图 8-67　法兰冲裁凸凹模零件图

项目9　模具的装配

项目目标

1. 了解模具装配的概念和内容。
2. 了解模具装配精度与保证装配精度的方法。
3. 熟悉模具装配的方法和凸、凹模配合间隙调整的方法。
4. 熟悉冲模的装配及试模。
5. 熟悉塑料成型模的装配及试模。

任务9.1　了解模具装配基础知识

知识点：

1. 模具装配的技术要求。
2. 模具装配的组织形式与内容。

技能点：

能够根据装配技术要求，正确选择装配组织形式。

9.1.1　任务导入

1. 任务要求

要求掌握模具装配的基本概念与模具装配的组织形式、模具的装配方法。

2. 任务分析

模具装配内容包括：选择装配基准、组件装配、调整、修配、研磨抛光、检验和试模。通过装配要达到模具各项精度指标和技术要求，通过模具装配和试模也将考核制件成形工艺、模具设计方案和模具工艺编制等工作的正确性和合理性。在模具装配阶段发现的各种技术质量问题，必须采取有效措施妥善解决，满足试制成形的需要。

9.1.2　知识链接

模具装配的重要问题是用什么样的组织形式及装配工艺方法达到装配精度要求，如何根据装配精度要求来确定零件的制造公差，从而建立和分析装配尺寸链，确定经济合理的装配工艺方法和零件的制造公差。

1. 模具装配及其技术要求

（1）模具装配及其工艺过程　模具装配是模具制造工艺全过程的最后工艺阶段，包括装配、调整、检验和试模等工艺内容。

模具装配按其工艺顺序进行初装、检验、初试模、调整、总装与试模成功的全过程，称为模具装配工艺过程。模具装配工艺过程如图9-1所示。

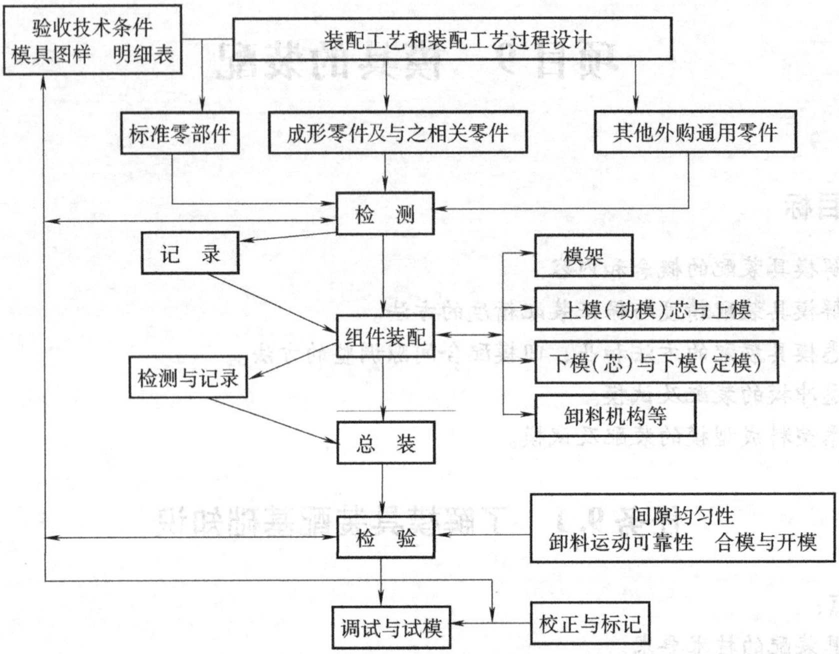

图 9-1　模具装配工艺过程

(2) 模具装配工艺要求　模具装配时要求相邻零件，或相邻装配单元之间的配合与连接均按装配工艺确定的装配基准进行定位与固定，以保证其间的配合精度和位置精度，从而保证凸模（或型芯）与凹模（或型腔）间能精密、均匀地配合和定向开合运动，并保证其他辅助机构（如卸料、抽芯与送料等）运动的精确性。因此，评定模具公差等级、质量与使用性能的技术要求为：

1）通过装配与调整，使装配尺寸链的精度能完全满足封闭环（如冲模凸、凹模之间的间隙）的要求。

2）装配完成的模具，其冲压、塑料注射、压铸出的制件（冲件、塑件、压铸件）完全满足合同规定的要求。

3）装配完成的模具使用性能与寿命，可达预期设定的、合理的数值与水平。模具使用性能与寿命与模具装配精度和装配质量有关。模具性能与寿命是一项综合性评价模具设计与制造水平的指标。

2. 模具装配的组织形式及方法

正确的选择模具装配的组织形式和方法是保证模具装配质量和提高装配效率的有效措施。

模具装配的组织形式，主要取决于模具生产批量的大小。通常有固定式装配和移动式装配两种。

(1) 固定式装配　固定式装配是指从零件装配成部件或模具的全过程是在固定的工作地点完成。它可以分为集中装配和分散装配两种形式。

1）集中装配。集中装配是指从零件组装成部件或模具的全过程，由一个（或一组）工人在固定地点完成。这种装配形式需要调整的部位较多，装配周期长、效率低、工作地点面积大，必须由技术水平较高的工人来承担，适用于单件、小批量或装配精度要求较高的模具的装配。

2）分散装配。分配装配是指将模具装配的全部工作，分散为各部件的装配和总装配，在固定的地点完成。这种装配形式由于参与装配的工人多、工作面积大、生产效率高、装配周期较短，适用于批量模具的装配。

（2）移动式装配　移动式装配是指每一装配工序按一定的时间完成，装配后的部件或模具经传送工具输送到下一个工序。根据传送工具的运动情况可分为断续移动式和连续移动式两种。

1）断续移动式。断续移动式装配是指每一组装配工人在一定的周期内完成一定的装配工序，组装结束后由传送工具周期性地输送到下一道装配工序。该方式对装配工人的技术水平要求低，装配效率高、周期短，适用于大批量模具的装配工作。

2）连续移动式。连续移动式装配是指装配工作在输送工具以一定速度连续移动的过程中完成，其装配的分工原则基本与断续移动式相同，不同的是传送工具做连续运动，装配工作必须在一定的时间内完成。该方式对装配工人的技术水平要求低，但必须熟练，装配效率高、周期短，适用于大批量模具的装配工作。

任务9.2　了解装配尺寸链和装配方法

知识点：

1. 模具装配尺寸链的计算。
2. 模具装配方法。

技能点：

装配尺寸链的极值计算法。

9.2.1　任务导入

1. 任务要求

如图9-2所示的落料冲孔凸、凹模，用极值法来判断凸模和凹模型孔的制造精度能否保证装配要求。

2. 任务分析

在模具装配中，模具间隙直接影响模具寿命，以及冲裁件的质量。在装配时，一般是按设计要求先加工出凹模，按凹模型孔的实际尺寸配作凸模，来保证模具间隙。

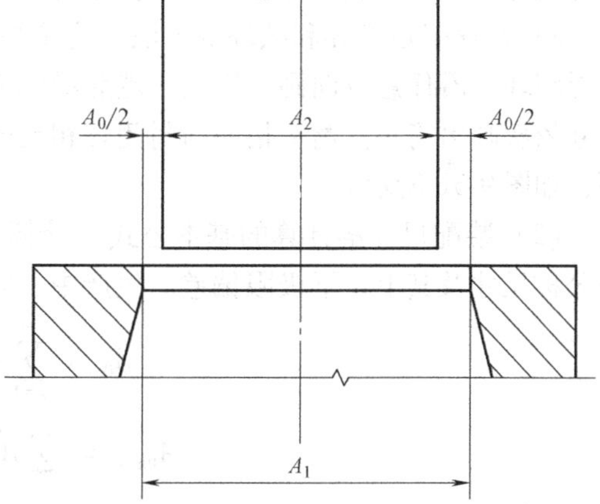

图9-2　落料冲孔凸、凹模装配简图

9.2.2　知识链接

1. 模具的装配尺寸链

模具装配中，将与某项精度指标有关的

各个零件尺寸依次排列，形成一个封闭的链形尺寸组合，称为装配尺寸链，如图 9-3 所示。尺寸链的特征是其封闭性，即组成尺寸链的有关尺寸按一定顺序首尾相接构成封闭图形，没有开口，如图 9-3b 所示。

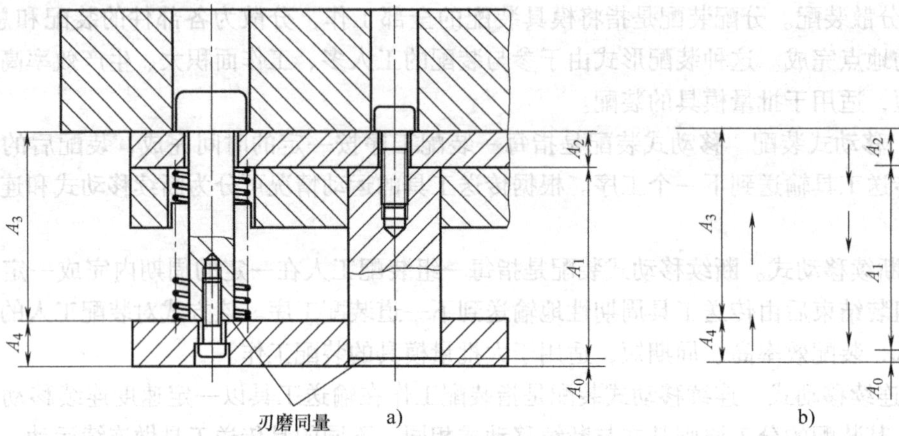

图 9-3　装配尺寸链简图
a）装配简图　b）装配尺寸链图

（1）装配尺寸链的组成　组成装配尺寸链的每一个尺寸称为尺寸链的环，如图 9-3a 所示，共有 5 个尺寸链环（A_0、A_1、A_2、A_3、A_4）。尺寸链环可分为封闭环和组成环两大类。

1）封闭环的确定。在装配过程中，间接得到的尺寸称为封闭环，它往往是装配精度要求或是技术条件要求的尺寸，用 A_0 表示，如图 9-3 中的 A_0 尺寸。在尺寸链的建立中，首先要正确地确定封闭环，封闭环找错了，整个尺寸链的解也就错了。

2）组成环的查找。在装配尺寸链中，直接得到的尺寸称为组成环，用 A_i 表示，如图 9-3 中 A_1、A_2、A_3 和 A_4。由于尺寸链是由一个封闭环和若干个组成环所组成的封闭图形，故尺寸链中组成环的尺寸变化必然引起封闭环的尺寸变化。当某组成环尺寸增大（其他组成环尺寸不变），封闭环尺寸也随之增大时，则称该组成环为增环，以 $\overrightarrow{A}_i$ 表示，如图 9-3b 中 A_3 和 A_4。当某组成环尺寸增大（其他组成环不变），封闭环尺寸随之减小时，则称该组成环为减环，用 $\overleftarrow{A}_i$ 表示，如图 9-3b 中的 A_1 和 A_2。

3）快速确定增环和减环的方法。为了快速确定组成环的性质，可先在尺寸链图上平行于封闭环，沿任意方向画一箭头，然后沿此箭头方向环绕尺寸链一周，平行于每一个组成环尺寸依次画出箭头。箭头指向与封闭环相反的组成环为增环；箭头指向与封闭环相同的为减环，如图 9-3b 所示。

（2）装配尺寸链计算的基本公式　计算装配尺寸链的目的是算出装配尺寸链中某些环的公称尺寸及其上、下极限偏差。生产中一般采用极值法，其基本公式如下

$$A_0 = \sum_{i=1}^{m} \overrightarrow{A}_i - \sum_{i=m+1}^{n-1} \overleftarrow{A}_i \tag{9-1}$$

$$A_{0\max} = \sum_{i=1}^{m} \overrightarrow{A}_{i\max} - \sum_{i=m+1}^{n-1} \overleftarrow{A}_{i\min} \tag{9-2}$$

$$A_{0\min} = \sum_{i=1}^{m} \overrightarrow{A}_{i\min} - \sum_{i=m+1}^{n-1} \overleftarrow{A}_{i\max} \tag{9-3}$$

$$B_{\mathrm{s}}A_0 = \sum_{i=1}^{m} \overrightarrow{B_{\mathrm{s}}A_i} - \sum_{i=m+1}^{n-1} \overleftarrow{B_{\mathrm{x}}A_i} \tag{9-4}$$

$$T_0 = \sum_{i=1}^{n-1} T_i \tag{9-5}$$

$$A_{0\mathrm{m}} = \sum_{i=1}^{m} \overrightarrow{A}_{i\mathrm{m}} - \sum_{i=m+1}^{n-1} \overleftarrow{A}_{i\mathrm{m}} \tag{9-6}$$

式中　n——包括封闭环在内的尺寸链总环数；

m——增环的数目；

$n-1$——组成环（包括增环和减环）的数目。

上述公式中用到的尺寸及极限偏差或公差符号见表 9-1。

表 9-1　工艺尺寸链的尺寸及极限偏差符号

环名	符号名称						
	公称尺寸	最大尺寸	最小尺寸	上极限偏差	下极限偏差	公差	平均尺寸
封闭环	A_0	$A_{0\max}$	$A_{0\min}$	$B_{\mathrm{s}}A_0$	$B_{\mathrm{x}}A_0$	T_0	$A_{0\mathrm{m}}$
增环	$\overrightarrow{A}_i$	$\overrightarrow{A}_{i\max}$	$\overrightarrow{A}_{i\min}$	$\overrightarrow{B_{\mathrm{s}}A_i}$	$\overrightarrow{B_{\mathrm{x}}A_i}$	$\overrightarrow{T}_i$	$\overrightarrow{A}_{i\mathrm{m}}$
减环	$\overleftarrow{A}_i$	$\overleftarrow{A}_{i\max}$	$\overleftarrow{A}_{i\min}$	$\overleftarrow{B}_{\mathrm{s}}A_i$	$\overleftarrow{T}_i$	$\overleftarrow{A}_{i\mathrm{m}}$	

用极值法解算装配尺寸链是以尺寸链中各环的极限尺寸来进行计算的。此方法未充分考虑成批和大量生产中零件尺寸的分布规律，以致当装配精度要求较高或装配尺寸链的组成环数较多时，计算出各组成环的公差过于严格，增加了加工和装配的困难，甚至用现有工艺方法很难达到，故在大批大量生产的情况下应采用概率法解算装配尺寸链。

2. 模具装配的方法

模具装配的工艺方法有互换法、修配法和调整法。模具生产属于单件小批量生产，但它又具有成套性和装配精度高的特点，所以目前模具装配常用修配法和调整法。近年来，由于模具加工技术的飞速发展，采用了先进的数控技术及计算机加工系统，因此对模具零件可以进行高精度的加工，而且模具的检测系统日益完善，使装配工序变得越来越简捷。装配时，只要将加工好的零件直接连接起来，不必调试或进行少量调试就能满足装配要求。今后随着模具加工设备的现代化，零件制造精度将满足互换法的要求，互换法的应用会越来越多。

（1）互换装配法　在装配时，装配尺寸链的各组成环（零件），不需经过选择或改变其大小或位置，即可使相邻零件和装配单元进行配合、定位、安装、连接并固定成模具，使之能保证达到封闭环的精度要求。此即为互换装配法。

互换法的实质是通过控制零件制造加工误差来保证装配精度，按互换程度分为完全互换法和部分互换法。

1）完全互换法。这种方法是指装配时，各配合零件不经选择、修理和调整即可达到装配精度的要求。要使装配零件达到完全互换，其装配精度要求和被装配零件的制造公差之间应满足以下条件

$$\delta_\Delta \geqslant \delta_1 + \delta_2 + \cdots + \delta_n \tag{9-7}$$

式中　δ_Δ——装配允许的误差（公差）；

δ_i——各有关零件的制造公差。

该法具有装配工作简单，质量稳定，易于流水作业，效率高，对装配工人技术要求低，模具维修方便等优点。特别适用于大批量、尺寸组成环较少的模具零件的装配工作。

2）部分互换法（概率法）。这种方法是指装配时，各配合零件的制造公差将有部分不能达到完全互换装配的要求。这种方法的条件是各有关零件公差值平方之和的平方根小于或等于允许的装配误差，即

$$\delta_{\Delta} \geqslant \sqrt{\delta_1^2 + \delta_2^2 + \cdots + \delta_n^2} \tag{9-8}$$

显然与公式（9-7）相比，零件的公差可以放大些，克服了采用完全互换法计算出来的零件尺寸精度偏高、制造困难的不足，使加工容易而经济，同时仍能保证装配精度。采用这种方法存在着超差的可能，但超差的概率很小，合格率为99.73%，只有少数零件不能互换，故称“部分互换法”。

互换法的优点如下。

①装配过程简单，生产率高。

②对工人技术水平要求不高，便于流水作业和自动化装配。

③容易实现专业化生产，降低成本。

④备件供应方便。

互换法的缺点如下。

①零件加工精度要求高（相对其他装配方法）。

②部分互换法有不合格产品出现的可能。

（2）分组互换装配法

1）装配原理。将装配尺寸链各组成环，即按设计精度加工完成的零件，按其实际尺寸大小分成若干组，同组零件可进行互换性装配，以保证各组相配零件的配合公差都在设计精度允许的范围内。

2）模具装配中应用分组互换装配法，实际上是一种在分组互换的条件下进行选择装配的方法，因此，也是模具装配中的一种辅助装配工艺。

①它是模架装配中的常用方法，如冲模模架由于品种、规格多，批量小，若生产装备和加工工艺水平不高，则常对模架中的导柱与导套配合采用分组互换装配法，以提高其装配精度、质量和装配效率。

②针对用户要求，模具则需进行专门设计与制造。

（3）修配装配法　修配法是指在装配时，修磨指定零件上的所留修磨量，即去除尺寸链中补偿环的部分材料，以改变其实际尺寸，达到封闭环公差和极限偏差的要求，从而保证装配精度的方法。这种方法广泛应用于单件或小批量生产的模具装配工作。常用的修配方法有以下三种。

1）指定零件修配法。指定零件修配法是在装配尺寸链的组成环中，预先指定一个零件作为修配件，并预留一定的加工余量，装配时再对该零件进行切削加工，达到装配精度要求的加工方法。

指定的零件应易于加工，而且在装配时它的尺寸变化不会影响其他尺寸链。图9-4所示为热固性塑料压缩模，装配后要求上、下型芯在B面上，凹模的上、下平面与上、下固定板在A、C面上同时保持接触。为了保证零件的加工和装配简化，选择凹模为修配环。在装

配时，先完成上、下型芯与固定板的装配，测量型芯对固定板的高度尺寸，并按型芯的实际高度尺寸修磨 A、C 面。凹模的上、下平面在加工时预留一定的修配余量，其大小可根据具体情况或经验确定。

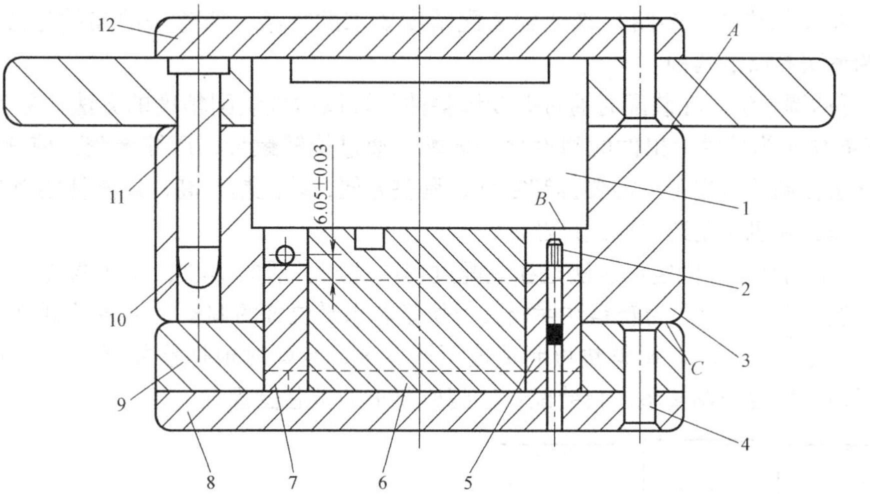

图9-4　热固性塑料压缩模

1—上型芯　2—嵌件螺钉　3—凹模　4—铆钉　5、7—型芯拼块　6—下型芯
8、12—支承板　9、11—上、下固定板　10—导柱

在制定零件修配法时，选定的修配件应是易于加工的零件，在装配时它的尺寸改变对其他尺寸环不至产生影响。由上例可见，选凹模作为修配环是恰当的。

2）合并加工修配法。合并加工修配法是将两个或两个以上的配合零件装配后，再进行机械加工，以达到装配精度要求的方法。零件组合后所得到的尺寸作为装配尺寸链中的一个组成环对待，从而使尺寸链的组成环数减少，公差扩大，更容易保证装配精度的要求。

如图9-5所示，当凸模和固定板组合后，要求凸模上端面和固定板的上平面为同一平面。采用合并修配法，在单独加工凸模和固定板时，对 A_1 和 A_2 尺寸就不严格控制，而是将两者组合在一起后，磨削上平面，以保证装配要求。

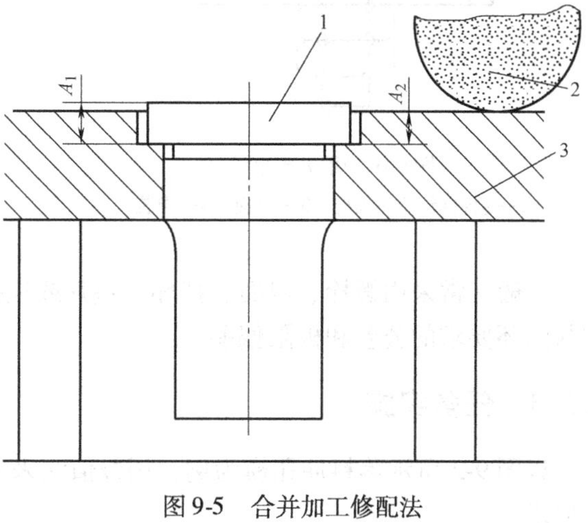

图9-5　合并加工修配法

1—凸模　2—砂轮　3—凸模固定板

3）自身加工修配法。用产品自身所具有的加工能力对修配件进行加工达到装配精度的方法称为自身加工修配法。这种修配方法常在机床修理中采用。

修配法的优点是能够获得很高的装配精度，而零件制造精度可以放宽，其缺点是装配中增加了修配工作量，工时多且不易预定，装配质量依赖于工人技术水平，生产率低。

采用修配法时应注意以下两点。一是应正确选修配对象。应选择那些只与本项装配精度有关而与其他装配精度无关的零件。通过装配尺寸链计算修配件的尺寸与公差既要有足够的修配量，又不要使修配量过大。二是应尽可能考虑用机械加工方法代替手工修配。

（4）调整装配法　调整装配法是用改变模具中可调整零件的相对位置，或更换一组固定尺寸零件（如垫片、垫圈）来达到装配精度要求的方法。调整法的实质与修配法相同，常用的调整法有以下两种。

1）可动调整法。在装配时通过改变调整件位置以达到装配精度的方法，称为可动调整法。图 9-6 所示为冲模上出件的弹性顶件装配，通过旋转螺母，压缩橡胶，使顶件力增大。可动调整法在调整过程中不需要拆卸零件，调整方便，装配精度高，还能补偿因磨损和变形引起的误差，在机械制造中应用广泛。

2）固定调整法。固定调整法是在装配过程中选用合适的形状、尺寸调整件，达到装配要求的方法。图 9-7 所示为塑料注射模具滑块型芯水平位置的调整，可通过更换调整垫的厚度达到装配精度的要求。调整垫可制造成不同厚度，装配时根据预装配时对间隙的测量结果，选择适当厚度的调整垫进行装配，达到所要求的型芯位置。

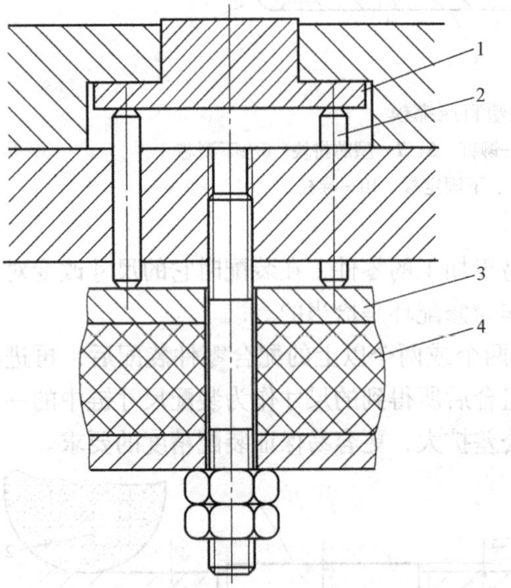

图 9-6　可动调整法

1—顶料板　2—顶杆　3—垫板　4—橡胶

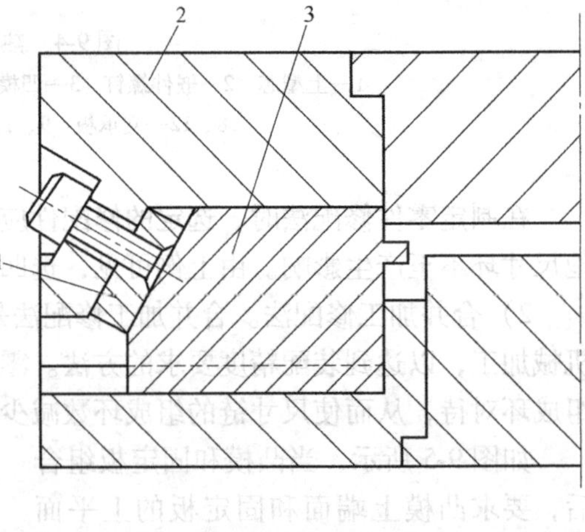

图 9-7　固定调整法

1—调整垫　2—定模板　3—滑块型芯

一般，常采用螺栓、斜面、挡环、垫片或连接件之间的间隙作为补偿环，经调节后使达到封闭环要求的公差和极限偏差。

9.2.3　任务实施

以图 9-2 所示落料冲孔模为例，用极值法来判断凸模和凹模型孔的制造精度能否保证装配要求。

1. 装配尺寸链图

画出装配尺寸链图，如图 9-8 所示。在图 9-8 中 A_1 为增环，A_2 为减环，A_0 是封闭环。已知 $A_1=30_{-0.26}^{\ 0}$mm，$A_2=30_{-0.36}^{\ 0}$mm，$A_{0\min}=0.1$mm，$A_{0\max}=0.14$mm。

2. 计算尺寸链

先根据各组成环的尺寸及极限偏差计算封闭环的尺寸及极限偏差。

计算封闭环的公称尺寸为

$$A_0 = \sum_{i=1}^{m}\overrightarrow{A}_i - \sum_{i=m+1}^{n-1}\overleftarrow{A}_i = (29.74 - 29.64)\text{mm}$$
$$= 0.10\text{mm}$$

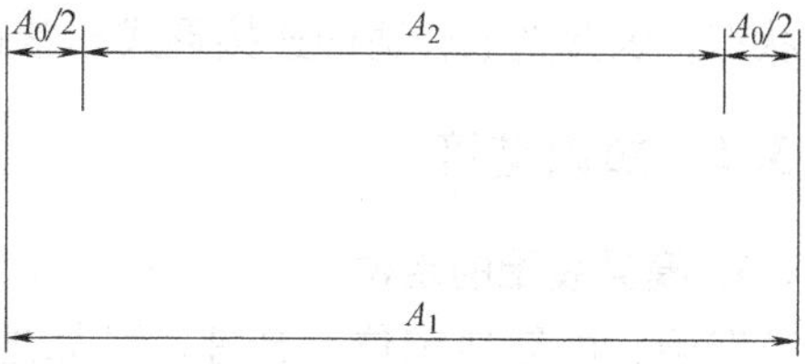

图 9-8　装配尺寸链图

计算封闭环的上、下极限偏差为

$$B_sA_0 = \sum_{i=1}^{m}\overrightarrow{B_s}\overrightarrow{A}_i - \sum_{i=m+1}^{n-1}\overleftarrow{B_x}\overleftarrow{A}_i$$
$$= [(+0.024) - (-0.016)]\text{mm} = 0.04\text{mm}$$

$$B_xA_x = \sum_{i=1}^{m}\overrightarrow{B_x}\overrightarrow{A}_i - \sum_{i=m+1}^{n-1}\overleftarrow{B_x}\overleftarrow{A}_i = 0$$

求出冲裁间隙的尺寸及极限偏差为 $0.10^{+0.040}_{0}$mm，$A_{0min}=0.10$mm，$A_{0max}=0.14$mm，所以凸模和凹模型孔按设计精度制造，能保证冲裁间隙的要求。

若要求保证的凸、凹模冲裁间隙为 $A_{0min}=0.030$mm，$A_{0max}=0.042$mm，凸模和凹模型孔仍按图示精度制造，将出现

$$A_{0max} - A_{0min} = 0.012\text{mm}$$
$$T_1 + T_2 = (0.024 - 0.016)\text{mm} = 0.04\text{mm}$$
$$A_{0max} + A_{0min} < T_1 + T_2$$

即尺寸链中各组成环的公差和大于封闭环的公差，凸模和凹模在装配时将产生较大的累积误差，有可能使冲裁间隙超出允许范围，使装配精度达不到设计要求。当出现此种情况时，可用以下方法解决：

1）缩小凸模和凹模型孔的制造公差，使 $A_{0max} - A_{0min} < T_1 + T_2$。这样做会使凸、凹模的加工精度提高，加工困难，制造费用增加，故一般不采用。

2）按设计要求先加工出凹模，按凹模型孔的实际尺寸配作凸模，保证冲裁间隙。这样做加工容易、经济，是广泛采用的加工方法。

任务 9.3　了解模具零件的固定方法和模具间隙调整

知识点：

模具装配定位的基本要求，模具固定连接方式，紧固件法、压入法、挤紧法、固定及连接的其他方法。

技能点：

能够正确选择模具零件的固定方法及合理调整模具间隙。

9.3.1　任务导入

1. 任务要求

如图 9-9 所示，将凸模连接在固定板上，要求连接紧密可靠、不松动，为不可拆卸连接。

2. 任务分析

凸模作为模具的工作零件，其材料性能、结构形式、连接形式直接影响模具的质量和工作状态，因此选取合适的连接形式非常重要。

9.3.2　知识链接

1. 模具装配的定位

精确、可靠地定位，合理、可靠地进行相邻零、部件的连接与固定，是模具装配工艺中的基本装配技术与技能，也是保证模具装配精度、质量与使用性能的重要工艺内容。

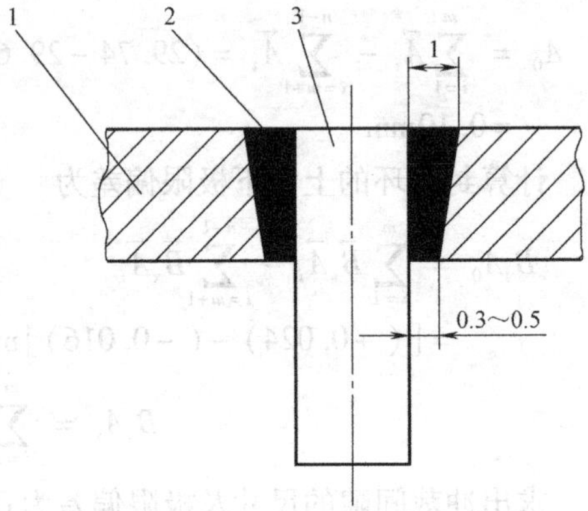

图 9-9　凸模与固定板的连接

1—凸模固定板　2—环氧树脂　3—凸模

（1）模具装配定位的基本要求

1）装配定位基准，需力求与设计、加工的基准相一致。装配定位基准面，需是精加工面。

2）由于模具上、下模，或定、动模需分开装配，而凸模（或型芯）、凹模（或型腔）又是分别定位、安装于上、下模或定、动模上，为确保凸、凹模间的间隙值及其均匀性，确保在高速开合、冲击与振动条件下的动态精度与可靠性，必须保证上、下模或定、动模之间精确和可靠地定位。

3）中大型模具模板装配定位用定位元件，需具有足够的承载能力，保证具有足够的刚度和强度，以防因模具在运输、吊装过程中的撞击引起定位元件的变形，如图 9-10 所示。为此，对定位元件提出以下要求：

一般定位元件材料为 45 钢，40Cr；热处理硬度为 40～42HRC。

精密模具或中大型模具的定位销孔的精加工，需采用坐标镗削或坐标磨削完成，不允许配作。一般精度模具，在装配、调整后，其定位销孔可采用配钻、铰加工完成，但需保证其配合要求，以防销、孔间存在间隙。

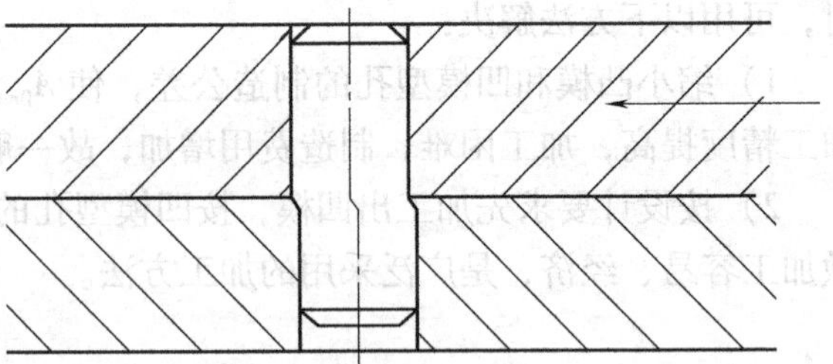

图 9-10　定位销变形示意图

（2）模具装配常用定位方式与元件　模具装配常用定位方式与元件见表 9-2。

表 9-2　模具装配常用定位方式与元件

定位元件名称	装配定位方式示例图	说　明
圆柱定位销	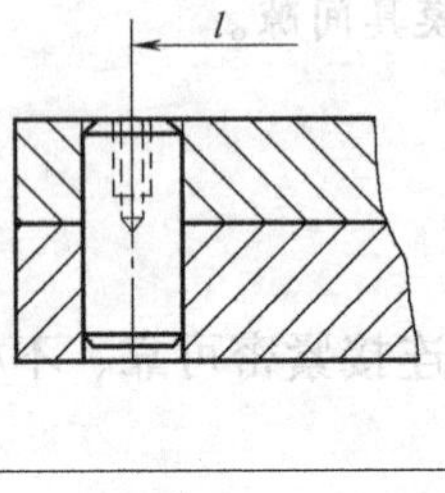	1. 为常用定位元件，其材料常用 40Cr、45 钢，热处理硬度为 42～46HRC，*Ra*0.6μm 2. 装配时需清洗、涂油，用铜锤轻打入

（续）

定位元件名称	装配定位方式示例图	说明
圆锥定位件	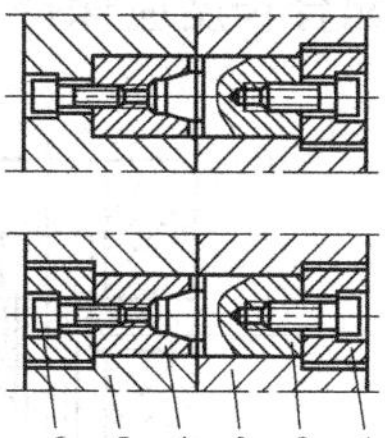	1. 图中：1—调整圈 2、4—圆锥定位件 3—定模板 5—动模板 6—螺钉 2. 材料T10A，热处理58～62HRC 3. 锥面需配研、贴合面>80% 4. 锥面定位是塑料注射模定、动模合模定位中常用定位方式之一
圆柱定位体	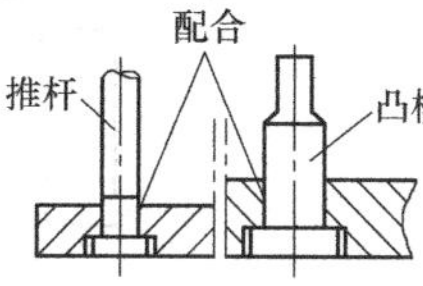	塑料注射模、压铸模推杆和冲模凸模，以它们的固定端外圆，以H7/m6配合定位于固定板的孔内，并使推杆与凸模圆头底与固定板底磨平，再用螺钉固定于垫板（或推板）上
导柱、导套同孔定位（塑料注射模定位）	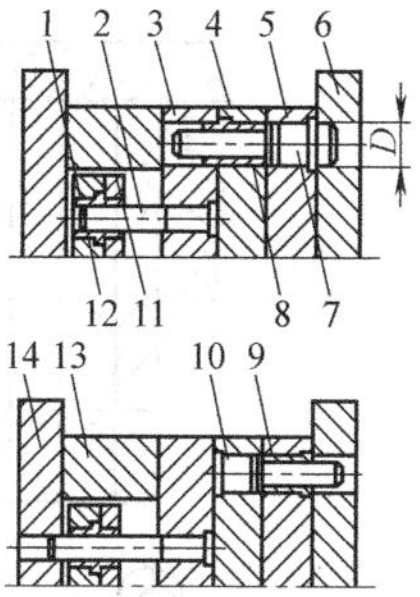	1. 图中：1—带头导套（Ⅱ型） 2—带头导柱 3—支承板 4—动模板 5—定模板 6—定模固定板 7—有肩导柱（Ⅱ型） 8—带头导套（Ⅱ型） 9—带头导套（Ⅰ型） 10—有肩导柱（Ⅰ型） 11—推杆固定板 12—推板 13—垫块 14—动模固定板 2. 若板3、4、5、6与导柱、导套安装孔径D相同，则可利用导柱7和导套8外径定位定、动模 3. 板3、4、5、6上孔可同时加工 4. 导柱10也可安装在动模4上孔内，以导柱10和导套9定位定、动模
挡销定位	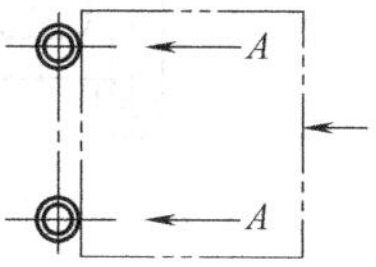	此定位为快换模具粗定位。当上、下模芯由燕尾滑道导向推至挡销时，其（模芯）底孔则被活动定位销插入进行定位并采用偏心轮紧固
直角定位板定位	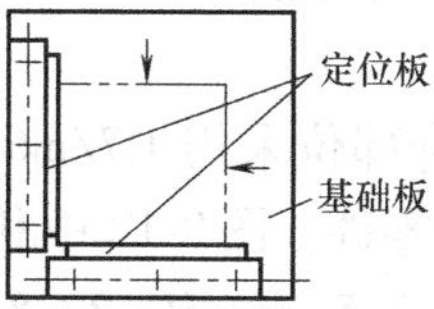	设置相互垂直的定位板于带有纵、横T形槽的基础板上，此法主要用于组合模具的零件进行定位

2. 模具装配的连接与固定

模具零件、组件是通过定位和固定而连接在一起，并确定彼此的相互位置的。因此零件的固定方法会因具体情况而有所不同，有时甚至会影响模具装配工艺路线。

（1）紧固法　常用的紧固件紧固法如图9-11所示，主要通过定位销和螺钉将零件相联接。图9-11a主要适用于大型截面成形零件的紧固，其圆柱销的最小配合长度$H_2 \geq 2d_2$，螺钉拧入长度，对于钢件$H_1 = d_1$或稍长，对于铸铁件$H_1 = 1.5d_1$或稍长。图9-11b为螺钉吊装紧固方式，凸模定位部分与固定板配合孔采用基孔制过渡配合 H7/m6 和 H7/n6，或采用小间隙配合 H7/h6，螺钉直径大小根据卸料力大小而定。图 9-11c、d 适用于截面形状比较复杂的凸模或壁厚较薄的凸、凹模零件，其定位部分配合长度应保持在板厚的 2/3，用圆柱销卡紧。

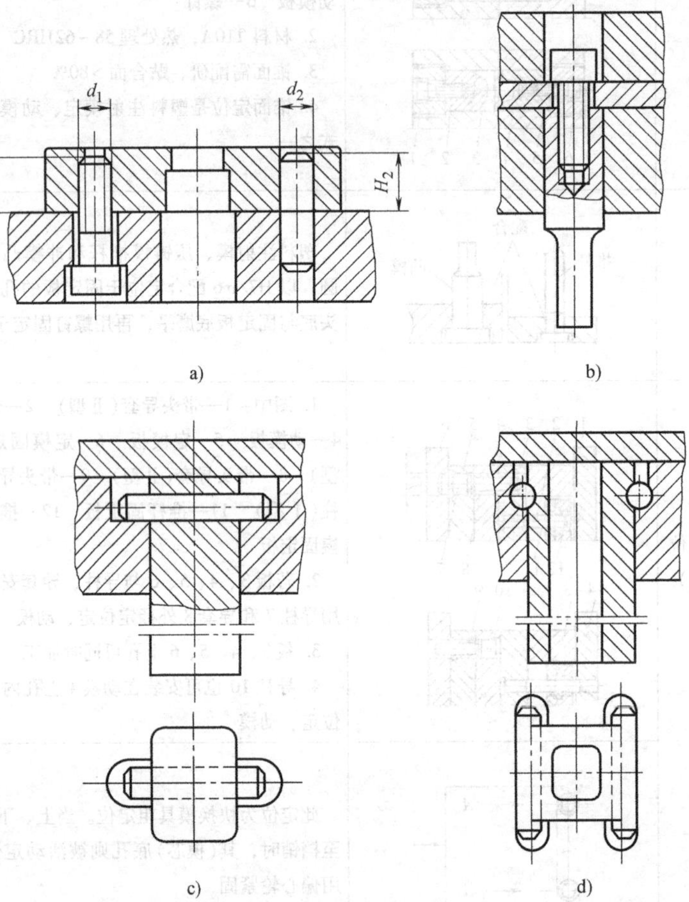

图 9-11　紧固法

a）大型截面零件紧固　b）螺纹吊装紧固　c）穿销钉紧固　d）双侧销钉紧固

（2）压入法　压入法如图 9-12 所示，定位配合部位采用 H7/m6、H7/n6 和 H7/r6 配合，适用于冲裁板厚 $t \leqslant 6\text{mm}$ 的冲裁凸模与各类模具零件。图 9-12 中利用台阶结构限制轴向移动，注意台阶结构尺寸，应使 $H > \Delta D$，$\Delta D > 1.5 \sim 2.5\text{mm}$，$H = 3 \sim 8\text{mm}$。

压入法的特点是连接牢固可靠，对配合孔的精度要求较高，加工成本高。装配压入过程如图 9-12b 所示，将凸模固定板型孔台阶朝上，放在两个等高垫铁上，将凸模工作端朝下放入型孔对正，用压力机慢慢压入。要边压边检查凸模垂直度，并注意过盈量、表面粗糙度、导入圆角和导入斜度。

将模具导柱、导套压入模座孔的方法有：

1）小批量生产时，可采用螺旋式、杠杆式手动工具，借助导向夹具导引，将导柱、导套精确地分别压入上、下模座上相应的安装孔内。

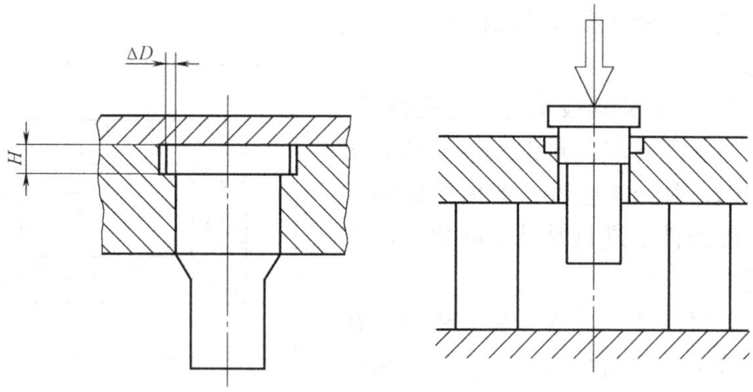

a)　　　　b)

图9-12　压入法

2）批量或大批量生产时，则需采用机械式或液压式压力机，借助导向夹具的导引，将导柱、导套精确地分别压入上、下模座相应的安装孔内。导柱精确压入下模座导柱安装孔内的两种压装方式，如图9-13所示。

（3）铆接法　铆接法如图9-14所示，它主要适用于冲裁板厚$t \leqslant 2$mm的冲裁凸模和其他轴向拔力不太大的零件。零件与型孔配合部分保持0.01～0.03mm的过盈量，铆接端凸模硬度不小于30HRC，固定板型孔铆接端周边倒角（0.5～1）mm×45°。

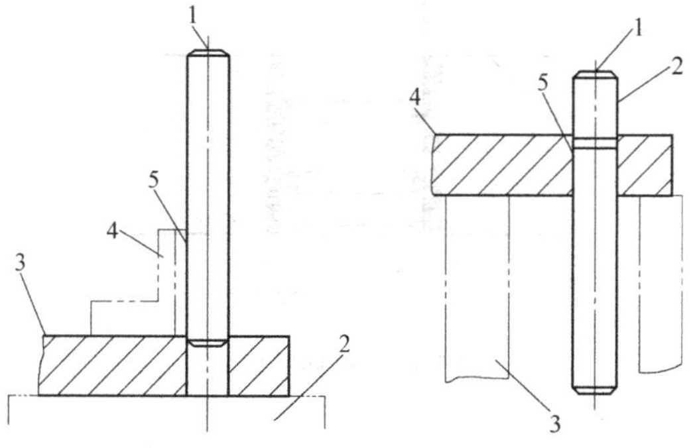

a)　　　　b)

图9-13　导柱的压入方法

a）适合全长直径相同的导柱

1—压入面　2—平板　3—下模座上平面　4—90°角尺

5—垂直压入

b）适合直径不同的导柱

1—压入面　2—固定部分　3—平行块　4—下模座下平面　5—以导柱滑动直径为导向压入

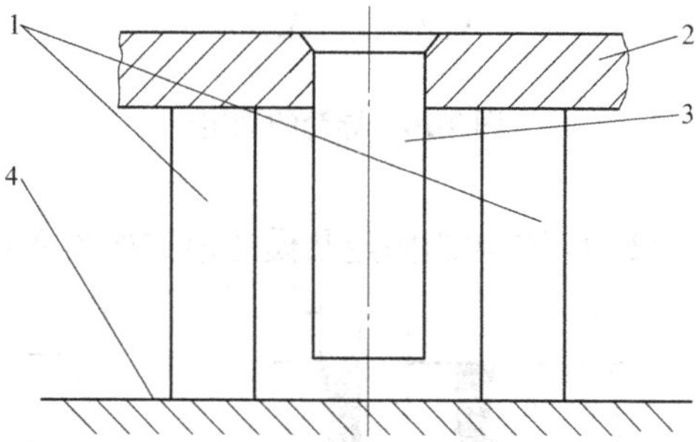

图9-14　铆接法

1—等高垫块　2—凸模固定板　3—凸模

4—平板

（4）热套法　热套法如图9-15所示。它主要用于固定凹模和凸模拼块以及硬质合金模块。当只要连接起固定作用时，其配合过盈量要小些；当要求连接并有预应力作用时，其配合过盈量要大些。采用热套法，使冷挤凹模与模套进行紧固连接，以增强凹模承受挤压力的能力。一般采用热套法的连接强度比压入法高一倍左右。热套法不宜用于模套壁太薄的情况，此情况若采用热套法，则凹模在模套中易于偏斜，甚至使连接失效。热套法要求过盈量控制在（0.001～0.002）D范围内。对于钢质拼块一般不预热，只是将模套预热到300～400℃保持1h，即可热套。对于钢质合金模块应在200～250℃预热，模套在400～450℃预热后热套，一般在热套后继续进行型腔精加工。

（5）黏结法

1）黏结连接工艺的关键技术为：连接性能，主要是剪切强度高，即要求钢对钢黏结后的剪切强度须大于23MPa；黏结工艺性，即借助黏结工具，最好能在常温条件下进行黏结、固化，以能适应批量生产规模。

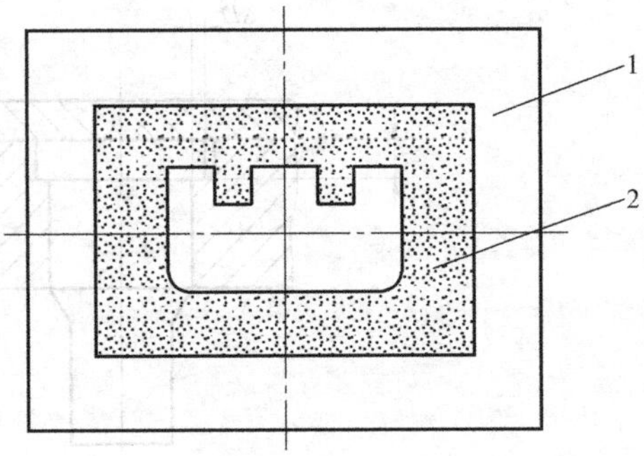

图 9-15　热套法
1—模套　2—凹模

黏结剂有环氧树脂类、酚醛类和无机类。在模具零件黏结连接中常用黏结剂主要有环氧树脂和无机黏结剂两种。为增强其剪切强度，需加铁粉、氢氧化铝、石英粉填充剂。黏结连接目前主要应用在冲模中。

①导柱、导套对模座孔连接如图 9-16、图 9-17 所示。

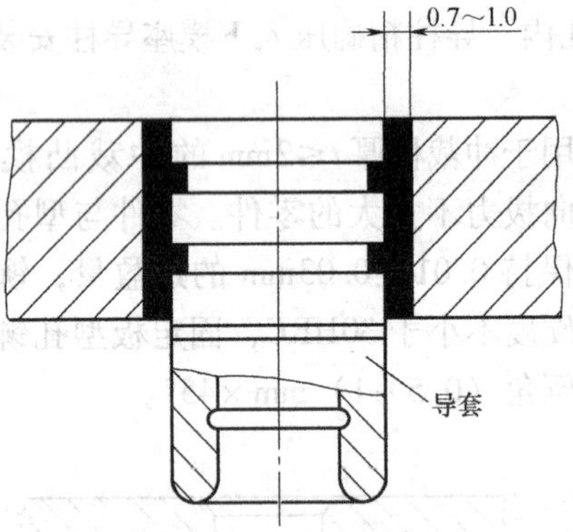

图 9-16　导套的固定

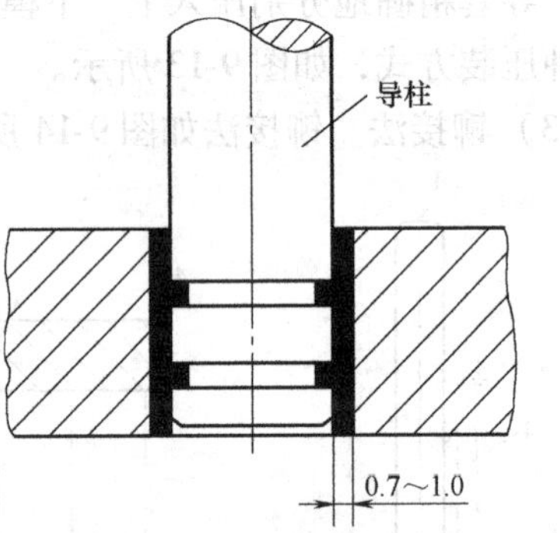

图 9-17　导柱的固定

②用环氧树脂固定凸模的形式如图 9-18 所示。

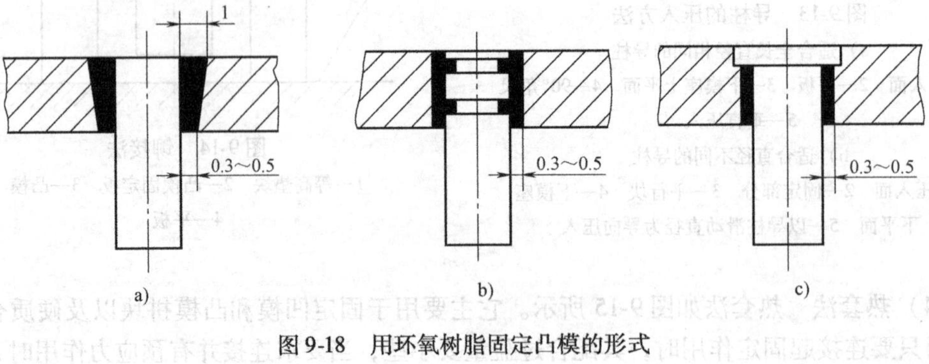

图 9-18　用环氧树脂固定凸模的形式

③树脂浇注卸料板型孔的几种结构如图 9-19 所示。

2）黏结连接工艺。黏结连接应用于模具装配工艺中，可降低零件配合部分的加工要求、简化装配工艺和降低制造费用等。目前只适于板材厚度 $t<2$mm、尺寸较小、批量不大的冲件。

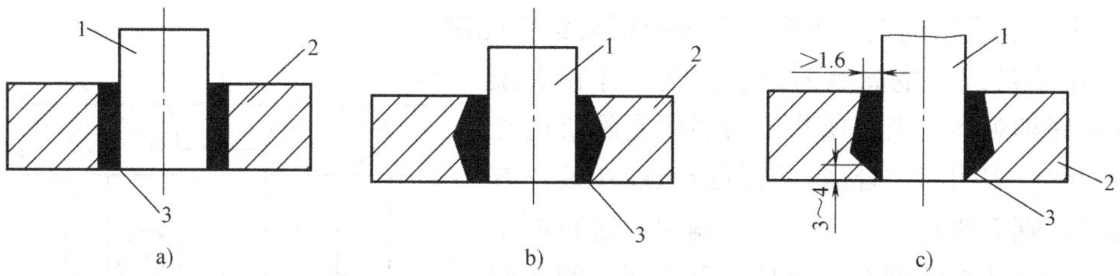

图 9-19　树脂浇注卸料板型孔的几种结构

1—凸模　2—卸料　3—环氧树脂

①相连接零件的加工要求与黏结间隙适当。一般要求黏结单边间隙为 1.5 ~ 2.5mm；黏结较短的凸模时，其黏结单边间隙可采用 1mm；黏结零件表面粗糙度值一般为 $Ra5\sim10\mu m$。

②相连接零件黏结结构合理，应力求增加结合面积，以增强连接强度。图 9-18a 所示黏结工艺结构，可以冲压料厚 $t=0.8$mm 材料的冲件；图 9-18c 所示结构，则可冲压 $t>0.8$mm 板材厚度的冲件。

3. 模具装配间隙（壁厚）的控制方法

冲模凸、凹模之间的间隙以及塑料成型模型腔和型芯之间形成的制件壁厚，在装配时必须给予保证。为了保证间隙及壁厚尺寸，在装配时应根据具体模具的结构特点，先固定其中一件（如凸模或凹模）的位置，然后以该件为基准，用找正间隙的方法，确定另一件的准确位置。目前，最常用的方法主要有以下几种。

（1）垫片法　在装配冲模时，利用垫片控制间隙，是最简便及常用的一种方法。

1）在装配时，分别按图样要求组装上模与下模，但上模的螺钉不要拧紧，下模可用螺钉、销钉紧固。

2）在凹模刃口四周，垫入厚薄均匀、厚度等于间隙值的金属片、纸片或成形件，如图 9-20 所示。

3）将上模与下模慢慢合模，使凸模进入相应的凹模孔内，并用等高垫块 7 垫起。

4）观察各凸模是否能顺利进入凹模，并与垫片 8 能有良好的接触。若在某方向上与垫片松紧程度相差较大，表明间隙不均匀。这时，可用锤子轻轻敲打固定板使之调整到各方向凸模在凹模孔内与垫片松紧程度一致为止。

5）调整合适后，将模座与固定板夹紧后同钻、同铰定位销孔，然后打入圆柱销定位。

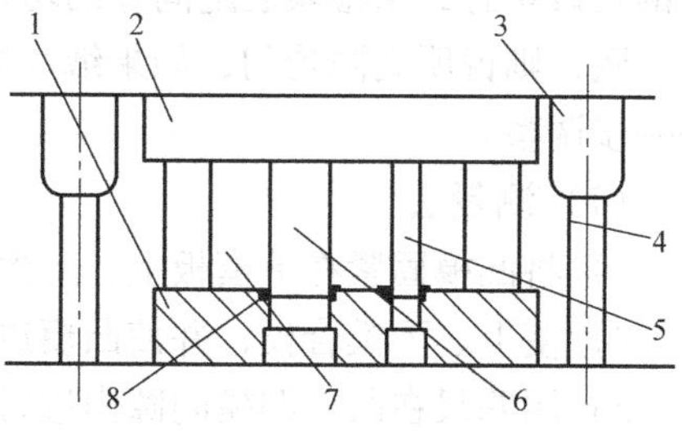

图 9-20　垫片法控制间隙

1—凹模　2—上模板　3—导套　4—导柱

5、6—凸模　7—垫块　8—垫片

这种方法适用于冲裁材料比较厚的大间隙冲裁模，也适用于弯曲模、拉深模、塑料成型模等壁厚的控制。

（2）透光法　透光法也称光隙法，透光法是凭肉眼观察，根据透过光线的强弱来判断间隙的大小和均匀性，如图 9-21 所示。其调整程序是：

1）装配冲模时，分别装配上模与下模，上模的螺钉不要拧紧，下模可以紧固。

2）将等高垫铁放在固定板 4 与凹模 5 之间，并垫起后夹钳夹紧。

3）翻转合模后的上、下模，并将模柄夹紧在虎钳上。

4）用手灯或手电筒照射凸、凹模，并在下模漏料孔中仔细观察。当发现凸模与凹模之间所透光线均匀一致，表明间隙合适；若所透光线在某一方向上偏多，则表明间隙在此方向上偏大，这时可用锤子敲击固定板4的侧面，使其上模向偏大的方向移动，再反复透光观察、调整，直到认为合适时为止。

5）调整合适后，再将上模螺钉及销钉固紧。

这种根据透光情况来确定间隙大小和均匀程度的调整方法，适用于冲裁间隙较小的薄板料冲裁模。由于其方法简单、便于操作，现普遍应用于生产中。

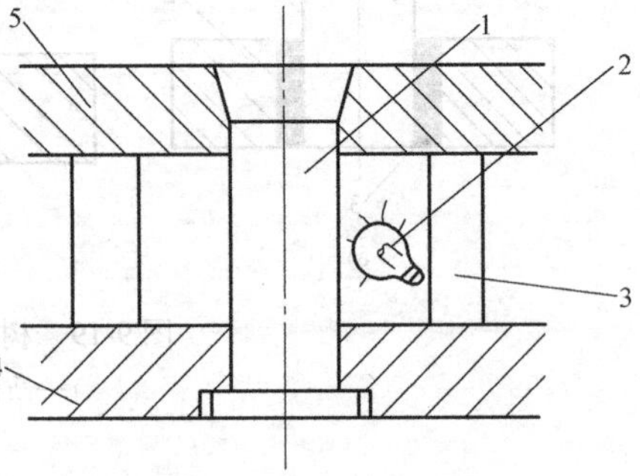

图 9-21　透光法调整间隙

1—凸模　2—光源　3—垫铁　4—固定板　5—凹模

（3）镀铜法　用镀铜法控制调整凸、凹模间隙，是用电镀的方法，按图样要求将凸模镀一层与间隙一样厚的铜层，再放入凹模孔内进行装配的一种方法。装配后，镀层可在冲压时自然脱落。用这种方法得到的间隙是比较均匀的，但工艺上却增加了电镀工序。

（4）涂淡金水法　涂淡金水法控制凸、凹模间隙，是在装配时将凸模表面涂上一层淡金水，待淡金水干燥后，再将全损耗系统用油与研磨砂调合成很薄的涂料，均匀地涂在凸模表面上（厚度等于间隙值），然后将其垂直插入凹模相应孔内即可装配。

（5）标准样件法　对于弯曲、拉深及成形模等的凸、凹模间隙，在调整及安装时，根据制件产品图可预先制作一个标准样件，在调整时可将样件放在凸、凹模之间进行装配。

（6）试切法　当凸、凹模之间的间隙小于0.1mm时，可将其装配后试切纸（或薄板）。无论采用哪种方法来控制凸、凹模间隙，装配后都需用一定厚度的纸片来试冲。根据所切纸片的切口状态，来检验装配间隙的均匀度，从而确定是否需要以及向哪个方向调整。如果切口一致，则说明间隙均匀；如果纸片局部未被切断或毛刺太大，则表明该处间隙较大，尚需进一步调整。

（7）测量法

1）将凹模固紧在下模板上，上模安装后不固紧。

2）使上、下模合模，并使凸模进入凹模相应孔内。

3）用塞尺在凸、凹模间隙内进行测量。

4）根据测量结果，进行调整。

5）调整合适后，再固紧上模。

利用测量法调整间隙值，工艺繁杂且麻烦，但最后所得到的凸、凹模间隙基本是均匀合适的。对于冲裁材料较厚的大间隙冲模调整及弯曲、拉深模凸、凹模间隙的控制，是很适用的一种方法。

（8）工艺定位器法　用工艺定位器来调整间隙，如图9-22所示。

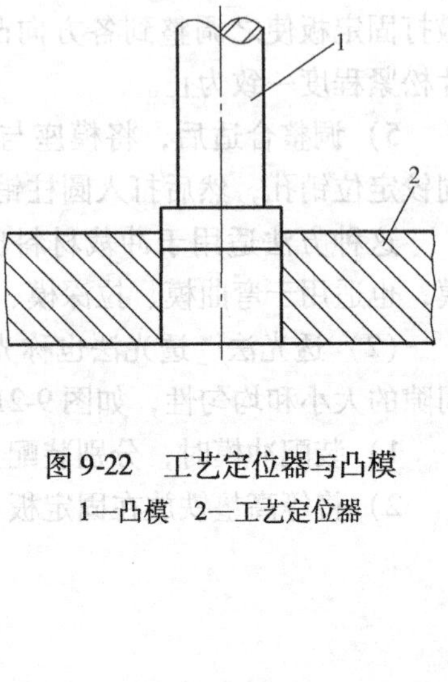

图 9-22　工艺定位器与凸模

1—凸模　2—工艺定位器

在装配之前做一个二级装配工具——工艺定位器，在

图9-23定位器3装配时，使其d_1与凸模1、d_2与凹模2、d_3与凸凹模4都处于滑动配合形式，并且工艺定位器的d_1、d_2、d_3都是在车床上一次装夹车成，所以同轴度精度较高。在装配时，采用这种工艺定位器装配复合模，对保证上、下模的同心及凸模与凹模及凸凹模间隙均匀起到了保证作用。工艺定位器法也适用于塑料成型模等壁厚的控制。

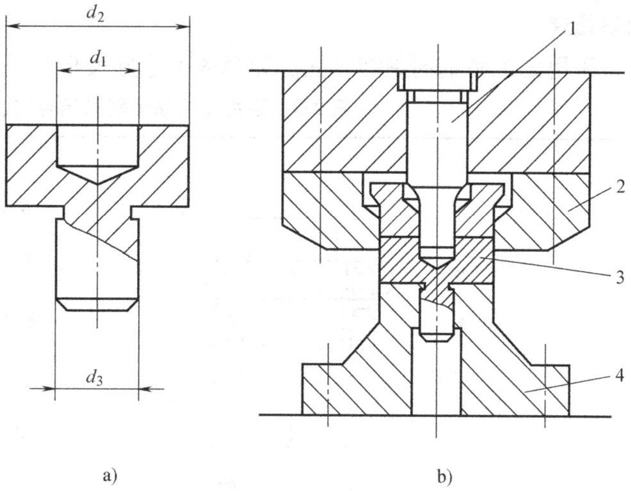

图9-23　用工艺定位器调整间隙法

a）工艺定位器　b）用工艺定位器调整间隙

1—凸模　2—凹模　3—工艺定位器　4—凸凹模

（9）涂漆法　涂漆法控制凸、凹模间隙与上述的涂淡金水法基本相同。只是所涂的漆主要是磁漆或氨基醇酸绝缘漆。凸模上漆层厚度应等于单面间隙值。不同的间隙值，可用不同黏度的漆或涂不同的次数来达到。涂漆的方法为：将凸模浸入盛漆的容器内约15mm左右的深度，使刃口向下，如图9-24所示。

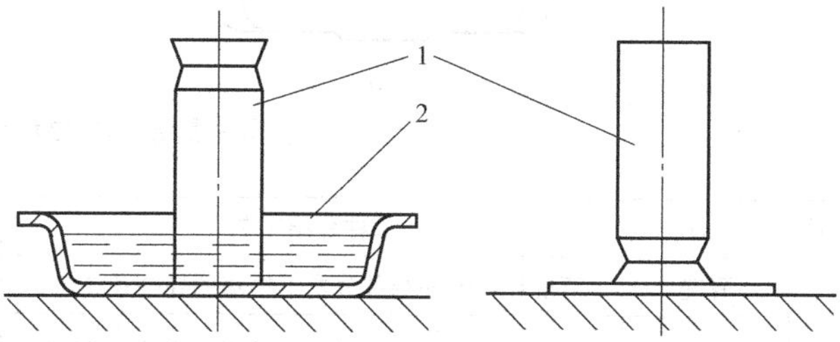

图9-24　涂漆法

1—凸模　2—盛漆容器

取出凸模，端面用吸水纸擦一下，然后使刃口向上，让漆慢慢向下倒流，自然形成一定锥度以便于装配。随之放在恒温箱内，使之在100～120℃温度内保温0.5～1h，冷却后，即可装配。

凸模装配后的漆层可不用去除，在使用时会自行脱落并不影响使用。

（10）工艺留量法　采用工艺留量法是将冲裁模装配间隙值以工艺余量的形式留在凸模或凹模上，通过工艺留量来保证间隙均匀的一种方法。具体做法是在装配前先不将凸模（或凹模）刃口尺寸做到所需尺寸，而留出工艺留量，使凸模与凹模成H7/h6配合。待装配后取下凸模（凹模），去除工艺留量，以得到应有的间隙。去除工艺留量的方法，可采用机械加工或腐蚀法。

采用腐蚀法去除工艺留量的腐蚀剂可用硝酸20%＋醋酸30%＋水50%，或蒸馏水54%＋过氧化氢25%＋草酸20%＋硫酸1%（以上均为体积分数）配成的溶液进行腐蚀，在腐蚀时根据留量的大小，要注意掌握腐蚀时间长短，腐蚀后一定要用水洗干净。

9.3.3　任务实施

模具凸模黏结固定方法如图9-9所示。先将凸模3插入凹模孔，并于其圆周垫上与冲裁间隙相等的纸；然后一起翻转180°，将凸模另一端放入固定板安装孔内。凹模板与固定板之间为等高垫块，其上、下平面的平行度公差为0.003～0.005mm。调整凸模与固定板的间隙，使间隙均匀。调整等高块，使凸模上平面与固定板上平面平齐。检查平行度，合格后浇注黏接剂。待固化后将凸模从凹模内取出。

知识拓展

采用无机黏结剂黏结导柱、导套的工艺见表9-3。

表9-3　采用无机黏结剂黏结导柱、导套的工艺

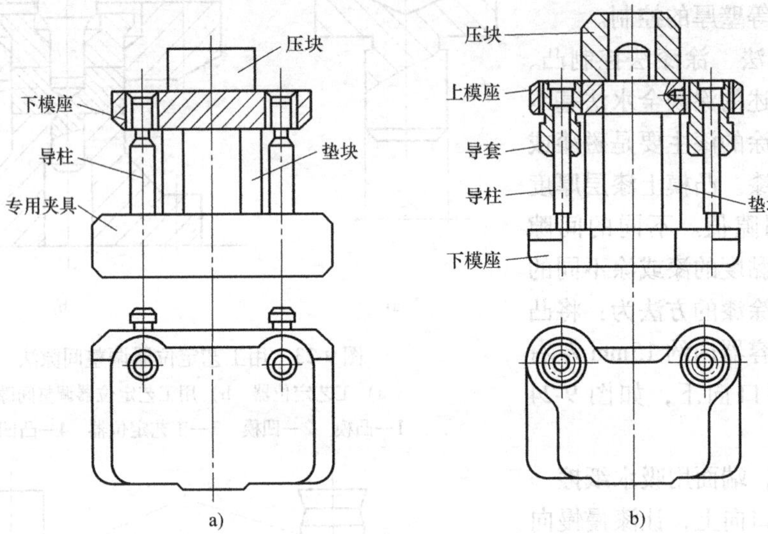

a）导柱黏结　b）导套黏结

序号	工序	导柱黏结工艺	导套黏结工艺
1	清洗	清洗导柱的黏结部分及下模座的导柱孔壁	清洗导套的黏结部分及上模座的孔壁
2	安装定位	使用专用夹具夹持导柱的非黏结部分，保证导柱的垂直度。将装夹导柱的夹具放在平板上，放上等高垫块	将已粘好导柱的下模座放在平板上，将导套套在导柱上，使之固定在一定位置上卡住
3	黏结固化	在黏结部分表面涂上黏结剂，将下模座放在垫块上，对好导柱，使间隙均匀。松开夹具螺钉，旋转导柱使涂层均匀。再将夹具螺钉拧紧，压块压紧，经固化后，松开夹具取出下模座	黏结部分表面涂上黏结剂，将导套套入上模座，使间隙均匀。旋转导套使涂层均匀，压块压紧，经固化后，卸除压块及垫块，将上模座上下来回移动，检查质量

任务9.4　冲模的装配与试模

知识点：

1. 冲模装配的技术要求和特点。
2. 冲模装配的工艺过程。
3. 冲模的装配要点及装配顺序选择。
4. 冲模的装配。
5. 冲模的试模。

6. 冲模的安装。

技能点：

1. 冲模的装配要点及装配顺序选择。

2. 冲模试模方法。

9.4.1 任务导入

冲裁模装配的技术要求、模架的装配、凸模和凹模的装配、冲裁模的总装。

1. 任务要求

如图9-25所示的导柱式落料模，其冲裁材料为08钢，厚度为2mm。要求掌握模具的装配工艺过程。

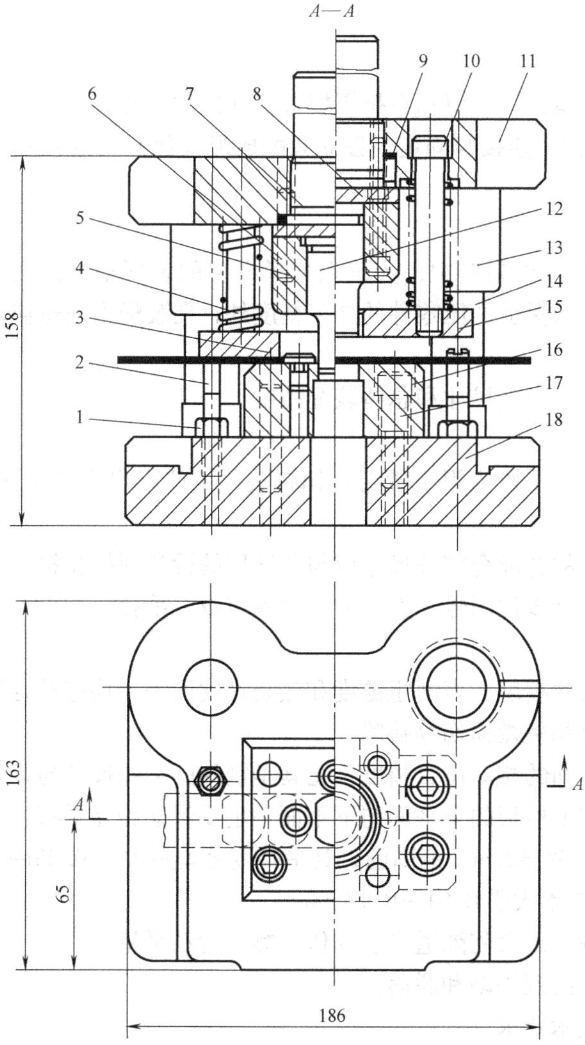

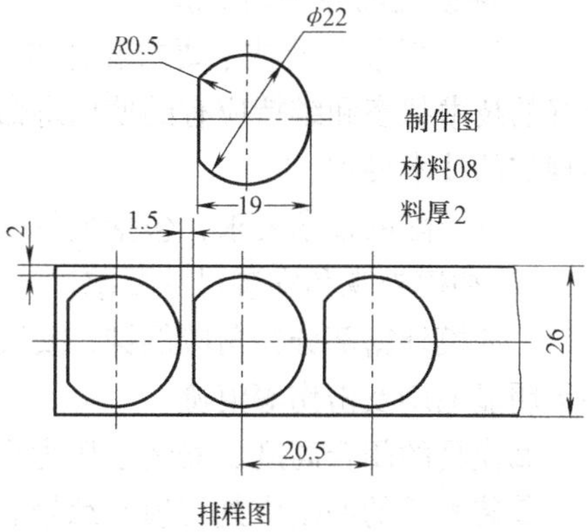

图9-25　导柱式落料模

1—螺帽　2—螺钉　3—挡料销　4—弹簧　5—凸模固定板　6—销钉　7—模柄　8—垫板　9—止动销　10—卸料螺钉　11—上模座　12—凸模　13—导套　14—导柱　15—卸料板　16—凹模　17—内六角螺钉　18—下模座

2. 任务分析

根据任务描述，首先确定任务研究对象是一副落料模。该模具的结构特点为：模具为后侧导柱导套，凹模采用整体结构形式，凸模采用压入法安装在固定板5上，卸料采用弹簧卸料。从图9-25所示的模具结构可知，该模具具有导向装置，其结构简单，主要由模架、落料凸模、凹模、卸料装置等组成。从模具结构分析，冲模在使用时，下模座部分被压紧在压力机的工作台上，是模具的固定部分。上模座部分通过模柄和压力机的滑块连成一体，是模具的活动部分。模具工作时安装在活动部分和固定部分上的模具工作零件，必须保持正确的相对位置，才能使模具获得正常的工作状态。装配模具时为了方便地将上、下两部分的工作零件调整到正确位置，使凸、凹模具有均匀的冲裁间隙，应正确安排上、下模的装配顺序。那么，如何来保证模具的装配质量呢？首先必须了解冲模装配的基本知识。

9.4.2　知识链接

冲模主要包括冲裁模、弯曲模、拉深模、成形模和冷挤压模等。冲模的单元装配，即组（部）件装配，是指一组相关件，通过定位、连接与固定，独立装配成组（部）件（或称之为装配单元）的装配过程。

1. 冲模装配的基础知识

（1）冲模装配的技术要求和特点　在冲模制造中，为确保冲模必要的装配精度，发挥良好的技术状态和维持应有的使用寿命，除保证冲压零件的加工精度外，在装配方面也应达到规定的技术要求。

模具装配的技术要求，包括模具外观、安装尺寸和总体装配精度。

1）冲模外观和安装尺寸要求。

①冲模外露部分锐角应倒钝，安装面应平整光滑，螺钉、销钉头部不能高出安装基面，并无明显毛刺及击伤等痕迹。

②模具的闭合高度、安装于压力机上的各配合部分尺寸应与所选用的设备规格相符。

③装配后的冲模应刻有模具编号和产品零件图号。大、中型冲模应设有吊孔。

2）冲模总体装配精度要求。

①冲模各零件的材料、几何形状与尺寸精度、表面粗糙度和热处理硬度等，均应符合图样要求。各零件的工作表面不允许有裂纹和机械损伤等缺陷。

②冲模装配后，必须保证模具各零件间的相对位置精度，尤其是制件的某些尺寸与几个冲模零件尺寸有关时，应予特别注意。如上模板的上平面与下平面一定要保证相互平行，对于冲压制件料厚在0.5mm以内的冲裁模，在300mm范围内，其平行度公差不大于0.06mm；一般冲模在300mm范围内，其平行度公差不大于0.01～0.14mm。

③模具的活动部位，应保证位置准确、配合间隙适当、动作可靠、运动平稳。

④模具的紧固零件应牢固可靠，不得出现松动和脱落。

⑤所选用的模架等级应满足制件的技术要求。

⑥模具在装配后，上模座沿导柱上、下移动时，应平稳、无滞涩现象，导柱与导套的配合应符合规定标准要求，且间隙在全长范围内应不大于0.05mm。

⑦模柄的圆柱部分应与上模座上平面垂直，其垂直度公差在全长范围内应不大于0.05mm。

⑧所用的凸模应垂直于固定板安装基准面。

⑨装配后的凸模与凹模的间隙均匀，并符合图样上的要求。

⑩坯料在冲压时定位要准确、可靠、安全。

⑪冲模的出件与退料应畅通无阻。

⑫装配后的冲模，应符合图样上除上述要求以外的其他技术要求。

（2）冲模装配工艺过程　冲模的装配就是按照冲模设计总装配图，把所有的零件连接起来，使之成为一体，并能达到所规定的技术要求的一种加工工艺。装配质量的好坏，直接影响到制件的质量和冲模的使用状态、耐用度及其寿命。因此，在装配时操作者一定要按照装配工艺规程进行装配。

冲模的装配工艺过程，大致可分为4个阶段。

1）装配前的准备工作。冲模在装配前，应做好如下准备工作。

①熟悉装配工艺规程。冲模的装配工艺规程是规定冲模或部件装配工艺过程和操作方法的工艺文件，也是指导冲模或部件装配工作的技术文件，还是制定装配生产计划、进行技术准备的依据。因此，装配钳工在进行装配前必须熟悉装配工艺规程，以掌握装配模具的全过程。

②读懂总装配图。总装配图是冲模进行装配的主要依据。一般来说，模具的结构在很大程度上决定了模具的装配程序和方法。分析总装配图、部件装配图以及零件图，可以深入了解模具的结构特点和工作性能，了解模具中各零件的作用和它们相互之间的位置要求、配合关系以及连接方式，从而确定合理的装配基准，结合工艺规程确定装配方法及装配顺序。

③清理检查零件。根据总装配图上的明细栏，清点和清洗零件，并仔细检查主要工作零件如凸、凹模的尺寸和几何误差，检查各部位配合面间隙、加工余量及有无变形和裂纹等缺陷。

④掌握冲模验收技术条件。冲模验收技术条件是模具质量标准及验收依据，也是装配的工艺依据。模具厂的验收技术条件主要是与客户签订的技术协议书、产品的技术要求及国家颁发的质量标准。所以，装配钳工在装配前必须充分了解这些技术条件，这样才能在装配时引起注意，装配出符合验收条件的优质模具来。

⑤布置装配场地。冲模装配场地是保证文明生产的必要条件，所以必须干净整洁，不允许有任何杂物。同时要将必要的工、夹、量具及所需的装配设备准备好，并擦拭干净。

⑥准备好标准件及所需材料。在装配前，必须按总装配图（或装配规程）的要求，准备好装配所需的螺钉、销钉、弹簧，以及辅助材料，如橡胶、低熔点合金、环氧树脂、无机黏结剂等。

2）组件装配。组件装配是指冲模在总装配之前，将两个或两个以上的零件按照装配规程及规定的技术要求连接成一个组件的局部装配工作。如凸、凹模与固定板的组装，卸料零件的组装等。这类零件的组装，一定要按照技术要求进行，这对整幅模具的装配精度起到一定的保证作用。

3）总装配。冲模的总装配，是将零件及组件连接成为模具整体的全过程。冲模总装配前，应选择好装配的基准件，同时安排上、下模的安装顺序，然后进行装配，并保证装配精度，满足规定的各项技术要求。

4）检验和调试。模具装配完成后，要按照模具验收技术条件检验各部分功能，并通过试冲对其进行调试，直到冲出合格的制件来，模具才能交付使用。

(3) 冲模的装配要点及装配顺序选择

1) 冲模的装配要点。要制造出一副优质的冲模，除了保证冲模零件加工精度外，还需要合理的装配工艺来保证冲模的装配质量。装配工艺主要根据冲模类型、结构而确定。冲模装配应遵循以下要点。

2) 合理选择装配方法。冲模的装配，主要有直接装配和配作装配两种方法。在装配过程中，究竟选择哪种方法合适，必须充分分析该冲模的结构特点及冲模零件工艺和精度等因素，选择既方便又可靠的装配方法来保证冲模的质量。如果零件加工全部采用数控机床等精密设备，由于加工出来的零件质量及精度很高，且模架又采用采购的标准模架，则可以采用直接装配法。如果零件加工不是采用专用设备，模架又不是标准模架，则只能采用配作法装配。

3) 合理选择装配顺序。冲模的装配，最主要的是保证凸、凹模的间隙均匀。为此，在装配前必须合理地考虑上、下模装配顺序，否则装配后会出现间隙不易调整的麻烦，给装配带来困难。

一般来说，在进行冲模装配前，应选择装配基准件。基准件原则上按照冲模主要零件加工时的依赖关系来确定。一般可在装配时作为基准件的有导板、固定板、凸模、凹模等。

上述冲模装配顺序，就是按照基准件来组装其他零件，其原则如下。

①以导板（卸料板）作基准进行装配时，应通过导板的导向将凸模装入固定板，再装上上模板，然后再装下模的凹模及下模板。

②对于连续模（级进模），为了便于准确调整步距，在装配时应先将拼块凹模装入下模板，然后再以凹模为定位反装凸模，并将凸模通过凹模定位装入凸模固定板中。

③合理控制凸、凹模间隙。合理控制凸、凹模间隙并使间隙在各方向上均匀，这是冲模装配的关键。在装配时，如何控制凸、凹模的间隙，要根据冲模的结构特点、间隙值的大小以及装配条件和操作者的技术水平，结合实际经验而定。

④进行试冲及调整。冲模装配后，一般要进行试冲。在试冲时若发现问题则要进行必要的调整，直到冲出合格的零件为止。

在一般情况下，当冲模零件装入上、下模时，应先安装基准件。通过基准件再依次安装其他零件。安装完毕经检查无误后，可以先钻、铰销钉孔；拧入螺钉，但不要拧紧，待试模合格后，再将其拧紧，以便于试模时调整。

冲模的主要零部件组装后，可以进行总装配。为了使凸、凹模间隙装配均匀，必须选择好上、下模的装配顺序，其选择方法如下所述。

①无导向装置的冲模。对于上、下模之间无导柱、导套作为导向的冲模，其装配比较简单。由于这类冲模的凸、凹间隙是在冲模安装到压力机上以后进行调整的。因此，上、下模的装配顺序没有严格要求，一般分别进行装配即可。

②有导向装置的冲模。对于有导向装置的冲模，其装配方法和顺序可按下述方法进行。

a. 先安装下模，将凹模放在下模板上，找正位置后再将下模板按凹模孔划线，加工出漏料孔，然后将凹模用螺钉及销钉紧固在下模板上。

b. 将装配后的凸模与固定板组合，放在下模板上，并用垫块垫起，将凸模导入凹模孔内，找正间隙并使之均匀。

c. 把上模板、垫板与凸模固定板组合用夹钳夹紧后取下，钻取上模紧固螺钉孔及用螺钉轻轻紧一下，但不要拧紧。

d. 上模板装配后再将其导套轻轻地套入下模板的导柱内，查看凸模是否能自如地进入相应凹模孔，并进行间隙调整使之均匀。

e. 间隙调整合适后，将螺钉拧紧。取下上模板后再钻销钉孔，打入销钉，安装其他辅助零件。

③有导柱的复合模。对于有导柱的复合模，一般可先安装上模，然后借助上模中的冲孔凸模及落料凹模孔，找出下模的凸、凹模位置，并按冲孔凹模孔位置在下模板上加工出漏料孔（或在零件上单独加工漏料孔），这样可以保证上模中卸料装置能与模柄中心对正，避免漏料孔错位。

④有导柱的连续模。对于有导柱的连续模，为了便于调整准确步距，一般先装配下模板，再以下模板凹模孔为基准将凸模通过卸料板导向，装上模板。

各类冲模的装配顺序并不是一成不变的，应根据冲模结构、操作者的经验、习惯而采取不同的顺序进行调整。

2. 冲模装配

冲模一般选用标准模架，装配时需对标准模架进行补充加工，然后进行模柄、凸模和凹模等装配。

（1）模架的装配

1）压入式模架的装配。压入式模架的导柱和导套与上、下模座采用过盈配合。按照导柱、导套的安装顺序，有以下两种装配方法。

①先压入导柱的装配方法，其装配过程如下。

a. 选配导柱和导套。按照模架公差等级规定，选配导柱和导套，使其配合间隙符合技术要求。

b. 压入导柱。如图9-26所示，压入导柱时，在压力机平台上将导柱置于模座孔内，用专用的百分表（或宽座角尺）在两个垂直方向检验和校正导柱的垂直度，边检验校正，边压入，将导柱慢慢压入模座。

c. 检测导柱与模座基准平面的垂直度。应用专用工具或宽座角尺检测垂直度，不合格时退出重新压入。

d. 装导套。将上模座反置装上导套，转动导套，用千分表检查导套内外圆配合面的同轴度误差，如图9-27a所示，然后将同轴度最大误差Δ_{max}调至两导套中心连线的垂直方向，使由于同轴度误差引起的中心距变化最小。

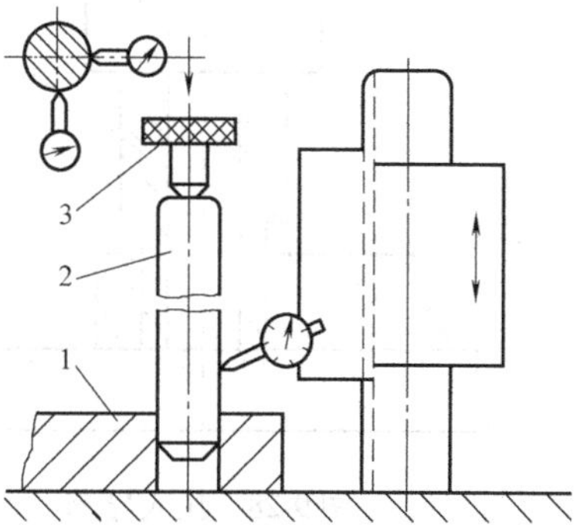

图9-26　压入导柱
1—下模座　2—导柱　3—压块

e. 压入导套。如图9-27b所示，将帽形垫块置于导套上，在压力机上将导套压入上模座一段长度，取走下模部分，用帽形垫块将导套全部压入模座。

f. 检验。将上模与下模对合，中间垫上等高垫块，检验模架平行度误差。

②先压入导套的装配方法，其装配过程如下。

a. 选配导柱和导套。

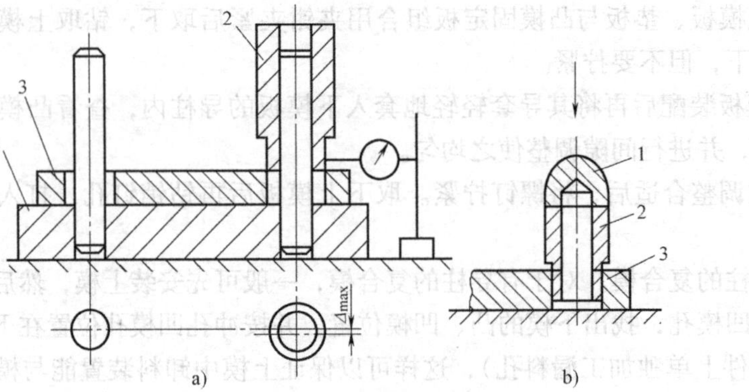

图 9-27　压入导套

a）装导套　b）压入导套

1—帽形垫块　2—导套　3—上模座　4—下模座

b. 压入导套。如图 9-28 所示，将上模座放于专用工具 4 的平板上，平板上有两个与底面垂直、与导柱直径相同的圆柱，将导套分别装入两个圆柱上，垫上等高垫块 1，在压力机上将两导套压入上模座。

c. 压入导柱。如图 9-29 所示，在上、下模座之间垫入等高垫块，将导柱 4 插入导套 2 内，在压力机上将导柱压入下模座 5 ~ 6mm，然后将上模提升到导套不脱离导柱的最高位置，如图 9-29 双点画线所示位置，然后轻轻放下，检验上模座与等高垫块接触的松紧是否均匀，如果松紧不均匀，应调整导柱，直至松紧均匀。

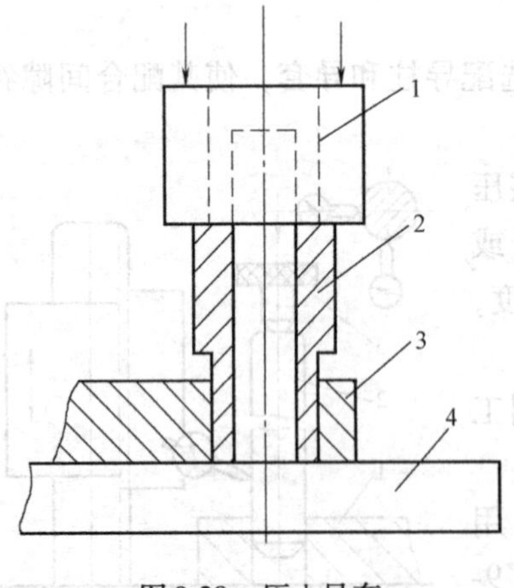

图 9-28　压入导套

1—等高垫块　2—导套

3—上模座　4—专用工具

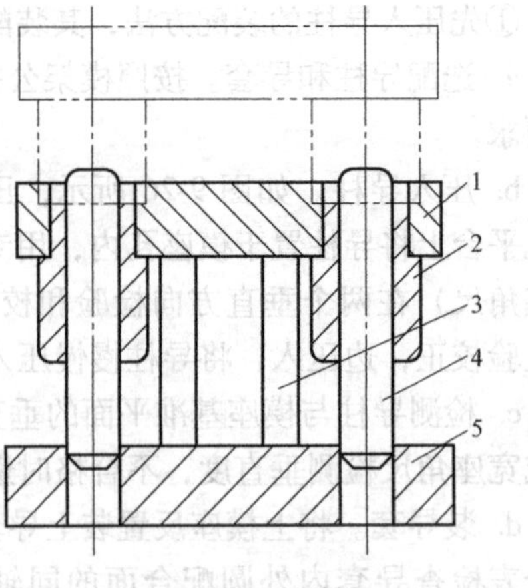

图 9-29　压入导柱

1—上模座　2—导套　3—等高垫

4—导柱　5—下模座

d. 压入导柱。

e. 检验模架平行度误差。

2）黏结式模架的装配。黏结式模架的导柱和导套（或衬套）与模座以黏结方式固定。黏结材料有环氧树脂黏结剂、低熔点合金和厌氧胶等。黏结式模架对上、下模座配合孔的加工精度要求较低，不需精密设备。模架的装配质量和黏结质量有关。黏结式模架有导柱不可卸式和导柱可卸式两种。

①导柱不可卸式黏结模架的装配方法。黏结式模架的上、下模座上、下平面的平行度要求符合技术条件，对于模架各零件黏结面的尺寸精度和表面粗糙度要求不高，装配过程如下。

a. 选配导柱和导套。

b. 清洗。用汽油或丙酮清洗模架各零件的黏结表面，并自然干燥。

c. 黏结导柱。如图 9-30 所示，将专用工具 1 放于平板上，将两个导柱非黏结面夹持在专用工具上，保持导柱的垂直度要求。然后放上等高垫块，在导柱上套上塑料垫圈 4 和下模座 5，调整导柱与下模座孔的间隙，使间隙基本均匀，并使下模座与等高垫块压紧，然后在黏结缝隙内浇注黏结剂。待固化后松开工具，取出下模座。

d. 黏结导套。如图 9-31 所示，将黏结好导套的下模座平放在平板上，将导套套入导柱，再套上上模座，在上、下模座之间垫上等高垫块，垫块距离尽可能大些。调整导套与上模座孔的间隙，使间隙基本均匀。调整支承螺钉 6，使导套台阶面与模座平面接触。检查模架平行度误差，合格后浇注黏结剂。

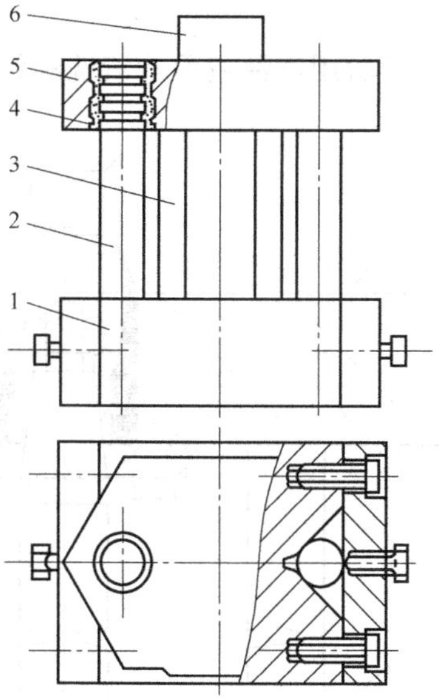

图 9-30 黏结导柱

1—专用工具 2—导柱 3—等高垫块 4—塑料垫圈 5—下模座 6—压块

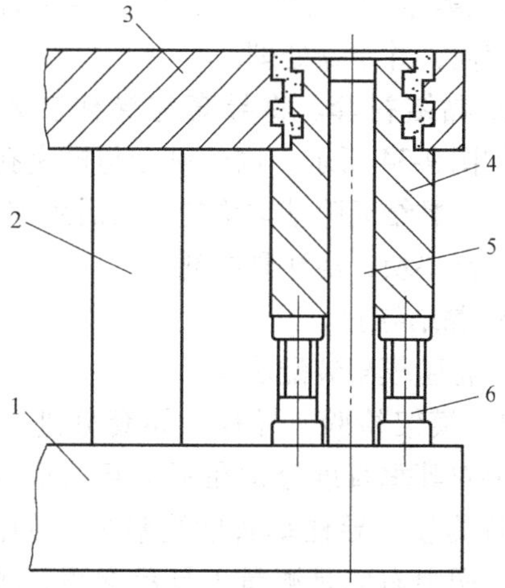

图 9-31 黏结导套

1—下模座 2—等高垫块 3—上模座 4—导套 5—导柱 6—支承螺钉

e. 检验模架装配质量。

②导柱可卸式黏结模架的装配方法。这种模架的导柱以圆锥面与衬套相配合，衬套黏结在下模座上，导柱是可拆卸的，如图 9-32 所示。这种模架要求导柱的圆柱部分与圆锥部分有较高的同轴度精度；要求导柱和衬套有较高的配合精度；而且还要求衬套台阶面与下模座平面相接触后，衬套锥孔有较高的垂直度精度。装配过程如下。

a. 选配导柱和导套。

b. 配磨导柱与衬套。先配磨导柱与衬套的锥度配合面，其吻合面积在 80% 以上。然后将导柱与衬套装在一起，以导柱两端中心孔为基准磨削衬套 A 面，如图 9-33 所示，保证 A 面与导柱中心线的垂直度要求。

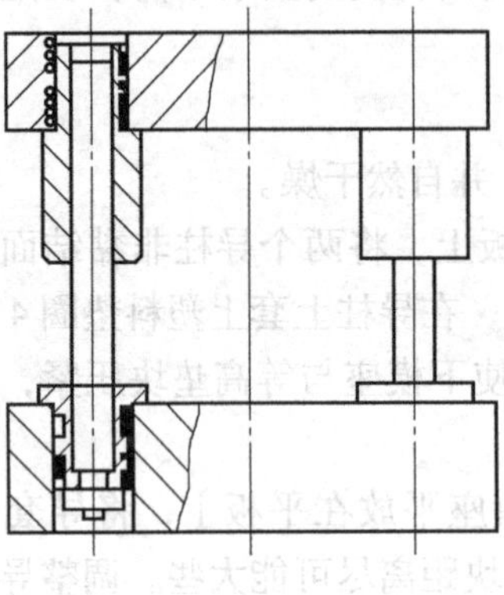

图 9-32　导柱可卸式黏结模架

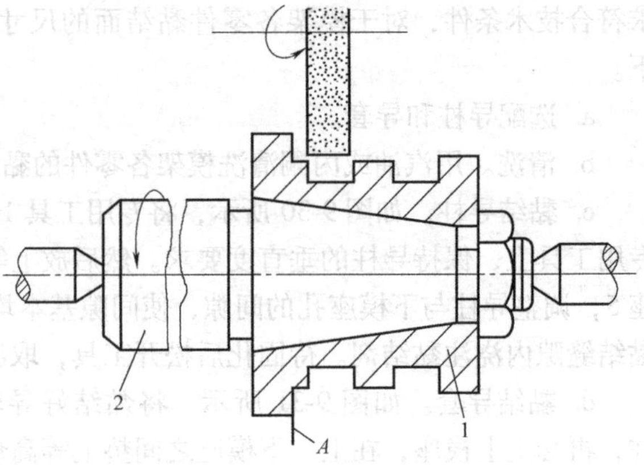

图 9-33　磨衬套台阶面
1—衬套　2—导柱

c. 清洗与去毛刺。首先锉去零件毛刺及棱边倒角，然后用汽油或丙酮清洗黏结零件的黏结表面，并干燥处理。

d. 黏结衬套。将导套与导柱装入下模座孔，如图 9-34 所示。调整衬套与模座孔的黏结间隙，使黏结间隙基本均匀，然后用螺钉固紧，垫上等高垫块，浇注黏结剂。

e. 黏结导套。

f. 检验模架装配质量。

3）模架检验。导柱、导套分别压入模座后，要对其垂直度分别在两个互相垂直的方向上进行测量，导柱垂直度测量方法如图 9-35b 所示。图中右侧是测量工具示意图，测量前将圆柱角尺置于平板上，对测量工具进行校正如图 9-35a 所示。导套孔中心线对上模座顶面的垂直度可在导套孔内插入锥度 200∶0.015 的心轴进行检查，如图 9-35c 所示。计算误差时应扣除被测尺寸范围内心轴锥度的影响，其最大误差值 Δ 可按下式计算

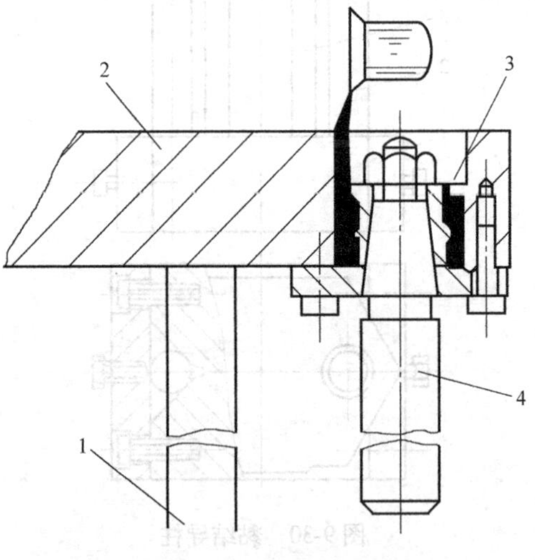

图 9-34　黏结衬套
1—等高垫块　2—下模座　3—衬套　4—导柱

$$\Delta = \sqrt{\Delta x^2 + \Delta y^2}$$

式中　Δx、Δy——在互相垂直的方向上测量的垂直度误差。

导柱、导套装入后，将上、下模座对合，中间垫上球形垫块。要在平板上检验上模座上平面对下模座底面的平行度。在被测表面内取百分表的最大与最小读数之差，即为被测模架的平行度误差，如图 9-36 所示。

(2) 模柄的装配（模柄组件）　模柄主要是用来保持模具与压力机滑块的连接，装配在模座板中。常用的模柄装配方式如下。

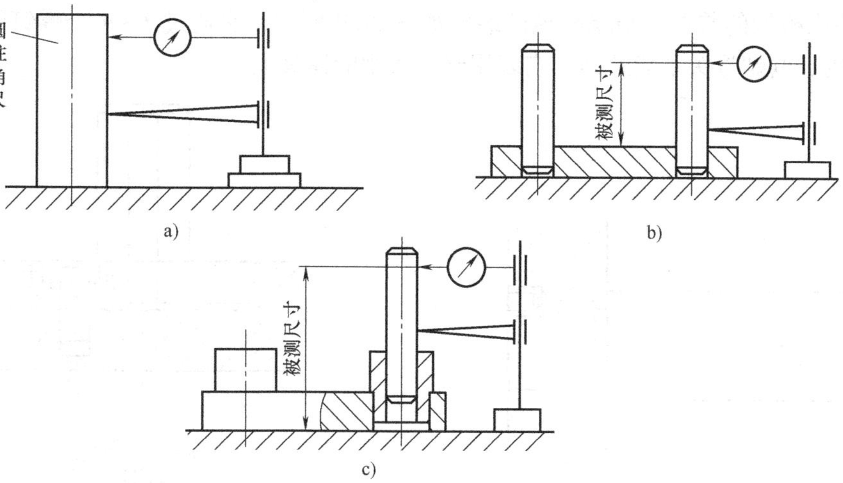

图 9-35　导柱、导套垂直度检测

a）垂直度校准　b）导柱测量　c）导套测量

1）压入式模柄的装配。压入式模柄与上模座的配合为 H7/m6，在装配凸模固定板和垫板之前，应先将模柄压入上模座内，如图 9-37a 所示。装配后用角尺检查模柄圆柱面和上模座的垂直度误差是否小于 0.05mm，检查合格后，再加工骑缝销孔（或螺纹孔），装入骑缝销（或螺钉）并进行固紧。最后将端面在平面磨床上磨平，如图 9-37b 所示。

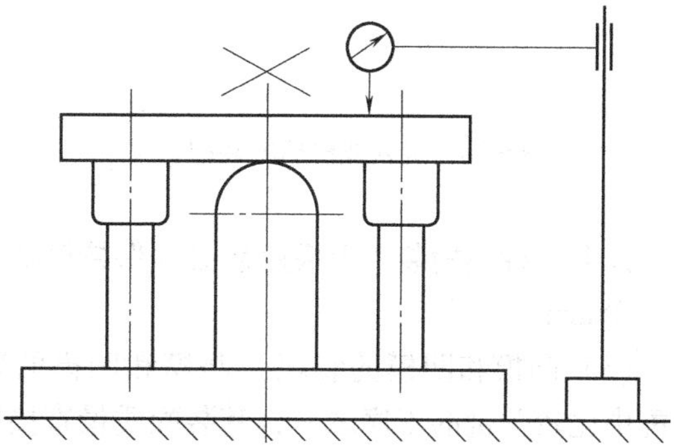

图 9-36　模架平行度的检查

2）旋入式模柄的装配。旋入式模柄的装配如图 9-38 所示，它是通过螺纹直接旋入模板上面固定，用紧定螺钉防松，装卸方便，多用于一般冲模。

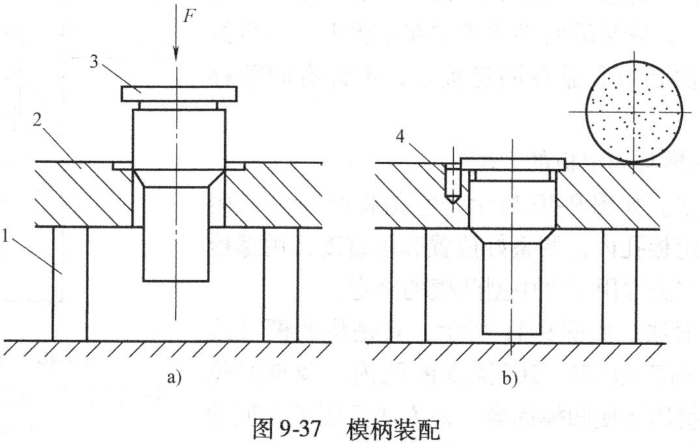

图 9-37　模柄装配

a）模柄装配　b）磨平端面

1—等高垫块　2—上模座　3—模柄　4—骑缝销

3）凸缘模柄的装配。凸缘模柄的装配如图 9-39 所示，它通过 3～4 个螺钉固定在上模座的窝孔内，其螺母头不能外凸。它多用于较大型的模具上。

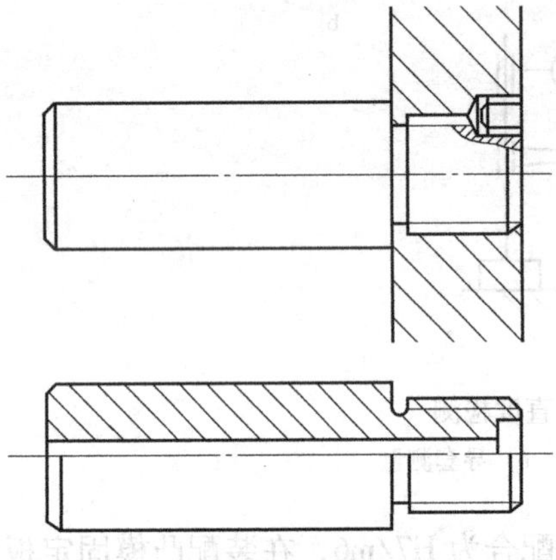

图 9-38　旋入式模柄的装配

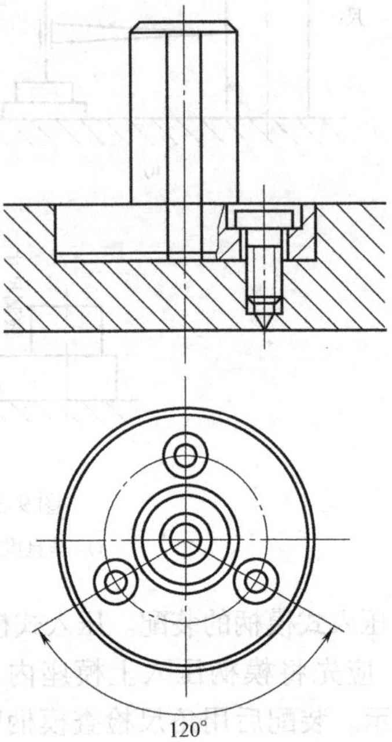

图 9-39　凸缘模柄的装配

以上三种模柄装入上模座后必须保持模柄圆柱面与上模座上平面的垂直度，其误差不大于 0.05mm。

（3）凸模和凹模的装配　凸模和凹模的装配是冲模装配中比较关键的工序之一，其装配质量直接影响到模具的精度和使用寿命。装配中的主要步骤是凸模、凹模的固定以及凸模、凹模之间间隙的调整。

凸模和凹模在固定板上固定后，其中心线必须与固定板的安装基面垂直，安装端面必须紧贴在垫板上，不得留有缝隙，台阶环面必须紧靠在固定板上，不许有间隙存在。

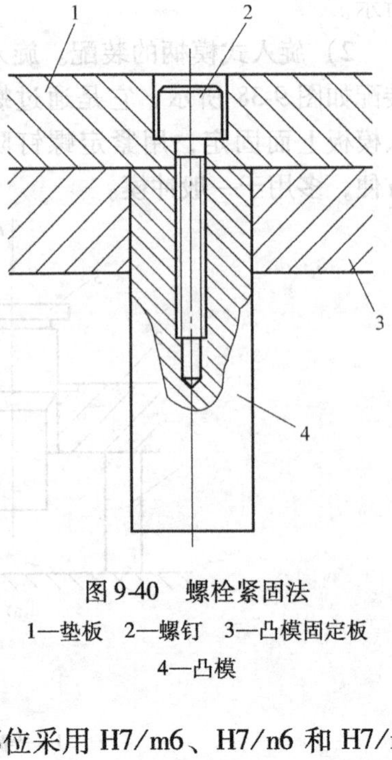

图 9-40　螺栓紧固法
1—垫板　2—螺钉　3—凸模固定板
4—凸模

1）凸模、凹模与固定板的装配。

①螺栓紧固法。如图 9-40 所示，它是将凸模（或固定零件）放入固定板孔内，调整好位置和垂直度，用螺栓将凸模紧固。该方法常用于大中型凸模的固定。

②斜压块紧固法。如图 9-41 所示，它是将凹模（或固定零件）放入固定板带有 10°锥度的孔内，调整好位置，用螺栓压紧斜压块使凹模固紧。该方法常用于大型冲模中冲小孔的易损凸模。

2）压入式凸模与固定板的装配。压入法的定位配合部位采用 H7/m6、H7/n6 和 H7/r6

配合，适用于冲裁板厚 $t<6$mm 的冲裁凸模与各类模具零件。利用台阶结构限制轴向移动，需要注意台阶结构尺寸，应使 $H>\Delta D$，$\Delta D\approx1.5\sim2.5$mm，$H=3\sim8$mm。

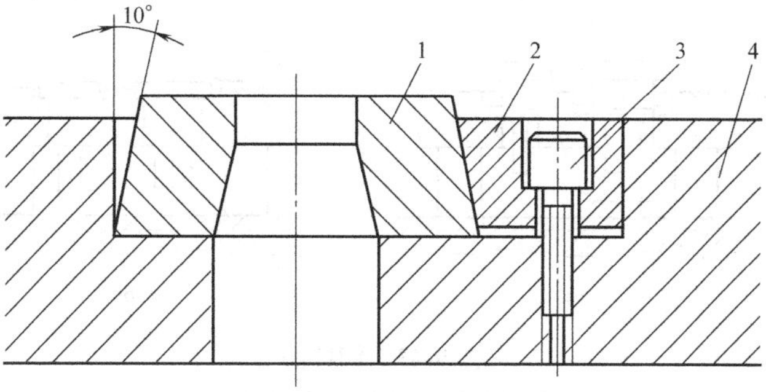

图9-41　斜压块紧固法

1—凹模　2—斜压块　3—螺栓　4—模座

压入法的特点是连接牢固可靠，对配合孔的精度要求较高，加工成本高。压入法的装配压入过程如图9-42所示，将凸模固定板型孔台阶向上，放在两个等高垫铁上，将凸模工作端向下放入型孔对正，用压力机慢慢压入，要边压入边检查凸模垂直度，其垂直度公差见表9-4。

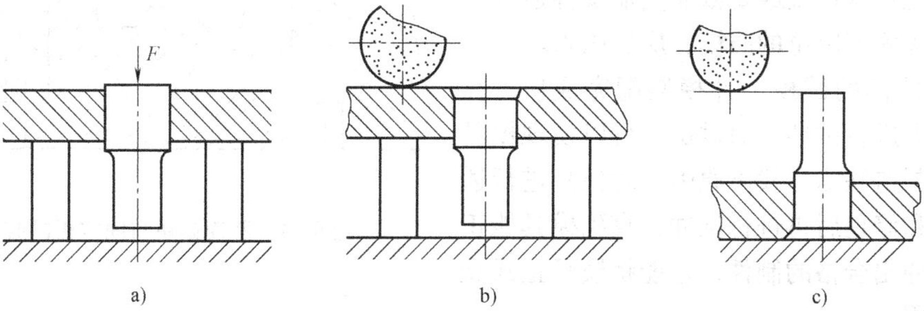

图9-42　压入法

a）压入凸模　b）磨平端面　c）磨削凸模工作端面

表9-4　凸模垂直度推荐数据

间隙值/mm	垂直度公差等级	
	单凸模	多凸模
薄料、无间隙（≤0.02）	5	6
0.02～0.06	6	7
>0.06	7	8

3）铆接式凸模与固定板的装配。铆接法如图9-43所示。装配时将固定板置于等高垫块上，将凸模放入安装孔内，在压力机上慢慢将凸模压入，边压入边检验凸模垂直度，如图9-43a所示。压入后用錾子和锤子将凸模端面铆合，然后在磨床上将其端面磨平，如图9-43b所示。它主要适用于冲裁板厚 $t<2$mm 的冲裁凸模和其他轴向拉力不太大的零件。凸模和固定板型孔配合部分保持0.01～0.03mm的过盈量，铆接端凸模硬度不小于30HRC，凸模

工作部分长度应是整长的1/2～1/3。固定板型孔周边倒角为（0.5～1）mm×45°。

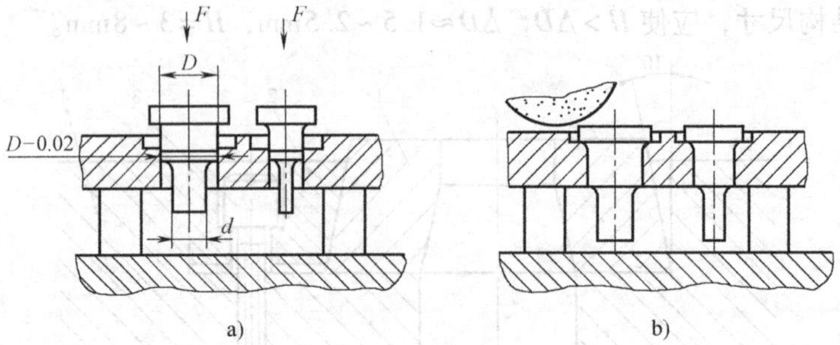

图9-43　铆接法

a）压入凸模　b）磨平固定端面

4）凹模镶块与固定板的装配。凹模镶块与固定板的装配过程和模柄的装配过程相近，如图9-44所示。凹模镶块与固定板的配合常采用H7/m6或H7/n6。装配后在磨床上将上、下平面磨平，并检验型孔中心线与平面的垂直度误差。

在凸模固定板上压入多个凸模时，一般应先压入容易定位和便于作为其他凸模安装基准的凸模。凡较难定位或要依靠其他零件通过一定工艺方法才能定位的凸模，应后压入。

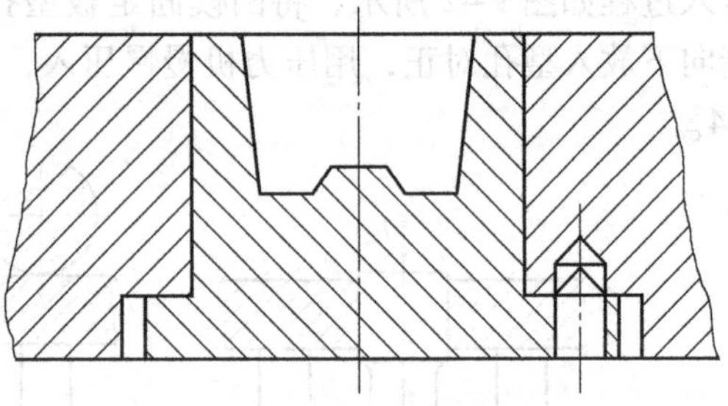

图9-44　凹模镶块与固定板的装配

（4）冲模的试模　冲模装配完成后，在生产条件下进行试冲。通过试冲可以发现模具的设计和制造缺陷，找出原因，对模具进行适当的调整和修理后再进行试冲，直到模具能正常工作，冲出合格的制件，才能将模具正式交付生产使用。

冲裁模试冲时的常见缺陷、产生原因及调整方法见表9-5。

表9-5　冲裁模试冲时的常见缺陷、产生原因及调整方法

常见缺陷	产生原因	调整方法
送料不通畅或料被卡死	（1）两导料板之间的尺寸过小或有斜度 （2）凸模与卸料板之间的间隙过大，使搭边翻扭 （3）用侧刃定距的冲模导料板的工作面和侧刃不平行形成毛刺，使条料卡死 （4）侧刃与侧刃挡块不密合形成毛刺，使条料卡死	（1）根据情况修整或重装卸料板 （2）根据情况采取措施减小凸模与卸料板之间的间隙 （3）重装导料板 （4）修整侧刃挡块，消除间隙
卸料不正常退料不下来	（1）由于装配不正确，卸料机构不能动作，如卸料板与凸模配合过紧，或因卸料板倾斜而卡死 （2）弹簧或橡胶的弹力不足 （3）凹模和下模座的漏料孔没有对正，凹模孔有倒锥造成堵塞，料不能排出 （4）顶出器过短或卸料板行程不够	（1）修整卸料板、顶板等零件 （2）更换弹簧或橡胶 （3）修整漏料孔、凹模 （4）加长顶出器的顶出部分或加深卸料螺钉沉孔的深度

（续）

常见缺陷	产生原因	调整方法
凸、凹模的刃口相碰	(1) 上模座、下模座、固定板、凹模、垫板面不平行 (2) 凸、凹模错位 (3) 凸模、导柱等零件安装不垂直 (4) 导柱与导套配合间隙过大，导向不准确 (5) 料板的孔位不正确或歪斜，使凸模位移	(1) 修整有关零件，重装上模或下模 (2) 重新安装凸、凹模，使其对正 (3) 重装凸模或导柱 (4) 更换导柱或导套 (5) 修理或更换卸料
凸模折断	(1) 冲裁时产生的侧向力未抵消 (2) 卸料板倾斜	(1) 在模具上设置靠块抵消侧向力 (2) 校正卸料板或加凸模导向装置
凹模胀裂	(1) 凹模孔有倒锥度现象(上口大下口小) (2) 凹模内卡住工件，废料太多	(1) 修磨凹模孔，消除倒锥现象 (2) 修低凹模型孔高度
冲裁件的形状和尺寸不正确	凸模与凹模的刃口形状尺寸不正确	先将凸模和凹模的形状尺寸修准，然后调整冲模的间隙
落料外形和冲孔位置不正，成偏位现象	(1) 挡料销位置不正 (2) 落料凸模上导正销尺寸过小 (3) 导料板和凹模送料中心不平行使孔偏斜 (4) 侧刃定距不准确	(1) 修正挡料销 (2) 更换导正销 (3) 修正导料板 (4) 刃磨或更换侧刃
冲压件不平整	(1) 落料凹模有上口大、下口小的倒锥，冲件从孔通过时被压弯 (2) 冲模结构不当，落料时无压料装置 (3) 在连续模中，导正销与预冲孔配合过紧，工件压出凹陷 (4) 导正销与挡料销之间距离过小，导正销使条料前移，被挡料销挡住产生弯曲	(1) 修磨凹模孔，去除倒锥现象 (2) 加压料装置 (3) 修小导正销 (4) 修小挡料销
冲裁件的毛刺较大	(1) 刃口不锋利或刃口淬火硬度不够 (2) 凸、凹模配合间隙过大或间隙不均匀	(1) 修磨工件部分刃口 (2) 重新调整凸、凹模间隙

（5）冲模的安装　冲模的使用寿命、工作安全和质量与冲模的正确安装有着极密切的关系。在安装冲模之前，必须将压力机和冲模相接触的面擦拭干净，并认真检查压力机工作部分运转是否正常。冲模在压力机上的安装程序应该是首先将上模固定在压力机滑块上，然后根据上模的位置固定下模。

1）上模固定方法。固定上模的方法有压板压紧、螺钉紧固、燕尾槽配合和模柄固定等。

对于小型模具最常用的方法是模柄固定，这种固定方法工作可靠，装换冲模方便，但必须确保上模座顶面与压力机滑块下平面紧贴。

采用模柄固定的压力机如图9-45所示。滑块下部有一专用前压块4。前压块4可在两平行螺钉5上移动。夹紧模柄3时，旋紧压在前压块4上的两螺母6，再用紧定螺钉7顶紧模柄。

固定模柄的孔是由滑块和夹持块组合而成的，孔的形状有圆形和方形两种。

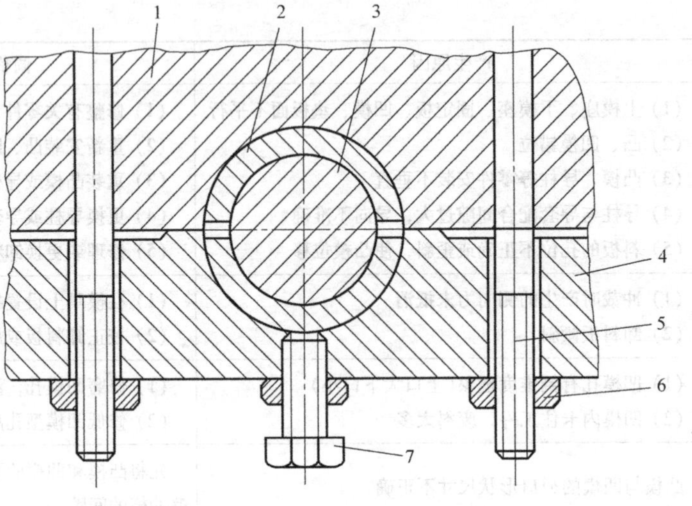

图 9-45　模柄安装示意图

1—滑块　2—模柄套　3—模柄　4—前压块　5—螺钉　6—螺母　7—紧定螺钉

当模柄外形尺寸小于模柄孔尺寸时，绝对禁止使用随意能够得到的铁块、铁片等杂物作为衬垫，必须采用专门的开口衬套和对开衬套。

图 9-46 所示为几种常用的衬套。衬套内径与模柄外径配合，衬套外径与模柄孔的内径配合。

使用开口衬套时衬套开口处应该正贴于滑块部分，使用对开衬套时应该将两半各贴于滑块和夹持块，而不允许贴于滑块和夹持块的分界面上。

为了减少衬套规格，要求对小型模柄的外形尺寸标准化或做适当的规定。

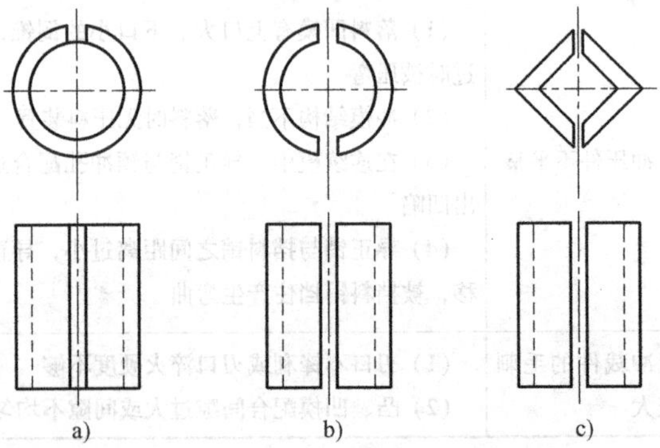

图 9-46　常用的衬套

a）开口衬套　b）对开衬套　c）对开衬套（方形）

2）下模固定方法。

①螺钉固定。用螺钉固定下模座，被固定部分的结构可分成平底孔、开口槽和螺纹孔 3 种形式，如图 9-47 所示。

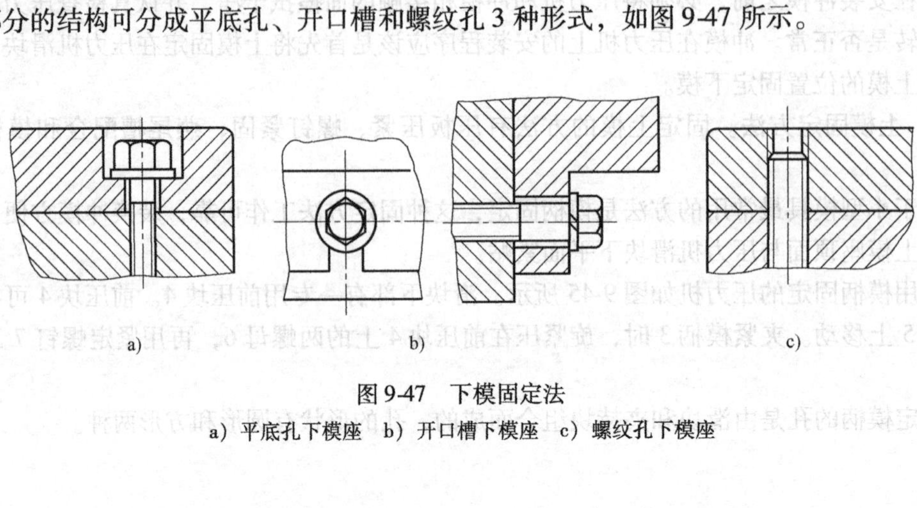

图 9-47　下模固定法

a）平底孔下模座　b）开口槽下模座　c）螺纹孔下模座

图 9-47a 所示为有平底孔的下模座，由螺钉施加压力紧固；图 9-47b 所示为有开口槽的下模座，也由螺钉施加压力紧固；图 9-47c 所示为有螺纹孔的下模座，此种结构由螺钉施加拉力紧固。螺钉固定法准确可靠，但增加了冲模制造工时，装拆冲模也不方便，因此其应用局限于大、中型冲模。

②压板固定。用压板固定下模座较为方便和经济，故在生产中被广泛采用。表 9-6 列出了用压板固定下模座的正误示例。

表 9-6　用压板固定下模座的正误示例

序号	正	误
1	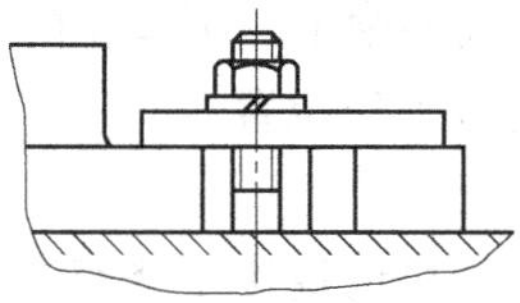	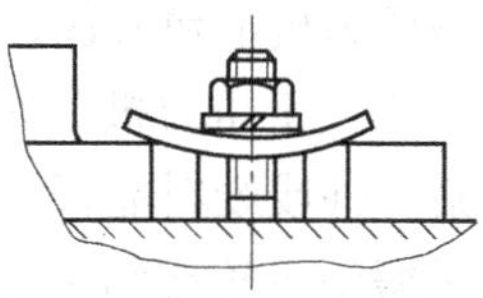
2	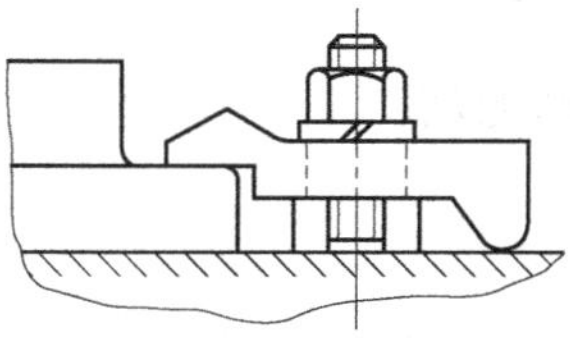	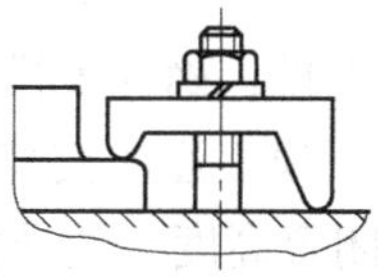
3	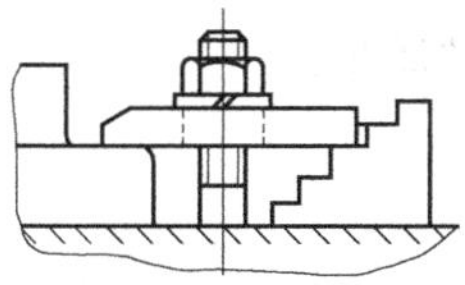	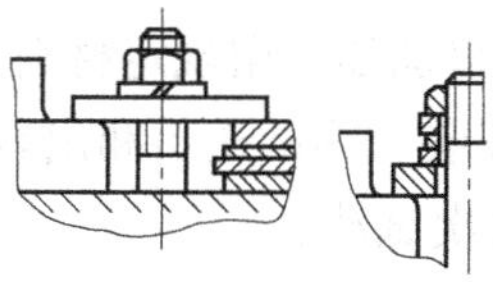
4	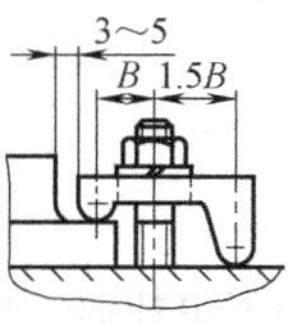	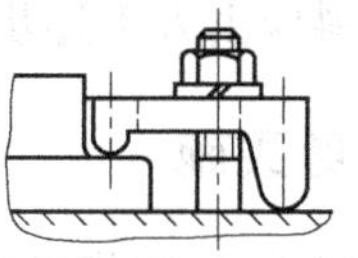
说明	压板要有足够的刚度 支承高度要等于下模座被压处高度 垫铁、垫圈应该专用 压板、螺杆和冲模的相对位置必须恰当	

在冲压过程中，由于压力机的振动可能引起固定冲模的紧固零件产生松动的现象，操作人员必须随时注意和检查各紧固零件的工作情况。

图 9-48 所示为防止紧固螺母松动的几种方法。

③安装顺序。下面以冲裁模为例说明冲模的安装顺序。

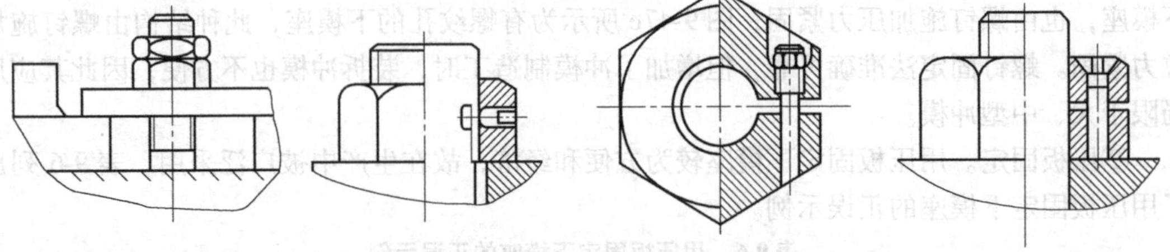

图 9-48　防止紧固螺母松动的几种方法

a. 擦净压力机滑块底面、工作台或垫板平面以及冲模上、下模座的顶面和底面。

b. 将冲模置于压力机工作台或垫板上，移至近似工作位置。

c. 观察工件或废料能否漏下。

d. 用手搬动飞轮或利用压力机的寸动装置使压力机滑块逐步降至下死点。

e. 调节压力机至近似的闭合高度。

f. 安装固定下面的压板、垫块和螺栓，但不拧紧。

g. 紧固上模，确保上模座顶面与滑块底面紧贴无隙。

h. 紧固下模，逐次交替拧紧。

i. 调整闭合高度，使凸模进入凹模。

j. 回升滑块，在各滑动部分加润滑剂，确保导套上部出气槽畅通。

k. 以纸片试冲，观察毛刺以判断间隙是否均匀。

l. 刃口加油，用规定材料试冲若干件，检查冲件质量。

m. 安装、调试送料和出料装置。

n. 再次试冲。

o. 安装安全装置。

有顶件器、弹顶器、斜楔等的冲模，安装步骤与上述不完全相同。连续模的安装和调试过程中，材料应由人工逐步送进。

9.4.3　任务实施

以图 9-25 所示的落料模为例。先装配下模，再以下模的凹模为基准调整上模上的凸模和其他零件。

（1）装配前的准备　装配钳工在接到任务后，必须先仔细阅读图样，了解所冲制件的形状、精度要求以及模具的结构特点、动作原理和技术要求，选择合理的装配方法和装配顺序。要对照图样检查制件的质量，同时准备好必要的标准零件，如螺钉、销及装配用的辅助工具等。

（2）装配模柄　在手动压力机或液压机上，将模柄 7 压入上模座 11 上，并加工出骑缝销钉孔。将防转销装入后，再反过来将模柄端面与上模板的底面在平面磨床上磨平。

安装模柄 7 与上模座 11 时，应用 90° 角尺检查模柄与上模座上平面的垂直度，若发现偏斜应予以调整，直到合适后再加工销钉孔，将防转销打入骑缝销钉孔。

（3）确定装配基准

1）对于无导柱模具，其凸、凹模间隙在模具安装到压力机上时进行调整，上、下模的装配先后顺序对装配过程影响不大，但应注意压力中心的重合。

2）对于有导柱模具，根据装配方便和易于保证精度的考虑，确定以凸模或凹模作为基准。可选择凹模作为基准，先装下模部分。

（4）装配下模部分

1）把凹模 16 放在下模座上，按中心线找正凹模的位置，用平行夹头夹紧，通过螺钉在下模座 18 上钻出锥窝。拆去凹模，在下模座 18 上按锥窝钻螺纹底孔并攻螺纹。再重新将凹模板置于下模座上校正，用螺钉紧固。钻铰销钉孔，打入销钉定位。

2）在凹模上安装挡料销 3，在下模座上安装挡料销 3。

3）配钻卸料螺钉孔。将卸料板 15 套在已装入固定板的凸模 12 上，在固定板 5 与卸料板 15 之间垫入适当高度的等高垫铁，并用平行夹头将其夹紧。按卸料板上的螺钉孔在固定板上钻出锥窝，拆开平行夹头后按锥窝钻固定板上的螺钉穿孔。

（5）装配上模部分

1）将凸模 12 装入凸模固定板 5 内，磨平凸模定端面。

2）将已装入固定板的凸模 12 插入凹模的型孔中。在凹模 16 与固定板 5 之间垫入适当高度的等高垫铁，将垫板 8 放在固定板 5 上，装上上模座，用平行夹头将上模座 11 和固定板 5 夹紧。通过凸模固定板在上模座 11 上钻锥窝，拆开后按锥窝钻孔。然后用螺钉 2 稍加紧固上模座、垫板、凸模固定板。

（6）调整凸、凹模间隙　将装好的上模部分套在导柱上，用锤子轻轻敲击固定板 5 的侧面，使凸模插入凹模的型孔，再将模具翻转，用透光调整法调整凸、凹模的配合间隙，使配合间隙均匀。

（7）装卸料板　将卸料板 15 套在凸模上，装上弹簧和卸料螺钉，装配后要求卸料板运动灵活并保证在弹簧作用下卸料板处于最低位置时，凸模的下端面应缩在卸料板 15 的孔内约 0.3 ~ 0.5mm 左右。

（8）试模　冲模装配完成后，在生产条件下进行试冲，可以发现模具设计和制造时存在的一些问题，保证冲模能冲出合格的制件。

（9）调整与修正　冲裁模的调整及修正。

任务 9.5　塑料成型模的装配与试模

知识点：

1. 塑料成型模装配的技术要求和特点。
2. 塑料成型模装配工艺过程。
3. 塑料成型模装配。

技能点：

塑料成型模的装配工艺过程

9.5.1　任务导入

模具的装配是模具制造过程的最后一个重要环节，装配质量直接影响模具的精度、寿命和各部分的功能。通过模具装配和试模可以验证制件成型工艺、模具设计方案和模具工艺编制等工作的正确性和合理性。塑料成型模装配与冲模装配有所不同，它经常是边加工边装配，也就是说塑料成型模零件的加工与装配常常是同步进行的。

塑料成型模的装配主要包括型芯的装配，型腔的装配，浇口套的装配，导柱、导套的装配，推杆的装配，滑块抽芯机构的装配以及塑料成型模的总装和试模。

1. 任务要求

图 9-49 所示为壳体件塑料注射模装配图。要求掌握该模具的装配工艺过程。

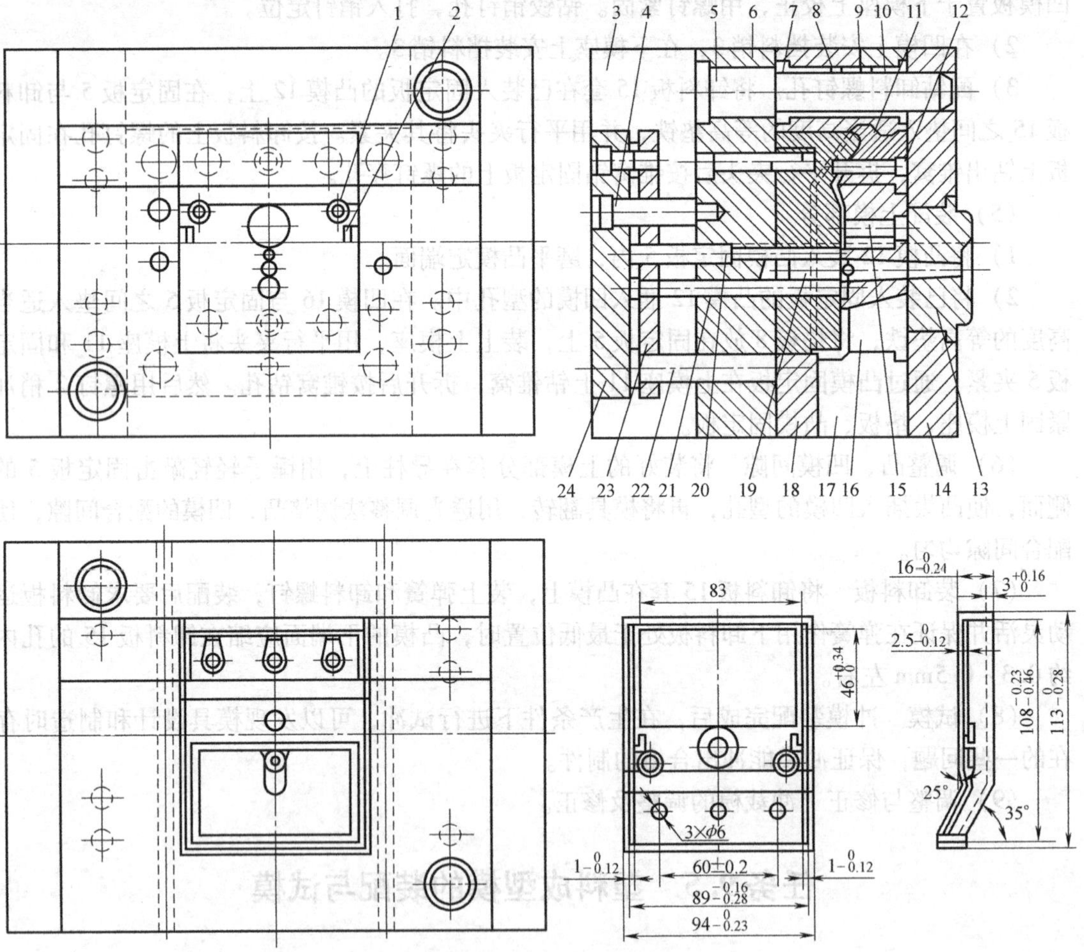

图 9-49　壳体件塑料注射模装配图

1—嵌件螺杆　2—矩形推杆　3—模脚　4—限位螺钉　5—导柱　6—支承板　7—销套　8、10—导套　9、12、15—型芯　11、16—镶块　13—浇口套　14—定模座板　17—定模　18—卸料板　19—拉杆　20、21—推杆　22—复位杆　23—推杆固定板　24—推板

该热塑性塑料注射模装配要求如下。

1）模具上、下平面的平行度误差不大于 0.05mm。

2）分型曲面处需密合。

3）推件时推杆和推件板动作必须保持同步。

4）上、下模型芯必须紧密接触。

2. 任务分析

该模具的结构特点为：一模一件，直浇口，单分型面，组合型芯，模具型芯用螺钉紧固在动模固定板上并用销钉定位，脱模采用推杆卸料板脱模机构。

9.5.2　知识链接

1. 塑料成型模的装配技术要求和特点

在塑料成型模制造中，为确保塑料成型模必要的装配精度，发挥良好的技术状态和维持应有的使用寿命，模具的零件应达到规定的加工要求，装配成套的模架应活动自如，并达到规定的平行度和垂直度等要求。

模具装配的技术要求，包括模具外观、安装尺寸和总体装配精度。

（1）塑料成型模外观和安装尺寸要求

1）装配后的模具闭合高度、安装于注射机上的各配合部位尺寸、推出形式、开模距离等均应符合图样要求及所使用设备条件。

2）模具外露非工作部位棱边均应倒角。

3）大、中型模具均应有起重吊孔、吊环供搬运用。

4）模具闭合后，各承压面（或分型面）之间要闭合严密，不得有较大缝隙。

5）零件之间各支承面要相互平行，平行度公差在200mm范围内不应超过0.05mm。

6）装配后的模具应打印标记、编号及合模标记。

（2）成型零件及浇注系统

1）成型零件、浇注系统表面应光洁、无塌陷、伤痕等弊病。

2）对成型时有腐蚀性的塑料零件，其型腔表面应镀铬、抛光。

3）成型零件尺寸精度应符合图样规定的要求。

4）型腔在分型面、浇口及进料口处应保持锐边，一般不得修成圆角。

（3）斜楔及活动零件

1）各活动零件配合间隙要适当，起止位置定位要正确，镶嵌紧固零件要紧固安全可靠。

2）活动型芯、顶出及导向部位运动时，滑动要平稳，动作可靠灵活，相互协调，间隙要适当，不得有卡紧及感觉发涩等现象。

（4）锁紧及紧固零件

1）锁紧作用要可靠。

2）各紧固螺钉要拧紧，不得松动，圆柱销要销紧。

（5）顶出系统零件

1）开模时顶出部分应保证顺利脱模，以方便取出工件及浇注系统废料。

2）各顶出零件要动作平稳，不得有卡住现象。

3）模具稳定性要好，应有足够的强度，工作时受力要均匀。

（6）导向机构

1）导柱、导套要垂直于模座。

2）导向零件要达到图样要求的配合精度，能对定模、动模起良好的导向、定位作用。

（7）加热及冷却系统

1）冷却水路要畅通，不漏水，阀门控制要正常。

2）电加热系统要无漏电现象，并安全可靠，能达到模温要求。

3）各气动、液压、控制机构动作要正常，阀门、开关要可靠。

2. 塑料成型模装配工艺过程

塑料成型模的装配就是按照塑料成型模设计总装配图，把所有的零件连接起来，使之成为一体，并能达到所规定的技术要求的一种加工工艺。装配质量的好坏，直接影响到制件的质量和塑料成型模的使用状态、耐用度及其寿命。因此，在装配时操作者一定要按照装配工艺规程进行装配。

塑料成型模的装配工艺过程，大致可分为4个阶段。

1）装配前的准备工作。

2）组件装配。

3）总装配。

4）检验和调试。

3. 装配基准确定

塑料成型模通常采用的装配基准有两种。

（1）以塑料成型模中的主要零件为装配基准　在这种情况下，定模和动模的导柱和导套孔先不加工，先将型腔和型芯镶件加工好，然后装入定模和动模内，将型腔和型芯之间以垫片法或工艺定位法来保证壁厚，定模和动模合模后再用平行夹板夹紧，镗制导柱和导套孔。最后安装定模和动模上的其他零件。这种情况大多适用于大、中型模具。

（2）有导柱和导套的塑料成型模，用模板相邻两侧面为装配基准　将已有导向机构的定模和动模合模后，磨削模板相邻两侧面呈90，然后以侧面为装配基准分别安装定模和动模上的其他零件。

4. 塑料成型模的装配

（1）型芯的装配　型芯常见的装配方式有如下几种。

1）小型芯的装配。图9-50所示为小型芯的装配方式。图9-50a所示为过渡端装配方式。将型芯压入固定板，在压入过程中，要注意校正型芯的垂直度和防止型芯切坏孔壁及使固定板变形。压入后要在平面磨床上用等高垫铁支承磨平底面。

图9-50b所示为螺纹装配方式，装配时将型芯拧紧后，用骑缝螺钉定位。这种装配方式，对某些有方向性要求的型芯会造成型芯的实际位置与理想位置之间出现误差，如图9-51所示。α是理想位置与实际位置之间的夹角。型芯的位置误差可以修磨固定板a面或型芯b面进行修正。修磨前要进行预装并测出α角度大小。a或b面的修磨量Δ按下式计算

$$\Delta = P/360° \cdot \alpha$$

式中　α——误差角度；

P——连接螺距（mm）。

图9-50c所示为螺母紧固装配方式，型芯连接段采用H7/k6或H7/m6配合与固定板孔定位，两者的连接采用螺母紧固，简化装配过程，适合安装方向有要求的型芯。当型芯位置固定后，用定位螺钉定位。这种装配方式适合固定外形为任何形状的型芯及多个型芯的同时固定。

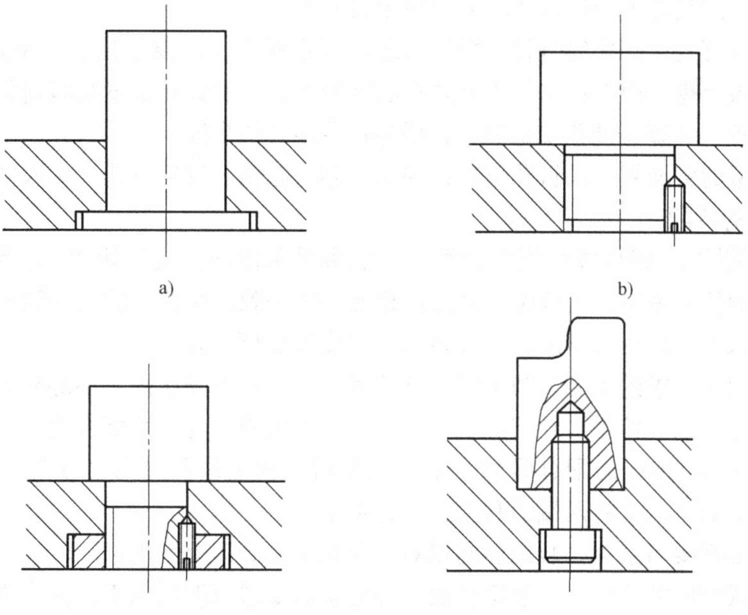

图 9-50　小型芯的装配方式

a）过渡端装配　b）螺纹装配　c）螺母紧固装配　d）螺钉紧固装配

图 9-50d 所示为螺钉紧固装配方式，它是将型芯和固定板采用 H7/h6 或 H7/m6 配合将型芯压入固定板，经校正合格后用螺钉紧固。在压入过程中，应对型芯压入端的棱边修磨成小圆弧，以免切坏固定板孔壁而失去定位精度。

2）大型芯的装配。大型芯与固定板装配时，为了便于调整型腔的相对位置，减少机械加工工作量，对面积较大而高度低的型芯一般采用如图 9-52 所示的装配方式，其装配顺序如下：

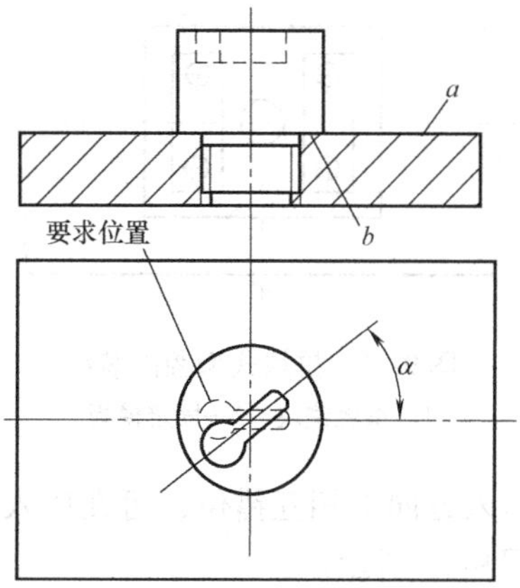

图 9-51　型芯位置误差

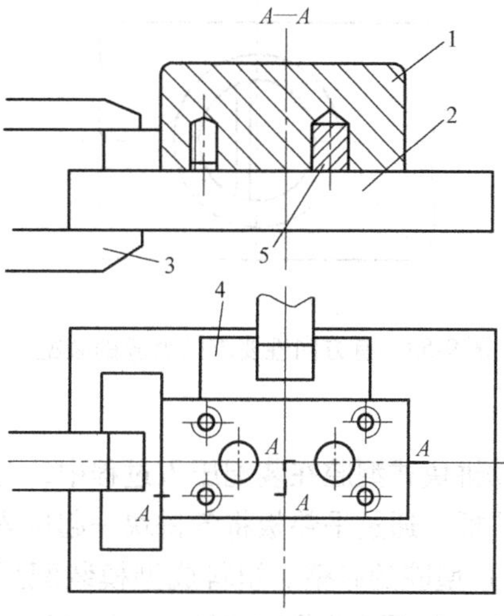

图 9-52　大型芯与固定板的装配

1—型芯　2—固定板　3—平行夹板

4—定位板　5—定位销钉套

①在加工好的型芯 1 上压入实心的定位销钉套 5。

②在型芯螺钉孔口部抹红丹粉，根据型芯在固定板 2 上的要求位置，用定位板 4 定位，把型芯与固定板合拢。用平行夹板 3 夹紧在固定板上，将螺钉孔位置复印到固定板上，取下型芯，在固定板上钻螺钉过孔及锪沉孔，用螺钉将型芯初步固定。

③在固定板的背面划出销钉孔位置，并与型芯一起钻、铰销钉孔，压入销钉。

（2）型腔的装配

1）型腔的装配。塑料成型模的型腔，一般多采用镶嵌式或拼块式，在装配后要求动、定模板的分型面接合紧密、无缝隙，而且同模板平面一致。装配型腔时一般采取以下措施。

①型腔压入端不设压入斜度，一般将压入斜度设在模板孔上。

②对有方向性要求的型腔，为了保证其位置要求，一般先压入一小部分后，型腔的平面部分用百分表进行位置校正，经校正合格后，再压入模板。为了装配方便，可使型腔与模板之间保持 0.01 ~0.02mm 的配合间隙。型腔装配后，找正位置并用定位销固定，如图 9-53 所示。最后在平面磨床上将两端面和模板一起磨平。

型腔两端面都要留余量，装配后同模具一起在平面磨床上磨平。

③对拼块式型腔的装配，一般拼合面在热处理后要进行磨削加工，保证拼合后紧密无缝隙。拼块两端留余量，装配后同模板一起在平面磨床上磨平，如图 9-54 所示。

④对工作表面不能在热处理前加工到尺寸的型腔，如果热处理后硬度不高（如调质处理），可在装配后应用切削方法加工到要求的尺寸。如果热处理后硬度较高，只有在装配后采用电火花机床、坐标磨床对型腔进行精修达到精度要求。

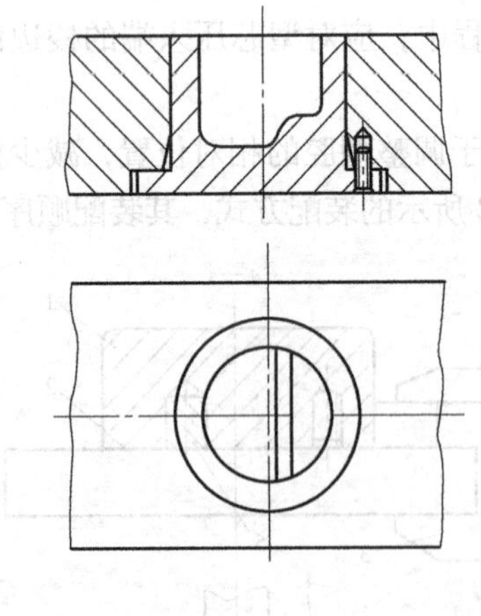

图 9-53　有方向性要求的型腔的装配

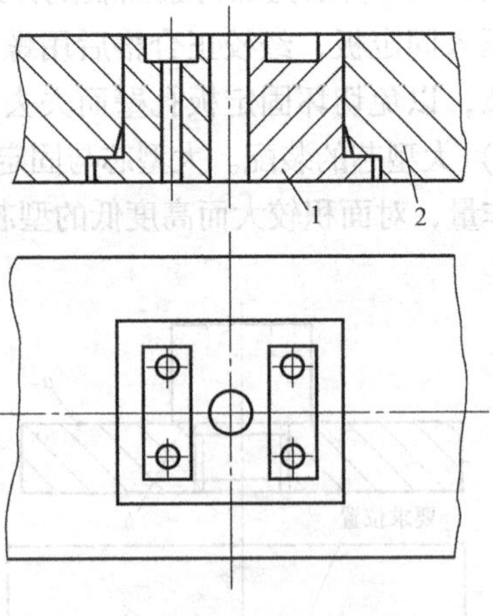

图 9-54　拼块式型腔的装配

1—型腔镶块　2—固定模板

⑤拼块式型腔在装配压入过程中，为防止拼块在压入方向上相互错位，可在压入端垫一块平垫板。通过平垫板将各拼块一起压入模之中，如图 9-55 所示。

2）型腔的修整。塑料成型模装配后，有的型芯和型腔的表面或动、定模的型芯之间，在合模状态下要求紧密接触。为了达到这一要求，一般采用装配后修磨型芯端面或型腔端面的修配法进行修磨。如图 9-56 所示，型芯端面和型腔端面出现了间隙 Δ，可用以下方法进行修整，消除间隙。

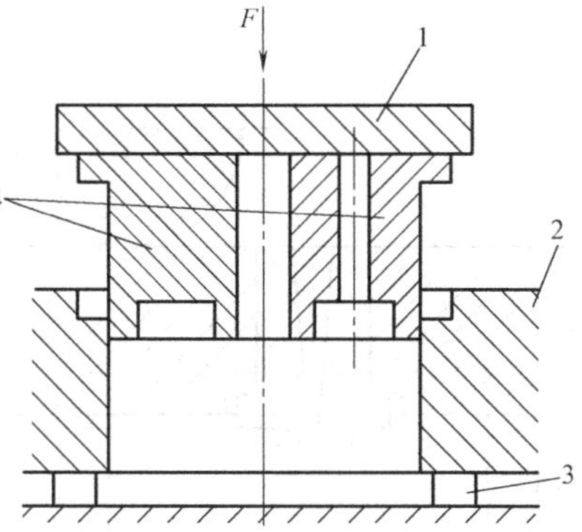

图 9-55　拼块型腔的压入
1—平垫板　2—模板
3—等高垫块　4—型腔拼块

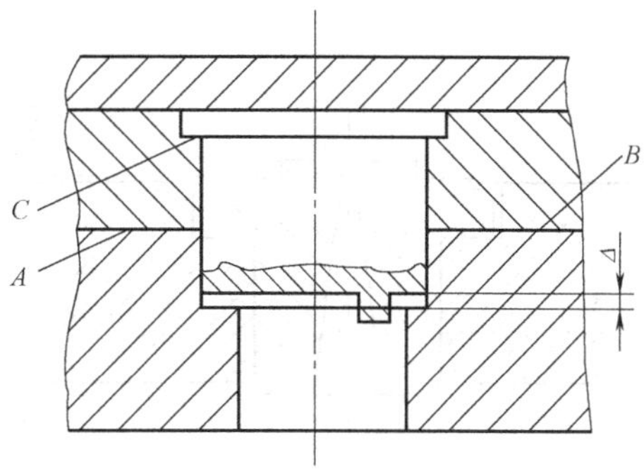

图 9-56　型芯与型腔端面间隙的消除

①修磨固定板平面 A。拆去型芯将固定板磨去大小等于间隙 Δ 的厚度。

②将型腔上平面 B 磨去大小等于间隙 Δ 的厚度。此法不用拆去型芯，较方便。

③修磨型芯台肩面 C。拆去型芯将 C 面磨去等于间隙 Δ 的厚度，但重新装配后需将固定板 D 面与型芯一起磨平。

如图 9-57 所示，装配后型腔端面与型芯固定板之间出现了间隙 Δ。为了消除间隙 Δ 可采用以下修配方法。

①在型芯定位台肩和固定板孔底部垫入厚度等于间隙 Δ 的垫片，如图 9-57b 所示。然后，一起磨平固定板和型芯端面。此法只适用于小型模具。

②在型腔上面与固定板之间增加垫板，如图 9-57c 所示。但当垫板厚度小于 2mm 时不适用。这种方法一般适用于大、中型模具。

③当型芯工作面 A 是平面时，也可采用修磨 A 面的方法。

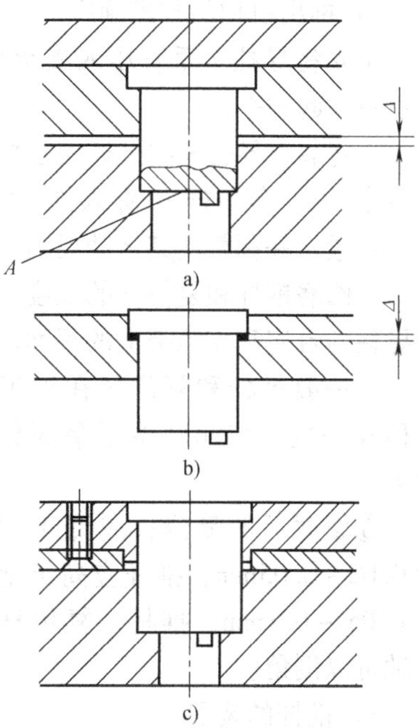

图 9-57　型腔板与固定板间隙的消除

(3) 浇口套装配　浇口套与定模板的配合一般采用过盈配合（H7/m6）。装配后要求浇口套与模板配合孔紧密、无缝隙。浇口套和模板孔的定位台肩应紧密贴实。装配后浇口套要高出模板平面 0.02mm，如图 9-58 所示。为了达到以上装配要求，浇口套的压入外表面不允许设置导入斜度。压入端要磨成小圆角，以免压入时切坏模板孔壁。同时压入的轴向尺寸应留有去圆角的修磨余量 H。

在装配时，将浇口套压入模板配合孔，使预留余量 H 突出模板之外。在平面磨床上磨平预留余量，如图 9-59 所示。最后将磨平的浇口套稍稍退出，再将模板磨去 0.02mm，重新压入浇口套，如图 9-60 所示。对于台肩和定模板高出量 0.02mm，可由零件的加工精度保证。

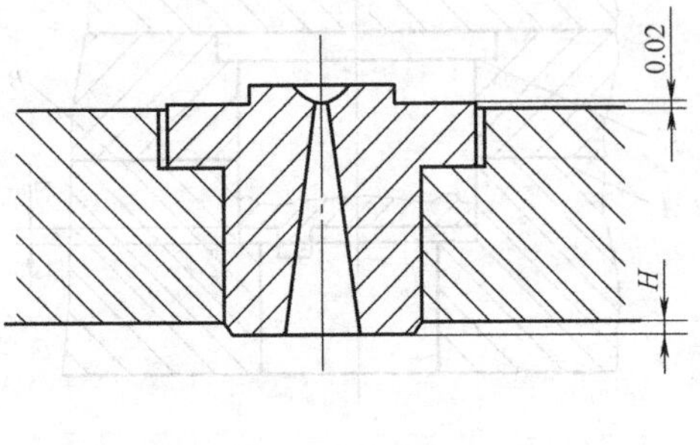

图 9-58　装配后的浇口套

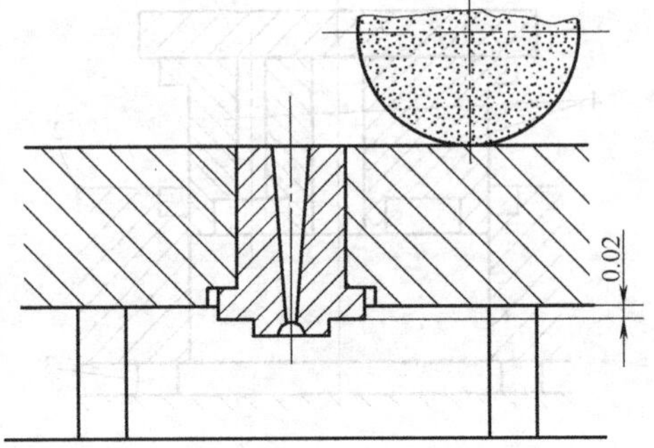

图 9-59　修磨浇口套

（4）推出机构的装配　推出机构如图 9-61 所示。推出机构装配后应运动灵活，尽量避免磨损。推杆在固定板孔内每边应有 0.5mm 的间隙。推杆工作端面应高出型面 0.05～0.1mm。完成制品推出后，推杆应能在合模后自动退回到原始位置。

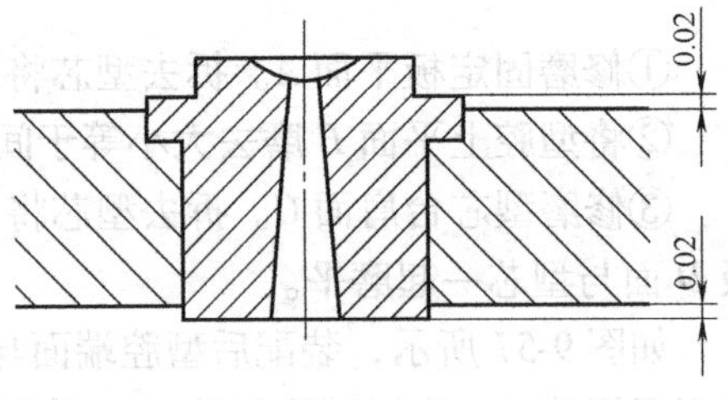

图 9-60　修磨后的浇口套

1）推出机构的装配顺序。

①先将导柱 7 垂直压入支承板 3，并将端面与支承板一起磨平。

②将装有导套 8 的推杆固定板 5 套装在导柱上，并将推杆 4，复位杆 10 穿入推杆固定板、支承板和型腔镶块 1 的配合孔中，盖上顶板 6，用螺钉拧紧，并调整使其运动灵活。

③修磨推杆和复位杆的长度。如果推板和垫圈 9 接触时，复位杆、推杆低于型面，则修磨导柱的台肩和支承板上的平面。如果推杆、复位杆高于型面时，则修磨顶板 6 的底面。

④一般推杆和复位杆在加工时稍长一些，装配后将多余部分磨去。

⑤修磨后的复位杆应低于型面 0.02～0.05mm，推杆应高于型面 0.05～0.1mm，推杆、复位杆顶端可以倒角。

2）推杆的装配。

①推板用导柱做导向的结构。如图 9-62 所示，推杆固定板孔是通过型腔镶件上的推杆孔复钻得到的，复钻由两步完成。

a. 从型腔镶件 1 上的推杆孔复钻到支承板 3 上。复钻时由型腔固定板 2 和支承板 3 上原有的

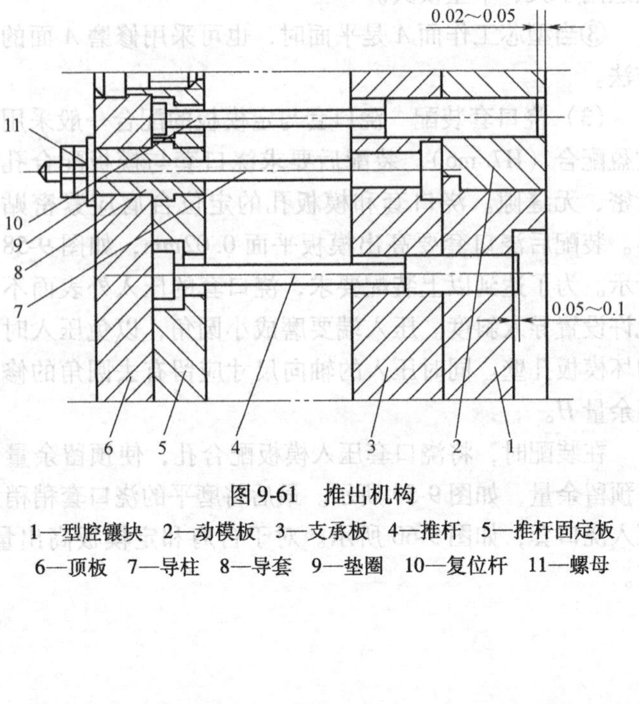

图 9-61　推出机构

1—型腔镶块　2—动模板　3—支承板　4—推杆　5—推杆固定板
6—顶板　7—导柱　8—导套　9—垫圈　10—复位杆　11—螺母

螺钉与销钉做定位与紧固。

b. 通过支承板3上的孔复钻到推杆固定板4上，两者之间利用导柱5定位，用平口卡钳6夹紧。

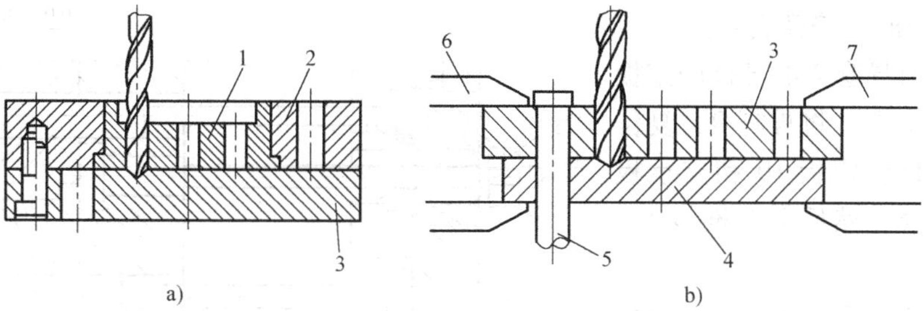

图9-62　推杆固定板推杆孔的加工

a）通过推杆孔复钻支承板孔　b）通过支承板孔复钻推杆固定板孔

1—型腔镶块　2—型腔固定板　3—支承板　4—推杆固定板　5—导柱　6、7—平口卡钳

②利用复位杆做导向的结构。如图9-63所示，产量较小或推杆推出距离不大的模具常采用此种简化结构。复位杆1与支承板2、推杆固定板3呈间隙配合，具有较长的支承与导向。推杆固定板孔的复钻与上述相同，唯有在从支承板向推杆固定板复钻时以复位杆做定位。

③利用模脚作推杆固定板支承的结构。如图9-64所示，在模具装配后，推杆固定板2应能在模脚3的内表面滑动灵活，同时使推杆4在型腔镶件的孔内往复平稳。

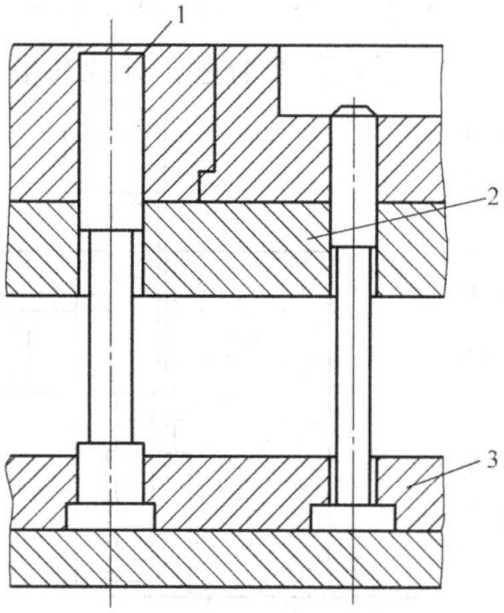

图9-63　利用复位杆做导向的推板结构

1—复位杆　2—支承板　3—推杆固定板

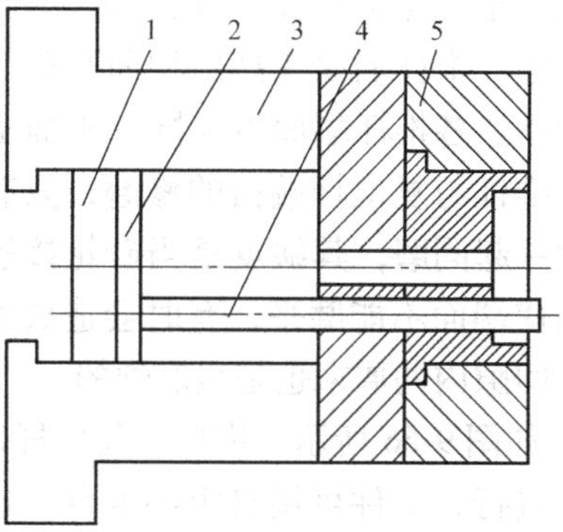

图9-64　以模脚做推杆固定板的支承

1—推板　2—推杆固定板　3—模脚

4—推杆　5—动模板

复钻推杆孔的方法和上述相同。装配模脚时不可先钻孔、钻铰模脚上的螺纹孔和销钉孔，而必须在推杆固定板装好以后通过支承板的孔对模脚复钻螺纹孔，然后将模脚用螺钉初步紧固，将推杆固定板做滑动试验并调整模脚到理想位置以后加以紧固，最后对动模板、支承板和模脚一起钻、铰销钉孔。

④推杆的装配。推杆的装配如图9-65所示。

a. 推杆孔入口处倒小圆角、斜度。推杆顶端也可倒角，因顶端留有修正量，在装配后修正顶端时可将倒角部分修去。

b. 推杆数量较多时，可与推杆孔做选择配合。

c. 检查推杆尾部台肩厚度及推杆孔台肩深度，使装配后留有0.05mm左右间隙，推杆尾部台肩太厚时应修磨底部。

d. 将装有导套2的推杆固定板10套在导柱1上。将推杆9、复位杆4穿入推杆固定板10和支承板8、型腔镶块6，然后盖上推板11，紧固螺钉。

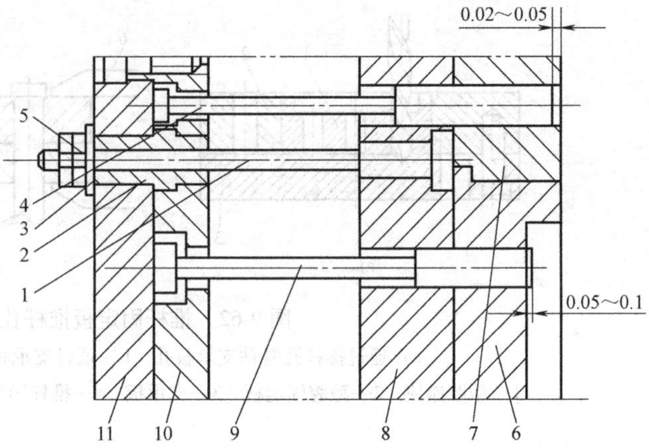

图9-65 推杆的装配

1—导柱 2—导套 3—垫圈 4—复位杆 5—螺母 6—型腔镶块 7—动模板 8—支承板 9—推杆 10—推杆固定板 11—推板

e. 模具闭合后，推杆与复位杆的极限位置决定于导柱或模脚的台阶尺寸，因此在修磨推杆顶端面之前必须先将此台阶尺寸修磨到正确尺寸。推板复位至垫圈3或模脚台阶接触时，如果推杆低于型面，则应修磨导柱台阶或模脚的上平面；如果推杆高出型面，则可修磨推板11的底面。

f. 修磨推杆及复位杆的顶端面。应使复位后复位杆端面低于分型面0.02～0.05mm，在推板复位至终点位置后，测量其中一根高出分型面的尺寸，确定其修磨量，其他几根修磨至统一尺寸。推杆端面应高出型面0.05～0.1mm，修磨方法与上同。各推杆端面不在同一平面上时应分别确定修磨量。推杆与复位杆端面的修磨，只有在特殊情况下才和型面一起同磨，其缺点是当砂轮接触推杆时推杆发生转动而使端面不能磨平，有时会造成磨削中的事故，此外清除间隙内的屑末也是很麻烦的。

g. 如图9-66所示，推杆、复位杆端面修磨可在平面磨床上进行，工件可用自定心卡盘，也可用简易专用工具夹持。

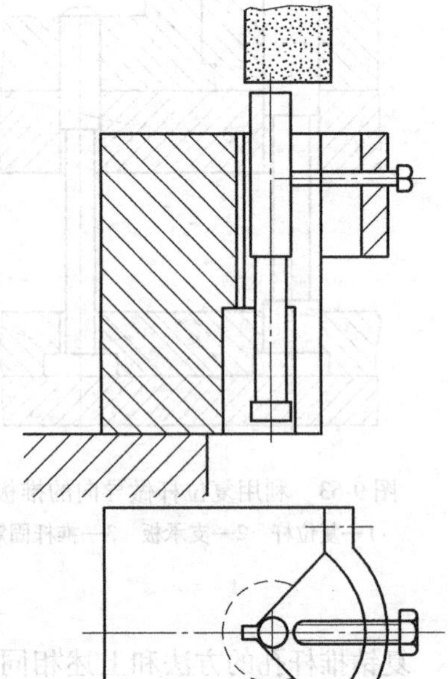

图9-66 推杆端面磨削用工具

(5) 滑块抽芯机构的装配 滑块抽芯机构装配后应保证型芯与凹模达到所要求的配合间隙，滑块运动要灵活、有足够的行程和正确的起始位置。

滑块抽芯机构的装配步骤如下。

1) 将型腔镶块压入动模板，并磨两平面至要求尺寸。

滑块的安装是以型腔镶块的型面为基准的，而型腔镶块和动模板在零件加工时，各装配面均放有修正余量。因此要确定滑块的位置必须先将型腔镶块装入动模板，并将上、下平面修磨正确。修磨时应保证型腔尺寸，如图9-67所示修磨M面时应保证尺寸A。

2）将型腔镶块压出模板，精加工滑块槽。

动模板上的滑块槽底面 *N* 决定于修磨后的 *M* 面（如图 9-67 所示），因此动模板在做零件加工时，滑块槽的底面与两侧均留有修磨余量（滑块槽实际为 T 形槽，在零件加工时 T 形槽未加工出）。因此在 *M* 面修磨正确后将型腔镶块压出，应根据滑块实际尺寸配磨或精铣滑块槽。

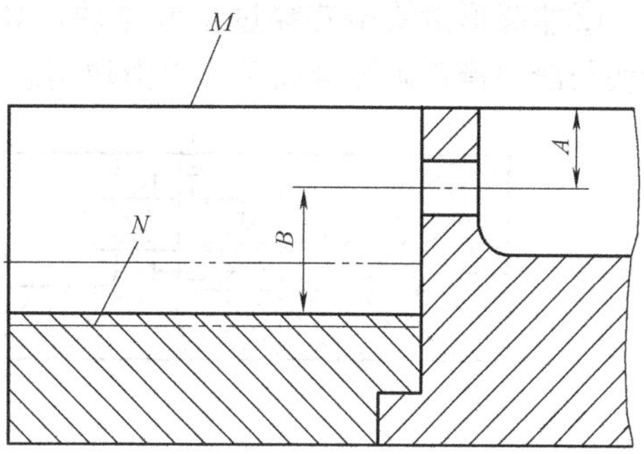

图 9-67　以型腔镶块为基准定滑块槽位置

3）铣 T 形槽。

①按滑块台肩的实际尺寸，精铣动模板上的 T 形槽。基本上铣到要求尺寸，最后由钳工修正。

②如果在型腔镶块上也带有 T 形槽，可采取将型腔镶块镶入后一起铣槽的方法，也可将已铣 T 形槽的型腔镶块镶入后再铣动模板上的 T 形槽。

4）测定型孔位置及配制型芯固定孔。固定于滑块上的横型芯，往往要求穿过型腔镶块上的孔而进入型腔，并要求型芯与孔配合正确而滑动灵活，为达到这个目的，合理而经济的工艺应该是将型芯和型孔相互配制。由于型芯形状与加工设备不同，采取的配制方法也不同，常用的有 3 种方法。

①圆形的滑块型芯穿过型腔镶块。如图 9-68 所示，其方法如下。

a. 根据型腔侧向孔的中心位置测量出尺寸 *a* 和尺寸 *b*，在滑块上划线，加工型芯装配孔，并装配型芯，保证型芯和型腔侧向孔的位置精度。

b. 以型腔侧向孔为基准，利用压印工具对滑块端面压印，如图 9-69 所示。然后，以压印为基准加工型芯配合孔后再装入型芯，保证型芯和侧向孔的配合精度。

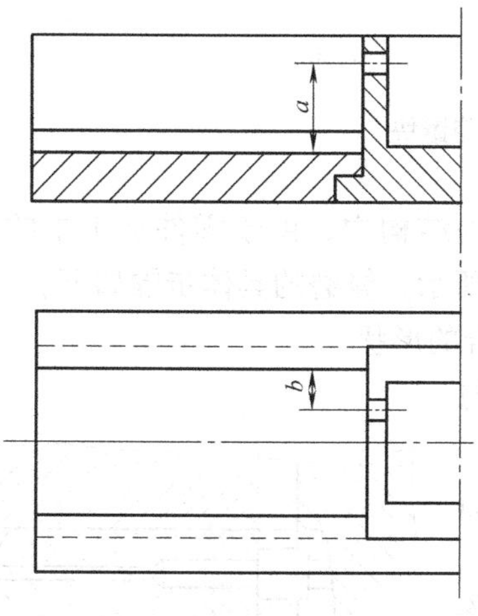

图 9-68　侧向型芯的装配

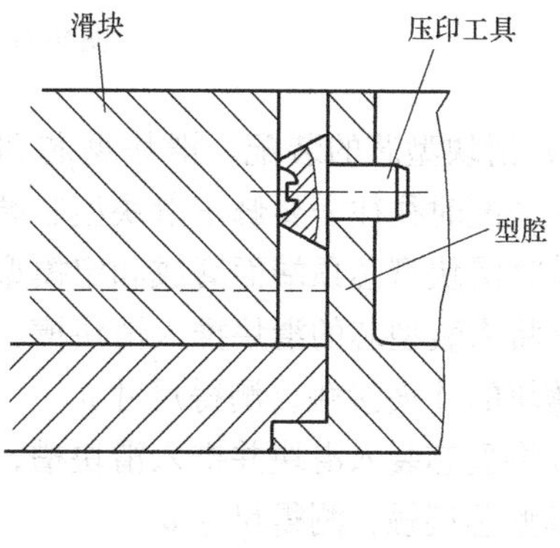

图 9-69　滑块端面压印

c. 对非圆形型芯可在滑块上先装配留有加工余量的型芯。然后，对型腔侧向孔进行压印、修磨型芯，保证配合精度。同理，在型腔侧向孔的硬度不高，可以修磨加工的情况下，也可在型腔侧向孔留修磨余量，以型芯对型腔侧向孔压印，修磨型腔侧向孔，达到配合要求。

②非圆形滑块型芯穿过型腔镶块。如图 9-70 所示，型腔镶块的型孔周围加修正余量。滑块与滑块槽正确配合以后，以滑块型芯对型腔镶块的型孔进行压印，逐渐将型孔修正。

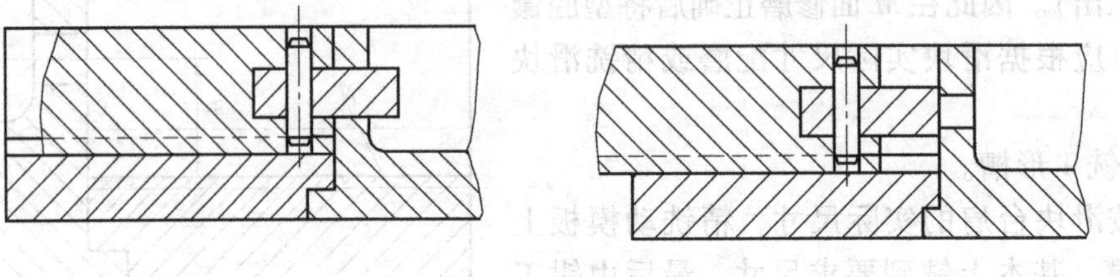

图 9-70　非圆形滑块型芯穿过型腔镶块

a）结构图　b）加工示意图

③滑块局部伸入型腔镶块。如图 9-71 所示，先将滑块和型腔镶块的镶合部分修正到正确的配合，然后测量得出滑块槽在动模板上的位置尺寸，按此尺寸加工滑块槽。

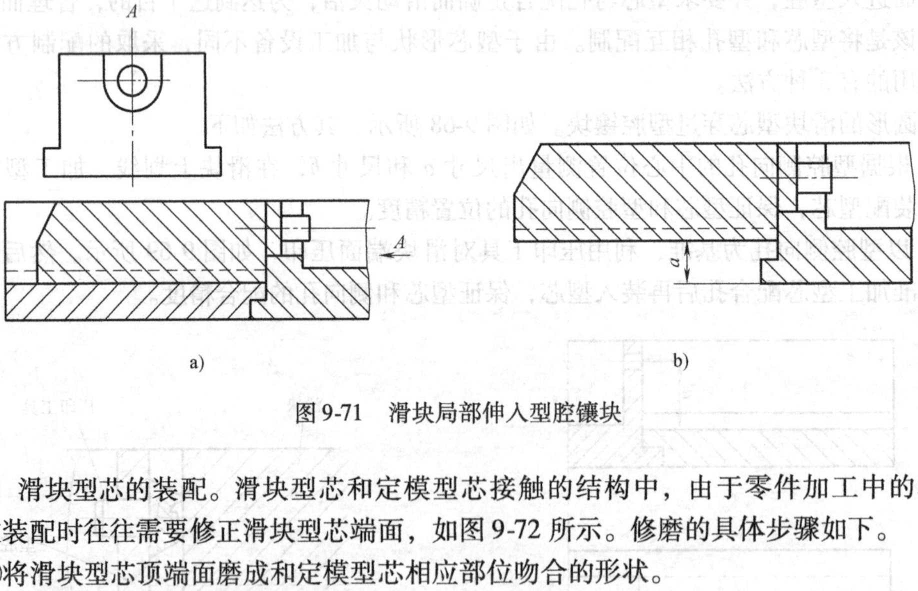

图 9-71　滑块局部伸入型腔镶块

5）滑块型芯的装配。滑块型芯和定模型芯接触的结构中，由于零件加工中的积累偏差，在装配时往往需要修正滑块型芯端面，如图 9-72 所示。修磨的具体步骤如下。

①将滑块型芯顶端面磨成和定模型芯相应部位吻合的形状。

②将未装型芯的滑块推入滑块槽，使滑块前端面与型腔镶块的 A 面接触，测得尺寸 b。

③将型芯装入滑块并推入滑块槽，使滑块型芯端面与定模型芯接触，测得尺寸 a。

④由测得的尺寸 a、b 可得出滑块型芯顶端面的修磨量。

从装配要求考虑，希望滑块前端面与型腔镶块 A 面之间留有间隙 0.05 ~ 0.1mm，因此实际修磨量为 $b-a=(0.05\sim0.1)$mm。

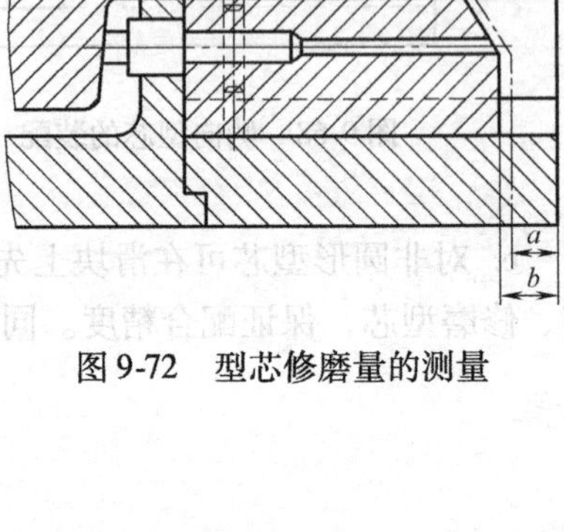

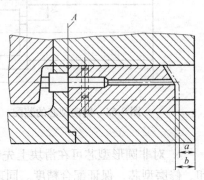

图 9-72　型芯修磨量的测量

⑤将修磨正确的型芯与滑块配钻销钉孔，并用销钉定位。

6）锁紧位置的装配。在滑块型芯和型腔侧向孔修配密合后，便可确定锁紧块的位置。锁紧块的斜面和滑块的斜面必须均匀接触。由于零件加工和装配中存在误差，所以装配中需要进行修磨。为了修磨的方便，一般是对滑决的斜面进行修磨，修磨后用红粉检查接触面。

模具闭合后，为保证锁紧块和滑块之间有一定的锁紧力，一般要求装配后锁紧块和滑块斜面接触后，在分模面之间留有0.2mm的间隙进行修配，此间隙可用塞尺检查。

在模具使用过程中，楔紧块应保证在受力状态下不向闭模方向松动，即需要使楔紧块的后端面在定模板同一平面上。楔紧块的装配方法见表9-7。

表9-7 楔紧块的装配方法

楔紧块形式	简 图	装配方法
螺钉、销钉固定式	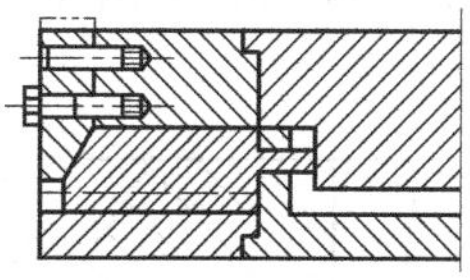	①用螺钉紧固楔紧块 ②修磨滑块斜面，使与楔紧块斜面密合 ③通过楔紧块对定模板复钻、铰销钉孔，然后装入销钉 ④将楔紧块后端面与定模板一起磨平
镶入式	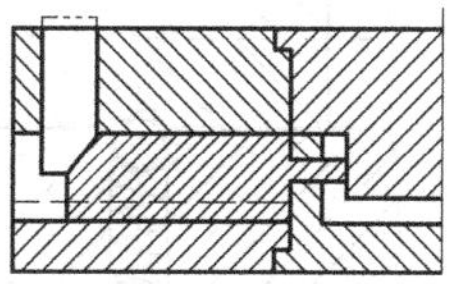	①钳工修配定模板上的楔紧块固定孔，并装入楔紧块 ②修磨滑块斜面 ③楔紧块后端面与定模板一起磨平
整体式	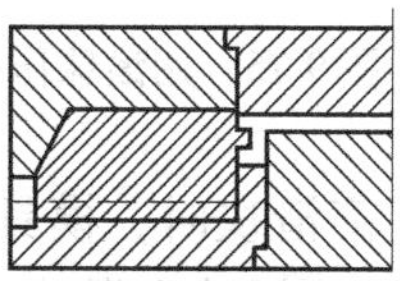	①修磨滑块斜面(带镶片式的可先装好镶片，然后修磨滑块斜面) ②修磨滑块，使滑块与定模板之间具有0.02mm间隙。两侧均有滑块时，可分别逐个予以修正
整体镶片式	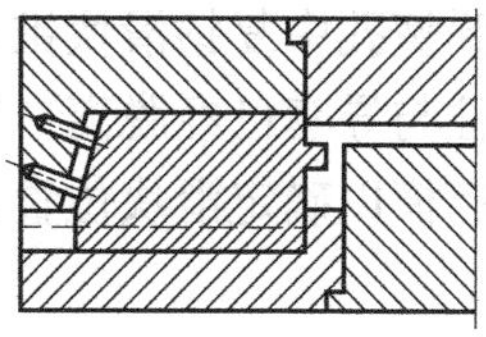	

如图9-73所示，滑块斜面修磨量可用下式计算

$$B=(a-0.2)\sin\alpha$$

式中 B——滑块斜面修磨量；

a——闭模后测得的实际间隙；

α——锁紧块斜度。

楔紧块的装配方法如下。

①用螺钉紧固楔紧块。

②修磨滑块斜面，使之与楔紧块斜面密合。

③楔紧块与定模板一起钻、铰定位销孔，装入

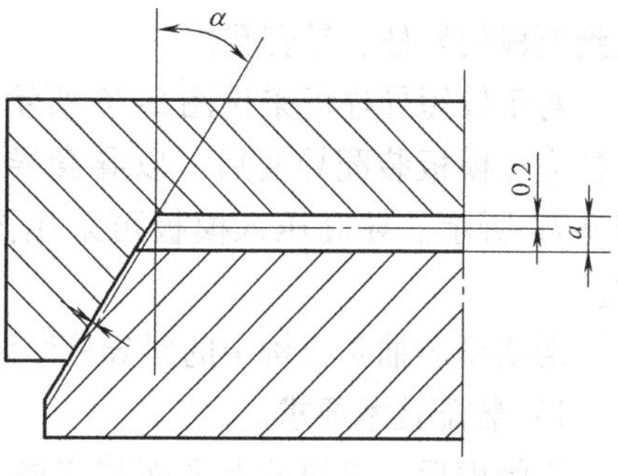

图9-73 滑块斜面修磨量

定位销。

④将楔紧块后端面与定模板一起磨平。

7）镗斜销孔。镗斜销孔是在滑块、动模板和定模板组合的情况下进行的。此时楔紧块对滑块做了锁紧，分型面之间留有0.2mm间隙，用金属片（厚度为0.2mm）垫实。镗孔一般在立式铣床上进行即可。

8）滑块的复位、定位。模具开模后，滑块在斜导柱作用下侧向抽出。为了保证合模时斜导柱能正确进入滑块的斜导柱孔，必须对滑块设置复位、定位装置。图9-74所示为用定位板作滑块复位的定位。滑块复位的正确位置可以通过修磨定位板的接触平面进行准确调整，复位后滑块后端面一般设计成与动模板外形在同一平面内，由于加工中的误差而形成高低不平时，则可将定位板修磨成台肩形。

如图9-75所示，滑块复位用滚珠、弹簧定位时，一般在装配中需在滑块上配钻滚珠定位锥窝，达到正确定位目的。

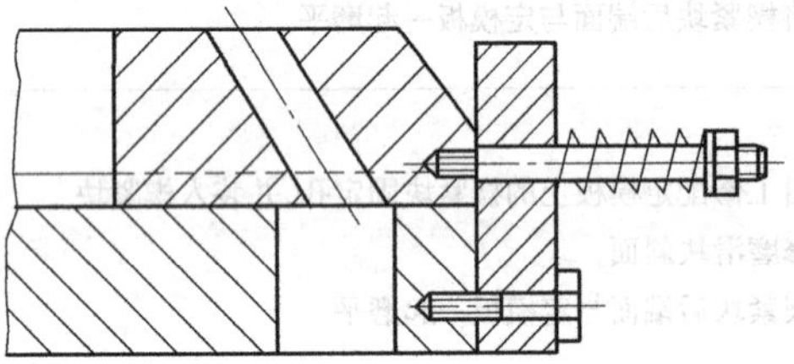

图9-74　用定位板作滑块复位时的定位

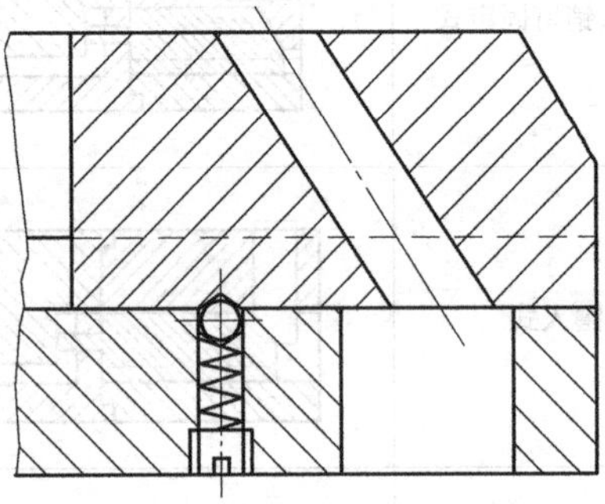

图9-75　用滚珠作滑块复位时的定位

当模具导柱长度大于斜销投影长度时（即斜销脱离滑块时，模具导柱导套尚未脱离），只需在启模至斜销拖出滑块时在动模板上划线，以刻画出滑块在滑块槽内的位置，然后用平行夹头将滑块和动模板夹紧，从动模板上已加工的弹簧孔中复钻滑块锥坑。

当模具导柱较短时，在斜销脱离滑块前模具导柱与导套已经脱离，则不能用上面方法确定滑块位置，此时必须将模具安装于注射机上进行启模以确定滑块位置，或将模具安装于特制的校模机进行启模确定滑块位置。

（6）导柱、导套的装配　装配后，要求导柱、导套垂直于模板平面，并要达到设计要求的配合精度和良好的导向定位精度。一般采用压入式装配到模板的导柱、导套孔内。

对于较短导柱可采用图9-76所示方式压入模板。较长导柱应在模板装配导套后，以导套导向压入模板孔内，如图9-77所示。导套压入模板可采用图9-78所示的压入方式。

滑块型芯抽芯机构中的斜导柱装配，如图9-79所示。

1）装配技术要求。

①闭模后，滑块的上平面与定模平面必须留有 $x=0.2$ ~0.5mm的间隙。这个间隙在注塑机上闭模时被锁模力消

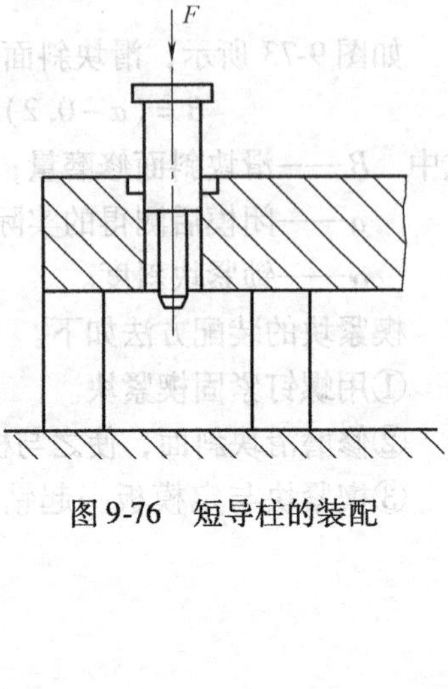

图9-76　短导柱的装配

除，转移到斜楔和滑块之间。

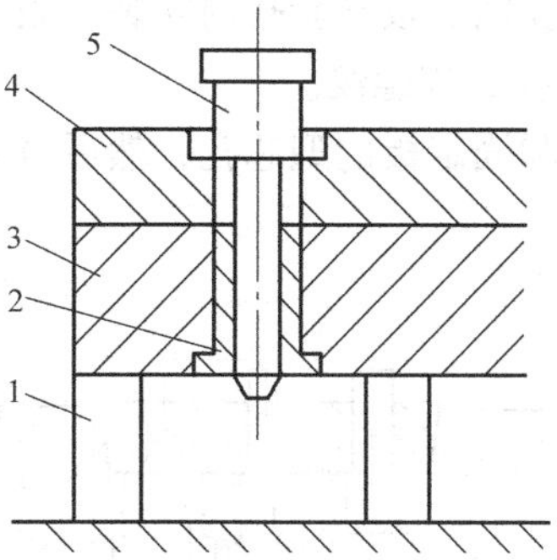

图9-77　长导柱的装配
1—等高垫块　2—导套　3—定模板
4—固定板　5—导柱

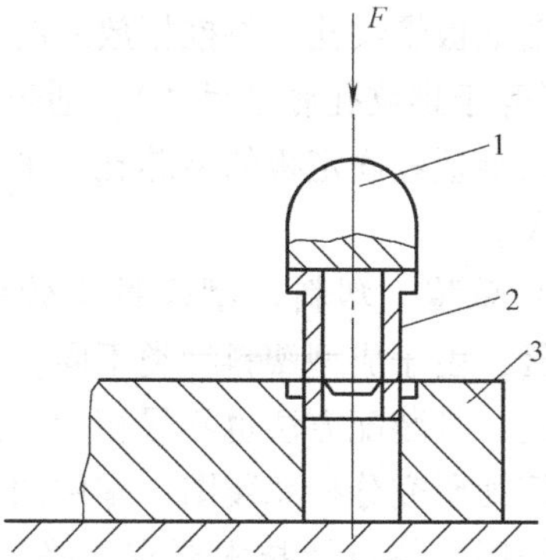

图9-78　导套的装配
1—压块　2—导套　3—模板

②闭模后，斜导柱外侧与滑块斜导柱孔留有 $y=0.2\sim0.5$mm 的间隙。在注塑机上闭模后锁紧力把模块推向型芯，如不留间隙会使导柱受侧向弯曲力。

2）装配步骤。

①将型芯装入型芯固定板。

②安装导块。按设计要求在固定板上调整导块的位置，待位置确定后，用夹板将其夹紧，钻导块安装孔和动模板上的螺纹孔，安装导块。

③安装定模板锁楔。保证楔斜面与滑块斜面有70%以上的面积密贴（如侧芯不是整体式，在侧型芯位置垫以相当于制件壁厚的铝片或钢片）。

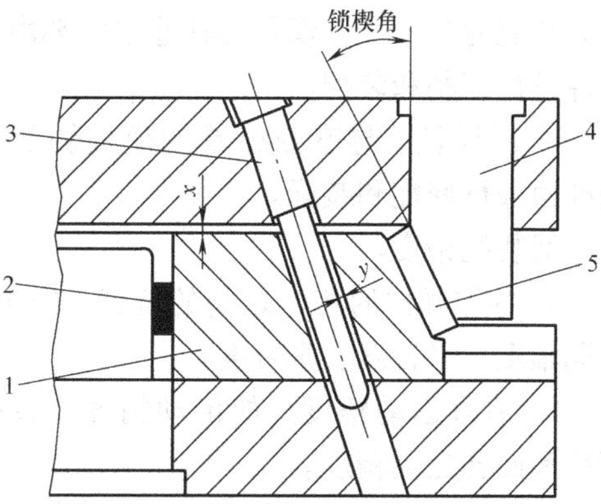

图9-79　斜导柱的装配
1—滑块　2—壁厚垫片　3—斜导柱
4—压紧块　5—垫片

④闭模，检查间隙 x 值是否合格（通过修磨和更换滑块尾部垫片保证 x 值）。

⑤镗导柱孔。将定模板、滑块和型芯组一起用夹板夹紧，在卧式镗床上镗斜导柱孔。

⑥松开模具，安装斜导柱。

⑦修正模块上的导柱孔口为圆锥状。

⑧调整导块，使之与滑块松紧适应，钻导块销孔，安装销孔。

⑨镶侧型芯。

3）埋入式推板的装配。埋入式推板结构是将推板埋入固定沉坑内，如图9-80所示。

装配的主要技术要求是：既要保证推板与型芯和沉坑的配合要求，又要保持推板上的螺纹孔与导套安装孔的同轴度要求。

装配步骤如下。

修配推板与固定板沉坑的锥面配合：首先修正推板侧面，使推板底面与沉坑底面接触，同时使推板侧面与沉坑侧面保持图9-80所示位置的3～5mm的接触面，而推板上平面高出固定板 0.02 ~ 0.06mm。

配钻推板螺纹孔：将推板放入沉坑内，平行夹紧。在固定板导套孔内安装二级工具钻套（其内径等于螺纹孔底径尺寸），通过二级工具钻套孔钻孔、攻螺纹。

加工推板和固定板的型芯孔：采用同镗法加工推板和固定板的型芯孔，然后将固定板型芯孔扩大。

（7）总装　塑料成型模种类较多，即使同一类模具，由于成型塑料种类不同，形状和精度要求不同，其装配方法也不尽相同。因此，在组装前应仔细研究分析总装图、零件图，了解各个零件的作用、特点及技术要求，确定装配基准，最后通过装配达到生产产品的各项质量指标。

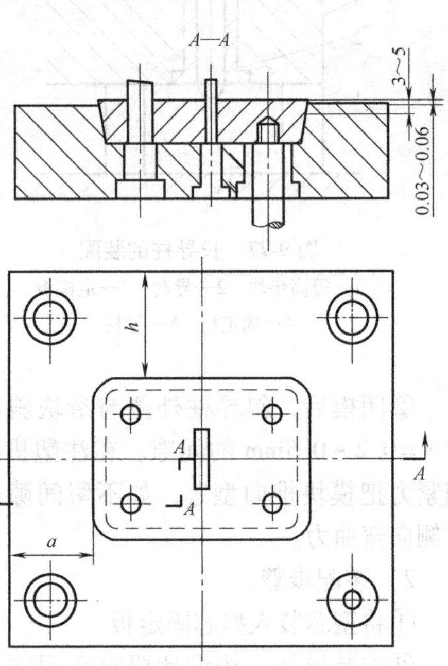

图 9-80　埋入式推板结构

1）塑料模具装配的工艺要求。

①装配基准。

a. 以主要工作零件如型芯、型腔和镶块等作为装配的基准件，模具的其他零件都由装配基准件进行配制和装配。

b. 以导柱、导套或模具的模板侧面为装配基准面进行修配和装配。

②装配精度。

a. 各零部件的相互之间的位置、方向精度，如同轴度、平行度、垂直度。

b. 相对运动精度，如传动精度、直线运动精度和回转运动精度。

c. 配合精度和接触精度，如配合间隙、过盈量、接触状况等。

d. 塑料成型件的壁厚大小，新制模具时，成型件壁厚偏于尺寸下限。

③修配原则。

a. 修配脱模斜度，原则上型腔应保证大端尺寸在制件尺寸公差范围内。

b. 带隅角处圆角半径，型腔应偏小，型芯应偏大。

c. 当模具既有水平分型面又有垂直分型面时，修整时应使垂直分型面接触水平分型面处稍留有间隙。小型模具只需涂上红粉后相互接触即可，大型模具间隙约为 0.02mm。

d. 对于用斜面合模的模具，斜面密合后，分型面处留有 0.02 ~ 0.03mm 的间隙。

e. 修配表面的圆弧与直线连接要平滑，表面不允许有凹痕，锉削纹路应与开模方向一致。

2）塑料成型模的装配顺序。由于塑料成型模具结构比较复杂、种类多，在装配前要根据其结构特点制定具体装配工艺，一般塑料成型模的装配顺序为：

a. 确定装配基准。

b. 装配前要对零件进行检测，合格零件必须去磁并将零件擦拭干净。

c. 调整各零件组合后的累积尺寸误差，如各模板的平行度要校验修磨，以保证模板组装密合，分型面处吻合面积不小于 80%，间隙不得超过溢料量最小值，以防止产生飞边。

d. 装配中尽量保持原加工尺寸的基准面，以便总装合模调整时检查。

e. 组装导向机构，并保证开模、合模动作灵活，无松动和卡滞现象。

f. 组装调整推出机构，并调整好复位及推出位置等。

g. 组装调整型芯、镶件，保证配合面间隙达到要求。

h. 组装冷却或加热系统，保证管路畅通，不漏水，不漏电，阀门动作灵活。

i. 组装液压或气动系统，保证运行正常。

j. 紧固所有连接螺钉，装配定位销。

k. 试模，合格后打上模具标记，如编号、合格标记及组装基准面。

l. 最后检查各种配件、附件及起重吊环等零件，保证模具装备齐全。

（8）试模　模具装配完成以后，在交付生产之前，应进行试模。试模的目的有二：其一是检查模具在制造上存在的缺陷，并查明原因加以排除；其二是对模具设计的合理性评定并对成型工艺条件进行探索，这将有益于模具设计和成型工艺水平的提高。对热塑性塑料注射模具的试模，一般按下列顺序进行。

1）装模。

①装模前的检查。塑料注射模具在安装到塑料注射机之前，应按设计图样对模具进行检查，发现问题及时排除，减少安装过程的反复。对模具的固定部分和活动部分进行分开检查时，要注意模具上的方向记号，以免合拢时混淆。

②模具的安装。固定塑料注射模具应尽量采用整体安装，吊装时要注意安全。当模具的定位台肩装入注射机定模板的定位孔后，以极慢的合模速度，用动模板将模具压紧。再拆去吊模用的螺钉，并把模具固定在注射机的动、定模板上。如果用压板固定，装上压板后通过调整螺钉的调整，使压板与模具的安装基面平行，并拧紧固定，如图9-81所示。压板的数量一般为4~8块，视模具的大小来选择。

③模具的调整。主要指模具的开模距离，顶出距离和锁模力等的调整。开模距离与制品高度有关，一般开模距离要大于制品高度5~10mm，使制品能自由脱落。顶出距离的调整主要是对注射机顶出杆长度的调整。调节时，启动设备开启模具，使动模板达到停止位置后，调节注射机顶出杆长度，使模具上的顶板和顶出杆之间距离不小于5mm，以免顶坏模具。

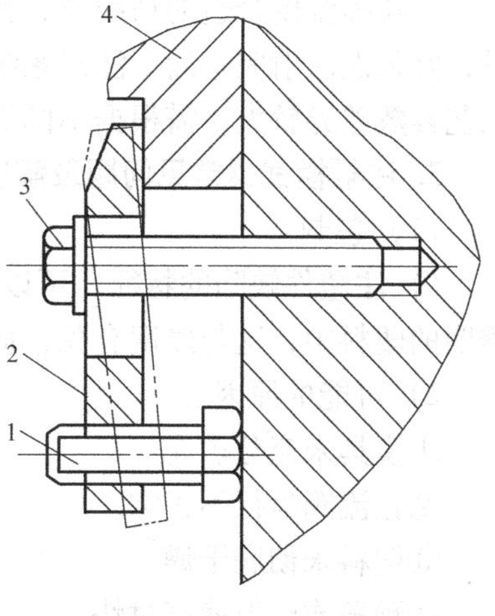

图9-81　压板固定模具
1—调节螺钉　2—压板　3—压紧螺钉
4—模具固定板

锁模力的调整。锁模力的大小对防止制品溢边和保证型腔适当的排气是非常重要的。对有锁模力显示的设备，可根据制品的物料性质、形状复杂程度、流长比的大小等选择合适的锁模力进行试模。但对无锁模力显示的设备，主要以目测和经验调节。如液压柱塞肘节式锁模机构，在合模时，肘节先快后慢。对需要加热的模具，应在模具加热到所需温度后，再校正合模的松紧程度。

④其他。当以上工作结束后，要对模具的冷却系统、加热系统及其他液压或电动机分型模具接通电源。

2）试模。

①物料塑化程度的判断。在正式开机试模前，要根据制品所选用原料和推荐的工艺温度对注射机料筒、喷嘴进行加热。由于它们大小、形状、壁厚不同，设备上热电偶检测精度和温度仪表的精度不同，温度控制的误差也不一样。一般是先选择制品物料的常规工艺温度进行加热，再根据设备的具体条件进行调试。常用的判断物料温度是否合适的办法是将料筒、喷嘴和浇口主流道脱开，用低压、低速注射，使料流从喷嘴中慢慢流出，观察料流情况，如果没有气泡、银丝、变色，且料流光滑、明亮即认为料筒和喷嘴温度合适，便可开机试模。

②试模注射压力、注射时间、注射温度的调整。开始注射时，对注射压力、注射时间、注射温度的调整顺序为：先选择较低注射压力、较低温度和较长时间进行注射成型。如果制品充不满，再提高注射压力。当提高注射压力仍然效果不好时，才考虑变动注射时间和温度。注射时间增加后，等于使塑料在料筒内的时间延长，提高了塑化程度。

这样再注射几次，如果仍然无法充满型腔，再考虑提高料筒的温度。对料筒温度的提高要逐渐提高，不要一次提高太多，以免使物料过热。同时，料筒温度提高需经过一定时间才能达到料筒内外温度一致。根据设备大小及加热装置不同，所需加热时间也不同。一般中、小设备需 15min 左右。最好达到所需温度后，保温一段时间。

③注射速度、背压、加料方式的选择。一般注射机有高速注射和低速注射两种速度。在成型薄壁、大面积制品时，采用高速注射。对壁厚、面积小的制品则采用低速注射。如果高速和低速注射都可以充满型腔，除纤维增强的塑料外，均宜采用低速注射。加料背压大小主要与物料黏度的高低及热稳定性好坏有关。对黏度高、热稳定性差的物料，宜采用较低的螺杆转速和低的背压加料及预塑。对黏度低、热稳定性好的物料，宜采用高的螺杆转速和略高的背压。

在喷嘴温度合适的情况下，固定喷嘴加料可提高生产效率。但当喷嘴温度太低或太高时，宜每次注射完毕后，注射系统向后移动后加料。试模时，物料性质、制品尺寸、形状、工艺参数差异较大，需根据不同的情况仔细分析后，确定各参数。

5. 注射模试模常见问题及解决方法

（1）包封

1）注塑件缺陷的特征。可以容易地在透明塑件的“空气阱”内见到，但也可出现在不透明的塑料中，这与厚度有关，而且常因塑料收缩离开注射中心而引起。

2）可能的原因。

①模具未充分填充。

②止流阀运行不正常。

③塑料未彻底干燥。

④预塑或注射速度过快。

⑤某些特殊材料没有使用特殊的设备生产。

3）解决的方法。

①增加注射量。

②增加注射压力。

③增加螺杆向前移动的时间。

④降低熔融温度。

⑤降低或增加注射速度。

⑥检查止逆阀是否裂开或无法运作。

⑦应根据塑料的特性改善干燥条件，让塑料彻底干燥。

⑧适当降低螺杆转速和增大背压，或降低注射速度。

（2）收缩痕

1）注塑件缺陷的特征。注塑件缺陷通常与表面痕迹有关，而且是塑料从模具表面收缩脱离形成的。

2）可能的原因。

①熔融温度不是太高就是太低。

②型腔内塑料不足。

③冷却阶段接触塑料的面过热。

④流道不合理、浇口截面过小。

⑤模具温度是否与塑料特性相适应。

⑥产品结构不合理。

⑦冷却效果不好，产品脱模后继续收缩。

3）解决方法。

①调整注射缸温度。

②调整螺杆速度以获得正确的螺杆表面速度。

③增加注射量。

④保证使用正确的垫片、增加螺杆向前移动时间、增加注射压力、增加注射速度。

⑤检查止流阀是否安装正确，因为非正常运行会导致压力流失。

⑥降低模具表面温度。

⑦矫正流道，避免压力损失过大，根据实际需要，适当扩大截面尺寸。

⑧根据所用塑料的特性及产品结构适当控制模具温度。

⑨在允许的情况下改善产品结构。

⑩设法让产品有足够的冷却时间。

（3）制品成型尺寸精度低

1）注塑件缺陷的特征。注塑过程中尺寸的变化超过了模具、注塑机、塑料组合的生产能力。

2）可能的原因。

①输入注射缸内的塑料不均匀。

②注射缸温度波动的范围太大。

③注塑机容量太小。

④注射压力不稳定。

⑤螺杆复位不稳定。

⑥工作时间的变化、溶液黏度不一致。

⑦注射速度（流量控制）不稳定。

⑧使用了不适合模具的塑料品种。

⑨没有考虑模具温度、注射压力、注射速度、时间和保压等因素对产品的影响。

3）解决的方法。

①检查有无充足的冷却水流经料斗，以保持正确的温度。

②检查是否使用了质量差或松脱的热电偶。

③检查与温度控制器一起使用的热电偶是否为正确类型。

④检查注塑机的注射量和塑化能力，然后与实际注射量和每小时的注射量进行比较。

⑤检查是否每次运作有稳定的熔融热料。

⑥检查回流防止阀是否有泄漏，若有需要进行更换。

⑦检查是否有错误的进料设定。

⑧保证螺杆在每次运作回复位置都是稳定的，且不多于0.4mm的变化。

⑨检查运作时间是否一致。

⑩使用背压。

⑪检查液压系统工作是否正常，油温是否过高或过低（25～60℃）。

⑫选择适合模具的塑料品种（主要从收缩率及机械强度考虑）。

⑬重新调整整个生产工艺。

4）若制品表面有波纹或银丝，则可能的原因有：

①塑料含有水分和挥发物。

②料温太高或太低。

③注射压力太小。

④流道和浇口的尺寸太大。

⑤嵌件未预热，回温太低。

⑥制品内应力太大。

（4）浇口被粘着

1）注塑件缺陷的特征。浇注口被注口套牵住。

2）可能的原因。

①浇口套与注射嘴位置没有对准。

②浇口套内塑料过分堵塞。

③注射嘴温度太低。

④塑料在注射口内未完全凝固，尤其是直径较大的注射口。

⑤浇口套的圆弧面与注射嘴的圆弧面配合不当，出现类似“冬菇”形的流道。

⑥流道拔出斜度不够。

3）解决的方法。

①重新将注射嘴和注口套对准。

②降低注射压力。

③减少螺杆向前时间。

④增加注射喷嘴温度或用一个独立的温度控制器给注射嘴加热。

⑤增加冷却时间，但更好的办法是使用有较小注射口的注口套代替原来的注口套。

⑥调整注口套与注射嘴的配合面。

⑦适当扩大流道的拔出斜度。

（5）塑件翘曲变形

1）注塑件缺陷的特征。注塑件形状与型腔相似，但却是型腔的扭曲形状。

2）可能的原因。

①弯曲状是因为注塑件内有过多内部应力。

②模具填充速度慢。

③型腔内塑料不足。

④塑料温度太低或不一致。

⑤注塑件在顶出时温度太高。

⑥冷却不足或动、定模的温度不一致。

⑦注塑件的结构不合理（如加强筋集中在一面，但相距较远）。

3）解决的方法。

①降低注射压力。

②减少螺杆向前时间。

③增加周期时间（尤其是冷却时间）。从模具内（尤其是较厚的注塑件）顶出后立即浸入温水中（38℃），使注塑件慢慢冷却。

④增加注射速度。

⑤增加塑料温度。

⑥用冷却设备。

⑦适当增加冷却时间或改善冷却条件，尽可能保证动、定模的温度一致。

⑧根据实际情况在允许的情况下改善塑料件的结构。

（6）注塑件充填不满

1）注塑件缺陷的特征。注塑过程不完全，因为型腔内没有填满塑料或注塑过程缺少某些环节。

2）可能出现问题的原因。

①注射速度不足。

②塑料不足。

③螺杆在行程结束处没留下螺杆垫料。

④运行时间变化。

⑤注射压力不够。

⑥注射缸温度太低。

⑦注射嘴部分被封。

⑧注射嘴或注射料缸外的加热器不能正常工作。

⑨注射时间太短。

⑩塑料贴在料斗壁上。

⑪注塑机容量太小（即注射重量或塑化能力小）。

⑫模具温度太低。

⑬没有清理干净模具表面上的防锈油。

⑭止退环损坏，熔料有倒流现象。

3）解决的方法。

①增加注射速度。
②检查料斗内的塑料量。
③检查是否正确设定了注射行程。
④检查止逆阀是否磨损或出现裂缝。
⑤检查工作过程是否稳定。
⑥增加熔料温度。
⑦增加背压。
⑧增加注射速度。
⑨检查注射喷嘴孔内是否有异物或未塑化塑料。
⑩检查所有的加热器外层，用安培表检查热量输出是否正确。
⑪增加螺杆向前移动的时间。
⑫增加料斗区的冷却量或降低注射料缸后区温度。
⑬适当提高模具温度。
⑭用较大注射量的注塑机。
⑮清理干净模具内的防锈剂。
⑯检查或更换止退环。

（7）溢料　可能出现问题的原因：
①料筒、喷嘴及模具温度太高。
②注射压力太大，锁模力太小。
③模具密合不严、有杂物或模板已变形。
④型腔排气不良。
⑤塑料的流动性太好。

（8）熔接痕　可能出现问题的原因：
①料温太低，塑料的流动性差。
②注射压力太小。
③料筒温度太低。
④模具温度太低。
⑤型腔排气不良。
⑥塑料受到污染。

（9）侧壁凹痕　“凹痕”是由于浇口封口后或者缺料注射引起的局部内收缩现象。注塑制品表面产生的凹陷或者微陷是注塑成型过程中的一个老问题。

凹痕一般是由于塑料制品壁厚增加引起制品收缩率局部增加而产生的，它可能出现在外部尖角附近或者壁厚突变处，如凸起、加强筋或者支座的背后，有时也会出现在一些不常见的部位。

产生凹痕的根本原因是材料的热胀冷缩，因为热塑性塑料的热膨胀系数相当高。膨胀和收缩的程度取决于许多因素，其中塑料的性能，最大、最小温度范围以及型腔保压压力是最重要的因素。还有注塑件的尺寸和形状，以及冷却速度和均匀性等也是影响因素。

塑料在注射过程中膨胀和收缩量的大小与所加工塑料的热膨胀系数有关，注射过程中的热膨胀系数称为“注塑收缩”。

随着注塑件冷却收缩，注塑件与型腔冷却表面失去紧密接触，这时冷却效率下降，注塑件继续冷却后，就会不断收缩，收缩量取决于各种因素的综合作用。

模塑件上的尖角冷却最快，比其他部分更早硬化，接近注塑件中心处厚的部分离型腔冷却面最远，成为注塑件最后释放热量的部分。边角处的材料固化后，随着接近制件中心处的熔体冷却，注塑件仍会继续收缩，尖角之间的平面只能得到单侧冷却，其强度没有尖角处的强度高。

制件中心部分材料的冷却收缩，将把冷却程度比较大的尖角部分向内拉。这样，在注塑件表面上产生了凹痕。凹痕的存在说明此处的注塑收缩率高于其周边部位的收缩率。

如果注塑件在一处的收缩程度高于另一处，注塑件将产生翘曲。

注射模具内的残余应力会降低注塑件的冲击强度和耐温性能。

在有些情况下，调整工艺条件可以避免凹痕的产生。例如，在注塑件的保压过程中，向型腔内外注入塑料材料，以补偿注塑收缩。大多数情况下，浇口比制件其他部分薄得多，在注塑件仍然很热而且持续收缩时，小的浇口已经固化。固化后，保压对型腔内的模塑件就不再起作用。

半结晶塑料材料的注塑件收缩率更低，产生凹痕的可能性更小。

厚度较大的注塑件冷却时间长，会产生较大的收缩，因此是产生凹痕的主要原因。设计时要加以注意，应尽量避免厚壁零件，若无法避免，应设计成空心的结构，厚的部件就要采用平滑方式，用圆弧代替尖角，这样消除或最大限度地减轻尖角附近产生的凹痕。

9.5.3　任务实施

图9-49所示的壳体件塑料注射模，其装配要求与步骤如下。

1. 装配要求

1）装配后模具安装平面的平行度误差不大于0.05mm。

2）模具闭合后分型面应均匀密合。

3）导柱、导套滑动灵活，推件时推杆和卸料板动作必须保持同步。

4）合模后，动模部分和定模部分的型芯必须紧密接触。

2. 装配步骤

（1）确定定模17的加工基准面（如图9-82所示）

1）定模前工序完成情况。外形粗刨，每边留有余量1mm，分型面留有余量0.5mm；调质到硬度28～32HRC；两平面磨平行度，并留有修磨余量；型腔由电火花加工成形，深度按要求尺寸增加0.2mm。

2）用油石修光型腔表面。

3）磨A面控制尺寸12.9mm，然后磨B面。

4）以型腔C面为基准，磨分型曲面，控制尺寸20.85mm。

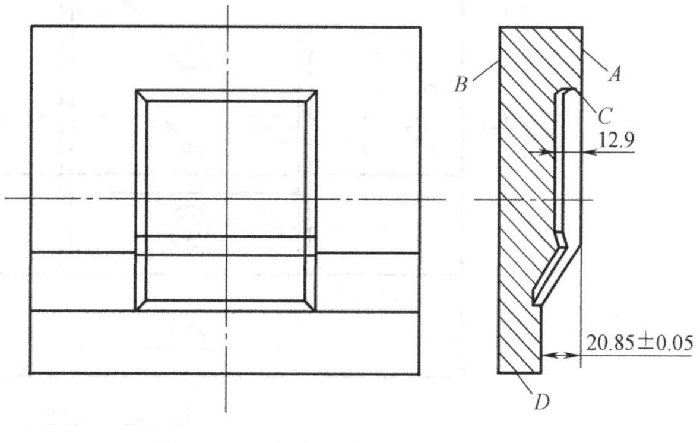

图9-82　确定定模的加工基准面

(2) 修正卸料板 18 的分型面

1) 卸料板前工序完成情况。外形粗刨，每边留有余量 1mm；分型曲面留有余量 0.5mm；调质到硬度 28 ~ 32HRC；分型曲面按定模 17 配磨完毕。

2) 检查定模与卸料板之间的密合情况（用红粉检查）。

3) 圆角和尖角相碰处，用油石修配密合；型面不妥帖处，用研磨修整。

(3) 同镗导柱、导套孔

1) 将定模 17、卸料板 18 和支承板 6 叠合在一起，使分型曲面紧密接触，然后压紧，镗制两孔 ϕ26mm。

2) 锪导柱、导套孔的台肩。

(4) 加工定模与卸料板外形

1) 将定模与卸料板叠合在一起，压入工艺定位销，如图 9-83 所示。

2) 以 D 面为基准，用插床精加工四周（四边保持垂直度）。

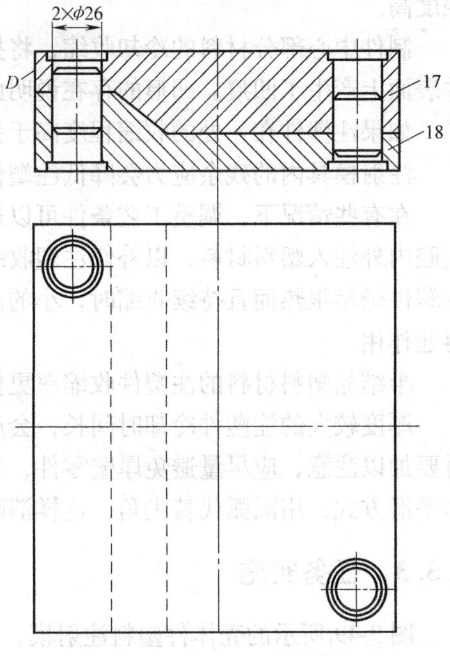

图 9-83　加工定模与卸料板外形

17—定模　18—卸料板

(5) 镗线切割用穿丝孔及型芯孔

1) 按精插后的外形，求得型腔实际中心尺寸 L 与 L_1，如图 9-84 所示。

2) 按划线，铣制平台尺寸 ϕ12mm（镗孔用）；按 l_1 与 l_2 划线，铣矩形孔的台肩尺寸 57.5mm 与 30mm。

3) 按 l_1、l_2、l_3 位置，镗两个穿丝孔 ϕ10mm 和型芯孔 ϕ7.1mm。

4) 锪台肩尺寸 ϕ10mm × 6mm。

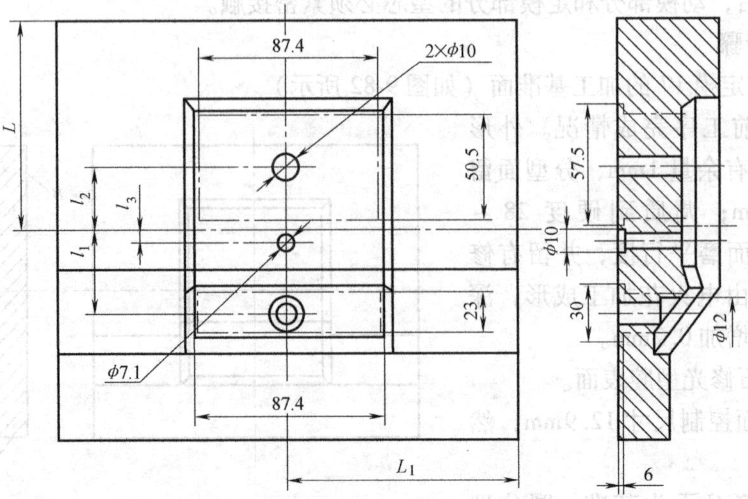

图 9-84　镗线切割用穿丝孔及型芯孔

(6) 线切割矩形孔 以两孔 ϕ10mm 为基准，线切割矩形孔 50.5mm × 87.4mm 和 23mm × 87.4mm。

(7) 线切割卸料板型孔

1) 按定模的实际中心 L 和 L_1 尺寸镗线切割用穿丝孔 ϕ10mm。

2) 以穿丝孔和外形为基准，线切割型孔。

(8) 压入导柱、导套 在定模、卸料板和支承板上分别压入导柱、导套。

1) 清除孔和导柱、导套的毛刺。

2) 检查导柱、导套的台肩，其厚度大于沉坑者应修磨。

3) 将导柱、导套分别压入各板。

(9) 型芯9和卸料板18及支承板6的装配

1) 钳工修光卸料板型孔，并与型芯做配合检查，要求滑动灵活。

2) 支承板和卸料板合拢。将型芯的螺纹孔口部涂抹红粉，然后放入卸料板型孔内，在支承板上复印出螺钉通孔的位置。

3) 取去卸料板与型芯，在支承板上钻螺钉通孔，并锪沉坑。

4) 将销套压入型芯，拉杆装入型芯。

5) 将卸料板、型芯和支承板装合一起，调整到正确位置后，用螺钉紧固。

6) 按划线同钻、铰支承板与型芯的销钉孔（如图9-85所示）。

7) 压入销钉。

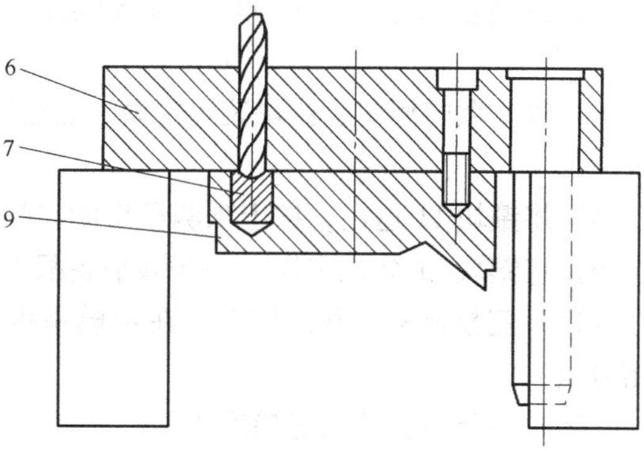

图9-85 支承板与型芯同钻销钉孔

6—支承板 7—销套 9—型芯

(10) 通过型芯复钻支承板上的推杆孔

1) 在支承板上复钻出锥坑。

2) 拆下型芯，调换钻头，钻出要求尺寸的孔。

(11) 通过支承板复钻推杆固定板上的推杆孔

1) 将矩形推杆穿入推杆固定板、支承板和型芯（板上的方孔已由机床加工完毕）。

2) 将推杆固定板和支承板用平行夹头夹紧。

3) 钻头通过支承板上的孔，直接钻通推杆固定板孔。

4) 推杆固定板上的螺纹孔，通过推板复钻。

(12) 在推杆固定板和支承板上加工限位螺钉孔和复位杆孔

1) 在推杆固定板上钻限位螺钉通孔和复位杆孔（如图9-86所示）。

2) 用平行夹钳将支承板与推杆固定板夹紧。

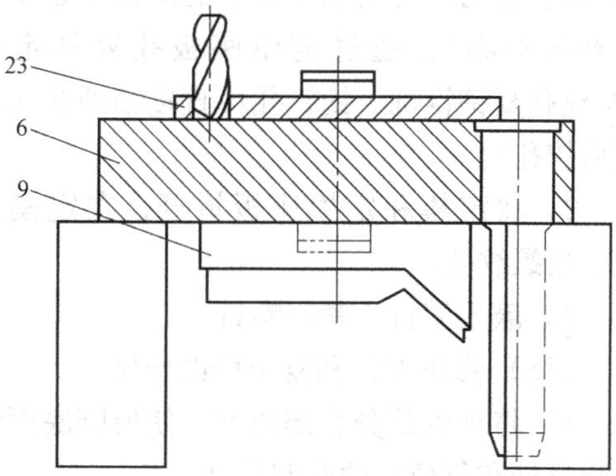

图9-86 加工限位螺钉和复位杆孔

6—支承板 9—型芯 23—推杆固定板

3）通过推杆固定板复钻支承锥坑。

4）拆下推杆固定板，在支承板上钻攻螺纹孔和钻通复位杆孔。

（13）模脚与支承板的装配

1）在模脚上钻螺钉通孔和锪沉坑，钻销钉孔（留铰量）。

2）使模脚与推板外形接触，然后将模脚与支承板用平行夹头夹紧。

3）钻头通过模脚孔向支承板复钻锥坑（销钉孔可直接钻出，并用 ϕ10mm 铰刀铰孔）。

4）拆下模脚，在支承板上钻、攻螺钉孔。

（14）镶块 11、16 与定模 17 的装配

1）将镶块 16、型芯 15 装入定模，测量镶块和型芯凸出型面的实际尺寸。

2）按型芯 9 的高度和定模深度的实际尺寸，将镶块和型芯退出定模，单独进行磨削，然后再装入定模，并检查与定模和卸料板是否同时接触。

3）将型芯 12 装入镶块 11，用销钉定位。以镶块的外形和斜面做基准，预磨型芯的斜面。

4）将上项的型芯、镶块装入定模，然后将定模与卸料板合模，并测量分型面的间隙尺寸。

5）将镶块 11 退出，按上项测量出的间隙尺寸，精磨型芯 12 的斜面到要求尺寸。

6）将镶块 11 装入定模，一起磨平装配面。

（15）定模座板上孔的加工　在定模座板 14 上钻、锪螺钉通孔和导柱孔，钻两销钉孔（留铰量）。

（16）将浇口套压入定模座板

1）在定模座板浇口套孔中清除毛刺。

2）检查台肩面到两平面的尺寸是否符合装配要求（浇口套两端面均应凸出定模座板的两平面）。

3）用压力机将浇口套压入定模座板。

4）将浇口套和定模座板 A 面一起磨平（如图 9-87 所示）。

（17）定模和定模座板的装配

1）将定模和定模座板用平行夹头夹紧（浇口套上的浇道孔和镶块上的浇道孔必须调整到同中心）。通过定模座板孔复钻定模（螺纹孔复钻锥坑，销钉孔可直接钻到要求深度后铰孔）。

2）将定模和定模座板拆开，在定模上钻、攻螺纹孔。

3）敲入销钉，紧固螺钉。

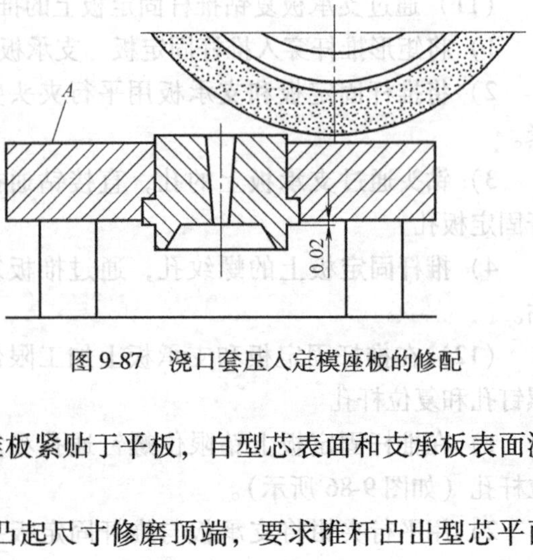

图 9-87　浇口套压入定模座板的修配

（18）修正推杆和复位杆的长度

1）将动模部分全部装配，使模脚底面和推板紧贴于平板，自型芯表面和支承板表面测量出推杆和复位杆的凸起尺寸。

2）将推杆和复位杆拆下，按上项测得的凸起尺寸修磨顶端，要求推杆凸出型芯平面 0.2mm，复位杆和支承板平面齐平。

综合练习题

1. 试切法是常用的控制冲裁模凸、凹模间隙的方法，试简要说明试切法的原理。
2. 冲模的组件装配在总装配中有何作用？
3. 常采用哪些方法来固定凸（凹）模？
4. 凸模与固定板紧固法的压入装配工艺过程如何？
5. 调整冲模间隙的常用方法有哪几种？
6. 冲裁模装配的关键是什么？简述已有适用模架的简单冲裁模的装配过程。
7. 冲裁模试冲时常见的问题有哪些？
8. 冲裁模试冲时卸不下料的原因有哪些？
9. 简述塑料成型模总装配程序。
10. 导柱、导套固定孔如何加工？导柱、导套组装时应注意哪些问题？
11. 简述塑料成型模的试模过程。
12. 注射模装配试模时常出现哪些问题？应如何调整修理？

项目 10　模具的管理

项目目标

1. 了解模具标准化的意义和分类。
2. 熟悉模具生产技术管理的流程。

任务 10.1　了解模具标准化

1. 模具标准化的意义

模具加工属于单件生产，一般根据工件尺寸和形状进行模具的设计和加工。如果没有统一的标准，每个设计者都按照自己的意愿和经验进行设计，即使相同的工件通过不同的设计者完成后，工件的形状尺寸都有不小的差异，这样使工件变得复杂，模具结构也变得复杂，模具调试也变得冗长无序。模具标准化可以大大地缩短设计周期和加工周期，降低成本，并在一定的程度上提高模具的制造精度，从而使制件的质量有所改善和提高。有关统计资料表明：采用模具标准件可使企业的模具加工工时节约 25% ~45%，能缩短模具生产周期 30% ~40%。随着工业产品多品种、小批量、个性化、快周期生产的发展，为了提高市场经济中的快速应变能力和竞争能力，在模具生产周期显得越来越重要的今天，模具标准化的意义更为重大。

模具标准化是模具生产技术发展到一定水平的产物，是一项综合性的技术工作和管理工作，它涉及模具设计、制造、材料、检验和使用的各个环节。同时模具标准化工作又对模具行业的发展起到了促进作用，是模具专业化生产、专门化生产和采用现代技术装备的基础。模具标准化的意义主要体现在以下几个方面。

（1）模具标准化是模具现代化生产的基础　模具标准化工作贯穿于模具标准的制定、修订和贯彻执行的全过程。模具标准的产生为组织模具专业化和专门化生产奠定了基础，模具标准化的贯彻又推动了模具生产和技术的发展。

（2）模具标准化的贯彻执行提高了模具技术的经济指标　模具标准化的贯彻执行以及商品化生产对于降低模具成本、缩短模具制造周期和保证模具质量都起到了促进作用。工业化国家模具标准件的利用率达 60% 以上，我国只有 20% 左右。据介绍，在大量使用模具标准零件、部件和半成品件后，可使模具制造成本降低 20% ~30%。

（3）模具标准化是开展模具 CAD/CAM 工作的先决条件　工业发达国家的模具 CAD/CAM 工作已经普及，我国也已取得一定的成果，但从整体上看还处于起步阶段。模具 CAD/CAM 工作是建立在模具图样绘制规划、标准模架、典型组合和结构、设计参数和技术要求标准化以及使用现代加工技术装备的基础上的，它对于提高模具技术经济指标和解决大型复杂模具技术问题是必不可少的。

（4）模具标准化工作为促进国际技术交流创造了条件　模具标准化工作是国际间技术

交流和生产技术合作的基础，也是我国模具生产技术走向世界的桥梁。

2. 我国模具标准化工作的发展状况

凡工业较为发达的国家，对标准化工作都十分重视，因为标准化能给工业带来质量、效率和效益。国外模具发达国家，如日本、美国、德国等，模具标准化工作已有近100年的历史，模具标准的制定、模具标准件的生产与供应，已形成了完善的体系。我国模具标准化工作开始于20世纪60年代。当时部分工业部门和地区分别制定了各自的部门或地区性模具标准，主要为冲模模架和零部件，同时也建立了一些模具专业生产厂。为促进全国模具技术的交流，1981年原国家标准总局发布了《冷冲模》国家标准，这是我国模具行业的第一个国家标准。1983年11月又成立了全国模具标准化技术委员会，加速了我国模具标准化进程，使模具标准化工作进入了一个新阶段。经过多年来的工作和各部门之间的合作与交流，目前我国模具国家标准和行业标准已有50多项，涉及主要模具的各个方面。随着国际交往的增多、进口模具国产化工作的发展和三资企业对其配套模具的国际标准的提出，一方面在制定标准时注意了尽量采纳国际标准或国外先进国家的标准，另一方面考虑模具标准件生产企业各自的市场需要，除按中国标准外也按国外先进企业的标准生产标准件，例如日本的“富特巴”、美国的“DME”、德国的“哈斯考”标准已在我国广为流行。目前中国已有约2万家模具生产单位，模具生产有了很大发展，但与工业生产要求相比，尚很不适应，其中一个重要原因就是模具标准化程度和水平不高。

3. 我国模具标准简介

我国模具标准化体系包括四大类标准，即：模具基础标准、模具工艺质量标准、模具零部件标准及与模具生产相关的技术标准。模具标准又可按模具类型分为冲压模具标准、塑料注射模具标准、压铸模具标准、锻造模具标准、紧固件冷镦模具标准、拉丝模具标准、冷挤压模具标准、橡胶模具标准、玻璃制品模具标准和汽车冲模标准等十大类。目前，中国已有50多项模具标准共300多个标准号及汽车冲模零部件方面的14种通用装置和244个品种，共363个标准。这些标准的制定和宣传贯彻，提高了中国模具标准化程度和水平。下面主要从国家颁布的模具主要产品标准和主要模具工艺质量标准进行介绍。

（1）国家颁布的模具主要产品标准

1）冲模标准。模架（GB/T 2851～2861）；钢板模架、模座（JB/T 7181～7186）；零件及技术条件（JB/T 7643～7652）；圆凸模与圆凹模（JB/T 5825～5830）。

2）塑料注射模标准。零件（GB/T 4169～4170）；中、小型模架及技术条件（GB/T 12556）；大型模架及技术条件（GB/T 12555）。

3）压铸模标准。压铸模零件及技术条件（GB/T 4678～4679）。

4）锻模标准。机械压力机锻模（JB/T 6059.1～9）；金刚石拉丝模具（JB/T 3943.2—1999）。

由全国模具标准化技术委员会制定，国家标准化管理委员会审查批准发布的《冲模滑动导向模架》等17项模具国家标准，于2008年10月1日正式实施，原来1990年实施的相关标准将被替代。主要涉及的标准号有：冲模滑动导向模架（GB/T 2851—2008）、冲模滚动导向模架（GB/T 2852—2008）、冲模滑动导向模座（第1部分）上模座（GB/T 2855.1—2008）、冲模滑动导向模座（第2部分）下模座（GB/T 2855.2—2008）、冲模滚动导向模座（第1部分）上模座（GB/T 2856.1—2008）、冲模滚动导向模座（第2部分）下模座（GB/T 2856.2—2008）、冲模导向装置（第1部分）滑动导向导柱（GB/T 2861.1—2008）、冲模导向装置（第2部分）滚动导向导柱（GB/T 2861.2—2008）、冲模导向装置（第3部分）滑动导向导套（GB/T 2861.3—2008）、冲模导向装置（第4部分）滚动导向导套GB/T 2861.4—2008、冲模导向装置第5部分：钢球保持圈（GB/T 2861.5—2008）、冲模导向装置第6部分：圆柱螺旋压缩弹簧（GB/T 2861.6—2008）、冲模导向装置（第7部分）滑动导向可卸导柱（GB/T 2861.7—2008）、（冲模导向装置第8部分）滚动导向可卸导柱（GB/T 2861.8—2008）、冲模导向装置（第9部分）衬套（GB/T 2861.9—2008）、冲模导向装置第10（部分）垫圈（GB/T 2861.10—2008）、冲模导向装置（第11部分）压板（GB/T 2861.11—2008）。

（2）国家颁布的主要模具工艺质量标准

1）冲模验收技术条件（GB/T 14662—2006）；冲模模架技术条件（JB/T 8050—2008）；冲模模架精度检查（JB/T 8071—2008）。

2）塑料注射模具验收技术条件（GB/T 12554—2006）；塑封模具技术条件（GB/T 14663—2007）。

3）压铸模验收技术条件（GB/T 8844—2003）。

4）辊锻模通用技术条件（JB/T 9195—1999）；紧固件冷镦模具技术条件（JB/T 4213—1996）；冷锻模具用钢及热处理技术条件（JB/T 7715—1995）。

任务10.2 了解模具生产技术管理

生产管理（Production Management）是对企业生产系统的设置和运行的各项管理工作的总称，又称生产控制，其内容包括：①生产组织工作，即选择厂址、布置工厂、组织生产线、实行劳动定额和劳动组织、设置生产管理系统等；②生产计划工作，即编制生产计划、生产技术准备计划和生产作业计划等；③生产控制工作，即控制生产进度、生产库存、生产质量和生产成本等。

生产管理的任务有：通过生产组织工作，按照企业目标的要求，设置技术上可行、经济上合算、物质技术条件和环境条件允许的生产系统；通过生产计划工作，制定生产系统优化运行的方案；通过生产控制工作，及时有效地调节企业生产过程内外的各种关系，使生产系统的运行符合既定生产计划的要求，实现预期生产的品种、质量、产量、出产期限和生产成本的目标。生产管理的目的就在于做到投入少、产出多，取得最佳经济效益。

1. 模具生产的组织工作

模具生产的组织工作随模具生产的规模、模具的类型、加工设备状况和生产技术水平的不同而不同，目前国内模具企业的生产组织形式主要有以下三类。

（1）按生产工艺指挥生产　模具的生产过程按照模具制造工艺规程确定的程序和要求来组织生产。这时生产班组的划分以工种性质为准，如分成车、铣镗、磨、特种加工和精密加工、热处理、备料和模具钳工等若干个班组，由专职计划调度人员编制生产进度计划，统一组织调度全部生产过程。

这种组织形式的特点是：

1）便于计划管理，为采用计算机辅助设计、制造、管理和网络技术创造了条件。

2）符合专业化生产的原则，有利于提高生产率和技术水平。

3）生产组织严密，计划性强，要求技术人员和管理人员有较高的素质和能力。另外这种组织形式对产品和生产的变化有更强的适应性和应变性。

4）由于分工细、生产环节多，模具生产周期长。

（2）以模具钳工为核心指挥生产　以模具钳工为核心，按照模具类型的不同，配备一定数量的车、铣、磨等通用设备和人员组成若干个生产单元，在一个生产单元内由模具钳工统一指挥技术和生产进度。由专门化较强且高精密的机床组成独立生产单元，由车间统一调度和安排。这种组织形式适合于生产规模较小和模具品种较单一的生产情况。

这种组织形式的特点是：

1）由于是作坊式生产，因此模具质量和进度主要取决于模具钳工的技术水平和管理水平。

2）生产目标明确，责任性强，有利于调动生产人员的积极性。

3）简化生产环节，有利于缩短制造周期和降低成本。

4）不利于生产技术的提高和标准化工作的开展。

（3）全封闭式生产　这种组织形式是将模具车间内的模具设计、工艺、管理和生产人员按模具类型的不同，组成若干个独立且封闭的生产工段，在生产工段内实行全配套。

这种组织形式的特点是：

1）工段有生产指挥权，减少了生产环节，加快了生产进度。

2）不便于生产技术的统一管理，各工段之间无法有效地协调和平衡。

3）当某一环节出现问题，易造成整个生产过程无法正常进行。

生产组织形式主要取决于模具生产技术发展的水平和生产规模。评定生产组织形式是否合适，主要看其能否保证模具质量、提高综合经济效益。

2. 模具生产的计划工作

生产计划管理是企业管理的首要职能，因为实施生产计划管理是现代化大生产的客观要求，也是合理利用企业的人力、物力和财力及提高经济效益的重要手段。模具生产计划管理的目的就是确保模具生产周期并按质按时按量交付模具。模具生产多由模具使用方提出模具生产周期、质量要求和品种等，因此对模具生产方具有不确定性。实践证明，在模具生产中采用网络计划技术是组织模具生产和进行计划管理的有效形式。

（1）网络计划技术的基本原理　网络计划技术的基本原理是以网络图为基础，通过网络分析和计算，制定网络计划并进行管理。网络图表达模具计划任务的进度安排和各个零件工序间的关系，通过网络分析，计算网络时间参数，找出其中关键工序和关键时间，利用加长周期的时差不断改变网络计划，在计划执行过程中，通过进度反馈信息进行调度，最终保证模具生产周期。

（2）工作步骤

1）技术资料准备。在绘制网络图之前，必须要掌握模具加工的全部技术资料和计划工时定额等。表10-1所示为某覆盖件拉深模的加工项目，图10-1所示为传统模具制造流程。

表 10-1　某覆盖件拉深模的加工项目

加工项目名称	代号	工时定额/天	后续项目
产品原型的设计制造	A	20	B
样板的设计制造	B	18	L
模具设计	C	20	D
模具工艺编制	D	10	E、F、G、H、K
型材毛坯供应	E	4	L
锻件供应	F	16	L
铸件供应	G	30	L
外购件供应	H	4	M
试模材料供应	K	6	R
机械加工	L	24	M
模具初装	M	4	N
模具钳修	N	6	P
模具总装	P	30	R
试模周期	R	10	T
入库	T	2	结束

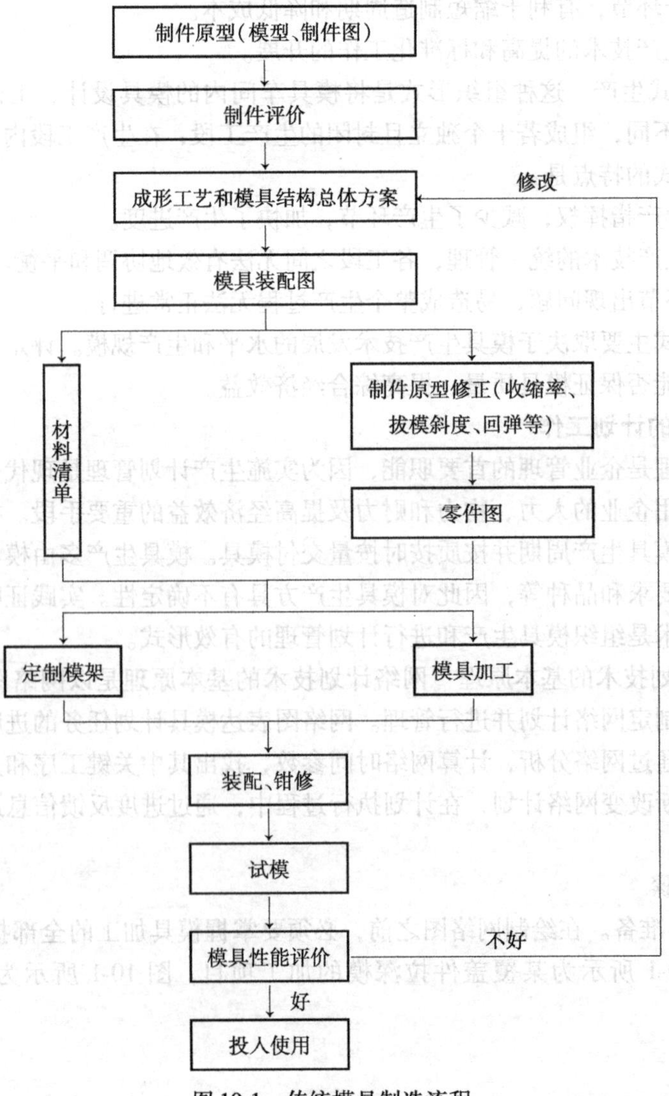

图 10-1　传统模具制造流程

2）绘制网络图。根据同一副模具不同零件的加工工艺以及不同零件的加工顺序，从加工始点开始，依次排列，直至加工结束。某覆盖件拉深模生产计划网络图如图 10-2 所示。网络图说明如下。

①项目（或工序）。用箭头“→”表示，其中箭尾表示项目开始，箭头表示项目结束，箭头指示方向表示项目流动（或前进）的方向。通常将项目名称或代号标在箭头线上方，将项目所需工时定额标在箭头线下方，如图 10-2 所示的$\xrightarrow[24]{L}$。

②结点。它表示两条箭头线的连接点，用标有号码的圆圈表示。它表示前一项目的结束和后续项目的开始。如图 10-2 所示的③$\xrightarrow[10]{D}$⑤，表示项目 D 开始于 3 结束于 5，也可记为项目（3，5）。

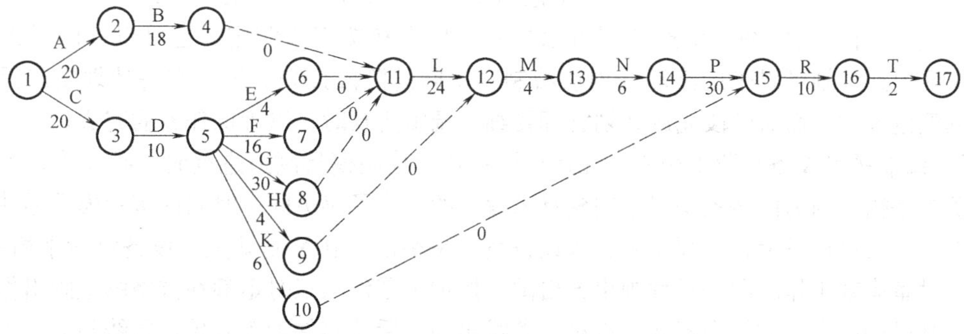

图 10-2　某覆盖件拉深模生产计划网络图

③网络图起点和终点。在网络图中只能有一个网络图起点和一个网络图终点，表示整个加工的开始和结束。网络图路线就是从网络图起点开始，沿着箭头方向从左向右顺序到达终点所经过的路线。一张网络图中会有多条路线，按照加工项目顺序，项目只能从左向右排列，不能有循环回路。

④虚箭头线。在网络图中引入虚项目，用虚箭头线表示，它只表示项目前后顺序的逻辑关系，不消耗任何资源和时间。

⑤网络图编号。项目的编号不能重复，箭尾编号要小于箭头编号。编号要从左到右，逐列编号；从上到下，逐行编号。根据需要可以空号。

3）计算网络时间，找出关键路线。如图 10-2 所示，从网络图的左边，即从起点位置开始，沿箭头指向顺序到达网络图终点。从该网络图可以看出共有 6 条路线，然后分别计算按这 6 条路线加工所需要的时间。从中可以看出第 4 条路线的加工时间为 136 天，是加工时间最长的路线，即第 4 条路线为关键路线。这个关键路线就决定了该覆盖件拉深模的制造周期。关键路线加工延误一天，模具制造周期就延误一天。该关键路线是该覆盖件拉深模制造周期的主要矛盾，其制造周期也称为拉深模最早开工时间。

4）分析关键路线，确保计划加工周期。如果关键路线的制造周期能够满足计划加工周期的要求，说明该覆盖件拉深模制造进度方案可行。否则就应从关键路线入手，找出缩短制造周期的办法。缩短制造周期的主要措施有：

①采用新工艺、新技术，缩短项目完成的时间。

②分解项目，提高项目之间的平行程度，交叉作业，缩短周期。

③利用时差，从非关键路线和关键路线上调整项目，缩短关键路线时间。

以上措施需要在模具设计、工艺、模型准备、坯料准备、加工设备调节和计划运行方式等诸方面采取有效办法。

该覆盖件拉深模计划加工周期为130天，显然关键路线的制造周期是不可行的，需要修改网络图，直至关键路线小于130天，才能满足计划加工周期的要求。

5）加强信息反馈和计划调整。按上述办法确定模具作业计划进度表。由于模具是单件生产，在加工过程中偶然因素又多，这都会干扰计划的正常进行，因此计划调度人员要每日掌握进展的实际情况，发现问题要及时解决、及时调整，确保生产进度如期完成。

（3）模具计划网络图的类型

1）生产准备计划网络图。生产准备包括技术准备以及坯料的粗加工等。

2）生产计划网络图。生产计划可以按月、按季和按年度制定，也可以分阶段人为制定。车间生产计划可以采用滚动计划法编制全车间的阶段计划。生产准备计划规定得比较粗，调整范围大，而对阶段完成计划管理要细，调整要及时，以确保任务的完成。

3）编制关键设备负荷平衡图。在运用网络技术控制模具制造进度时，必须搞好关键设备的负荷平衡。因为网络图是以单副模具来编制的，为了避免同一时间内多副模具零件同时集中在某一关键设备上，必须编制关键设备负荷平衡图。在编制某关键设备负荷平衡图时，需将该设备有效工作时间按日程画出方格图，按加工零件的工时定额在方格图上画出作业计划线，凡已画的日程方格中不允许有第二条线出现，后续零件加工开始位置线与前一零件加工结束位置线前后相接，从而达到平衡任务的目的。在编制时，如由于种种原因发生重叠，应按任务缓急进行调整。在实施中，由于各种因素的干扰，出现变化也必须及时调整，保证计划的正常实施。

3. 模具生产的控制工作

在进行模具生产的控制工作时应做到以下几点。

1）要认真贯彻有关的国家标准、行业标准和企业标准。

2）对于企业内经常重复出现的典型模具结构和零件，设计和工艺人员应与标准化人员一起设计图样、表格及典型和标准工艺卡，减少技术人员重复性的劳动和笔误，也可以规定一些通用的简化画法。

3）采用新技术、新工艺、新材料，改革传统落后的生产方法。积极采用CAD（计算机辅助设计）、CAM（计算机辅助制造）、CAE（计算机辅助工程）等快速成形制造的新技术，以及数控设备铣削加工、电加工、热处理与表面处理等新工艺和模具新材料等，为企业和社会增创新价值。

4）加强图样管理和经验的积累。首先明确各级技术人员的责任制，严肃图样的更改和借阅制度，模具试用合格后应及时进行图样的定型和归档工作。

5）提高生产力、扩大再生产。在消耗同样的材料、工时、费用的前提下，采取相应措施把人的积极性、设备的潜力、管理的到位，调整到最佳状态，用最少的投入换取最大的收益，用不断提高生产能力来扩大生产，创造价值。

6）控制生产过程，减少由于生产废品或返修而造成的损失。在生产过程中采取措施厉行节约，努力减少材料、工装、工具、刀具、水、电等耗用经费，以求降低模具生产成本。

7）模具技术人员应经常并定期深入生产第一线，了解问题、发现问题并解决问题。对于相关车间的生产条件和技术现状，应做到心中有数。

任务 10.3 了解现代模具制造生产管理

传统的模具制造在理想状态下，可以按照生产计划网络图的进度完成，但是由于模具设计质量受经验的影响，在调试过程中会出现不可预见的因素。如图 10-3 所示，模具加工质量评价不好时，要返回修改。往往越是重要和关键的模具，难度越大，调试周期越长。所以，解决问题的根本方法是充分利用现代模具制造方法，从而将原型设计、模具设计、机械加工和调试的周期大大缩短，并且最大限度地避免工艺和模具设计的错误。

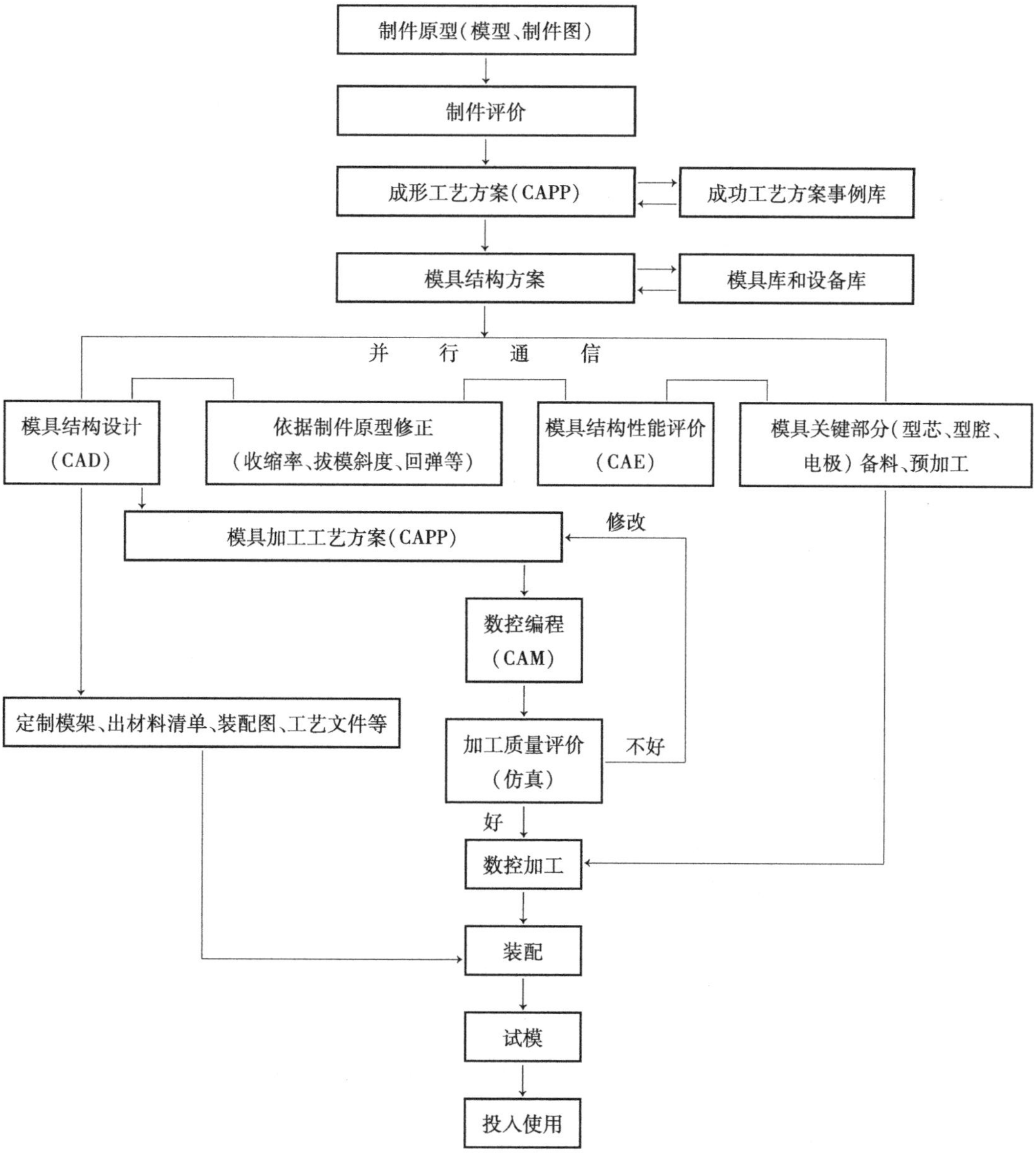

图 10-3 现代模具制造流程图

综合练习题

1. 我国的模具标准有哪几种？
2. 模具的生产组织形式是什么？
3. 传统模具的制造流程是什么？
4. 现代模具的制造流程是什么？

参 考 文 献

［1］ 彭建声．简明模具工实用技术手册［M］．北京：机械工业出版社，1993.

［2］ 王宏霞，吴燕华．模具制造技术基础［M］．北京：北京理工大学出版社，2011.

［3］ 汤家荣．模具特种加工技术［M］．北京：北京理工大学出版社，2010.

［4］ 李奇．模具设计与制造［M］．北京：人民邮电出版社，2012.

［5］ 刘伟军，等．快速成型技术及应用［M］．北京：机械工业出版社，2005.

［6］ 莫健华．快速成型及快速制模［M］．北京：电子工业出版社，2006.

［7］ 董祥忠．特种成型与制模技术［M］．北京：化学工业出版社，2006.

［8］ 邓明．现代模具制造技术［M］．北京：化学工业出版社，2005.

［9］ 李伯民，赵波，李清．磨料、磨具与磨削技术［M］．北京：化学工业出版社，2010.